죽음의 상인 A. Q. 칸의 북한 커넥션

김일성과 부토의 核거래

金永男

조갑제닷컴

'미치광이 과학자' A. Q. 칸 추적記

2020년 초여름, 신문(新聞)에 낯익은 이름이 등장했다. 파키스탄의 핵과학자 A. Q. 칸이 이동의 자유를 보장해달라는 내용의 청원서를 파키스탄 대법원에 제출했다는 기사였다. 그는 2000년대 초 핵확산 혐의가 불거진 뒤 현직에서 쫓겨나 가택연금 조치를 받았다. 20년이 지나 84세가 됐음에도 여전히 정부의 감시와 통제를 받고 있다는 내용을 접했다.

A. Q. 칸은 북한 핵문제를 언급할 때 단골손님으로 등장하는 인물이다. '죽음의 核상인'이라는 별명처럼 북한에 핵기술을 이전, 北核 위기에 일조(一助)한 인물로 그려진다. 문득 궁금해졌다. 그는 과연 북한에 언제, 무엇을, 어떻게, 왜 전달했을까?

처음에는 단순히 南아시아 국가의 한 악당이 東北아시아의 악당 북한 정권을 찾아가 가장 위험한 무기인 핵무기를 전달, 혹은 팔아넘긴 것으로 생각했다. 이 과정을 추적하기 위해 A. Q. 칸이라는 인물의 삶과 파키스탄이라는 국가의 핵개발 역사를 먼저 알아봤다.

파키스탄은 1998년 핵실험 성공 이후 핵보유국가로 인정받고 있다. 제2차 세계대전 이후인 1947년 파키스탄과 인도는 영국으로부터 분리·독립했다. 파키스탄은 지금의 파키스탄 지역인 西파키스탄과, 지금의 방글라데시 지역인 東파키스탄으로 나뉘었다. 東과 西가 인도를 사이에 두고 갈라졌다. 그러다 1971년 인도의 지원을 받은 東파키스탄이 西파키스탄과의 전쟁에서 승리해 방글라데시로 또 다시 분리·독립했다.

파키스탄은 어떤 면에서는 한국의 상황과 비슷한 점이 많다. 제2차 세계대전 당시 열강의 식민 지배를 받았다. 전쟁 이후엔 독립을 했지만 나라가 둘로 쪼개졌다. 파키스탄은 종교적 이유로, 대한민국은 자유민주주의와 공산주의라는 이념적 갈등 때문에 그렇게 됐다. 파키스탄과 인도는 서로를 숙적(宿敵)으로 생각했다. 분리·독립 과정에서 종교적 박해를 피해 거주지역을 떠나야 했던 인구는 1000만 명에 달한다고 한다. 무슬림은 인도를 떠나 파키스탄으로, 힌두교도는 파키스탄을 떠나 인도로 도망쳤다. 한반도에서도 수백만이 북한 공산주의 정권을 피해 남한으로 이주했다.

인도가 1974년 핵개발에 성공했다. 파키스탄으로서는 핵개발만이 유일한 생존수단이라고 느끼게 됐다. 국제사회의 제재와 압박에도 불구하고 핵개발을 강행했다. 군사·경제 등 모든 부문에서 인도에 뒤처졌던 파키스탄에 칸이라는 인물이 등장한 것은 바로 이때다. 그는 유럽의 기밀 핵연구시설에서 원심분리기를 사용한 우라늄 농축 방식을 터득했다. 번역 업무를 담당하던 그는 기밀자료들을 입수, 파키스탄으로 빼돌렸다. 파키스탄 정부는 칸의 능력을 반신반의(半信半疑)했다. 밑져야 본전

이라는 생각을 갖고 칸에게 전폭적인 지원을 해줬다. 칸은 유럽에서 관계를 맺은 인맥들을 총동원, 광범위한 부품 조달 네트워크를 형성했다. 국제사회의 감시망을 피해 핵개발에 필요한 부품을 수입했다.

청년 시절 자신의 능력을 인정받지 못해 불만에 가득 찼던 이 광기(狂氣) 어린 과학자는 결국 파키스탄의 핵개발을 이뤄냈다. 핵실험 직후 있었던 파키스탄 당국자의 발언처럼 "기대수명 122위, 문맹률 162위인 나라가 핵무기 부문 세계 7위"가 되는 순간이었다. 칸은 '핵의 아버지', '국민 영웅'으로 불리게 됐다. 자신의 기술과 명예에 대한 과시욕은 멈출 줄 몰랐다. 그는 핵기술을 북한과 이란, 리비아 등에 팔아넘겼다. 누구보다 남으로부터 인정을 받는 데 집착했다. 그러다 2001년 9·11 테러 이후 중동(中東)에 광풍(狂風)이 몰아쳤다. 이른바 '테러와의 전쟁'을 치르며 대량살상무기가 전세계의 가장 큰 이슈로 떠올랐다. 이 과정에서 칸과 그의 네트워크가 세상에 드러나게 됐다.

2004년 칸은 TV 생중계를 통해 사과문을 발표했다. 핵확산 범죄를 시인하며 모든 책임은 자신에게 있다고 했다. 확산에 나서게 된 이유는 이들 국가들과 '우호적인 관계'를 유지하기 위해서였다고 했다. 세간의 주장처럼 그가 사익(私益)을 위해, 혹은 정부의 지시 하에 핵확산에 나선 것은 아니라는 주장이었다.

당시의 TV 생중계 장면의 인상이 너무 강력해서인지 많은 사람들은 그날 이후의 칸을 잘 기억하지 못한다. 칸의 공개사과 이후의 과정을 추적하기 위해 파키스탄 핵문제를 담당했던 국제원자력기구(IAEA) 관계자와 핵 전문가, 당국자들의 이야기를 들어봤다. 가택연금 이후 칸이 세상에 공개한 자료들을 분석하고 검증했다. 이를 통해 하나의 진실게임이 끝나지 않고 펼쳐지고 있다는 사실을 알게 됐다. 칸은 자신의 2004년 공개사과 내용은 사실과 다르며 정부의 지시를 받고 핵확산을 했던 것이라고 말을 바꿨다. 파키스탄의 전·현직 당국자들은 칸의 이런 주장은 책임을 전가하기 위한 수작일 뿐이라고 일축했다.

취재한 전문가들의 의견도 다양했다. "칸은 핵확산을 즐긴 미치광이"라는 의견과, "핵개발과 핵확산은 칸의 '원맨쇼'가 아니었다"는 의견으로 갈라졌다. 북한과 관련해서도, "파키스탄이 없었다면 북한의 우라늄 프로그램은 없다"와 "북한이 파키스탄으로부터 받은 핵기술의 실효성은 증명된 바 없다"는 엇갈린 의견이 나왔다. 국제사회는 지금까지 한 번도 칸을 공식적으로 조사하지 못했다. 이 때문에 진실은 아직 베일에 싸여있다. 조사를 안한 것일까, 못한 것일까, 이 역시 또 하나의 미스터리다.

칸과 관련된 여러 다큐멘터리 영상을 인터넷에서 찾아봤다. 칸을 옹호하는 파키스탄인들이 단 댓글을 많이 볼 수 있었다. "사랑합니다. 당신은 파키스탄의 영웅입니다"부터 "인도계·이스라엘계 PD가 칸을 비방하기 위해 가짜뉴스를 퍼뜨린다"는 내용까지 다양했다. 악당이라고만 생각했던 칸은 일부 파키스탄인들에겐 영웅이자 애국자였다. 핵확산이라는 중대 범죄 사실이 드러났음에도 이러한 지지를 받고 있다는 사실이 놀라웠다. A. Q. 칸은 어떤 사람이었을까? 그에 대한 추적 결과를 독자들에게 보고한다.

金永男

차 례

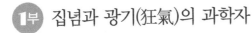

5부 전문가 분석 중국–파키스탄–북한의 核협력 미스터리

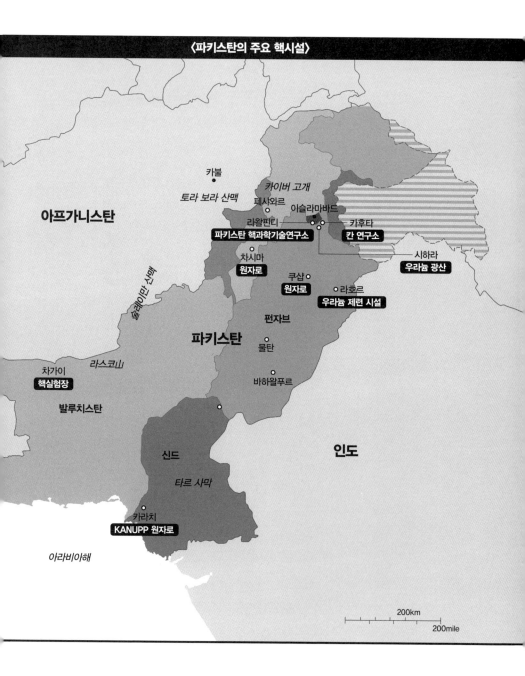

〈파키스탄의 주요 핵시설〉

카불

토라 보라 산맥

카이버 고개

페샤와르

이슬라마바드

라왈핀디

카후타

파키스탄 핵과학기술연구소

칸 연구소

아프가니스탄

차시마

원자로

시하라

우라늄 광산

쿠샵

원자로

라호르

우라늄 제련 시설

솔레이만 산맥

펀자브

파키스탄

물탄

라스코山

차가이

핵실험장

바하왈푸르

발루치스탄

인도

신드

타르 사막

카라치

KANUPP 원자로

아라비아해

200km

200mile

1부

집념과 광기(狂氣)의 과학자

| 01 |

국제적 스파이가 된 번역가

유럽 최고기밀인 '원심분리기' 기술을 빼내다

'국민 영웅'과 '죽음의 核상인', 두 얼굴의 A. Q. 칸

북한 핵문제와 관련해 꾸준히 언급되는 인물 중 하나는 압둘 카디르 칸 박사(A. Q. Khan·1936~)다. 그는 파키스탄을 이슬람 최초의 핵보유국으로 만든 인물로 '파키스탄 핵의 아버지'라는 평을 받는다. 칸을 통해 북한으로 핵무기 기술이 확산됐다. 정확히 어떤 기술과 부품이 북한에 들어갔는지는 여전히 불확실하다. 하지만 북한으로부터 미사일 기술 및 돈을 받는 대가로 파키스탄의 핵 관련 기술이 북한에 들어가게 된 것은 사실이다.

그렇다면 파키스탄은 어떻게 핵무기를 만들 수 있게 됐을까? 이 질문에 대한 답을 깊숙이 파고든 책들이 여럿 출간됐다. 하나는 영국의 선데이타임즈와 가디언에서 탐사보도 기자로 활동한 애이드리언 레비와 캐서린 스콧-클라크가 쓴 '디셉션(기만)'이라는 책이다. 이들은 기밀

해제된 여러 나라의 기밀문서는 물론, 당시 핵개발 중심에 있었던 인물들을 인터뷰해 상황을 재조명했다. 또 한 권의 책은 미국 워싱턴의 국방대학교 교수인 하산 아바스가 쓴 '파키스탄의 핵무기'라는 책이다. 이 두 책 모두 파키스탄이 어떻게 핵개발에 나섰고, 이를 어떻게 숨겼으며, 미국 등 국제사회가 왜 이를 묵인했는가를 다뤘다. 파키스탄의 전직 총리인 페르베즈 무샤라프와 베나지르 부토 역시 회고록을 썼다. 이들 책에는 파키스탄의 핵개발 과정을 비롯, 핵확산 책임자를 어떻게 처리했는지가 담겨 있다.

파키스탄의 핵개발 역사는 북한 핵무기를 머리 위에 지고 생활하는 한국인들에게 주는 교훈이 많다. 파키스탄에선 국민영웅으로 칭송받는 '핵의 아버지', 한편에선 북핵 위기 상황을 초래하는 데 일조한 '북핵 조력자'라는 두 개의 평을 받는 A. Q. 칸. 그는 한때는 '죽음의 핵상인'이라고도 불렸다. 그는 가난한 나라에서 어떻게 핵을 만들어냈고, 어떤 이유로, 또 어떻게 이 위험한 무기 기술을 다른 나라에 확산시켰을까? 파키스탄 핵개발에 관련된 여러 책과 기밀해제된 문서를 분석하고 파키스탄과 북한의 핵문제를 다뤘던 미국의 전직 당국자, 핵 전문가들을 인터뷰해 이를 추적했다.

부토 총리 "풀만 먹는 한이 있더라도 핵을 개발할 것"

정확한 시점에 대해서는 논쟁이 있지만 파키스탄은 1998년 핵실험을 성공시킨 이후 사실상의 핵보유국으로 인정됐다. 파키스탄이 핵을 보유하게 된 가장 큰 이유 중 하나는 숙적(宿敵)인 인도가 핵무기를 보유했기 때문이다. 1947년 영국의 식민지에서 분리 독립한 인도와 파키스탄은 여러 차례 전쟁을 벌였다. 1947년 10월에 1차 전쟁이 일어났다. 오랫동안 지속돼 온 이슬람교와 힌두교 간의 종교적 대립이었다. 1971년에는 이슬람교의 西파키스탄과 힌두교의 東파키스탄으로 나뉘어져 또한 차례 전쟁을 치렀다. 인도는 동파키스탄을 지원했고 전쟁은 2주 만에 동파키스탄의 승리로 끝났고 동파키스탄 지역은 방글라데시로 독립했다.

3년 뒤인 1974년 5월 18일 인도는 서부 사막 지역에서 핵실험을 강행했다. 인도는 원자력 개발을 한다는 명목으로 서방세계로부터 핵 관련 기술을 수입해 비밀리에 핵을 개발했다. 파키스탄의 줄피카르 알리 부토 총리는 충격에 빠졌다. 그는 미국 측에 불만을 표하며 핵우산을 제공해달라고 요청했다. 당시 미국의 국무장관이던 헨리 키신저는 파키스탄에 핵우산을 제공할 수 없다는 입장을 밝혔다. 그는 사하브자다 야쿱 칸 駐美 파키스탄 대사에게 "인도의 핵실험 성공은 기정사실이며 파키스탄은 이런 상황 속에서 살아가는 방법을 배워야 한다"고 했다.

파키스탄은 자신들이 중동지역에서 미국의 우방 역할을 한다고 믿었으나 배신감을 느끼게 됐다. 1947년 이후 국가가 두 차례 쪼개지는 상황을 겪으면서도 믿었던 미국이 어떤 도움을 주지 않았다는 배신감이었다. 부토 총리는 핵으로부터 국가를 보호하기 위한 유일한 방법은 핵을 보유하는 것이라는 생각을 해왔다. 그는 인도와 전쟁 중이던 1965년 "인도가 (핵) 폭탄을 만든다면 풀이나 나뭇잎만 먹고 배고픔을 겪게 되는 한이 있더라도 우리 것 역시 만들어낼 것이다. 우리에겐 다른 선택권이 없다. 원자폭탄에는 원자폭탄이다"라고 했다.

젊은 유학생 칸이 보낸 편지

1974년 7월, 고민으로 가득했던 부토 총리실로 편지 한 통이 도착했다. 발신지는 '71 암스트르가, 즈완부르크'이었다. 네덜란드 암스테르담 근교에 위치한 곳이다. 이 편지는 브뤼셀에 있는 파키스탄 대사관을 경유해 총리실까지 전달됐다. 총리실 직원들은 이 편지를 총리에게 전달하기 전에 여러 차례 검토했다. 발신자는 자신의 이름이 압둘 카디르 칸(A.Q. 칸)이라며 파키스탄에서 일자리를 잡지 못하는 등 자신이 처한 상황을 한탄하는 내용으로 글을 시작했다. 이를 검토했던 직원들은 집안이 부유해 해외 유학을 했으나 본국에서 일자리를 잡지 못해 이런 푸념을 하는 많은 유학생 중 한 명일 것으로 생각했다.

칸은 자신이 유럽에 있는 핵 관련 연구소에서 근무하는 물리학자라고 소개했다. 그는 최근 유럽에서 진행되고 있는 프로젝트에 대한 최고급 기밀에 해당하는 청사진을 직접 확인했다고 했다. 1974년 당시 부토 정부의 외교장관이었던 아가 샤히는 훗날 언론과의 인터뷰에서 "미국이 파키스탄을 도와주는 방향으로 협상이 진행됐다면 압둘 카디르 칸이라는 이름이 세계에 알려지는 일은 없었을 것"이라고 했다.

당시 파키스탄에는 '카라치 원자력시설'로 불리는 핵시설이 한 개 있을 뿐이었다. 파키스탄은 1965년 캐나다로부터 이 시설을 수입했다. 이 시설은 1971년에 처음 가동됐다. 플루토늄을 생산해낼 수 있었지만 핵무기로 만들기 위해서는 재처리 기술이 필요했다. 프랑스는 3억 달러에 관련 기술을 제공하겠다고 했다. 하지만 파키스탄이 부담하기에는 너무 큰 금액이었고 주변 강대국들도 프랑스와 파키스탄이 이런 계약을 체결하지 못하도록 압박했다. 이런 상황에서 칸이라는 젊은 과학자의 편지가 도착한 것이다.

샤히 외무장관은 이 편지를 읽어본 부토 총리와 나눈 당시 대화를 다음과 같이 회고했다.

〈부토는 '유럽에서는 핵물질을 만들기 위해 원심분리기를 사용하고 있다고 주장하는 압둘 카디르 칸이라는 사람이 있다'고 내게 말했다. 나는 그에게 '내가 원심분리기에 대해 아는 건 몇 년 전 뉴욕에서 열린 한 만찬장에서 옆에 앉아 있던 증권중개인이 말한 게 전부다'라고 했다. 나는 의심스러웠지만 부토에게 '칸에게 기회를 줘보자'라고 조언했다. 우리가 잃을 건 아무것도 없었다.〉

점쟁이의 예언

핵무기에 대해 거의 지식이 없던 부토 총리 및 고위관료들에게 외국에서 활동한 '이상한 과학자'가 나타난 것이다. 부토 정부는 1972년 이른바 '물탄(Multan) 회의'를 열고 측근들과 핵개발 계획을 논의했다. 부토는 "3년 안에 핵무기를 개발하라"고 회의 참석자들을 여러 차례 압박했다. 그러나 외국 정부의 도움을 받는 방법도 한정적이었고 자체적으로 핵기술을 개발하기에는 인재가 부족했다. 그렇게 2년이 흐른 상황에서 칸의 편지를 입수한 부토 총리는 기대에 가득찼다.

정보당국은 칸에 대한 신원조회를 실시했다. 그는 금속공학 박사 학위를 취득한 사람이었다. 또한 그가 편지에서 주장했듯 파키스탄에 있는 회사에 지원했으나 떨어진 적이 있었다. 그가 지원한 회사는 '인민

(人民)의 제철소'였다.

칸은 부토에게 보낸 편지에서 영국과 독일, 그리고 네덜란드 3국이 운영하는 우라늄농축 컨소시엄 우렌코(URENCO)의 존재에 대해 소개했다. 자신이 그곳에서 근무하고 있으며 고급 정보를 입수했다는 것이었다. 칸은 영어와 네덜란드어, 독일어를 할 줄 알았다. 금속공학을 전공한 그는 그의 언어 능력을 장점으로 내걸어 우렌코에 입사했다. 그의 주요 업무는 번역이었다. 부토 총리는 1974년 8월 칸에게 편지를 보내 그의 얘기를 자세히 듣고 싶다고 했다. 네덜란드에서 활동하던 번역가가 국제적 스파이로 거듭나게 되는 순간이었다.

칸은 영국 식민지 시절인 1936년 4월 27일 무슬림 인구가 다수였던 보팔 지역에서 태어났다. 그의 어머니는 그가 출생하자 점쟁이를 찾아갔다. 점쟁이는 "이 아이는 매우 운(運)이 좋은 아이입니다. 조국을 위해 매우 중요하고 필요한 일을 하게 될 것입니다. 그리고 엄청난 존경을 받을 아이입니다"라고 칸의 어머니에게 말했다. 파키스탄 정보국(ISI)은 칸이 7남매의 막내로 태어났고 부모가 모두 40대였다는 점 등을 언급하며 칸이 응석꾸러기였고 철이 들지 않았다고 분석했다.

칸이 인도를 증오하게 되는 이유도 충분했다. 1947년 8월 15일 독립 이후 칸의 가족은 뿔뿔이 흩어지게 됐다. 힌두교를 피해 무슬림 지역으로 도망갔다. 그는 인도를 탈출하던 과정을 한 인터뷰에서 언급하기도 했다.

그는 "불같이 뜨거운 모래밭길 위를 맨발로 걸으며 국경을 건넜다. 머리에 상자를 이고 한 손에는 신발을 들고 있었다. 파키스탄 영토에 들어오게 되자 나는 창살 속에 갇혀 있다 자유를 찾은 한 마리의 새가 된 기분이었다"라고 했다.

그는 파키스탄의 D. J. 신드 거버먼트 사이언스 컬리지 물리학과에 입학했다. 그는 항상 코란을 몸에 지니고 다녔으며 언젠가는 유럽에서 공부를 할 것이라는 꿈을 갖고 독일어를 공부했다. 그는 1960년 카라치 대학에서 학위를 받았다. ISI의 조사 결과 그는 졸업 후 동네 우체국에서 적은 임금을 받고 일하는 등 큰 인정을 받지 못했다.

1961년 그는 미국 아이젠하워 행정부가 추진하던 '평화를 위한 원자력' 정책과 관련한 설명회에 참석했다. 그는 금속공학이 핵프로그램의 핵심이라는 것을 배웠다. 당시 파키스탄에는 금속공학을 교육하는 기관이 없었다. 그는 친형에게 돈을 빌려 독일 뒤셀도르프로 가는 편도 교통비를 마련했다. 그는 유학길에 나서기 전 또 한 번 점쟁이를 찾아갔다. 칸은 당시 점쟁이가 이런 말을 했다고 주장했다.

〈당신의 유학 초기 과정은 매우 고통스럽고 힘들 것입니다. 그러나 결국 당신은 목적을 달성해낼 것입니다. 외국인과 결혼하게 될 것입니다. 공부를 마치면 그곳에서 기술적인 일을 얼마간 하다가 파키스탄으로 돌아오게 될 것입니다. 파키스탄 사람들은 당신에게 엄청난 존경심을 갖게 됩니다. 당신에 대한 사랑으로 가득 차 있을 것입니다.〉

남아공(南阿共) 여성과의 만남

유학생활이 그리 평탄치만은 않았다. 그는 먼 사촌이 사는 집에 얹혀 살며 여러 차례 입학 탈락 통지서를 받았다. 1961년 12월 그는 네덜란드 헤이그로 떠나게 됐다. 얼마 후인 1962년 1월, 그는 남아프리카공화국 출신의 여성 헨리 돈커스를 만난다. 헨리의 부모는 모두 네덜란드인이었고 2차세계대전 당시 남아공으로 이주했다. 헨리는 잠비아에서 유년시절을 대부분 보냈으며 심리학을 공부하기 위해 유럽에 돌아온 지 얼마 안됐다. 유럽 생활에 어려움을 겪으며 자신들의 고향을 그리워하던 이들에게는 일종의 연대감이 생겼다. 둘은 편지를 주고받는 관계로 발전하게 됐다.

1962년 9월 칸은 드디어 웨스트 베를린 공과대학교로부터 합격 통지서를 받게 된다. 그는 이곳에서 금속공학을 공부하기 시작했고 헨리를 초청해 같이 생활하게 된다. 기독교 출신의 여성, 무슬림 출신의 남성이 타지(他地)에서 만나 생활하게 되는데 당시의 종교 상황으로 봤을 때는 매우 파격적인 결정이었다.

1963년 9월 칸과 헨리는 네덜란드로 가게 됐다. 칸은 델프트 공과대학교에서 공부하게 됐다. 1964년, 27세의 칸은 21세의 돈커스와 결혼하게 된다. 결혼식은 네덜란드 헤이그에 있는 파키스탄 대사관에서 치러졌다. 헨리는 자신의 부모님 모두 결혼에 찬성한다고 했지만 어느 누구도 결혼식에 참석하지 않았다. 결혼식에는 가족과 지인(知人)이 거의 없었다. 유일하게 참석한 사람은 칸의 학교 동료 헨크 슬레보스였다. 앞으로 소개하게 되겠지만 이 슬레보스는 칸의 핵개발 및 확산 과정에서 중요한 역할을 맡는다.

1965년 칸은 델프트 대학교 석사 과정에 합격했다. 핵과학자로 유명한 W. G 버거스 박사가 그의 지도교수가 됐다. ISI에 따르면 버거스는 "칸은 특출나지도 뒤떨어지지도 않았다. 무엇보다 중요한 건 칸이 아주 매력적인 성격의 소유자였다는 점이다"라고 했다. 1965년 칸은 파키스탄으로 돌아와 '인민의 제철소'에 지원했으나 떨어졌다. 유럽으로 다시 돌아간 그는 1968년 벨기에 루벤 가톨릭대학교 연구원으로 발탁됐다. 칸은 루벤 대학교에서 지도교수로 마틴 브라버스를 만나게 된다. 브라버스는 훗날 언론 인터뷰에서 '칸은 외적으로는 서구화가 된 것 같았지만 충성심만큼은 파키스탄을 향해 있던 학생'으로 기억했다. 칸은 1971년 인도-파키스탄 전쟁에 매우 분노한 상황이었고 계속해서 파키스탄에 있는 회사에 지원서를 넣었지만 떨어졌다고 한다. 아무튼 그는 델프트와 루벤에서 여러 인맥을 쌓게 됐다. 이 인맥들이 훗날 그의 핵 개발 과정에 큰 역할을 하게 된다.

유럽 최대의 비밀 核 연구시설에 취직

A. Q. 칸은 1972년 3월 브라버스 교수의 추천으로 네덜란드의 한 기술 회사인 FDO에 금속공학 관련 번역가로 취직했다. 당시 루벤대학의 금속공학 과정은 유럽 전역에서 인정을 받아 이렇게 교수의 추천으로 취업하게 되는 경우가 많았다. FDO는 '네덜란드 울트라 원심분리기(UCN)'라는 회사에 부품과 기술을 제공하는 회사였다. UCN은 URENCO의 네덜란드 협력사였다. 네덜란드 동부 알멜로 지역에 위치한 UCN 시설은 비밀리에 엄청난 프로젝트를 진행하고 있었다. 과거와 다른 원심분리기 기술을 사용해 우라늄을 농축하는 프로젝트를 연구 중이었다.

FDO에 근무하기 위해 칸은 네덜란드 정부의 신원조회 과정을 거쳐야 했다. 무슬림계 외국인이라는 신분으로 인해 신원조회는 다른 내국

인보다 까다로웠다. 핵 관련 프로그램을 연구하는 기관이기 때문에 더욱 그랬다. FDO의 금속공학 부서장 역시 칸과 델프트에서 같이 공부한 사람이었다. 그는 칸이 이미 서방세계에 11년째 살고 있고 네덜란드인 부인과 자식 두 명을 이곳에서 기르는 등 문제가 없다고 했다. 칸의 학교 동료들은 칸이 귀화할 목적을 갖고 있다는 말도 신원조회 과정에서 해줬다. 네덜란드 정보당국(BVD)은 신원조회 과정에서 칸의 부인인 헨리가 네덜란드 국적을 갖고 있지 않다는 사실을 파악하지 못했다. 사실 헨리는 네덜란드어를 할 수 있는 남아공 국적자로 영국 여권을 소지한 사람이었다. FDO는 BVD에 칸이 하급 기밀 인가를 받은 사람들만할 수 있는 일을 시킬 것이라고 약속했다. 또한 암스테르담에 있는 본부에서만 근무하게 될 것이라고 했다. 유럽에서 최고급 기밀의 원심분리기 기술 연구를 하는 알멜로 시설에서는 일을 하지 않을 것이라고 했다. 그렇게 칸은 하급 기밀 인가를 받고 취직하게 됐다.

기밀 인가 관리 실패에서 시작된 비극

칸이 일을 시작한 지 얼마 안 돼 FDO는 그에게 이틀 동안 알멜로 시설을 견학하도록 했다. 업무가 어떻게 돌아가는지 파악해야 한다는 취지에서였다. 칸의 기밀 인가로는 방문할 수 없는 곳이었다. 칸은 이들이 비밀리에 무엇을 하고 있는지 단번에 파악할 수 있었다.

당시 우라늄을 농축할 수 있는 국가는 중국과 러시아, 프랑스, 그리고 미국뿐이었다. 이들 국가들은 '디퓨전' 방식으로 우라늄을 농축했다. 돈이 많이 들고 매우 복잡한 방법이었다. 그러나 알멜로의 과학자들은 원심분리기라는 새로운 기술을 실험하고 있었다. 디퓨전보다 훨씬 저렴한 가격으로 우라늄을 농축하는 기술이었다. 당시 알멜로에서 사용하던 원심분리기는 CNOR이었다. 알멜로 연구진들은 이 원심분리기 기술을 사용해 전력을 만드는 수준까지 농축하는 데는 성공했으나 무기화할 수 있는 수준까지 만드는 데는 어려움을 겪었다. 문제는 CNOR의 회전자(rotor)였다. 빠르게 회전하면 이를 버티지 못하고 부서지게 됐던 것이다.

칸은 기회를 놓치지 않았다. 그는 여러 차례 알멜로 연구진들과 편지를 주고받으며 좋은 관계를 만들어갔다. 칸은 이런 문제점이 있다는 사실을 듣자 자신이 루벤에서 연구할 당시 이에 적합한 금속 물질을 알아냈다고 연락을 했다. 알멜로 연구진들은 칸에게 기밀 연구 도면은 물론, 물건을 납품하는 회사들의 명단을 전달했다. 칸은 유럽에서 가장 비밀리에 진행되던 프로젝트 관련 정보를 얻어냈다.

1972년 후반 두 명의 파키스탄 과학자들이 FDO를 방문했다. 칸은 이들을 만나 자신이 아는 비밀을 소개하려 했으나 상황이 주어지지 않았다. 또한 이들 과학자들은 파키스탄 정부의 임무를 받고 온 사람들이었고 그들은 플루토늄을 통한 핵무기 개발을 하려 했다. 우라늄 농축이라는 기술이 존재하는지도 제대로 모르는 사람들이었다.

스파이가 된 번역가

그는 18개월간 조용히 생활하며 정보를 차곡차곡 모아갔다. 그러다 1974년 5월 TV를 통해 인도의 핵실험 장면을 목격하게 됐고 분노에 차 부토 총리에게 편지를 보내게 됐다. 그해 9월 부토 총리가 자신을 도와달라는 편지를 보내자 칸은 행복에 젖었다. 그러나 바로 일을 그만두면 생길 의심을 피하기 위해 크리스마스까지는 네덜란드에 머물겠다고 했다.

칸은 남은 3개월 동안 새로운 사실을 접하게 된다. 독일 과학자들이 G-2라고 불리는 원심분리기의 시제품을 만들어낸 것이다. 이 제품은 CNOR보다 훨씬 더 뛰어나며 더 빠른 속도로 회전하고 오랫동안 지속됐다. 칸은 G-2의 청사진을 구할 수만 있다면 더할 나위 없겠다는 생각을 했다. 청사진을 구하는 것은 그의 생각보다 너무 쉬웠다.

G-2 관련 정보는 독일어로 쓰여 있었고 알멜로의 연구진들은 거의 네덜란드어와 영어밖에 할 줄 몰랐다. 독일어와 네덜란드어, 그리고 영어에 능통한 칸은 번역 임무를 자원했다. 기밀 유출을 막기 위해 독일 연구진은 G-2 관련 정보를 12 파트로 나눠 보냈다. 한 명의 번역가가 모든 기밀을 볼 수 없도록 하기 위해서였다. 칸은 두 파트를 번역하게 됐다. 'G-2 사용법'이라는 파트로 가장 중요하지 않은 부분이었다.

칸은 자신이 알멜로에 가서 번역을 해야 한다고 주장했다. 알멜로에 있어야 정확한 정보를 갖고 제대로 번역할 수 있다는 것이었다. 1974년 그는 알멜로에 있는 임시건물에 책상을 얻었다. 이곳은 원심분리기 시설 바로 옆에 있는 건물로 최고 기밀 인가자들만 들어올 수 있는 곳이었다. 칸은 번역 업무를 하는 다른 한 사람과 방을 같이 썼다. 그는 칸이 번역해야 하는 부분 앞쪽 부분을 번역하고 있었다. 이 인물은 훗날 수사과정에서 자신이 '책상을 비운 적이 여러 차례 있었고 방에 들어올 수 있는 사람은 누구나 관련 자료를 읽을 수 있었다'고 했다. 약 3주 동안 칸은 작은 검정색 공책에 기밀들을 받아 적었다. 그는 번역된 자료들이 FDO의 암스테르담 본사로 보내져 타이핑 과정을 거친다는 것을 알게 됐다. 칸은 오랫동안 FDO의 타이피스트들과 인맥을 쌓아왔다. 간식들을 건네고 수다를 떨며 쌓아온 친분이었다. 칸은 이들을 통해 전체 보고서를 다 읽을 수 있게 됐다.

부토 총리 "칸만이 핵보유 꿈을 이뤄줄 수 있는 사람"

1974년 12월, 칸은 가족들과 함께 파키스탄 카라치로 떠났다. 그는 회사에 크리스마스 휴가를 떠난다고만 했다. 부토 총리를 만난 칸은 우라늄 농축에 대해 강의를 했다. 파키스탄은 1956년에 원자력에너지위원회(PAEC)라는 기구를 만들고 플루토늄을 기반으로 한 핵개발을 하려 했지만 진전을 보이지 못해 왔다. 칸은 원심분리기 기술을 사용하면 플루토늄보다 훨씬 저렴한 가격으로 핵개발을 할 수 있고 시간도 두 배나 빠르다고 했다.

칸은 계속해서 부토를 설득했다. 인도는 1974년 한 해 1억 3000만 달러의 예산을 핵개발에 사용했다. 당시까지 플루토늄 개발을 위해 10억 달러 이상을 썼다. 칸은 그가 훔쳐온 원심분리기 기술을 사용하면 6만 달러로 핵폭탄에 필요한 핵물질을 만들 수 있다고 했다. 칸은 술레이만 산맥 인근에 엄청난 양의 우라늄이 매장돼 있어 위험을 감수하고 이를 해외에서 수입할 필요도 없다고 했다.

칸은 이때 처음으로 무니르 아메르 칸 PAEC 위원장을 만나게 된다. 둘은 평생을 라이벌, 혹은 앙숙으로 지내게 된다. 파키스탄의 핵 프로그램을 오랫동안 이끌어온 무니르 아메르 칸 입장에서는 40세의 젊은 유학생이 갑자기 나타나 자신의 방법으로 핵무기를 만들 수 있다고 주장하는 게 못미더웠다. 칸 박사는 부토 총리를 두 번째 만난 자리에서 "무니르와 그의 사람들은 거짓말쟁이이고 사기꾼이다. 조국을 사랑하지도 않으며 당신에게 충성하지도 않는 사람들이다"라고 말했다. 부토는 "칸만이 파키스탄을 핵 보유국으로 만들겠다는 나의 꿈을 이뤄줄수 있는 사람"이라고 말했다고 한다. 부토 총리는 칸에게 가족을 데리고 네덜란드로 돌아가 우선 조용히 생활하고 있으라고 지시했다. 독일제 원심분리기와 관련해 필요한 정보를 최대한 수집하라고 했다.

묵살된 동료의 제보

A. Q. 칸은 가족과 함께 네덜란드로 돌아갔다. 당시 그의 집에는 외교관 자동차 번호판을 단 차들이 자주 드나들었다. 칸의 집을 방문했던 외교관들과 파키스탄 정보국(ISI) 요원들은 원심분리기 기술을 비롯한 더 많은 내용을 훔쳐올 것을 요구했다.

이때 칸이 접촉한 사람은 같은 회사 FDO에서 사무실을 함께 쓰는 프리츠 비어먼이었다. 그는 입사한 지 얼마 안 된 젊은 기술자였고 회사 내부에서 사진 촬영 업무 등을 담당했다. 비어먼 역시 친구가 많지 않은 외로운 사람이었다고 한다. 비어먼은 자주 칸의 집에 초대를 받았다. 어느 날 칸은 비어먼에게 알멜로 연구소에 있는 원심분리기 시설의 사진을 찍어줄 수 없겠냐고 물었다. 이런 내용은 비어먼이 월간 애틀랜틱과 한 인터뷰에 소개돼 있다. 사회 생활 경험이 적었던 비어먼은 칸이 이런 요구를 하자 두려웠다고 회고했다. 칸은 비어먼 집에 있는 서류들 역시 사진을 찍어 보여달라고 했다. 비어먼이 아무런 조치를 취하지 않자 칸은 비어먼에게 파키스탄을 여행할 수 있는 여비를 대주겠다고 했다. 그제야 비어먼은 의심을 갖게 되고 회사 상부에 이 사실을 알렸다. 불안했던 그는 그의 집 전화가 아닌 공중전화를 사용했다. 비어먼은 칸의 집에서 열리는 만찬엔 여러 파키스탄 사람들이 참석하고 외교관 자동차 번호판을 단 차량들도 볼 수 있었다고 했다. 칸의 서재에는 외부 반출이 금지된 회사 기밀 서류들도 놓여있었다고 했다. 상급자는 비어먼이 문제를 이유 없이 키운다며 이를 대수롭지 않게 생각했다.

1975년 8월, 브뤼셀 주재 파키스탄 대사관 직원인 술프카르 아메드 버트가 네덜란드 회사로부터 고주파 인버터(전력변환장치)를 구입하려 나서기 시작했다. 원심분리기의 회전을 돕는 데 필요한 중요한 장치였다. 버트는 URENCO에서 연구 중이던 G-2 시안에 사용되는 정확한 부품을 요구하기 시작했다. 그제서야 사람들은 URENCO의 연구 정보가 외부로 유출된 것을 알 수 있었다.

자료를 들고 파키스탄으로 향하는 칸

1975년 10월, FDO는 칸을 불러 징계를 내리거나 추궁하는 대신 그를 다른 부서로 전출시켰다. 상황이 좋지 않게 돌아간다는 것을 파악한 칸은 그해 12월 가족들과 함께 파키스탄 카라치로 떠났다. 그의 가방에는 그가 작성한 메모와 서류로 가득했다. 훗날 공개된 내용에 따르면 칸은 당시 원심분리기 CNOR과 G-2 시안에 필요한 부품을 납품하는 회사들의 목록과 설계도, 사용설명서 등을 들고 나왔다.

파키스탄으로 돌아온 칸은 부인 헨리를 통해 FDO 회사 측에 파키스탄으로 떠나게 된 경위를 설명하도록 했다. 그는 몸이 좋지 않았다는 이유를 들었다. 이후 칸은 프리츠 비어먼에게 직접 편지를 썼다. 칸은 프리츠가 자신을 신고했다는 사실을 인지하지 못한 듯했다. 그는 "우리가 네덜란드를 떠난 지 벌써 한 달이 다 되어 간다"며 "맛있던 치킨 요리가 점점 더 그리워지고 있다"고 했다. 칸은 프리츠 비어먼에게 자신이 곧 네덜란드로 돌아갈 것이라고 했다고 한다.

칸의 부인 헨리는 네덜란드로 돌아갔다. 네덜란드 생활을 정리하기 위해서였다. 주변 사람들은 칸의 가족이 언젠가는 파키스탄으로 돌아갈 것을 알았기 때문에 그리 놀라지 않았다고 한다. FDO 역시 의심을 하지 않았다. 비어먼이 신고한 내용은 이렇게 묻혀버렸다. 칸이 서류가방에 핵기술 관련 문서를 담고 도망쳤다는 사실을 네덜란드 정부가 파악한 것은 이로부터 3년 뒤이다.

| 02 |

"바느질용 바늘도 못 만드는 나라가 핵개발에 도전하다"

NPT에 불만을 가진 칸, "왜 우리만 核을 못 갖게 하나?"

핵시설 부지로 선정된 외교관들의 소풍장소

파키스탄으로 돌아온 A. Q. 칸 박사는 무니르 아메르 칸 원자력에너지위원회(PAEC) 위원장과 갈등을 빚었다. 칸 박사와 칸 위원장 모두 핵개발에 대한 완전한 권한을 부여받기를 원했다. 미안 압둘 와히드 전 주독(駐獨) 파키스탄 대사는 2016년 11월 '파키스탄 핵폭탄을 만들다'라는 회고록을 냈다. 이 회고록에는 칸 박사가 직접 쓴 내용이 일부 포함돼 있다. 칸 박사는 1976년 파키스탄으로 돌아왔을 당시를 다음과 같이 회고했다.

〈내가 이 프로젝트를 시작하게 됐을 때, 부토 총리는 티카 칸(1972년 당시 육군참모총장) 장군에게 가능한 모든 지원을 해 주라고 지시했다. 내가 파키스탄에 남아 달라는 부토 총리의 제안을 받아들였을 때, 나는 유럽에서의 모든 것을 포기했다. 그 대가로 나는 한 달에 고작 3000

루피(당시 환율로 약 300 달러)의 월급을 받는 파키스탄원자력에너지위원회(PAEC) 고문으로 임명됐다. 내가 1975년 12월~1976년 7월 PAEC에서 일하면서 깨닫게 된 것은 '만약 핵 프로젝트가 PAEC하에 있으면 아무 것도 성취할 수 없다'는 것이었다.

나는 "PAEC의 의장 무니르의 간섭을 받지 않고 자율적으로 프로젝트를 추진하는 독립 조직의 책임자가 되지 않으면 네덜란드로 돌아가겠다"고 위협하면서 내 입장을 고수했다. 부토 총리는 M. 이미티아즈 알리 칸(부토 총리의 군사보좌관) 장군을 통해 나에게 PAEC 의장을 맡으라고 제의했다. 나는 "내가 PAEC 의장이 될 경우 유럽에서 꽤 알려진 핵농축 전문가로서의 명성 때문에 당장 여러 제한을 받게 될 것"이라는 이유로 거절했다.

그 후 관계관들과 여러 번의 토의를 거친 후 나는 부토 총리의 지시로 기술연구실험실(ERL·Engineering Research Laboratories)이라는 이름의 독립 조직에서 우라늄 농축에 의한 핵무기 개발 프로젝트를 담당하는 책임자로 임명됐다.〉

파키스탄 부토 정부는 1976년 7월 31일 ERL 건설 프로젝트를 칸 박사에게 모두 일임했다. 당시 붙여진 암호명은 '프로젝트 706'이었다. 칸 박사는 7년 안에 핵무기를 만들겠다는 목표를 세웠다. 그는 해외에서 공부하던 과학자들을 불러들여 팀에 합류시켰다. 칸은 농축우라늄 시설을 건설할 부지로는 카후타를 선정했다. 이슬라마바드에서 동남쪽으로 약 50km 떨어진 곳에 위치한 지역이다. 이 지역은 인도와의 분쟁지역인 카슈미르와 매우 근접해 있었다. 인도 전투기가 출격하면 4분 안에 도달할 수 있는 거리였다. 칸은 총리가 있는 이슬라마바드와 가까이 있는 것이 자신이나 프로젝트 모두에 유리할 것으로 봤다. 원래 이 장소는 파키스탄에 온 외교관들이 소풍을 자주 가던 지역이었다. 이 자리에 펜스가 세워지고 군부대식의 출입 저지선이 만들어졌다. 외교관들의 소풍 장소는 사라지고 파키스탄에서 가장 비밀스러운 시설이 건설되기 시작했다.

고난의 시기

칸 박사의 팀은 농축시설 건설과 부품 조달, 시제품 제작, 실험 시설 제작 등을 동시에 진행했다. 칸은 핵무기 프로그램을 갖추기 위해서는 최소한 1만 개의 원심분리기가 필요할 것으로 봤다. 그는 그가 습득한 두 개의 원심분리기 기술 중 CNOR을 만들기로 했다. CNOR은 새롭게 만들어진 G-2보다 성능이 떨어지고 여러 문제가 있었지만 우선 만들기 쉽다는 장점이 있었다. 또한 URENCO가 CNOR 개발을 그만두고 G-2에 집중하기로 했기 때문에 CNOR 관련 부품을 구하기가 보다 쉬웠다. CNOR 원심분리기의 하단부에 있는 회전자를 정상적으로 돌리게 하는 베어링 부분이 우선 문제였다. 회전이 빨라지면 이를 견디지 못하고 부서졌다. 이 베어링을 지탱하기 위해서는 이에 적합한 바늘을 만들어내야 했다.

칸은 훗날 당시 상황을 이렇게 회고했다.

〈한 걸음 한 걸음 오를 때마다 새로운 문제에 봉착하는 고난의 시간이었다. 바느질용 바늘, 좋은 자전거, 하다못해 포장도로도 만들지 못하는 국가가 가장 새롭고, 가장 어려운 기술들을 만들어 가려 했었다.〉

카후타 핵시설은 빠르게 건설돼 갔다. 작은 발전소가 핵시설만을 위해 설치됐다. 파키스탄의 전력시설은 취약한 상황이라 여름이 되면 정전(停電)이 잦아 이를 막기 위해서였다. 이 시설에서 필요한 부품을 자체 생산하는 공장도 만들었다. 감시타워와 경보장치, 외부인이 머물 수 있는 숙소도 만들었다. 당시 미국 중앙정보국(CIA)의 이란 테헤란 사무소는 "카후타에서 무언가 이상한 일이 일어나고 있다. 공사가 평소 파키스탄과 같지 않은 속도로 진행되고 있다. 매일 매일 진전 상황을 볼 수 있을 정도다"라고 보고했다.

조력자 그리핀과의 만남

군대가 주도한 핵시설 건설은 순조롭고 빠르게 진행됐다. 칸 박사는 원심분리기 제작을 직접 담당했다. 그는 1976년 가을, 네덜란드와 독일, 영국, 스위스, 벨기에, 프랑스 등의 국가를 방문해 자신의 인맥들과 접촉했다. 칸 박사는 이때 파키스탄식 원심분리기인 'P-1'을 개발하려 했고 이에 필요한 부품을 찾기 시작했다. 이 과정에서 칸은 영국 웨일스 출신의 피터 그리핀이라는 '소울메이트'를 만나게 된다. 그리핀은 웨일스 남부 항구 도시인 스완지에 있는 기계부품 회사인 '시미타(Scimitar)'에서 근무하던 젊은 판매 담당자였다. 1976년 여름, 그리핀은 한 통의 전화를 받았다. 잘못 걸려온 전화였지만 이로 인해 그의 인생은 완전히 바뀌게 됐다. 전화를 건 사람은 파키스탄 출신의 사업가 압두스 살람이었다. 살람은 미국 항공우주국(NASA) 우주선에 들어가는 부품을 제공하는 미국 회사 '락웰 인터내셔널'의 영국 지사 전화번호를 연락하려다 번호를 잘못 확인해 그리핀에게 전화를 걸게 됐다. 그리핀은 책 '디셉션' 저자와의 인터뷰에서 "살람은 락웰에서 만드는 전동공구 100만 파운드어치를 구입하고 싶다고 했다. 이는 미국에서 만드는 최고의 제품이었다. 내가 락웰 소속은 아니었지만 거래를 할 수 있다고 생각했다. 우리는 런던에서 만나기로 약속을 잡았다"고 했다.

살람은 런던에서 그리핀을 만나 자신이 구입하려고 하는 부품은 "압둘 카디르 칸이라고 하는 젊고 똑똑한 파키스탄 과학자에게 전달하기 위해서다"라고 했다. 그는 "칸은 그의 조국을 산업화하고 현대사회로 진입할 수 있도록 노력하고 있는 사람"이라고 소개했다. 살람은 락웰에서 만드는 기기뿐만 아니라 더 많은 물품을 유럽에서 구입할 계획이라고 했다. 그리핀은 파키스탄이 무엇을 하고 있는지 알지 못한 채 그와 사업을 함께하겠다고 했다. 당시 그리핀은 자신이 다니던 스완지 회사의 임금이 적어 불만이 많았다. 그는 회사를 그만두고 '웨어게이트'라는 회사를 차렸다. 그는 이곳에서 살람이 운영하는 '살람 라디오 콜린데일'이라는 회사에 물건을 납품해주는 일을 했다. 이듬해 그리핀은 살람이 운영하는 회사의 이사로 이름을 올렸다. 이후 회사 이름을 'SR 인터내셔널'로 바꾸게 된다. 당시 칸이 필요한 물품을 구해 파키스탄으로 보내는 회사는 약 십여 곳이었는데 그 중 하나가 이곳이다.

"중국은 우리의 친구다"

1977년 8월 살람은 그리핀을 칸에게 소개했다. 그리핀은 런던의 한 식당에서 칸 박사와 파키스탄의 핵시설을 담당하던 관계자들을 만나게 됐다. 그리핀은 칸이 이 자리에서 한 마디도 하지 않았다고 했다. 자리에 있던 장군들은 그리핀에게 파키스탄 산업화를 위한 프로젝트를 진행중이라며 사업에 대한 설명을 했다. 그리핀은 한 장군에게 "당신이 책임자냐"라고 물었다. 장군은 고개를 저으며 한 마디도 하지 않던 칸이라는 젊은 사람이 책임자라고 했다. 그리핀은 "초창기의 칸은 멋진 친구였다. 친절하고 똑똑했으며 다정했다"고 했다. 칸과 그리핀은 그렇게 서로 알게 돼 거의 매주 전화통화를 하는 사이가 됐다.

칸 박사는 라시드 알리 카지 대령을 런던으로 보내 물건을 구해오도록 했다. 그리핀은 당시 칸과 겪었던 일화를 '디셉션' 저자와의 인터뷰에서 소개하기도 했다. 그리핀은 칸에게 중국으로부터 레이저 거리 측정기를 사들이지 않는 것이 좋겠다고 조언했다. 이스라엘에서 만든 것을 중국이 수입해 재판매를 하는 것이기 때문에 이스라엘로부터 직접 구입하는 것이 저렴하다는 이유였다. 칸은 "싫다. 우리는 중국으로부터 수입한다. 중국은 우리의 친구다"라고 말했다고 한다. 그리핀은 칸이 요구한 부품을 구입해 파키스탄으로 보내는 일을 맡았다. 그는 "파키스탄 사람들이 이 부품들로 무엇을 하는지에는 관심이 없었다"고 했다. "내가 다른 사람한테 자동차를 팔 때 이 사람에게 자동차를 은행털이에 사용할 계획이냐고 물어보지 않는 것과 똑같은 것이었다. 나는 물건을 사면 포장을 해서 파키스탄에 보낼 뿐이었다."

前 직장동료를 포섭하려 한 칸

칸은 순조롭게 원심분리기에 필요한 부품들을 구입했지만 P-1 하부에 있는 베어링 문제를 여전히 해결하지 못했다. 그는 1976년 8월 위험한 행동에 나섰다. 네덜란드에서 함께 근무했던 프리츠 비어먼에게 직접 편지를 쓴 것이다. 그는 자신이 네덜란드로 곧 돌아갈 것이라고 했다. 비어먼은 두려웠고 자신이 네덜란드에 없을 것이라고 거짓말을 했다. 칸은 1976년 9월 네덜란드로 갔다. 그는 FDO의 판매 담당자에게 사용이 중단된 CNOR 원심분리기에 들어가는 부품들을 판매할 것을 요구했다. 그는 비어먼에게도 다시 편지를 썼다. 핵심 기밀 사안들을 자신에게 제공해달라고 요구했다. 칸은 "이것들은 아주 작은 것들이다. 나를 실망시키지 않기를 바란다"고 했다. 비어먼이 답하지 않자 칸은 또 한 번 편지를 보냈다. FDO에 있는 다른 직원과 함께 파키스탄 여행을 올 생각이 없냐고 했다. 칸은 파키스탄에서 이들이 할 수 있는 일이 있다며 잠시 쉬면서 돈도 벌어가지 않겠냐고 했다. 비어먼은 이런 제의를 모두 거절했다.

FDO 전직 동료로부터 답변을 받지 못한 칸은 URENCO에 물건을 납품하는 회사와 직접 접촉했다. 칸은 서독의 유명한 기계회사인 '레이볼드 헤라우스'의 세일즈 담당자 고타드 러치를 알게 된다. 칸은 CNOR과 G-2 원심분리기에 필요한 진공 펌프와 가스 정제 기기, 그리고 밸브 등을 구입하고 싶다고 했다. 칸은 처음에는 레이볼드 측이 당국에 신고할 것을 우려했으나 그런 일은 일어나지 않았다. 이 러치라는 사람은 기존 사업과 별개인 파키스탄과의 사업을 하는 것에 거부감을 느끼지 않았다고 밝혔다. 그는 그렇게 오랫동안 파키스탄과 거래를 하게 됐다. 그는 1980년대 초에 파키스탄과의 거래 문제로 독일 당국에 체포됐다. 그는 파키스탄에 약 130만 마르크화 상당의 물품을 수출한 혐의를 받았다. 그는 무죄로 풀려났다.

대범해지는 칸 박사

A. Q. 칸의 다음 작업은 우라늄 원광에서 분리된 중간생산물인 옐로케이크를 육불화우라늄(UF6)으로 바꾸는 것이었다. 옐로케이크는 우라늄 원광을 화학 처리해 순도를 높인 고체 물질이다. UF6는 우라늄 농축을 위해 원심분리기에 주입되는 기체 물질이다. 당시 칸이 필요했던 기술은 형석(螢石)을 불소로 만드는 기술이었다. 또한 이 불소를 옐로케이크와 섞어 우라늄을 농축하는 기술이 필요했다.

칸은 서베를린 기술대학교에서 친분을 쌓았던 하인즈 메부스라는 사람에게 접촉했다. 메부스는 당시 서독의 병원에서 엑스레이 기계를 설치하는 일을 하고 있었다. 이때 칸이 접촉한 또 한 명의 사람은 알브레히트 미구엘이었다. 그는 1967년부터 파키스탄에서 사업을 한 사람이었다. 그는 버터와 마가린을 만드는 공장을 파키스탄에서 짓고 파키스탄 정부와 관계를 맺어온 사람이다. 그의 사업은 계속 커져갔고 파키스탄 정부로부터 형석을 수출하는 면허를 취득하기도 했다. 그는 마가린부터 치약까지 형석을 필요로 하는 유럽 회사들에 이를 판매했다. 그 역시 칸을 돕겠다고 했다. 그는 1976년 11월 13일 100만 달러 계약을 맺고 카라치에 불소 공장을 만들기로 했다. 이듬해 그는 물탄 외곽지역에 우라늄 변환 시설을 만드는 계약도 따냈다. 파키스탄 정부는 미구엘과 하인즈 메부스 등 협력자들을 파키스탄에 초대해 사업을 논의하기도 했다.

칸은 점점 더 대범해졌다. 그는 직원 한 명을 프랑크푸르트에 보냈다. 여행 가방에는 옐로케이크 샘플이 가득 차 있었다. 칸은 독일의 핵 시설에서 파키스탄에서 만든 옐로케이크 샘플이 작동되는지를 직접 실험해 보려 했다. 그러나 이 직원은 독일 세관에서 조사를 받게 됐다. 이때 미구엘은 이 직원을 공항에서 만날 계획이었다. 미구엘은 세관 직원에게 가방에 들어 있는 물건은 그냥 평범한 불소 물질이라고 했다. 핵을 모르는 세관 직원은 이들을 그냥 통과시켰다.

칸은 메부스의 도움을 받아 독일의 세계적 전기제품 회사인 지멘스와 접촉했다. 칸은 지멘스에서 근무하던 터기계(系) 엔지니어 군스 시레라는 사람을 스카우트했다. 칸은 자신의 결혼식에 유일하게 참석했던 대학교 친구인 헨크 슬레보스에게도 연락했다. 1977년 1월, 슬레보스는 직장이 없는 상황이었고 칸이 원심분리기에 필요한 부품을 구하는 것을 돕게 됐다. 슬레보스는 칸이 심어 놓은 사람들과 함께 물건을 구하기 시작했다. 슬레보스와 시레는 전자기 모터와 발전기. 알루미늄 주조(鑄造)를 구해 파키스탄으로 보냈다.

"왜 우리만 核을 못 갖게 하나?"

앞서 언급한 피터 그리핀이라는 칸의 영국 협력자는 칸의 의도를 알지 못했다고 주장했다. 하지만 슬레보스는 칸이 처음부터 핵무기를 만들 것이라는 것을 솔직하게 밝혔다고 했다. 그는 1992년 한 언론과의 인터뷰에서 칸이 "지구의 절반은 핵폭탄을 가져도 되고 나머지 절반은 이들이 멍청하기 때문이든 어떤 다른 이유에서든 핵폭탄을 갖지 못한다고 한다면 이는 나의 심기를 크게 거슬리게 하는 일이다"라고 말했다고 했다. 슬레보스는 칸이 비확산조약(NPT)에 불만이 많았다고 했다. 미국과 러시아, 영국, 프랑스 4개국이 만든 이 조약에 동의할 수 없다고 했다고 한다. 자신들은 핵무기를 보유하고 국제원자력기구(IAEA)의 사찰도 받지 않는데 다른 국가들만 핵무기를 갖지 못하게 하는 것은 말이 되지 않는다는 생각이었다.

'버터 공장 작전'

슬레보스는 파키스탄에 물건을 구입해 보내는 것이 일상이 됐다. 핵무기를 위한 기술 및 부품을 제공하는 것을 당연하게 생각한 것이다. 대범해진 그는 하나의 실수를 하게 된다. 그는 전에 같이 근무했던 회사의 상사인 니코 존다그에게 접촉했다. 슬레보스는 URENCO에서 사용하는 G-2 원심분리기의 시제품 관련 자료들을 들고 다니며 이에 필요한 부품을 구하고 싶다고 했다.

존다그는 그의 요청을 거절하고 URENCO의 네덜란드 협력사인 UCN에 슬레보스와의 접촉 사실을 알렸다. 존다그는 네덜란드 정보당국에도 연락을 해 슬레보스에 대해 알렸다. 존다그는 슬레보스가 파키스탄으로 출국할 계획이라는 사실도 알렸다. 존다그는 이후 한 언론과의 인터뷰에서 당시의 상황을 소개한 바 있다. 그는 "내가 들은 유일한 답변은 '만약 그가 다시 너를 찾아오면 그의 서류 가방을 꼭 잡고 있어라'였다. 내가 풍차와 싸우고 있다는 느낌을 받았다"고 했다.

파키스탄은 핵무기 개발 부품 조달 과정을 흔히 '버터 공장 작전'이라고 불렀다. 이는 알브레히트 미구엘이 1960년대에 파키스탄에서 마가린 공장을 지은 것에서 따온 이름이다. 칸을 비롯한 고위 인사들은 농담으로 농축 우라늄을 '케이크'나 '비스킷'이라고 불렀다. 이 농축 우라늄을 UF6라는 '버터'로부터 만들어내는 최종 결과물이라고 봤다.

칸과 칸의 협력자들은 이들의 핵개발 계획이 발각되는 것을 크게 걱정하지 않았다. 칸은 자신들이 무엇을 하는지 유럽 사람들이 제대로 알지 못한다는 확신이 있었다. 우선 원심분리기 기술이 새로운 것이었기 때문에 이를 이해하는 사람이 많지 않았다. 이 때문에 관련 부품이 해외로 유출되는 것에 대해서도 유럽 각국 정부가 제대로 문제삼지 않았다. 칸이 주문한 제품들 대다수는 IAEA가 지정한 핵 관련 기기 목록에 포함되지도 않았고 유럽의 수출 금지품목에 해당되지도 않았다. 가스발생로 및 응고 관련 기기는 크기가 엄청나게 컸음에도 파키스탄으로 수출됐다. 이는 크기가 너무 커서 허큘리스 C-130 수송기 세 대에 나눠져 실려 파키스탄으로 갔다. 당시 이 기기를 판매했던 스위스의 'CORA 엔지니어링' 관계자는 "스위스 정부로부터 이 계약에 문제가 없다는 답변을 받았었다"고 훗날 언론 인터뷰에서 밝혔다.

칸의 지도교수였던 루벤 대학 브라버스 교수는 카후타 시설로 초청받은 적이 있다. 그는 훗날 인터뷰에서 "칸은 일하기 좋은 환경을 갖추고 있었다. 관련 기기를 구입하는 과정을 언급하자면 그는 거의 모든 회사들, 엄청나게 많은 언어들을 알고 있었다. 그는 매우 매력적인 사람이었고 이 때문에 다른 파키스탄 사람은 살 수 없었던 많은 것들을 사들일 수 있었다"고 했다.

칸 박사는 근속 25주년 기념사에서 다음과 같이 말했다.

〈서방세계는 파키스탄과 같은 후진국이 이(핵) 기술을 마스터할 수 없을 것이라고 확신했다. 서방세계는 우리에게 모든 것을 팔기 위해 끈질기게 노력한 사실을 한 번도 외부에 알리지 않았다. 자신들이 (유럽의 핵시설인) 알멜로와 그로노, 카펜허스트 시설에 기기를 팔았다며 관련 세부 정보를 우리에게 보내오는 내용의 편지와 텔렉스를 수없이 많이 받았다. 이들은 우리가 자신들의 기기를 사줄 것을 애원하다시피 했다.〉

1976년에 들어 부토 총리는 실험 갱도 건설을 지시했다. 파키스탄 곳곳에 8개의 갱도를 건설했다. 이 갱도들은 20킬로톤의 폭발을 버텨낼 수 있게 건설됐다. 이는 2차세계대전 당시 일본 나가사키에 떨어진 폭탄의 위력 정도다. 이 갱도들은 1980년에 모두 완공됐다.

키신저의 흥미로운 제안

국제사회는 파키스탄이 우라늄 농축 기술을 사용한 핵개발에 나서고 있다는 사실을 전혀 파악하지 못했다. 파키스탄이 계속 프랑스와 접촉해 재처리시설을 수입, 플루토늄으로 핵무기를 만들려는 줄로만 알았다. 프랑스에 압박을 가해 재처리시설이 파키스탄에 들어가는 것을 막으면 문제가 없을 것으로 봤다. 당시 미국 정부에서 파키스탄 핵무기 개발 문제를 담당했던 사람 중 한 명은 로버트 갈루치다. 그는 1990년대에서 2000년대에 들어서는 북핵 문제를 담당했던 사람이고 국무부 북핵 특사를 지냈다. 1970년대의 갈루치는 국무부 비확산 부서에서 근무하던 젊은 직원이었다.

1975년 1월 22일 갈루치가 작성한 보고서가 기밀해제돼 공개돼 있다. 그는 이 보고서에서 "파키스탄의 핵 산업이 현재 우려스러운 상황은 아니다"라고 했다. 그는 "파키스탄은 핵개발 시작 단계에 있다. 인도의 핵 실험 이후 파키스탄이 핵을 개발하려는 야욕이 생긴 것은 분명하지만 현재 플루토늄을 통한 개발에서 막혀 있기 때문에 핵무기를 개발할 때까지는 여러 해가 필요할 것이다. IAEA가 이런 과정을 잘 감시한다면 서방세계가 걱정할 일은 없을 것이다"라고 했다. 공개된 파키스탄의 정보가 한정적이기는 했지만 이 역시 미국 정부의 정보 실패 사례로 볼 수 있다.

헨리 키신저 국무장관은 1976년 2월 부토 총리와 뉴욕에서 만난 자리에서 흥미로운 제안을 하기도 했다. 키신저는 부토가 재처리기술을 개발하는 프로젝트를 중단하는 대가로 이란에 미국이 지원하는 핵시설을 건설하겠다고 했다. 당시 이란에는 친미(親美) 성향의 팔레비가 정권을 잡고 있었다. 키신저는 지역 국가들이 이 시설에서 나오는 전력 등을 공유할 수 있게 하겠다고 했다.

부토 총리의 셈법

부토 총리는 이런 제안을 거절했다. 파키스탄 등의 국가가 플루토늄을 사용한 핵개발에 나설 것을 우려한 미국 의회도 행동에 나섰다. 미국 상원은 1961년 통과된 해외원조법의 수정안을 제출했다. 이 수정안은 1976년에 통과됐다. 핵개발을 하려는 국가에는 경제 및 군사 지원을 하지 않겠다는 내용을 포함하도록 했다. 당시 파키스탄은 미국으로부터 연간 1억6200만 달러 상당의 원조를 받았다. 파키스탄이 플루토늄 재처리를 통한 핵개발에 나설 경우 이 원조가 끊길 수 있는 상황이었다.

부토 총리는 그러나 이미 돈이 많이 들어가는 플루토늄 핵개발을 할 마음이 없었다. 또한 칸 박사가 지휘하는 우라늄 농축 핵개발 프로그램은 비밀을 유지한 채 순조롭게 진행됐다. 부토 정부에서 정보부 장관을 지낸 카우저 니아지는 훗날 언론 인터뷰에서 "부토는 재처리시설 구입에 계속 관심이 있다는 인상을 줘 카후타의 (우라늄) 핵시설의 존재를 숨기려 했다"고 했다. 부토 총리는 미국의 압박으로 재처리시설 프로젝트가 중단된 것처럼 행동하면 금전적으로도 이익이 있다고 봤다. 프랑스와의 재처리시설 수입 거래 계약을 진행 중인 상황에서 파키스탄이 다른 이유가 아니라 미국의 압박 때문에 계약을 취소한다고 하면 계약 파기 위약금 등을 물지 않아도 될 것으로 생각했다.

|03|

쿠데타 혼란 속 우라늄 농축에 성공

유엔에서 파키스탄의 도움을 받은 중국, 핵개발 지원으로 보답하다

코너에 몰린 부토 총리

자신감에 넘치던 부토 총리에게 예상치 못한 위기가 찾아왔다. 1977
년 1월 지미 카터가 미국의 대통령으로 취임했다. 그는 전세계에서의 핵
무기 비확산과 인권문제 개선을 주요 공약으로 들고 나왔다. 파키스탄
으로서는 두 공약 모두 부담스러운 사안이었다. 파키스탄 국내 지지세
력을 공고히하려는 목적이었던 부토 총리는 그해 3월에 조기선거를 치
르겠다고 발표했다. 부토가 이끄는 파키스탄인민당은 1970년 선거에서
저소득층의 큰 지지를 받아 압승했다. 부토는 이번 선거에서도 무난히
승리를 거둘 수 있을 것으로 봤다. 그러나 민심은 이미 떠난 상황이었
다. 부토의 권위주의적 정치 행태와 보수적 경제정책 등에 지지층이 이
탈했다. 야당세력은 마울라나 마우두디가 이끄는 자맛-에-이슬라미
정당 쪽으로 결집했다. 마우두디는 파키스탄을 더욱 엄격한 이슬람 종

교 정책을 기반으로 한 국가로 만들겠다고 했다. 학생과 노조의 지지를 받았던 이 정당은 중산층과 시골 지역 저소득층의 지지까지 받게 됐다.

1977년 3월 7일 치러진 선거에서 부토는 크게 패배했다. 부토는 선거 당일 속속 나오는 결과를 믿지 못하며 폭음했다. 부토의 파키스탄인민당은 선거 결과를 조작하기로 했다. 국회의석 200개 중 155개를 인민당이 따냈다고 발표했다. 이런 조작된 결과에 분노한 시민들이 길거리로 뛰쳐나왔다. 마우두디는 총파업을 선포했고 부토가 알코올중독자이자 무신론자라고 비판하고 나섰다. 부토는 카라치와 라호르를 비롯한 대도시에 계엄령을 선포했다. 시위대와 군부의 충돌로 200명 이상이 숨졌다.

코너에 몰린 부토는 미국이 파키스탄 국내정치에 개입했다는 주장을 하고 나섰다. 자신의 핵개발 야욕에 불만을 가진 미국이 정권교체를 하려 한다는 주장이었다. 부토는 의회에서 한 연설에서 헨리 키신저를 언급하며 자신의 주장이 사실이라고 했다. 키신저가 지난해 파키스탄을 방문했을 때 파키스탄이 핵과 관련해 정확한 입장을 취하라고 했다는 것이다. 그렇게 하지 않을 시 뒤따를 불이익을 부토에게 보여줌으로써 선례를 남기겠다고 했다고 주장했다. 미국이 파키스탄 정권교체에 개입했다는 주장은 사실이 아닌 것으로 알려졌다. 미국 입장에서는 부토의 핵개발 움직임이 부담스러웠던 것은 사실이지만 군부(軍部)나 다른 강경파가 권력을 잡아 협상 자체가 불가능해지는 상황을 더 우려했다.

지아의 쿠데타…수감되는 부토

부토에게 불만을 가졌던 사람 중 한 명은 부토 행정부에서 육군참모총장을 지낸 모하메드 지아 울하크(1924~1988)였다. 1977년 5월 지아 장군은 미국 대사관저에서 열린 독립기념일 행사에 참석한 부토 총리를 체포했다. 파키스탄 독립 이후 일어난 세 번째의 쿠데타였다. 부토는 2주 후에 풀려났고 권력을 잡은 지아 장군은 재선거를 실시하겠다고 했다. 그러나 마음을 바꾼 지아 장군은 9월 3일 부토를 다시 체포하고 라호르에 있는 감옥에 가뒀다. 지아는 부토가 살인을 저질렀다며 여론을 움직이기 시작했다. 1975년 발생한 한 야당 정치인의 부친이 숨진 사건 배후에 부토가 있다고 주장했다. 지아는 다시 치르기로 한 선거를 18일 앞두고 선거를 무기한 연기하겠다고 했다.

부토에 대한 재판은 10월 11일 시작됐다. 그는 살인죄를 비롯한 다른 중범죄 혐의로 재판을 받았다. 부토는 재판부에 파키스탄의 핵개발을 막기 위해 미국이 개입한 것이라는 주장을 했으나 받아들여지지 않았다. 부토의 딸인 베나지르 부토는 미국 하버드 대학교와 영국 옥스퍼드 대학교를 다닌 뒤 파키스탄에 돌아와 있었다. 훗날 파키스탄 총리를 지내게 되는 베나지르는 책 '디셉션' 저자와의 인터뷰에서 당시 상황을 소개했다. 감옥에 있는 부토 총리를 자주 찾아온 사람 중 한 명은 파키스탄원자력위원회(PAEC)의 무니르 아메드 칸 의장이었다고 한다. 그는 부토를 만나 그가 맡고 있는 플루토늄 기반의 핵개발 계획에 대해 계속 보고했다. 베나지르 부토는 "아버지는 수감생활 내내 무니르 칸과 연락을 주고받았다. 무니르 칸은 오렌지와 비타민을 갖고 아버지를 찾아오곤 했다. 무니르는 플루토늄과 프랑스 재처리시설 협상 문제에 대해 계속 얘기를 꺼냈지만 아버지가 궁금했던 건 카후타의 (우라늄 농축) 시설이었다"고 했다.

이때 A. Q. 칸 박사는 네덜란드에서 훔쳐온 CNOR 원심분리기를 파키스탄식으로 다시 만들어내는 데 성공했다. 여러 어려움이 있었으나 원심분리기를 만들어 작동을 시킬 수 있게 됐다. 칸은 UF6를 원심분리기에 주입해 우라늄을 처음으로 농축해보려는 계획을 세우고 있었다. 네덜란드 회사 FDO에서 번역가로 일하던 사람이 2년 만에 일궈낸 엄청난 진전이었다.

우라늄 농축에 성공하는 칸

라호르 고등법원은 1978년 3월 18일 부토에게 사형선고를 내렸다. 딸 베나지르는 영국에서 살고 있던 오빠 무르타자에게 편지를 보냈다. 아버지가 살아 있을 수 있는 시간이 얼마 남지 않았으니 할 수 있는 모든 것을 해야 할 때라고 했다. 무르타자는 미국 워싱턴으로 향했다. 그는 베나지르가 하버드 대학교에서 함께 생활했던 피터 갈브리스를 만나 도움을 청했다. 갈브리스는 미 상원 외교위원회에서 자문위원으로 근무하고 있었다. 미국 정계의 고위층과 연락해 부토 총리에 대한 이야기를 전달했다. 무르타자는 열심히 노력했다. 미국 정계 인사들이 부토 사면(赦免)에 대해 관심을 갖고 있다는 이야기가 파키스탄으로도 들어갔다. 지아 장군은 눈도 깜빡하지 않았다. 지아는 "어느 누구도 법을 피할 수 없다. 또한 어느 누구도 법 위에 있지 않다. 높이 올라간 사람일수록 더 세게 추락하는 법이다"라고 했다고 한다.

A. Q. 칸은 부토의 사형선고 문제에 신경을 쓸 겨를이 없었다. 1978년 4월 4일, 칸 박사는 부인 헨리에게 핵개발 프로젝트가 완전히 새로

운 단계에 접어들었다고 밝힌다. 헨리는 훗날 인터뷰를 통해 당시 칸이 육불화우라늄(UF6)을 자신이 개발한 파키스탄식 원심분리기인 P-1에 주입해 우라늄을 농축하는 데 성공했다고 말했다고 밝혔다. 헨리는 당시 인터뷰에서 "내가 파키스탄이 서방세계의 (핵개발) 독점시장 장벽을 깨뜨렸다는 사실을 알게 된 거의 첫 번째 사람이었다"고 회고했다. 칸은 실험 성공 사실을 굴람 이샤크 칸 재무장관과 아가 샤히 외무장관에게 알렸다.

지아 장군은 권력을 잡은 뒤 핵개발 프로그램을 자신의 측근인 군인이 총괄하도록 지시했다. 군대가 핵프로그램을 담당하는 것을 우려했던 부토 총리와는 정반대의 정책을 편 것이다. 부토는 군대가 카후타 핵시설 건설과 보안 문제만을 담당하도록 해왔다. 유럽에서 핵관련 부품을 조달하는 역할은 파키스탄 정보국에 맡겨왔다. 지아는 부토 총리 하에서 핵을 관리하던 민간 위원회를 해체시켰다. 그리고는 자신의 비서실장인 칼리드 마흐무드 아리프 장군을 핵프로그램 총괄 자리에 앉혔다. 칸은 이때부터 파키스탄 군부의 지시를 받고 움직이게 됐다. 아리프 장군은 지아 장군이 정권을 잡은 약 10년간 파키스탄 2인자로 군림하게 된다.

지아 장군은 코란의 가르침에 따르자는 지도자였다. 그는 칸 박사의 핵무기가 완성된다면 파키스탄만의 소유물이 아니라 全이슬람 세계가 공유할 수 있는 무기로 만들려고 했다. 이즈음 부토 총리는 감옥에서 파키스탄 원자력위원회의 무니르 칸 의장을 통해 A. Q. 칸의 우라늄 농축이 성공했다는 사실을 듣게 된다.

칸 박사는 캐나다 몬트리올로 이민을 간 그의 오래된 친구인 전기기기 엔지니어 아지즈에게 편지를 보냈다. 파키스탄 핵프로그램의 진전 상황을 소개하며 파키스탄으로 돌아와 함께 일하자는 요청이었다. 칸의 첫 번째 편지가 몬트리올에 도착한 것은 1978년 6월 13일이었다. 칸은 유럽에서 새로 구입한 장비들을 사용하는 데 어려움을 겪고 있다며 도움을 청했다. 그는 이날 편지에서 자신이 만들어낸 파키스탄식 원심분리기가 제대로 작동하고 있다는 것을 자랑했다. 그는 "6월 4일은 우리 모두에게 역사적인 날이었다. 그날 우리는 기계에 '기체'를 주입했고 제대로 된 결과물을 만들어낼 수 있었다"고 했다. 그가 말한 기체는 UF6였고 결과물은 농축우라늄이었다. 그는 "예산을 지원받기 위해 이에 대한 내용을 상부에 알렸다. 이를 소개하자 그들은 무척 기뻐했고 우리를 축하해줬다"고 했다. 아지즈는 파키스탄에 와달라는 칸의 요구에 응하지 않았다.

뒤늦게 눈치를 챈 영국 정부

1978년 여름 영국 정부는 자국 내에서 파키스탄으로 수출되는 물품 중 핵무기에 사용되는 물품이 있다는 사실을 파악했다. 칸 박사는 영국의 네트워크를 통해 인버터 등을 수입해왔는데 영국이 이를 의심하기 시작했다. 1978년 7월 영국 에너지부는 관련 수사를 지시하고 파키스탄으로 향하는 모든 물품의 수출을 중단시켰다. 조사를 벌인 영국 의회는 1977년 12월 우라늄 농축에 사용되는 인버터 20여 개가 파키스탄에 수출된 것을 파악했다. 수출한 회사는 영국의 에머슨이라는 회사였다. 에머슨의 한 전직 직원은 의회 조사 과정에서 이 인버터가 우라늄 농축에 사용될 수 있다는 사실은 알았으나 파키스탄이 우라늄을 농축할 정도의 기술이 없다고 판단했다고 증언했다. 그는 "파키스탄이 이런 고난이도의 기기를 운영하는 방법을 절대 알지 못한다고 확신했고 인버터가 녹이 슬어 부서질 때까지 쓰일 일이 없을 것으로 봤다"고 했다.

영국 정부는 인버터가 수출 금지 품목에 포함돼 있지 않았기 때문에 관련자들을 처벌하지는 못했다. 1979년 11월 고주파 인버터를 수출 규제 품목에 포함시키기로 했다. 칸 박사의 조력자인 영국의 피터 그리핀은 새로 도입된 규제로 어려움을 겪게 됐다. 그는 영국 정부의 감시명단에 포함됐다. 그는 영국 세관 담당 직원들에게 이렇게 말했다고 한다.

〈나는 파키스탄이 무엇을 하는지 전혀 궁금해하지도, 이를 물어보지도 않았다. 나는 수출 규제법을 제대로 따르며 합법적인 일만 했다. 나는 사업가다. 나는 총알을 팔지도 않았다. 사람을 죽일 수 있는 물건을 팔지 않았다. 핵과 관련돼 있을까 봐 당신들이 우려하고 있는 것으로 알고 있다. 내가 아는 한 A. Q. 칸은 평화로운 목적의 원자력 개발을 하고 있다. 나는 모든 국가가 평화로운 목적으로 원자력 개발을 할 수 있는 권리가 있다고 생각한다. 당신들(영국 정부)이 아프리카 국가들에 무기와 수갑, 고문 도구들을 수출하는 일을 멈추면 나도 멈추겠다.〉

그리핀은 경찰이 수시로 자신을 검문했다고 했다. 과속이나 음주운전 등의 혐의로 그를 체포하려 했다고 했다. 그리핀은 책 '디셉션' 저자와의 인터뷰에서는 영국 정보당국 직원이 그를 찾아와 돈으로 매수하려 했었다고 주장하기도 했다. 당시 스완지에 있던 그의 사무실을 찾은 영국 정보국 직원들은 사무실 물건 이것저것을 가리키며 사용 용도를 물었다고 했다. 그중 한 명은 "파키스탄이 (핵) 폭탄을 만들려고 한다는 사실을 알지 못하겠느냐"라고 물었다고 했다. 그는 "알고 있는 것을 다 말해주면 많은 돈을 제공할 수도 있다"고 했다고 한다. 그리핀은 "얼마나 많은 돈을 줄 수 있느냐"고 물었다. 그 직원은 5만 파운드를 제시했다고 한다. 그리핀은 "돈이 얼마가 됐든 내가 쌓아온 (그들과의) 신뢰를 깨지 않을 것"이라며 거절했다고 한다.

고도화되는 파키스탄의 원심분리기

영국에서 활동하던 그리핀과 파키스탄 사업가 압두스 살람은 영국을 떠나기로 결심했다. 이들은 자유무역지구인 아랍에미리트의 두바이로 가기로 했다. 영국에서 두바이로 향하는 수출 품목은 파키스탄만큼 까다롭게 관리되지 않았을 때였다.

부토 전 총리의 재판은 막바지를 향해갔다. 부토는 항소이유서를 통해 미국이 정권교체에 개입했다는 주장을 거듭했다. 지미 카터 미국 대통령도 부토의 사면을 요구한다는 입장을 밝혔으나 대법원은 이를 받아들이지 않았다. 지아 장군 측근들 역시 전직 총리를 살인죄로 처벌하려는 시도에 불만을 갖는 상황이었다. 국가 위신에 도움이 되지 않는다는 주장이었다. 부토는 코너에 몰렸지만 끝까지 자신이 추진한 비밀 핵 개발 계획에 대해서는 털어놓지 않았다.

칸 박사는 캐나다에 있는 친구 아지즈에게 또 편지를 썼다. 그는 이 편지에서 자신이 원심분리기 여러 개를 직렬 및 병렬로 연결한 캐스케이드 방식의 실험을 하고 있다고 밝혔다. 여러 원심분리기를 연결해 우라늄을 농축해야만 무기화할 수 있는 수준의 농축 우라늄을 만들어낼 수 있다. 칸 박사는 1979년 3월 원심분리기 캐스케이드의 실험에 성공했다.

곤란해진 네덜란드

1979년 3월 28일, 칸 박사는 처음으로 세상에 이름을 드러내게 됐다. 서독 공영 TV 방송국 ZDF는 압둘 카디르 칸의 핵개발에 대한 다큐멘터리 방송을 내보냈다. 파키스탄이 네덜란드의 알멜로 시설에서 훔친 원심분리기 청사진을 통해 핵개발을 하고 있다는 내용이었다. 전세계는 충격에 빠졌고 네덜란드 정부는 조사에 착수했다. 네덜란드 정부는 비난을 피하기 위해 사실을 은폐하기로 결정했다. 당시 작성된 네덜란드 경제부의 기밀 문건에는 "네덜란드가 파키스탄의 (핵개발) 시도를 도와준 일은 하나도 없다고 주장하는 것이 최우선 과제다"라고 적혀 있다. 우라늄 콘소시엄 회사인 URENCO는 칸을 애초에 채용한 FDO의 잘못이라고 주장했다. FDO는 URENCO의 네덜란드 회사인 UCN 잘못이라고 했다. 기밀 인가가 떨어지지 않은 칸을 내부에 출입시켰기 때문이라는 것이었다. 이들 회사들은 네덜란드 정부가 칸에게 초급 기밀 인가라도 내준 것부터 잘못된 것이었다며 정부에 책임을 떠넘기기도 했다.

1979년 5월 네덜란드 정부의 초동 수사보고서가 발표됐다. 보고서는 "칸이 URENCO 원심분리기 기술 및 연구 프로그램의 중요하지 않은 부분에만 접근할 수 있었다"고 했다. 일종의 책임 회피를 한 것이다. 이 시기 칸과 FDO 회사에서 함께 사무실을 썼던 프리츠 비어먼은 네덜란드 정보당국에 체포돼 조사를 받았다. 네덜란드 정보당국은 비어먼에게 "이 문제에 대해 절대 얘기를 해서는 안 된다. 너의 문제가 아니라 네덜란드에 위험한 일이기 때문이다"라고 말했다. 네덜란드 정부는 공개적으로 칸이 취득한 정보는 중요하지 않은 내용이었다고 주장했다. 그러나 정부 안에서는 이 문제를 심각하게 받아들였다. 네덜란드 정보당국은 칸이 1975년 12월 네덜란드를 떠나기 몇 달 전부터 정보들을 훔쳤다고 관계 부처에 보고했다. 원심분리기인 CNOR과 G-2의 기술 역시 이에 포함됐다고 했다.

URENCO 컨소시엄 참여국인 영국과 독일은 네덜란드에 분노했다. 왜 문제를 처음 파악했던 1975년에 이를 알리지 않았냐는 것이었다. 프리츠 비어먼은 1975년에 칸이 정보를 훔치고 있을 수 있다는 사실을 상부에 알렸다. 1976년 당시 칸은 FDO 직원들에게 원심분리기 사용과 관련한 추가 정보를 문의하는 편지를 보냈다. 네덜란드는 1977년에는 운영이 중단된 CNOR 원심분리기의 부품 납품업체가 파키스탄에 물건을 수출한 사실을 파악하기도 했다. 이스라엘과 미국도 네덜란드 정부에 제대로 된 답변을 요구했다. 카터 대통령은 네덜란드 정보당국의 수사보고서를 믿지 못하겠다며 CIA가 자체 조사를 실시할 것을 지시했다.

1979년 3월 칸 박사는 지아 장군에게 핵프로그램 진전 상황을 보고하러 갔다. 그는 10쪽 분량의 편지를 들고 지아를 찾아갔다. 부토 총리의 사형을 재고해달라는 요구가 담긴 편지였다. 지아는 이 역시 무시했다. 지아는 부토가 저지르지 않은 살인죄로 사형 선고를 받았다는 사실을 알고 있었다. 그러나 부토를 풀어주게 되면 그가 정치적으로 부활하게 될까 우려했다.

부토 총리의 최후

1979년 4월 3일 부토의 사형이 집행되는 날이었다. 사형은 원래 이날 오전에 집행될 예정이었으나 기상 악화로 하루 연기됐다. 사형장에서 그의 가족 장지(葬地)가 있는 지역까지 비행기로 이동할 수 없었기 때문이었다. 3일 오전 그는 마지막으로 가족들과 인사를 나눴다. 부토는 딸 베나지르에게 파키스탄을 떠나 사는 것이 어떻겠냐고 했다고 한다. 베나지르는 "당신이 시작한 민주주의를 위해 계속 투쟁해나갈 것"이라고 말했다고 회고했다.

4월 3일 저녁. 부토는 종이와 펜, 그리고 면도도구를 가져다 달라고 했다. 지아 장군의 비서실장인 아리프 장군은 부토의 사형을 집행하는 임무를 받았고 부토의 최후를 지켜보게 됐다. 부토는 오후 8시 15분부터 9시 40분까지 종이에 무언가를 계속 써내려갔다. 그는 매우 괴로워하는 모습이었다고 한다. 9시 55분 그는 양치를 했고 10시부터는 바닥을 청소하기 시작했다. 11시가 조금 지나 그는 침대에 누웠다. 1979년 4월 4일 새벽 1시 45분, 그는 감방에서 사형집행장소로 이동했다. 밧줄이 그의 목에 감겨지고 얼굴에는 천이 씌워졌다. 2시 정각에 그를 떨어뜨리는 레버가 당겨졌다.

1979년 4월, 런던에 있는 한 인쇄소에서 근무하던 인도 출신 이민자는 흥미로운 글을 발견했다. 얼마 전 사형된 줄피카르 알리 부토가 감옥에 있을 때 쓴 글로 보였다. 이 글은 300쪽 분량이었고 파키스탄에서 밀반출된 것이었다. 이 인쇄소 직원은 인도 당국에 이 글을 전달했다. 당시 이 글을 분석한 것은 인도 정보당국에서 근무하던 기레시 삭시나였다. 삭시나는 책 '디셉션' 저자와의 인터뷰에서 당시 상황을 자세히 소개했다. 삭시나는 라지브 간디 정부에서 국가안보좌관을 맡는 등 요직을 두루 거치게 되는 사람이다. 삭시나에 따르면 이 글의 제목은 '내가 암살된다면(If I Am Assassinated)'이었다. 부토는 지아 정부가 자신에게 억울한 누명을 씌웠다며 억울하다는 내용의 글을 썼다. 이 글 중에는 파키스탄의 핵개발 계획을 소개하는 내용도 포함돼 있었다. 관련 내용을 소개한다.

〈내가 이 사형수 감방에 갇히기 직전에 우리는 완전한 핵역량을 갖추는 단계에 도달하고 있었다. 우리는 이스라엘과 남아프리카공화국이 완전한 핵역량을 보유했다는 사실을 알고 있었다. 기독교와 유대교, 힌두교 문명이 이런 역량을 갖췄다. 공산당도 이를 보유하고 있다. 이슬람 문명만이 이를 보유하지 못한 상황이었다. 그러나 이제 이런 상황이 바뀌려고 하고 있다. (중략)

내 공직생활 중 가장 중요한 업적은 11년간 지속된 집요한 협상을 끝내고 합의를 이뤄낸 것이다. 내가 이뤄낸 이 합의는 1976년 6월에 이뤄졌다. 이는 우리 국민과 조국의 생존에 가장 큰 성과이자 가장 크게 기여한 일일 것이다.〉

부토가 남긴 미스터리

이 문서는 부토가 핵개발에 대해 솔직한 의견을 남겼다는 것 이상의 가치를 지닌다. 그는 이 문서에서 '11년 협상'이라는 표현을 썼는데 이에 대한 궁금증이 증폭됐다. 인도 정보당국으로서는 파키스탄이 핵개발에 나섰다는 사실을 이미 알고 있었다. 부토의 이런 수수께끼 같은 발언을 토대로 핵개발의 시발점을 파악할 수 있다고 봤다.

삭시나 분석관은 인도가 1976년부터 파키스탄이 유럽을 통해 핵 관련 기술을 들여오고 있는 것과 칸 박사의 존재에 대해 알았다고 했다. 그런데 아무것도 갖추지 못한 나라가 카후타 우라늄 농축 시설을 도대체 어떻게 건설했는지, 다른 기술들을 어떻게 다 들여왔는지는 쉽게 이해가 되지 않았다고 했다. 인도는 또 다른 걸프 국가나 소련이 파키스탄에 자금을 지원한 것은 아니라고 봤다. 소련은 당시 인도를 지원했기 때문이라고 했다. 인도는 부토가 언급한 '1976년 6월 합의'가 처음에는 프랑스를 의미하는 것으로 봤다. 그러나 프랑스와 재처리시설 구입 합의를 이뤄낸 것은 1976년 3월 17일이었다.

부토가 11년 동안 협상을 해왔다면 협상은 1965년에 시작됐다는 것이다. 이는 1차 인도-파키스탄 전쟁이 일어난 해다. 인도는 당시 비밀리에 운영하던 플루토늄 재처리시설에서 나온 사용 후 연료를 제거하다가 국제사회에 적발됐다. 1965년은 부토가 "풀만 먹더라도 핵개발"이라는 발언을 해 미국의 군사원조가 중단된 해이기도 하다. 이 해는 중국과 파키스탄이 처음으로 무역협정을 맺은 해이고 중국이 카슈미르에서 인도와 싸우는 파키스탄을 도와줬을 때다. 삭시나는 부토가 말한 합의가 중국을 뜻하는 것이라는 것을 알게 됐다.

1965년 중국과의 협상에 나섰던 인물 중 한 명은 지아 정권에서 외교장관이 된 아가 샤히였다. 샤히는 '디셉션' 저자와의 인터뷰에서 "1965년은 파키스탄에 있어 결정적인 해였다"며 "다른 곳으로부터 받아낼 수 없었던 수십 년간의 지원을 중국으로부터 받아내는 합의를 이뤄냈다"

고 했다. 중국과 파키스탄의 관계는 1971년에 들어 더욱 가까워진다. 당시 국제사회는 유엔 안전보장이사회 상임이사국 자리를 두고 서로 갈라졌다. 미국은 장개석(蔣介石)이 이끄는 대만을 밀고 있었다. 샤히는 당시 駐유엔 파키스탄 대사였다. 파키스탄은 중국을 밀었다. 당시 미국의 유엔 대사는 조지 H. W. 부시였다. 부시는 샤히에게 장개석의 대만을 밀어달라고 요구했다고 한다. 중국은 이때 국제적 로비에 성공해 유엔에 입성하게 됐다.

중국, 파키스탄의 핵개발을 돕다

이듬해 파키스탄은 동파키스탄과의 문제로 인도와 또 한 차례의 전쟁을 치른다. 이때 인도는 중국이 개입 움직임을 보이면 중국의 핵시설을 폭파하겠다는 위협을 가하기도 했다. 파키스탄과 중국의 관계가 더욱 가까워지게 되는 계기였다. 1976년 5월 부토 총리는 중국 베이징을 방문했다. 이 자리에서 중국은 파키스탄이 카라치에서 운영하고 있던 KANUPP 원자력 시설에 대한 지원을 약속했다. 파키스탄은 1960년대에 이 시설을 캐나다로부터 들여왔으나 미국의 압박으로 제대로 된 운영이 불가능했다. 이 시설이 제대로 작동할 수 있도록 중국이 돕겠다고 한 것이다. 미국 정보당국은 부토가 중국을 방문한 얼마 뒤 카라치 원자력 시설에 중국 기술자들이 들어온 것을 확인했다.

공개된 미국 정보당국 기밀문서에 따르면 중국은 파키스탄에 UF6를 제공하겠다는 약속도 했다. 파키스탄은 UF6를 자체 개발할 시설을 갖추지 못했다. 미국으로부터 이를 수입했는데 1977년 6월 미국은 UF6

지원을 끊겠다고 압박했다. 이때 중국이 UF6를 지원해주기로 한 것이다. 샤히에 따르면 중국은 핵개발에 필요한 삼중수소와 동위원소, 그리고 핵 탑재가 가능한 미사일 기술을 제공하겠다고도 했다. 중국의 이런 행동은 비확산조약(NPT)을 대놓고 무시한 행동이었다.

중국 "파키스탄의 도움을 평생 잊을 수 없다"

지아 정권에서 비서실장을 지낸 2인자 아리프 장군 역시 '디셉션' 저자와의 인터뷰에서 중국과의 협력 관계를 털어놨다. 그는 다음과 같이 말했다.

〈겉으로 봤을 때 파키스탄과 중국은 매우 다른 국가다. 중국은 신(神)을 믿지 않는 사회이고 자유로운 시장이나 선거가 없는 곳이다. 지난 50년간 중국이 파키스탄의 국내정치에 개입하거나 우리가 반대로 중국 국내정치에 개입했던 적은 내 기억에 한 번도 없다. 중국은 아무 조건 없이 모든 것을 무료로 제공했다. 지아 대통령이 1977년 중국을 방문할 때까지 파키스탄이 중국의 지원에 답례로 돈을 제공한 적은 한 번도 없다. 지아는 '감사하지만 우리가 답례를 해야 하지 않겠습니까'라고 말했었다. 중국은 '아닙니다 대통령 각하. 우리가 유엔에 참여하지 못했을 때 당신들이 우리에게 준 지원을 평생 잊을 수 없습니다. 우리는 외톨이였는데 당신들이 우리를 도와줬습니다'라고 말했다.〉

| 04 |

소련의 아프간 침공, 딜레마에 빠진 미국

서방세계의 숯방위적 제재에 自力으로 부품 생산에 나선 파키스탄

"6개월만 더 있었다면…"

A. Q. 칸 박사는 전세계적으로 유명한 인물이 됐다. 언론들은 파키스탄과 칸의 핵개발 계획을 '신밧드의 모험' 등으로 묘사하며 집중적으로 보도했다. 1979년 6월 4일 칸 박사는 캐나다에 거주하는 친구 아지즈에게 보낸 편지에서 전세계에서 자신에게 보내는 관심을 언급했다. 그는 "(언론의) 왜곡에는 정말 끝이 없다"며 "전세계가 우리를 지켜보고 있다"고 했다. 그는 "그러나 우리에겐 한 가지 기쁜 일이 있다. 지구 한쪽 끝에서 반대쪽 끝까지에 있는 사람들을 잠 못 들게 했고 그들의 삶을 비참하게 만들었다"고 했다.

파키스탄의 핵개발 움직임이 언론을 통해 세상에 알려지자 영국과 미국 등에서 파키스탄에 상품을 수출하던 회사들은 파키스탄과의 거래를 끊었다. 미국 정부는 부토 총리가 사형된 이틀 후 파키스탄에 제재

를 부과했다. 핵개발을 하는 국가들에 대한 원조를 끊는 수정법안은 상원을 통과해 1976년 4월부터 시행됐다. 전방위로 압박을 받은 칸은 아지즈에게 보낸 편지에서 "우리에겐 딱 6개월만 더 있었으면 됐는데 안타깝게 생각한다"고 했다.

다른 나라로부터 핵 관련 부품을 수입해올 수 없게 되자 칸 박사는 파키스탄 내에서 직접 필요 물품을 만들기 시작했다. 이미 사들인 부품과 관련 기기들을 연구해 자체 생산하기로 했다. 중국은 계속해서 핵개발에 필요한 원자재와 폭탄 및 미사일 설계도를 제공했다. 하나의 문제는 중국이 옛날 방식인 '디퓨전' 방식으로 우라늄을 농축했다는 점이었다. 파키스탄은 원심분리기를 통해 우라늄을 농축하려 했는데 이 부분에서는 중국의 도움을 받을 수 없었다.

'이미 엎질러진 우유'

칸은 원심분리기 역시 자체 생산하기 시작했다. 칸은 아지즈에게 보낸 편지에서 "궁극적으로 우리는 이 물건들을 북미(北美) 지역에 판매하게 될 것이다. 우리의 가격은 다른 나라들보다 절반 이하로 저렴할 것이기 때문에 외화를 벌어들일 수 있을 것이다"라고 했다. 가격 경쟁력에서 앞설 수 있다는 것이었다. 아지즈는 칸에게 답장을 보냈다.

〈당신은 전세계에서 유명인사가 됐다. 지금까지 사람들은 파키스탄에 실력이 있는 사람이 있을 것이라고는 생각하지도 못했다. 그러나 이들은 곧 이 사실을 깨닫게 될 것이다. 토마스 피커링 차관이 (미 상원에서 증언하는 모습이) TV를 통해 중계됐다. 피커링은 (파키스탄의 진전 상황과 관련) 꽤나 실망한 모습이었다. 그는 "우리는 이를 멈출 수 없다. 이미 엎질러진 우유 앞에서 울어봐야 소용없다"고 했다.〉

미국은 당시 외교적으로 어려운 상황이었다. 여러 문제가 겹쳐 파키스탄 핵문제에 집중할 여력이 없었다. 1978년 아프가니스탄에서는 소련이 지원하는 공산당 세력이 정권을 잡게 됐다. 소련은 인도와 밀접한 관계를 가진 것에 이어 아프가니스탄에까지 영향력을 확장시켰다. 파키스탄은 카터 행정부에 더욱 강력한 조치를 취할 것을 요구했으나 미국은 일반적인 심리전 정도의 행동만 했다. 베트남 전쟁 이후 미국의 군사개입을 반대하는 여론이 거세졌는데 또 다시 군사 조치에 나서는 것에 부담을 느꼈다.

1979년 이란 혁명으로 親美 성향의 팔레비 정권도 무너졌다. 이슬람 시아파 원리주의 노선의 아야톨라 호메이니가 정권을 잡았다. 파키스탄도 위기감을 느꼈다. 파키스탄은 팔레비 정권과 가까운 사이는 아니었지만 새로 정권을 잡은 호메이니가 더 위험한 사람이라는 것을 알고 있었다. 호메이니는 파키스탄의 지아 장군을 싫어했다. 부토 총리의 부인은 시아파였는데 부토 총리를 사형시킨 것을 못마땅하게 생각했다. 당시 파키스탄의 인구 약 20%는 시아파였다. 지아 장군은 호메이니가 권력을 잡은 이후 파키스탄 내부에서도 시아파의 혁명 움직임이 일어나게 될까 우려했다.

갈루치의 잠입취재

파키스탄과 미국은 공통된 이해관계를 찾게 됐다. 이란 호메이니는 취임 후 이란에서 활동하던 미국 정보국의 사무실 두 개를 폐쇄시켰다.

당시 미국은 이란을 중점지로 삼고 중동 및 인근 아시아 지역의 정보를 수집했으나 이런 중요한 일을 하지 못하게 됐다. 정보 수집 능력에 타격을 받은 미국은 불안해졌다. 미국은 파키스탄과 협력해 아프가니스탄 문제에 있어 더욱 구체적인 행동에 나서기로 했다. 파키스탄은 이 과정에서 미국의 새로운 눈과 귀가 되는 역할을 하게 됐다.

카터 행정부는 파키스탄과의 협력은 이어가면서 이 국가의 핵개발을 중단시키려고 했다. 은퇴한 베테랑 협상가 제럴드 스미스를 다시 불러들였다. 그는 소련과의 군축협상에서 중요한 역할을 맡았던 사람이다.

국무부의 로버트 갈루치는 스미스를 지원하는 역할을 맡게 됐다. 3년간 파키스탄의 핵개발 움직임을 관찰해온 갈루치는 파키스탄의 진전 속도에 거듭 놀랐다. 갈루치는 파키스탄의 카후타 핵시설에 잠입해 이를 확인하려 했다. 갈루치는 미국 대사관 차량을 빌려 카후타 지역으로 향했다. 파키스탄 경찰은 갈루치에게 어디로 가느냐고 물었다. 갈루치는 외교관들의 소풍 지역을 가보려 한다고 했다. 카후타 핵시설은 외교관들의 소풍 장소였으나 핵시설이 건설된 이후에는 모두 폐쇄됐다. 경찰은 갈루치를 그냥 보내줬고 갈루치는 카후타 시설 외부 사진을 몇 장 찍을 수 있었다. 갈루치는 직접 촬영한 사진을 비롯, 파키스탄의 핵개발 관련 내용을 시그바르드 에크룬드 국제원자력기구(IAEA) 사무총장에게 전달했다.

에크룬드 사무총장은 이런 사실을 외부에 공개해 파키스탄의 핵개발을 막아야 한다는 입장이었다. 파키스탄과의 협력이 필요했던 미국은 외부에 공개해 생길 외교적 파장을 우려했다. 미국 측 협상담당자였던 스미스는 에크룬드에게 이와 관련된 모든 내용을 비밀로 유지해야 한다고 했다. 또한 파키스탄이 핵무기를 만들기까지는 아직 몇 년이 더 걸릴 것이라고 했다. 이즈음 카후타가 또 한 번 전세계 언론에 소개되는 일이 발생했다. 파키스탄 주재 프랑스 대사와 직원 한 명이 갈루치처럼 카후타 핵시설을 방문하려다 파키스탄 정보요원들한테 폭행을 당하는 사건이었다. 파키스탄과 프랑스는 서로의 행동을 규탄했고 이들의 외교관계도 크게 악화됐다.

"왜 우리만 악마(惡魔)인가?"

제재로 인해 파키스탄은 못과 나사도 수입할 수 없는 상황이 됐다. 칸은 자체적으로 생산한 부품들을 사용해 핵개발을 할 수밖에 없었다. 그는 1979년 독일 잡지사 슈피겔에 기고문을 보내 서방세계의 제재를 규탄했다.

〈나는 자신들만 고결한 척 행동하는 미국인과 영국인들에게 질문을 던지고 싶다. 이 자식들은 신(神)이 임명한 전세계의 수호자로서 수십만 개의 핵탄두를 갖고 있다. 신이 부여한 권한으로 매달 (핵) 폭발 실험을 실시하고 있다. 우리는 아주 간단한 (핵) 프로그램만을 시작했을 뿐인데 사탄이자 악마로 보여지고 있다.〉

칸의 주장은 사실이 아니었다. 미국은 파키스탄의 핵개발이 너무 많이 진행됐다는 판단을 내렸다. 카터 대통령의 군축 관련 자문위원회에서 부의장을 맡았던 사람은 찰스 반 도렌이었다. 그가 1979년 9월 14일 열린 회의에서 한 발언은 기밀로 분류되다 나중에 공개됐다. 그는 "인도의 (핵실험) 재앙과 같은 일이 또 한 번 일어날 것 같다. 이 기차는 선로를 매우 빠른 속도로 질주하고 있다. 어떤 것도 이를 멈출 수 있을 것 같지 않다. 우리가 조금 늦었을 수도 있다'고 했다.

1979년 10월, 미국의 협상가 스미스는 파키스탄의 아가 샤히 외무장관과 비서실장 아리프 장군을 워싱턴으로 초청했다. 샤히는 카터 대통령과 면담한 뒤 즈비그뉴 브레진스키 국가안보보좌관을 만났다. 샤히는 책 '디셉션' 저자와의 인터뷰에서 브레진스키와 나눈 대화를 소개했다. 샤히는 "미국은 핵확산에 그렇게 반대한다고 했으나 인도가 폭탄을 터뜨렸다. 핵이 없는 국가들에 유엔 안보리 차원의 핵우산을 제공하면 어떻겠냐"고 말했다.

1974년 키신저가 단번에 이런 제안을 거절했듯 브레진스키도 이를 받아들이지 않았다. 브레진스키와의 면담 이후 미국의 핵심 참모들이 여럿 참여한 확대회의가 열렸다. 사이러스 밴스 국무장관과 워렌 크리스토퍼 국무부 부(副)장관 등이 참석했다. 크리스토퍼는 파키스탄이 비확산조약(NPT)에 가입하는 것을 제안했다. 샤히는 "인도가 가입하면 우리도 그렇게 하겠다"고 했다. 크리스토퍼는 "파키스탄은 무조건 가입을 해야만 한다"고 압박했다. 샤히는 "그렇게 할 수 없다. 파키스탄은 인도의 핵 및 재래식 무기 위협을 받고 있다"고 했다. 크리스토퍼는 한 발 물러섰다. 그는 "파키스탄이 다른 나라에 관련 기술을 이전하지 않겠다는 확답을 받고 싶다"고 했다. 샤히 장관은 이를 약속할 수 있다고 했다. 그러자 크리스토퍼는 파키스탄이 핵 폭발 실험을 하지 않겠다는 약속을 하라고 했다. 샤히는 "우리는 아직 그런 실험을 할 단계에 도달하지 않았다. 만약 그런 역량을 갖추게 된다면 (핵실험에 따른) 장단점을 검토할 것"이라고 했다.

'죽음의 계곡'으로 치닫는 파키스탄

밴스 국무장관은 샤히를 다른 곳으로 불러내 스미스를 소개시켜줬다. 샤히에 따르면 스미스는 "당신들은 안보 능력을 키우고 있다고 생각하지만 인도가 얼마나 앞서 나가고 있는지 전혀 알지 못한다. 인도는 당신들을 완전히 파괴시킬 수 있다. 당신들은 지금 '죽음의 계곡'으로 들어가려고 한다는 것을 모르고 있는가"라고 했다. 샤히는 "당신은 핵무기와 관련한 최고의 전문가이고 이런 당신과 얘기를 한다는 것이 매우 어렵다. 그런데 핵무기를 가졌을 때 갖게 되는 전략적 중요성은 핵 전문가가 아니어도 알 수 있다고 생각한다. (핵무기의) 가치는 보유하고 있는지에 달렸지 사용하는 것에 달린 것이 아니다"라고 했다. 샤히의 이런 발언에 회의장은 오랫동안 고요해졌다.

이런 협상이 진행되는 과정이던 1979년 11월, 미국의 이란 대사관이 습격당하는 사건이 발생했다. 미국 대사관 직원들이 인질로 잡히는 사건이었다. 이란 인질 사건이 발생한 얼마 뒤인 11월 21일, 파키스탄의 자맛-에-이슬라미 단체가 이슬라마바드의 미국 대사관을 공격했다. 이들은 미국 대사관에 불을 질렀고 네 명이 목숨을 잃었다. 카라치에 있는 미국 영사관에 대한 공격 시도도 발생했다. 얼마 후에는 리비아 트리폴리의 미국 대사관이 공격을 받았다. 미국은 파키스탄 대사관 방화 사건으로 분노했지만 파키스탄이 역내(域內)의 유일한 우방국이라는 판단에 별다른 조치를 취할 수 없었다. 샤히 외무장관은 유엔 및 미국의 요청에 따라 이란에서 호메이니를 만났다. 그는 미국인 인질을 석방해 달라는 요구를 했다. 호메이니는 이들은 대사관 직원들이 아니라 모두 미국의 스파이라며 석방할 뜻이 없다고 했다.

딜레마에 빠진 미국

미국은 소련이 남아시아와 중동지역에서 영향력을 확대해나가는 것에 제동을 걸어야 한다는 판단을 내렸다. 반전(反戰) 여론이 심해 지상군을 투입할 수 없었던 미국은 아프가니스탄 반군을 지원해 소련과 싸우는 대리전(代理戰) 전략을 택했다. 대리전을 위해서는 아프가니스탄과 국경을 맞대고 있는 파키스탄의 도움을 받아야 했다.

1979년 12월 26일 브레진스키 국가안보보좌관은 대통령에게 보고서를 올렸다. 훗날 공개된 이 기밀문서에서 브레진스키는 앞으로의 대(對)파키스탄 전략을 결정짓게 되는 중요한 정책 변환을 제안했다. 그는 "(아프간 관련) 계획이 성공하기 위해서는 파키스탄이 반군(叛軍)을 도울 수 있도록 안심을 시키고 격려할 필요가 있다. 그렇게 하기 위해서는 對파키스탄 정책을 검토해야 할 필요가 있다. 더 많은 군사 원조 및 약속을 해줘야 한다. 파키스탄에 대한 정책은 우리의 비확산 정책과 별개로 이뤄져야 한다"고 했다. 브레진스키는 비확산을 공약으로 대통령에 당선된 카터에게 비확산 정책을 뒤로 미뤄야 한다는 조언을 한 것이다. 카터도 아프간 문제 해결을 위해서는 이런 제안을 받아들일 수밖에 없었다.

당시까지만 해도 미국이 아프간에 지원한 금액은 50만 달러가 채 되지 않았다. 이 돈은 액수가 워낙 적어 CIA의 예산 내에서 해결할 수 있었다. 미국은 파키스탄을 통해 아프간 반군 지원금을 제공했다. 미 의회가 눈치를 채지 못하게 할 필요가 있었다. 그러나 미국이 아프간 반군 지원을 본격적으로 하게 되면서부터 미국 의회의 승인을 받아야 하는 문제가 발생했다. 미국 의회는 해외원조법에 따라 핵개발을 하는 나라에는 지원을 하지 못하도록 했다. 카터 행정부는 이런 법을 피해 파키스탄에 돈을 집어넣는 방법을 강구하게 됐다.

"파키스탄은 4억 달러 정도에 사들일 나라 아니다"

1980년 1월 카터 대통령은 이른바 '카터 독트린'을 선포했다. 소련에 대해 강경한 입장을 취하지 못했던 대통령이 첫 번째 임기 마지막 해를 앞두고 강경노선으로 선회한 것이다. 카터는 "북쪽에서 오는 위협으로부터 파키스탄이 독립과 안보를 지켜낼 수 있도록 하기 위해 군사와 식량을 포함한 원조를 제공할 것"이라고 했다. 그는 "미국은 파키스탄이 외부의 도발로부터 자신들을 보호하는 것을 도울 것"이라고 했다. 이때 파키스탄은 미국의 입장을 정확히 파악했다. 미국은 아프간 문제 해결을 위해 파키스탄의 도움이 필요해 군사원조를 약속했다. 그러면서도 '핵개발을 하는 국가에는 원조를 하지 않는다'는 미국 국내법을 어기지 않는다는 것을 보여주기 위해 파키스탄의 핵개발 문제를 숨겨야 한다는 것을 알았다. 파키스탄은 미국과의 협상에서 처음으로 유리한 위치를 점하게 됐다.

1980년 1월 9일 카터 행정부는 파키스탄에 앞으로 2년 동안 4억 달러 상당의 군사 및 경제 원조를 제공하겠다고 밝혔다. 군사원조에는 9000만 달러 상당의 군용 수송기, 헬리콥터, 방공레이더, 소총 등 군사무기가 포함됐다. 미국 언론들은 파키스탄이 깜짝 놀랄 수준의 원조를 받게 돼 어쩔 줄 모르는 상황이라고 보도했다. 파키스탄의 지아 장군은 미국의 이런 제안을 전혀 반기지 않았다. 당시 파키스탄은 소련제 미그기와 싸울 수 있는 전투기가 필요했지 수송기나 헬리콥터는 큰 도움이 되지 않았다. 또한 수송기 등은 아프간의 사막과 고산지대에서는 사용하지 못하는 무기체계였다.

파키스탄은 미국이 나토 회원국에만 판매하던 F-16 전투기를 파키스탄에 팔 것을 구체적으로 요구했다. 자신들이 필요한 부품을 제공하지 않는 지금 식의 원조는 미국의 진정성을 의심케 한다고 했다. 지아 장군은 지역 언론과의 인터뷰에서 미국의 이런 원조 패키지를 '땅콩'이라고 불렀다. 카터 대통령이 땅콩 농장 출신이라는 것을 비꼰 것이다. 지아는 "파키스탄은 4억 달러 정도에 사들일 수 있는 나라가 아니다"라고 했다. 미국의 군사원조와 파키스탄의 아프간 반군 지원을 맞바꾸는 협상은 계속 이어졌다. 지아 장군은 브레진스키 국가안보보좌관을 만난 자리에서 파키스탄이 공격을 받으면 미국이 무조건 군사 지원을 한다는 약속을 해줄 것을 요구했다. 브레진스키는 이런 합의는 의회의 동의를 필요로 한다고 해 합의하지 못했다. 미국과 파키스탄의 협상은 반 년이 지나도록 제자리에 머물렀다.

위기를 모면한 칸의 부인

1980년 6월 영국의 BBC 방송은 파키스탄 핵무기 개발에 대한 다큐멘터리 방송을 내보냈다. 칸 박사가 어떻게 핵기술을 유럽에서 빼돌릴 수 있었는지를 자세히 담았다. 이 방송은 며칠 후 칸이 기술을 빼돌린 네덜란드에서도 방송됐다. 당시 칸의 부인 헨리는 네덜란드 비자를 연장하기 위해 네덜란드에 머물고 있었다. 헨리는 네덜란드 방송에서 관련 보도가 나온 지 얼마 안 돼 네덜란드 이민국을 방문했다. 헨리는 당시 상황을 이렇게 회고했다.

〈네덜란드 이민국 직원은 내가 파키스탄에서 왔다는 사실을 알고 난 후 다른 직원들과 (BBC) 방송 얘기를 하기 시작했다. 이 직원은 내가 칸 박사라는 사람을 아느냐고 했다. 이 직원은 내가 대답하기도 전에 칸이라는 사람이 이런 장난을 쳐 수백만 달러를 벌었을 것이라고 말했다. 나는 계속 조용히 있으려 했고 내가 칸 부인(Mrs. Khan)이라는 인상을 주지 않으려고 노력했다. 나는 내 남편이 다른 파키스탄 공무원과 같이 한 달에 3750 루페(400 달러)밖에 벌지 못한다는 사실을 말해주고 싶었으나 이를 꾹 참았다.〉

칸 박사는 네덜란드에서 수배명단에 오른 사람이다. 그의 부인 역시 체포 대상이 됐어야 했으나 네덜란드 이민국은 부인 헨리의 여권에 연장 승인을 내려줬다. 헨리는 그렇게 이슬라마바드로 돌아올 수 있었다.

1980년 10월 이란은 이라크와 전쟁에 돌입했다. 파키스탄의 지아 장군은 자신이 이란과 이라크 대통령과 만나 나눈 대화 내용을 소개하기 위해 10월 3일 미국 뉴욕의 유엔을 방문했다. 카터는 대통령 선거를 한 달 앞두고 있었다. 그는 파키스탄과 합의에 도출할 수 있는 마지막 기회라고 생각했다. 카터는 지아 장군을 백악관으로 불러 F-16을 파키스탄이 구입할 수 있도록 하겠다고 했다. 때는 이미 너무 늦었었다. 지아는 미국의 대통령 선거 결과를 지켜본 다음에 결정하겠다고 했다. 카터의 지지율은 역대 최저였다. 파키스탄은 1981년에 취임할 로널드 레이건과 합의를 하는 것이 나은 선택이라고 봤다. 임기가 끝나가는 미국의 대통령이 외교적으로 할 수 있는 것은 제한적이라는 것을 보여주는 또 하나의 사례다.

닉슨 前 대통령, "파키스탄이 핵개발하든 말든 신경 안 쓴다"

레이건 대선 캠프를 비롯한 공화당 측 인사들은 선거 전부터 파키스탄 측에 접촉을 하고 있었다. 이중 한 사람은 리처드 닉슨 전 대통령이었다. 그는 1980년 10월 지아 장군과 약 한 시간 동안 전화통화를 했다. 대화의 주제는 아프간 문제였으나 파키스탄의 핵문제도 언급됐다. 당시 대화에 참여했던 아리프 비서실장은 닉슨이 파키스탄의 핵개발을 반대하지 않는다는 입장이었다고 주장했다. 아리프의 주장에 따르면 닉슨은 지아 장군에게 "당신 국가의 핵개발에 대한 자세한 내용은 알지 못하지만 당신들이 핵무기 역량을 갖고 있다면 이를 완성하든 말든 나는 신경 쓰지 않는다"고 했다. 닉슨은 자신이 레이건 대통령의 의사를 반영하는 것은 아니라는 전제를 달았지만 파키스탄은 이를 매우 고무적으로 받아들였다. 현직을 떠나긴 했지만 미국의 대통령이었던 사람이 핵개발에 반대하지 않는다는 말을 했기 때문이다.

레이건 행정부도 전임 카터 행정부와 똑같은 딜레마에 빠졌다. 소련 發 위협 확산을 막기 위해서는 아프간 문제를 해결해야 하는데 이를 위해서는 파키스탄이 중요하다, 하지만 파키스탄은 핵을 개발하고 있다, 이해 관계가 충돌하는 것이었다. 국무부를 중심으로 파키스탄에 대한 지원을 늘려야 한다는 주장이 나왔다. 미국 입장에서도 이는 황금 같은 기회였다. 지상군을 투입하지 않고 파키스탄을 통해 아프간 문제를 해결할 수 있는 기회가 있는 것이었다. 레이건 행정부는 파키스탄에 엄청난 원조를 제공하면 파키스탄이 핵을 가지려는 시도를 멈추거나 최대한 늦출 것으로 판단했다. 실제로 미국에는 두 가지 선택밖에 없었다. 소련 편을 들어주며 파키스탄을 처리하거나 파키스탄 편을 들어주며 소련에 대항하는 것이었다. 파키스탄의 핵폭탄과 소련을 모두 적대시할 수 있는 옵션은 아예 없었다고 당시 정책 결정에 참여했던 한 인사는 밝혔다.

파키스탄의 샤히 외무장관은 1981년 4월 20일 워싱턴을 방문했다. 샤히 장관은 알렉산더 헤이그 국무장관이 이날 핵문제가 미국–파키스탄 정책의 핵심은 아니라고 했다고 전했다. 또한 핵 폭발 실험만은 절대 해서는 안 된다고 경고했다고 했다. 파키스탄은 "레이건이 파키스탄의 핵무기와 공존할 수 있는 사람"이라는 인식을 받았다. 18개월 사이 파키스탄의 핵개발 프로젝트는 미국의 우선순위에서 뒤로 밀렸다.

레이건의 등장

1981년 5월 1일, 지아 장군은 칸 박사의 카후타 핵시설을 깜짝 방문하기로 했다. 얼마 전 칸 박사는 지아 장군에게 우라늄을 무기화할 수 있는 수준까지 농축하는 데 성공했다고 보고했다. 지아 장군은 이날 방문 이후 카후타 핵시설의 이름을 '기술연구실험실'에서 'A. Q. 칸 박사 연구 실험실'로 바꿨다. 살아있는 과학자의 이름을 딴 연구소는 매우 드

물었고 칸 박사는 지아의 이런 결정에 크게 감동했다. 지아 장군은 칸 박사에게 실제 핵실험이 아닌 모의실험 및 시뮬레이션 실험을 시행할 준비를 하라고 지시했다. 지아는 칸에게 더 많은 예산을 주겠다고 약속하며 지금보다 더 노력해 줄 것을 요구했다.

미국은 파키스탄의 이런 진전 상황을 파악하지 못했다. 미국은 1981년 5월, '핵개발 국가에 원조를 하지 않는다'는 조항을 파키스탄에 한해 6년간 유예하기로 했다. 이런 유예 조치는 미 상원 외교위원회의 표결로 결정됐다. 미국은 파키스탄에 30억 달러의 원조를 제공하기로 했고 F-16 전투기 역시 판매하기로 했다. 미 상원은 원조 방침을 1981년 12월에 최종적으로 확정했다. 총 원조 금액은 32억 달러로 책정됐다. 이스라엘과 이집트 다음으로 많은 금액이었다.

파키스탄 이슬라마바드에서 활동하던 CIA 지부장은 하워드 하트였다. 그는 오랫동안 이란에서 근무했던 베테랑이었다. CIA는 하트에게 파키스탄 국내정치에 전혀 개입하지 말 것을 지시했다. 핵개발을 포함한 파키스탄의 내부 문제는 모두 무시하고 아프간 문제 해결을 위한 정보만 수집할 것을 지시받았다. 핵개발 문제는 국무부가 담당하겠다는 방침이었다. 하트는 파키스탄 정보국과 공조해 아프간에서 활동하는 무장 게릴라 조직(무자헤딘) 29곳 중 어떤 조직을 선택해 소련과 싸우도록 할지를 결정하는 역할을 맡았다.

美 극비보고서
"중국이 파키스탄 핵개발을 도왔다"

모의 핵실험 성공…모셰 야론 前 이스라엘 국방장관 "파키스탄은 미국의 약점이었다"

이스라엘의 폭로

미국과 파키스탄의 이런 밀월 관계는 그리 오래가지 않았다. 1981년 6월 2일 예후다 블럼 유엔주재 이스라엘 대사는 총회 연설에서 파키스탄의 핵개발 문제를 강력하게 규탄했다. 그는 "파키스탄이 핵무기를 생산하고 있다는 것을 보여주는 증거가 수없이 많다"고 했다. 그는 '칸 박사 연구 실험실'로 이름이 바뀌기 전인 '기술연구실험실'이라는 장소도 직접 언급했다. 그는 "파키스탄은 원심분리기를 사용해 무기화할 수 있는 수준의 농축우라늄을 생산하는 시설을 만들고 있다"고 했다. 또한 파키스탄이 14개 국가에 있는 회사들을 통해 필요 부품을 수입했다고 했다. 블럼 대사는 파키스탄이 벌써 약 1000개의 원심분리기를 만든 상황이고 1만 개로 숫자를 늘리려 한다고 했다. 그는 원심분리기 수가 그 수준으로 늘어나면 일 년에 약 150kg의 농축우라늄을 만들 수 있고 이는 매년 7개의 핵무기를 만들 수 있는 양이라고 했다. 블럼 대사의 이런 발언에 각국 대표부는 크게 놀랐다. 하지만 이는 미국이 지난 수년간 알고 있었음에도 국제사회에 알리지 않았던 사안들이었다.

미 국무부는 이스라엘에 자신들이 분석한 핵개발 현황을 전달했다. 기밀 해제된 관련 문서의 내용을 소개한다.

〈파키스탄이 오랫동안 원심분리기 기기를 만드는 데 실패했고 주목할 정도의 농축우라늄을 만들어내지 못한 것으로 판단된다. 파키스탄이 농축 부문에서의 문제를 해결한다고 하더라도 핵무기 한 기를 만들기 위해 필요할 정도로 충분한 핵물질을 만들기까지는 몇 년이 더 걸릴 것이다.〉

미국 정부는 이스라엘에 보낸 편지에서 파키스탄이 핵무기를 만들고 이를 운반할 수 있는 미사일 기술을 개발하고 이에 핵무기를 탑재하기까지는 10년이 더 걸릴 것이라고 했다. 미국은 지금까지 입수한 정보들을 축소해 해석했다. 또한 칸 박사가 언론을 통해 공개적으로 자신의 프로젝트가 성공하고 있다고 한 발언들을 중요하게 받아들이지 않았다. 칸 박사는 얼마 전 원심분리기 기술 개발에 성공했다고 직접 밝힌 바 있다. 이스라엘 국방장관을 지낸 모셰 야론은 책 '디셉션' 저자와의 인터뷰에서 "파키스탄은 미국의 약점이었다. 미국은 이스라엘이 더 많은 것을 파악하고 있는 것을 알고 있었다"고 했다.

1979년 이스라엘 정보당국은 인도 정보당국을 통해 미국의 기밀 문서 하나를 입수했다. 인도 뉴델리의 미국 대사관에서 사이러스 밴스 국무장관에게 보낸 전문(電文)이었다. 당시 미국 대사관은 파키스탄이 2~3년 안에 핵폭탄을 터뜨릴 수 있는 것으로 보인다고 보고했다. 이스라엘과 인도는 큰 충격에 빠졌다. 파키스탄이 실험 갱도를 건설하고 있다는 정보를 입수한 뒤에 이들 국가는 파키스탄에 대한 선제공격을 검토하게 된다. 인도는 파키스탄이 핵무기 기술을 완성했다는 상황을 염두에 두고 전쟁 매뉴얼을 만들기 시작했다. 이스라엘은 1981년 6월 7일 이라크의 오시라크 핵시설을 파괴시켰다. 이를 통해 이스라엘은 자신에 위협이 될 수 있는 국가가 핵을 보유하는 것을 절대 용인하지 않겠다는 입장을 전세계에 알렸다. 이라크 오시라크 시설 폭파를 비밀리에 진행한 이스라엘의 정보국인 모사드는 칸 박사에게 물건을 납품하는 기업들을 먼저 처리하겠다는 계획을 세웠다.

행동에 나서는 이스라엘

첫 번째 타깃이 된 사람은 하인즈 메부스였다. 그는 칸이 서베를린 기술대학교에서 만나 친분을 쌓아왔던 사람이다. 메부스는 파키스탄에서 버터 공장을 만들었던 알브레히트 미구엘과 함께 파키스탄의 불소 공장 및 우라늄 변환 시설 건설을 도왔다. 이들 시설은 1979년에 만들어졌다. 메부스는 서독의 에를랑겐 지역에 살고 있었다. 어느 날 그의 집에 편지 한 통이 도착했는데 이 편지는 폭탄이었다. 메부스는 폭탄이 터졌을 때 집을 나와 있는 상황이었다. 집에 있던 그의 애완견이 폭발로 숨졌다. 유럽 수사당국은 이 사건이 스위스 베른에서 발생한 폭탄 사건과 비슷하다는 점을 발견했다. 이 폭탄은 'CORA'라는 회사에서 관리국장으로 근무하던 에드워드 게르만이라는 사람의 집 앞에서 터졌다. CORA는 1979년에 가스발생로 및 응고 관련 기기를 파키스탄에 수출한 회사였다. 당시 CORA에서 근무하던 한 직원은 이 폭탄 공격이 발생하기 얼마 전 익명의 전화 한 통이 왔었다고 했다. 파키스탄과의 거래를 중단하라는 협박 전화였다.

베른 경찰은 공격 배후가 누구인지를 밝혀내지 못했다. 이들은 공격이 자신들을 '南아시아의 비확산단체'라고 부르는 단체와 연관돼 있다는 점은 파악했다. 스위스 경찰은 인터폴 등과 공조해 공격 배후를 수사했다. 이 과정에서 파키스탄에 금속 부품을 납품하던 한 이탈리아 회사에도 거래를 중단하라는 협박 편지가 왔었다는 사실을 확인했다. 이 회사는 편지를 받은 뒤 파키스탄과의 거래를 끊었다. 1981년 5월 18일 독일 마르크도르프 지역에서 또 한 차례의 폭탄 공격이 발생했다. 이 폭탄은 1976년부터 파키스탄에 각종 부품을 납품한 회사 앞에서 터졌다.

오랫동안 칸 박사를 도와온 피터 그리핀은 '디셉션' 저자와의 인터뷰에서 자신은 직접 협박을 받은 적이 있다고 했다. 그는 "술집에 있는데 모르는 사람이 다가와 '당신이 피터 그리핀이지'라고 했다"며 "이 사람은 '우리는 당신이 하는 일이 마음에 들지 않으니 당장 멈춰라'라고 말했다"고 했다. 신변에 위협을 느낀 그리핀은 이후부터 모든 사업 관련 대화 내용을 녹음하고 자신의 상세한 일정을 일기장에 기록해뒀다.

속속 드러나는 칸의 네트워크

칸의 네트워크에 대한 수사는 유럽과 북미 지역으로 확산됐다. 1980년 8월 세 명의 파키스탄 출신 캐나다인이 파키스탄에 핵 관련 부품을 불법 수출한 혐의로 체포됐다. 이 중 한 명은 A. Q. 칸 박사의 오랜 친구인 아지즈 칸이었다. 캐나다 세관당국은 아지즈의 집에서 이슬라마바드에서 온 편지들을 발견했다. 이 편지들에는 파키스탄의 비밀스러운 핵개발 계획이 담겨 있었다. 이들의 재판은 1981년 10월에 열렸다. 이 세 명은 파키스탄에 보안상 민감한 물건을 수출한 혐의를 받았다. 그러나 이들의 재판은 무혐의로 종결됐다.

수사 과정에서 발견된 파키스탄 핵개발 관련 내용은 모두 기밀에 부쳐졌다. 캐나다 정부는 재판부에 직접 증거 공개금지 결정을 내려줄 것을 요청했다. 핵기밀과 관련된 비밀이 너무 많이 담겨 있고 파키스탄에 핵 관련 부품을 제공한 미국 회사들의 명단이 포함돼 있다는 이유에서였다. 이런 사실이 미국 의회에 알려지면 원조를 추진한 미국 레이건 행정부가 곤란해질 수 있었다. 아지즈 칸은 파키스탄의 가공식품 공장 및 방직 공장에 물건을 수출했을 뿐이라고 했다. 또한 모든 수출품은 무해(無害)했다고 주장했다. 배심원단은 아지즈의 이런 주장을 믿어줬다.

아지즈의 재판이 진행될 때 미국 뉴욕 케네디 공항에서는 5000 파운드(약 2268kg) 상당의 지르코늄이 압수됐다. 이는 회색의 금속물질로 타이타늄과 비슷하다. 이는 원자로의 연료봉을 만드는 데 쓰인다. 지르코늄을 해외로 반출하려다 적발된 사람은 파키스탄인이었다. 그는 박스 안에 들어간 물건은 산악용품이라고 했다. 항공사 직원이 박스 안에 있는 물건을 파악하려 하자 이 사람은 현장에서 사라졌다. 추후 밝혀진 내용에 따르면 미국 오레곤에 있는 한 미국인 사업가가 파키스탄에 있는 'SJ 엔터프라이스'를 대신해서 지르코늄을 구입했다. 현장에서 사라진 이 파키스탄인은 전직 파키스탄 군인으로 지아 장군과 매우 가까웠다. 파키스탄 측은 관련 수사에 협조하겠다고 했으나 미국은 이후 어떤 내용도 듣지 못했다.

속고 속이는 미국과 파키스탄

레이건 행정부는 공개적으로는 파키스탄의 핵개발이 없다는 발언을 했지만 내부적으로 칸 박사의 네트워크를 집중적으로 분석하고 있었다. 미국을 포함한 미주지역 및 유럽에서 어떻게 핵 관련 부품들을 수입하고 있는지 조사했다. 1981년 6월 28일 미국 국무부는 터키에 있는 미국 대사관에 파키스탄의 핵개발 진전 상황을 전하는 기밀 전문(電文)을 보냈다. 국무부는 "우리는 파키스탄이 핵폭탄 역량을 개발하려 한다고 보고 있다. 파키스탄은 핵폭탄의 기폭장치 관련 기술을 개발하려 하고 있다"고 했다. 뉴욕타임스와 AP 통신 등은 이 전문을 입수해 "미국이 터키에 파키스탄 핵개발 움직임을 알려줬다"고 보도했다.

CIA는 1981년 5월 지아 장군(대통령)이 칸 박사에게 모의 핵실험을 시행하도록 지시한 사실을 파악했다. 폭탄 개발 등 군사적인 분야는 원래 다른 연구 시설에서 담당했으나 칸 박사에게 폭탄으로 만드는 과정까지 담당하게 했다는 것이었다.

미국 행정부는 이런 사실을 파악했음에도 파키스탄을 압박하지 않았다. 레이건 대통령은 지아 대통령을 1982년 12월 7일 백악관으로 초청했다. 레이건은 이날 기념만찬 건배사에서 "앞으로 우리 두 나라 사이에 이견(異見)이 생길 수도 있고 과거에도 이런 이견이 있었을 수 있지만 우리를 하나로 묶어주는 협력관계는 해를 거듭할수록 견고해지고 있다"고 했다. 미국 언론은 파키스탄의 핵개발에 대해 계속 의심스러운 입장이었다. 미국 행정부가 이를 은폐하는 것 아니냐는 비판을 쏟아냈다. 지아 장군은 기념만찬이 열린 다음날 미국 NBC 방송과 인터뷰했다. 그는 "우리의 민간 원자력 프로젝트에 존재하지도 않는 군사 목적이 있다는 거짓 주장으로 우리를 음해하려는 조직적인 움직임이 있다"고 했다. 그는 "평화로운 핵폭탄이라는 것은 존재하지 않는다. 이는 하나의 칼과 같다. 자신의 목을 벨 수도, 자신을 방어할 수도 있다. 우리는 둘 중 어떤 것도 할 계획이 없다"고 했다.

미국, 증거를 들이밀다

미국 정부가 파키스탄이 핵개발에 나서고 있다는 사실을 다른 국가가 알지 못하게 하려고 했다는 주장도 있다. 영국 정보당국은 파키스탄이 영국을 통해 베릴륨을 수입하고 있다는 사실을 파악했다. 베릴륨은 핵폭탄의 강도를 강화하는 데 필요한 물질이다. 레이건 대통령은 군 출신으로 CIA 부국장을 지낸 버논 워터스를 파키스탄에 특사(特使)로 보냈다. 특사단에는 국무부 동남아시아국 국장을 맡고 있던 로버트 갈루치가 포함됐다. 이들은 1982년 10월 파키스탄으로 갔다. 갈루치는 책 '디셉션' 저자와의 인터뷰에서 파키스탄에 여러 차례 핵개발을 멈추라고 경고했었다고 했다. 그는 최대한 공손한 어투로 '이런 말을 해 정말 유감스럽지만 파키스탄 정부의 사람들이 매우 나쁜 일들을 하고 있다'는 식의 경고를 했지만 파키스탄은 계속 발뺌했다고 했다.

워터스와 갈루치는 지아 장군을 직접 만나 파키스탄 정부측 사람들이 핵개발을 하고 있다는 증거가 많다고 압박했다. 지아는 그런 일은 있을 수 없다며 이런 증거는 자신들을 음해하기 위해 인도가 조작한 것이라고 반박했다. 워터스와 갈루치는 지아에게 위성사진 한 장을 보여줬다. 카후타에 있는 핵시설 사진이었다. 지아는 "핵시설일 리가 없다. 아마 염소 가축 우리인 것 같다"고 주장했다. 워터스와 갈루치는 씁쓸하게 자리를 떴다. 이들은 지아 장군이 자신들한테까지도 거짓말을 한다고 믿고 싶지 않았다. 그러나 지아 장군 모르게 이런 핵개발 움직임이 일어날 수는 없다는 것이 당연한 이치였다.

당시 미국이 왜 이렇게 미온적으로 대처했는지에 대해 확실한 이유가 밝혀진 것은 없다. 그러나 미국이 파키스탄의 눈치를 보고 강력하게 핵포기를 요구하지 못했다는 일각의 주장을 뒷받침하는 증언들이 있다. 갈루치가 몰랐던 사실 중 하나는 백악관이 워터스에게 비밀리에 전달한 지시사항이었다. 파키스탄 정부에 핵개발을 포기하도록 압박하는 것이 아니라 이를 더 비밀리에 진행하도록 충고를 하고 오라는 지시를 받았다는 것이다. 국무부의 한 고위 관리는 '디셉션' 저자와의 인터뷰에서 당시 워터스 특사와 나눈 대화를 소개했다. 워터스는 "(백악관으로부터) 지아 장군에게 핵개발 움직임이 우리 레이더에 잡히지 않도록 말하라는 지시를 받았다"고 말해줬다고 한다. 이 고위 관리에 따르면 워터스는 파키스탄에 '핵 프로그램을 숨기지 않으면 레이건이 창피를 당할 것'이라고 말했다.

1983년에 들어 레이건 대통령은 파키스탄이 핵무기를 개발하고 있지 않다고 또 한 번 의회에 보고한다. 해외원조 승인을 위해 대통령은 매년 의회에 해당 국가가 핵무기를 개발하고 있지 않다는 사실을 설명해야 했다. 갈루치는 1983년 6월 23일 권력기관 최상부만 볼 수 있는 극비 보고서를 작성했다. 기밀해제된 문서의 내용을 소개한다.

갈루치 보고서 '중국이 파키스탄 핵역량 도왔다'

〈파키스탄이 적극적으로 핵폭탄 개발에 나서고 있다는 반박할 수 없는 증거가 있다. 파키스탄의 단기 목표는 핵폭탄을 터뜨리는 핵실험에 나서는 것으로 보인다. (대통령인) 지아가 외교적으로나 국내정치 측면에서 이익을 본다고 판단을 내리게 되면 이같은 행동에 나설 것이다.〉

갈루치는 이 보고서에서 파키스탄이 핵폭탄의 기폭장치를 개발하고 있다고 지적했다. 지금까지의 진전 상황을 봤을 때 파키스탄이 이미 이를 만들 역량을 갖췄다고 보는 것이 타당하다고 했다. 갈루치는 칸 박사측이 외국에서 물건을 구해주는 지인들에게 보낸 각종 설계도면들을 보고서에 첨부하며 모든 것이 핵개발 용도라고 했다. 갈루치는 파키스탄과 중국의 협력 관계에 대해서도 언급했다. 미국의 과학자들이 파키스탄의 핵프로그램 관련 자료들을 분석한 결과 중국의 기술과 거의 유사하다는 것이었다. 미국 과학자들은 파키스탄의 핵기술이 1964년 중국의 4차 핵실험 때 보여준 기술과 매우 비슷하다는 사실을 알아냈다. 갈루치는 "파키스탄이 핵무기 역량을 갖추는 것을 중국이 도와줬다"고 보고서에 썼다.

미국은 파키스탄 핵 프로그램에 대한 많은 정보를 알고 있었다. 당시 미국은 파키스탄이 만들려고 하는 핵폭탄의 모델을 직접 만들어서 미국방부 통제 구역에 보관해놨다. 이를 통해 파키스탄의 정확한 핵역량을 파악하려고 했다.

미국, 파키스탄 핵폭탄 모델 만들어 실험

훗날 파키스탄의 총리가 되는 베나지르 부토(사형된 줄피카르 알리 부토 前 총리의 딸)는 이 핵폭탄 모델을 미국이 직접 보여줬다고 '디셉션' 저자와의 인터뷰에서 밝혔다. 미국 국방부 전문가들은 이 모델을 가지고 여러 모의 실험을 실시했는데 매번 성공적이었다. 파키스탄이 결국에는 기술적 문제로 인해 핵무기 완성에는 실패할 것이라는 낙관적 전망을 더 이상 할 수 없는 단계에 이르게 된 것이다.

이때 미국 정보당국은 또 하나의 중요한 사실을 발견했다. 중국이 파키스탄에 무기화할 수 있는 농축우라늄의 샘플을 전달한 것을 파악했다. 당시 중국이 어느 정도의 농축우라늄을 전달했는지는 불분명하다. 미국과 이스라엘의 전직 정보당국자들은 훗날 인터뷰에서 중국이 핵무기 두 개를 만들 수 있는 정도의 농축우라늄을 전달한 것으로 파악했다고 했다. 파키스탄 문제를 담당했던 정보당국자들은 이때 파키스탄이 농축우라늄을 중국식 폭탄 체계에 주입해 핵무기를 만들려는 실험을 했다고 회고했다. 중국이 4차 핵실험을 했을 때의 폭탄 기술을 사용한다면 폭발 강도는 20~25킬로톤 수준에 달했다. 이런 폭탄이 인구밀집도가 높은 지역에서 터지면 10만 명 이상의 목숨을 앗아갈 수 있다.

파키스탄의 핵개발이 거의 완성단계에 도달했고 중국으로부터 핵심

기술을 들여왔다는 사실이 입증됐다. 미국 행정부는 또 한 번 이를 묵인했다. 1983년 2월 25일 레이건 대통령은 의회에 기밀 보고서를 제출했다. 파키스탄에 대한 원조가 필요하다는 내용이었다. 레이건은 "파키스탄이 이른 시일 내에 핵실험을 할 것이라고 생각하지 않는다. 파키스탄은 폭탄을 만들기 위한 핵물질을 구하지 못하고 있다. 카후타의 우라늄 농축시설이나 새롭게 지어진 파키스탄과학기술연구소(PINSTECH)에는 재처리시설이 작동하지 않고 있기 때문이다"라고 했다.

모의 핵실험에 성공하는 파키스탄

1983년 3월, 파키스탄은 사르고다 지역에서 핵무기 모의실험을 준비했다. 파키스탄은 미국과 독일제 수퍼컴퓨터를 사용해 폭탄의 기폭장치가 제대로 작동하는지 확인했다. 핵물질을 폭탄에서 제거한 상황에서 폭탄을 터뜨리는 실험을 하기로 했다. 첫 번째 실험은 기폭장치가 제대로 작동해 핵물질의 연쇄반응을 일으킬 수 있는 중성자를 생성할 수 있는지를 파악하기 위한 목적이었다. 첫 번째 실험은 실패였다. 폭발 스위치를 눌렀으나 아무 일도 일어나지 않았다. 당시 실험에 참가했던 과학자들은 자신들이 만든 폭탄이 완전히 실패한 것일 수 있어 긴장했다. 이들은 연결장치에 문제가 발생한 것을 파악해 이를 보완했다. 보완한 상태에서 폭탄이 제대로 터지는 것을 파악한 과학자들은 아리프 비서실장과 무니르 칸 파키스탄원자력위원회 위원장, 굴람 칸 재무장관을 실험장소로 초청했다. 아리프 실장은 훗날 언론 인터뷰에서 당시 상황을 다음과 같이 기억했다.

〈극소수의 사람만이 당시 실험에 대해 알고 있었다. 우리 모두는 흥분한 상태였고 실험은 성공적이었다. 파키스탄은 이제 명실공히 (핵) 폭탄을 보유한 국가가 됐다. 우리 과학자들이 해낸 일들은 영웅적이라는 표현 이외의 말로는 설명할 수 없었다. 그때부터 약 24회의 모의실험이 추가로 진행됐고 이를 통해 기폭장치에 대해 완전히 이해할 수 있게 됐다.〉

A. Q. 칸 박사의 기쁨은 그리 오래 가지 못했다. 1983년 10월 18일 파키스탄 주재 네덜란드 대사는 파키스탄 외무부를 통해 칸 박사에 대한 소환장을 전달했다. 칸이 1975년 네덜란드의 URENCO 시설에서 핵 관련 기술을 훔쳐간 것에 대해 조사하겠다고 했다. 파키스탄 외무부는 이런 사실을 칸에게 전달하는 대신 법무부를 통해 관련 법령을 검토해줄 것을 요구했다. 파키스탄 법무부는 어떤 판단도 내리지 않았다. 네덜란드는 칸 박사를 궐석재판에 넘겨 4년 징역형을 선고했다.

칸은 네덜란드 정부의 이런 결정에 분노했다. 그는 자신이 잘못한 일은 하나도 없다며 네덜란드로부터 구해온 자료들은 대중에 공개된 자료 그 이상, 그 이하도 아니었다고 주장했다. 그는 네덜란드를 포함한 다른 유럽 국가에 다시는 발을 디디지 못하게 된다는 사실을 알게 됐다. 그는 지아 장군에게 관련 사건에 대한 항소심을 지원해달라고 요청했다. 지아는 이를 받아들였다. 파키스탄 정부의 지원을 받는 칸 박사는 영국의 유명한 변호사인 데이비드 내플리 경(卿)을 변호사로 선임해 오랜 법적 공방에 들어가게 된다.

핵개발에 대한 압박감, 각국 정부에서 좁혀오는 수사망으로 인해 칸은 정신적으로 불안해졌다. 이런 정신적 불안으로 생긴 문제 중 하나는 부인과의 불화였다. 칸의 부인 헨리는 네덜란드 재판부의 결정 이후 칸에게 이혼을 요구했다. 범죄자와 생활할 수는 없다는 것이었다. 당시 칸의 지인들에 따르면 칸은 헨리를 물리적으로 위협하는 단계까지 갔다. 이때 칸 부부는 파키스탄의 정신과 권위자인 하룰 아메드 교수를 찾아가 상담을 받게 된다. 하룰 아메드 교수는 책 '디셉션' 저자와의 인터뷰에서 당시 상황을 다음과 같이 회고했다.

심리치료사의 증언

〈나는 평화를 좋아하고 親인도 성향이며 핵폭탄에 반대하는 사람인데 어떻게 A. Q. 칸이라는 사람과 엮이게 됐는지 아직도 의문이다. 칸과 헨리는 문제가 많았다. 헨리는 강박 관념에 사로잡혀 있었고 고집불통이었다. 칸은 완벽주의자였다. 이들의 불화는 오랫동안 쌓였던 것이 폭발한 것이었다. 헨리는 더 이상 칸을 참아줄 수 없다고 했다. 칸은 분노한 상태에서 우울증까지 겪었다. 칸은 딱 조울증 환자였다.

칸은 파키스탄원자력위원회(PAEC) 사람들보다 자신이 뛰어나다는 것을 입증하려 했다. 우라늄 개발에 성공한 그는 이를 무기화하는 과정에서도 가장 앞서 나가려 했다. 그는 주유소에서 기름을 넣어주는 직원이 아니라 레이싱카의 운전자가 되고 싶었다.〉

아메드 교수는 칸 부부의 주치의이자 심리치료사가 됐다. 칸은 수시로 그에게 전화를 걸어 매우 중요한 일이 있다며 자신을 만나달라고 했다. 만나서 얘기를 나눠보면 그렇게 중요한 얘기도 아니었다. 그냥 말동무가 필요한 사람처럼 아메드를 찾았다고 한다. 칸은 아메드에게 도움에 대한 보답을 해주겠다고 했다. 아메드는 파키스탄 최초의 무상(無償) 정신과 치료소를 설립하려 했다. 칸은 정부를 설득해 아메드가 이 치료소를 만들 수 있도록 도왔다.

칸과 헨리의 관계는 더욱 악화됐다. 헨리는 칸의 주변에는 그가 듣기 좋아하는 말만 하는 '예스맨'뿐이었던 것이 그의 성격을 악화시킨 한 원인으로 봤다. 헨리는 칸이 자신을 죽이려 한다는 생각도 했다. 칸은 실제로 파키스탄 정보당국에 요청해 헨리와 자식들을 미행하도록 했다. 칸은 헨리와 자식들이 파키스탄이 아닌 유럽에 충성심을 갖고 있는 것으로 봤다. 이들이 유럽으로 도주해 자신을 팔아넘기는 것 아닌가 걱정하기도 했다. 칸은 이스라엘이나 미국 정보당국이 가족들을 납치해 파키스탄이 핵을 포기하도록 협박할 것으로 생각했다. 이스라엘이 이라크의 오시라크 핵시설을 폭파한 얼마 뒤라 칸의 강박 증세는 더욱 심했다. 아메드 교수의 증언은 이어진다.

"칸은 '히틀러 콤플렉스' 환자였다"

〈칸은 자신이 부족한 사람이라는 인식을 주는 것에 불안감을 느꼈다. 젊은 시절 파키스탄 정부와 카라치의 학교 친구들 등으로부터 무시당한 기억 때문이었다. 그는 자신이 항상 부족하다고 생각했다. 그러다 그는 URENCO의 농축 기술이라는 남들이 갖지 못한 특이하고 자신을 부각시킬 수 있는 것을 찾아냈다. 갑자기 그의 심장은 그의 육체가 따라오지 못할 수준으로 빠르게 뛰기 시작했다. 그는 히틀러 콤플렉스가 있었다. 오스트리아 빈에서 무시당하던 가난한 예술가가 폴란드를 침략하는 것처럼 말이다. 자신이 부족하다는 생각을 지우기 위해 지나친 행동을 하는 사람의 유형이었다.

정부는 그를 멈출 생각이 없었다. 그는 정부보다 위에 있었다. 군대도 그를 멈출 수 없었다. 정보당국도 가만히 있으라는 지시를 받았다. 칸의 야욕을 충족시키는 것을 막는 장애물은 아무것도 없었다. 칸의 유일한 적(敵)은 그 자신이었다.〉

2부

핵보유 선포와
핵확산 시작

| 06 |

칸 "서방세계가 20년 걸린 것을
나는 7년 만에 해냈다!"

"건국대통령 지나는 파키스탄을 만들었고 나는 이를 살려냈다"

"우린 서방세계의 核 독점을 끝냈다"

미국은 파키스탄의 핵개발을 숨기려고 했지만 칸 박사는 점점 더 대범해졌다. 칸은 1984년 1월 '콰미 다이제스트'라는 언론사와 인터뷰를 하기로 했다. 그는 기자에게 미리 질문을 보내달라고 했다. 칸은 기자의 질문 수준이 너무 낮다며 자신이 직접 질문과 답변을 작성해 기자에게 넘겼다. 그는 자신이 과학자로서 이룬 가장 큰 업적이 무엇이냐고 물었다. 그는 "서방세계는 우라늄을 무기화할 수 있는 수준으로 농축하는데 20년이 걸렸으나 나는 이를 7년 만에 해냈다"고 답했다. 미국이 가장 싫어할 만한 발언을 공개적으로 한 것이다. 미국은 파키스탄 원조를 위해 의회에 이런 사실이 없다고 재차 강조해왔다. 이런 불편한 진실을 칸은 언론을 통해 공개했다.

칸 박사는 1984년 2월에는 또 다른 신문사인 '나와이와크트'와 인터뷰를 했다. 이번에도 칸은 자신이 직접 질문을 만들고 답을 써서 신문사에 보냈다. 그는 "우리(파키스탄)에게 핵폭탄이 있는가"라고 물었다. 그리고는 이렇게 답했다.

〈당신의 질문은 나를 코너로 몰았다. '그렇다'라고 해야 하는지 '아니다'라고 해야 하는지 잘 모르겠다. 한 가지 확실하게 하고 싶은 건 우리의 원자력 프로그램은 평화로운 목적의 것이라는 점이다. 우리는 이 어려운 분야에서 중대한 진전을 이뤄냈다. 우리에겐 애국적인 과학자들과 매우 유능한 기술자들이 있다. 40년 전에는 어느 누구도 원자폭탄에 대해 알지 못했다. 그러다 미국인 과학자들이 이를 성공해냈다. 오늘날 우리는 (서방세계의) 모노폴리(독점)를 끝장냈다.〉

인도와 이스라엘의 분노

칸의 이런 도발적 행동에 분노한 것은 미국만이 아니었다. 더 분노한 것은 파키스탄의 숙적인 인도와 이슬람의 핵무기에 반대하는 이스라엘이었다. 인도와 이스라엘은 파키스탄뿐만 아니라 미국에도 불만을 갖게 됐다. 미국이 파키스탄 핵개발에 강력한 조치를 취하지 않았다는 이유가 하나였다. 또 하나는 미국이 인도와 이스라엘이 파키스탄의 핵시설을 폭파시키려고 한 계획에 반대했기 때문이었다.

당시 인도의 정보당국 수장(首長)이던 수브라만얀은 책 '디셉션' 저자와의 인터뷰에서 미국의 반대로 핵시설을 공격할 수 없었다며 미국에 배신감을 느꼈다고 했다. 그는 인도가 1년 넘게 파키스탄 핵시설 공격 계획을 세워왔다고 했다. 저공비행을 하는 전투기에 2000 파운드

(907kg) 규모의 폭탄을 탑재해 공격하는 훈련도 했다. 1983년 2월 인도 정부는 이스라엘에 특사를 파견했다. 이스라엘로부터 파키스탄 방공망을 무력화시키는 전자방해 기기를 구입하기 위해서였다. 이때 인도의 원자력위원회 대표와 파키스탄 원자력위원회의 대표가 오스트리아에서 비밀 회담을 했다. 파키스탄은 인도가 핵시설을 공격하면 인도의 핵시설을 공격할 것이라고 했다. 인도는 섣불리 공격할 수 없었다.

인도가 주저하자 이스라엘이 직접 나서겠다고 했다. 이스라엘은 인도의 비행장을 사용해 파키스탄 핵시설을 공격하겠다고 했다. 카슈미르 지역에서 저공비행을 해 방공망을 피할 계획이었다. 1984년 3월 인도는 이스라엘의 계획에 찬성한다며 비행장 사용을 허가하기로 했다. 이때 미국이 중재 역할을 맡게 됐다. 이런 과정에서 '핵개발에 성공했다'는 인상을 주는 칸의 발언이 언론을 통해 연달아 공개됐다. 이스라엘 역시 핵기술을 완성한 국가를 공격하는 데는 부담을 느꼈다. 결국 이스라엘과 인도 모두 상황을 조금 더 지켜보자는 방향으로 선회했다.

CIA 공작금으로 파키스탄을 지원한 미국

칸은 언론 인터뷰를 통해 파키스탄은 이미 여러 핵시설을 만들 능력을 갖췄다고 했다. 카후타 핵시설이 공격당해도 다른 곳에서 핵개발을 할 수 있다고 했다. 인도주재 파키스탄 대사는 인도 외무부를 찾아가 인도가 공격하면 파키스탄은 인도에 포화를 빗발처럼 퍼붓겠다고 했다.

중국이 파키스탄 핵개발에 관여했다는 사실이 언론을 통해 알려졌다. 이 역시 인도와 이스라엘이 선제 타격을 하는 데 부담을 주게 됐다.

중국의 공식 입장은 "핵 없는 南아시아를 지지한다"였다. 인도는 중국이 자신들의 핵시설에서 핵실험을 했는데 이 실험은 파키스탄의 핵기술이 작동하는지 파악하기 위한 목적이었다는 사실을 알게 됐다. 당시 실험에는 파키스탄의 외교장관이 참석한 것으로 알려졌다.

파키스탄 핵개발 문제에 중국까지 개입한 것이 알려지자 미국 정부는 더 곤란해졌다. 미 의회는 중국-파키스탄의 핵협력에 대한 대대적인 조사가 필요하다고 레이건 행정부를 압박했다. 파키스탄에 대한 원조를 중단해야 한다는 여론이 거세어졌다. 파키스탄은 오히려 도발적으로 나섰다. 미국에 더 많은 원조 및 지원을 요구했다. 아프간에 투입시킬 게릴라 조직을 훈련시키고 필요한 무기를 갖도록 하는 데 더 많은 돈이 필요하다고 했다. 의회의 승인을 받지 못할 것으로 판단한 미국은 CIA의 비밀 공작금으로 파키스탄을 지원하기로 했다. 약 3년간 미국은 비밀리에 매년 6000만 달러를 파키스탄에 전달했다. 이 금액은 2억 5000만 달러로 늘었다가 1985년에 들어서는 3억 달러까지 인상됐다.

미국, 기폭장치 밀수출범 체포

1984년 6월 22일 파키스탄인이 또 한 번 해외에서 체포되는 사건이 발생했다. 이번에는 미국 영토 안에서 발생한 사건이었다. 미국 세관 직원은 나지르 아메드 바이드를 포함한 세 명의 파키스탄 국적자를 휴스턴 공항에서 체포했다. 이들은 크라이트론 한 상자를 들고 나가려고 하다 적발됐다. 크라이트론은 핵무기 폭발에 쓰이는 기폭 장치용 스위치에 들어가는 부품이다. 이 물건은 핵폭탄에 필수적이며 당연히 수출 규제 명단에 올라 있었다. 크라이트론이 필요하다는 뜻은 핵개발의 최종 단계라는 것을 의미했다.

미국은 1983년 10월부터 바이드 일행을 감시해왔다. 매사추세츠주 세일럼에 있는 'EG&G'라는 회사는 KN22라는 크라이트론을 만드는 미국의 유일한 회사였다. 이 회사 직원인 존 맥클라퍼티는 바이드가 KN22를 구하려고 하는데 그의 행동이 의심스러워 FBI에 신고를 했다. 바이드는 시세보다 높은 가격에 KN22를 구입하겠다며 돈이 아닌 금(金)으로 지불해도 되느냐고 했다. 바이드는 이슬라마바드에서 연구용으로 사용하기 위해 크라이트론이 필요하다고 했다. 지아 대통령은 나중에 이런 사실이 밝혀지자 크라이트론의 용도는 구급차의 비상등을 밝히는 데 사용하기 위해서였다고 주장하기도 했다. 당시 바이드의 나이는 33세였다. 맥클라퍼티에게 바이드는 매우 어리숙하고 외국에서 비즈니스를 해본 경험이 없어 보였다. 맥클라퍼티는 FBI에 신고를 했으나 바이드는 이미 행적을 감췄다.

바이드는 11일 후 텍사스주 휴스턴에 다시 나타났다. 그는 'EG&G'의 판매대행사인 '일렉트로텍스'를 방문했다. 일렉트로텍스는 업계 전문가들이나 알 수 있는 회사였는데 파키스탄 국적자가 대뜸 찾아온 것이다. 그는 KN22 크라이트론 50개를 구입하고 싶다고 했다. 그는 1000 달러를 보증금으로 맡겼다. 일렉트로텍스의 직원이던 제리 시몬스는 매사추세츠에 있는 본사 'EG&G'에 연락했다. 바이드가 크라이트론을 수출하는 허가증을 받았는지 파악하기 위해서였다. 바이드는 물론 허가증을 갖고 있지 않았다. 시몬스는 FBI에 이런 사실을 신고했다. 크라이트론의 용도는 매우 제한적인데 이를 너무 많이 구매하는 것이 수상했기 때문이었다.

FBI는 바이드가 물건을 받으러 오는 날 체포하기로 계획을 세웠다. 미국 법에 따르면 세관을 통과하려고 하지 않는 이상 사전에 수출법 위반으로 체포할 수 없었다. 5개월 뒤 살림 아메드 모하메디라는 파키스탄인 사업가가 일렉트로텍스에 접촉했다. 그는 바이드의 계약을 자신이 대리하게 됐다고 했다. 시몬스는 모하메디와 여러 차례 만나 물건을 전달하는 방법을 논의했다. 잠적했던 바이드는 6월 19일 파키스탄에서 떠난 비행기로 휴스턴에 도착했다.

크라이트론은 '인쇄물 및 사무도구'라는 표시와 함께 포장돼 있었다. 이 상자가 세관을 통과한 직후 세관 직원들은 바이드 일행을 체포했다. 이들이 받은 혐의는 '수출품목 허위 신고' 및 '군수품 관련 수출법' 위반이었다. 미국 사법부는 바이드 등을 체포한 후 발표한 성명에서 "바이드가 파키스탄 정부의 지시를 받고 활동했으며 크라이트론 구입 목적은 핵폭탄을 개발하기 위한 것으로 보인다"고 했다.

이미 '레드라인'을 넘은 파키스탄

미 의회는 아직도 파키스탄 핵개발의 심각성에 대해 제대로 파악하지 못했다. 미국 행정부가 계속 이를 축소 보고했기 때문이었다. 의회는 그해 9월 파키스탄에 6억 3500만 달러의 원조를 하는 계획을 승인했다. 원조가 의회에서 통과되자 백악관은 파키스탄을 적극적으로 압박했다. 레이건 대통령은 직접 지아 대통령에게 편지를 썼다. 레이건은 지금의 상황을 '심각하게 우려한다'고 했다. 또한 파키스탄이 우라늄을

5% 이상으로 농축하는 '레드라인'을 넘지 말 것을 요구했다. 민간용도 이외의 핵개발을 하는 것이 파악되면 '중대한 대가를 치르게 될 것'이라고 했다. 레이건의 이런 편지는 월스트리트저널 등 언론에 공개됐다. 대중의 반응은 긍정적이었다. 레이건 대통령이 강력한 지도자의 모습을 보여줬다는 반응이었다. 그러나 여론은 파키스탄이 이미 '레드라인'을 넘었고 핵무기 모의 실험을 두 차례나 성공했다는 사실을 백악관이 알고 있었다는 것을 몰랐다. 중국이 파키스탄을 대신해서 실제 핵실험을 했다는 사실, 국방부가 파키스탄 핵무기 모델을 만들어 연구하고 있다는 사실 역시 대중은 알지 못했다.

바이드가 크라이트론을 밀수출하려다 적발된 시기는 1984년 하순이다. 이 시기가 매우 중요하다. 아리프 비서실장의 회고에 따르면 칸 박사는 이즈음 지아 대통령에게 편지를 써서 보냈다. 칸은 카후타 핵시설의 모든 것이 준비가 됐다며 실제 핵폭발 실험을 할 수 있게 해달라고 했다. 아리프에 따르면 지아 장군은 파키스탄이 드디어 실제 핵실험을 할 수 있는 수준에 도달했다는 사실에 흥분했다. 그럼에도 미국으로부터 지원받는 수십억 달러의 원조가 끊길 것을 우려했다. 지아는 칸에게 상황을 조금 더 지켜보자고 했다. 아리프는 칸 박사의 요청이 거절되는 경우는 이번이 거의 처음이었다고 했다. 칸은 크게 실망했다고 한다. 당시 지아 행정부가 실제 실험을 실시하지 못한 이유는 원조 때문만이 아니다. 우선 미국 의회 대표단이 파키스탄을 직접 방문해 핵 관련 상황을 보고받겠다고 했었다. 미국 대표단이 와 있는데 핵실험을 할 수는 없었다. 소련이 아프간에서 아직 활동하는 상황에서 핵실험을 하면 실제 전쟁으로 치달을 가능성도 있었다.

미 의회 대표단은 파키스탄을 방문해 핵 관련 브리핑을 받았다. 이들은 지아 대통령이나 칸 박사를 만나지는 못했다. 파키스탄은 무니르 아메드 칸 파키스탄원자력위원회 의장을 미국 대표단에게 보내 설명을 하도록 했다. 무니르 칸은 우라늄 농축을 통한 핵 프로그램에 대해서는 잘 알지 못하는 사람이었다. 미국 대표단 입장에서도 자세한 상황을 알지 못하는 무니르 칸에게 미국이 입수한 정보를 미리 꺼내 보여줄 수 없었다. 대표단은 별다른 성과없이 미국으로 귀국했다.

의문의 솜방망이 처벌

이런 과정에서 미국 의회가 또 한 번 발칵 뒤집히는 사건이 발생했다. 크라이트론 밀수출 혐의를 받던 나지르 아메드 바이드가 실형(實刑)을 피할 것이라는 사실이 알려진 것이다. 존 글렌 상원의원실 등은 휴스턴 지방법원에 관련 자료를 요청했으나 재판부는 모든 재판 내용에 공개 금지 조치가 내려졌다고 했다. 훗날 확인된 바에 따르면 바이드에 대한 연방대배심의 기소장에 우선 변화가 생겼다. 수정된 기소장에는 바이드가 핵개발에 필요한 크라이트론을 밀반출하려고 했다는 점, 그리고 파키스탄 정부와 연루돼 있다는 점 등이 삭제됐다. 바이드는 수출 허가증 없이 핵 관련 물건을 밀반출하려고 했다. 미국 법에 따르면 이는 최대 20년형에 해당한다. 그러나 그가 최종적으로 유죄 판결을 받은 죄목은 미국 수출법 위반이라는 경미한 항목이었다. 휴스턴 지방법원은 "바이드는 자신이 비즈니스라고 생각한 일을 빠르게 해결하려고 한 사업가였다"며 최소 형량을 내렸다. 3주 후 바이드는 파키스탄으로 출국할 수 있었다.

당시 바이드의 변호를 맡았던 윌리엄 버지는 책 '디셉션' 저자와의 인터뷰에서 기소장이 처음에 바뀌게 됐을 때부터 깜짝 놀랐다고 했다. 그는 "우리가 파키스탄과 친밀한 관계를 맺고 있기 때문에 법무부가 이를 그냥 넘어가게 해준 것 같다"고 했다.

1985년에는 칸 박사 역시 범죄 혐의를 벗게 됐다. 1983년 10월 네덜란드 재판부는 칸이 URENCO에서 핵기술을 훔쳤다는 혐의로 기소했다. 칸 박사의 변호를 맡은 유럽 변호인단은 네덜란드 재판부가 칸에 대한 소환장을 발부한 지 13일 만에 그를 기소한 것에 문제가 있다고 따졌다. 칸이 법적 대응을 할 수 있는 충분한 시간을 보장하지 않았다는 주장이었다. 네덜란드 검찰은 1976년부터 1977년 사이 칸이 전직 동료들에게 보낸 편지를 토대로 그의 유죄를 입증하려 했다. 칸이 자신이 필요한 핵관련 기술을 구체적으로 명시하며 이를 빼내려 했다는 것이었다. 칸의 변호인단은 이런 모호한 편지만을 가지고 칸을 기소하는 것은 무리라고 주장했다. 네덜란드 검찰은 결국 소(訴)를 취하했다.

네덜란드 정부는 새로운 정보를 모아 칸을 다시 재판에 넘기려 했다. 이 역시 실패로 돌아갔다. 당시 네덜란드 총리였던 루드 루버스는 네덜란드 언론과의 인터뷰에서 미국 CIA가 개입해 칸을 처벌하지 못하게 했다고 주장했다. 루버스의 인터뷰 내용이다.

〈미국 CIA는 칸 박사를 자유롭게 놔둔 상황에서 계속 감시하는 것이 나은 방법이라고 주장했다. CIA는 기소를 해서 유죄판결을 이뤄내더라도 파키스탄과 범죄인 인도협약을 체결하지 않은 네덜란드로서는 할 수 있는 일이 없다고 했다. 우리에게 엄청난 압박이 들어왔고 이를 결국 받아들였다. CIA가 칸을 감시하고 있었을 수는 있지만, 사실은 아프가니스탄 문제로 인해 파키스탄으로 들어가는 원조를 계속 유지하기 위한 목적이었던 것으로 보였다. 우리는 칸을 자유롭게 풀어준 미국 행정부에 사기를 당했다고 볼 수 있다.〉

핵기술 수출을 고려하게 된 계기

이 시점에서 가난한 파키스탄이 어떻게 자금을 구해 핵개발에 나섰는지 짚어볼 필요가 있다. 공개된 각국 정부의 기밀문서에 따르면 파키스탄은 1984년부터 1985년 사이 미주(美洲) 지역과 유럽에서 핵 관련 부품을 사들이는 데 5억 5000만 달러에서 7억 달러 정도를 썼다. 파키스탄 정부가 공식적으로 칸연구실험실(KRL)에 배정한 예산은 연간 1800만 달러에 불과했다. 국제통화기구(IMF) 등의 당시 자료에 따르면 파키스탄이 해외에 숨겨둔 자산은 물론, 다른 국가로부터 돈을 빌릴 수 있는 신용도 자체가 없었다. 여러 역사학자들은 미국이 파키스탄에 제공한 원조 금액 및 비공식적으로 제공한 아프간 게릴라 훈련지원비가 핵개발에 쓰였다고 보고 있다. CIA가 파키스탄 정보국에 비밀자금을 전달하고 파키스탄이 이를 금(金)으로 세탁, 혹은 여러 은행을 통해 돈세탁을 해 사용했다는 내용은 이미 알려진 사실이다.

미 의회는 물론 레이건 행정부 내 일각에서도 파키스탄이 미국의 돈으로 핵개발을 하고 있다는 사실은 심각한 문제로 봤다. 전방위적인 조사와 파키스탄 측의 해명이 필요하다는 여론이 거세졌다. 파키스탄의 지아 대통령은 파키스탄의 핵개발을 위해서는 미국의 지원금이 필수이지만 이것이 끊길 경우 어떻게 대처해야 할지 강구해야 했다. 1985년 미하일 고르바초프 소련 공산당 서기장은 아프간에서 점진적으로 철수하겠다고 밝혔다. 아프간 전쟁이 끝나면 미국의 지원금은 끊길 가능성이 높았다. 지아 대통령은 또 다른 자금 확보 수단을 찾기 시작했다.

아가 샤히 당시 외무장관은 파키스탄이 핵무기 기술을 외부에 판매하는 방안을 검토한 것은 이 즈음이라고 회고했다. 1985년 초부터 핵기술 판매를 검토했다는 것이다. 당시 우라늄 농축 기술을 완성한 국가는 미국과 소련, 프랑스, 중국, 파키스탄 정도였다. 이중 NPT에 가입하지 않은 국가는 중국과 파키스탄뿐이었다. 국제사회의 압박은 받겠지만 원칙적으로는 핵기술을 확산하지 않는다는 규정을 따라야 할 의무가 없었다.

'이슬람 전체의 핵무기'

파키스탄 외무부는 1985년 9월 이란과 시리아, 리비아 정부의 외교 당국자와 만나 전략적 협력 관계를 구축하기 시작했다. 아리프 비서실장은 책 '디셉션' 저자와의 인터뷰에서 "미국이 파키스탄의 핵개발과 관련해 유연한 모습을 보여온 것을 오랫동안 봐왔다. 우리 모두는 미국이 파키스탄에 제재를 가하지 않을 것이라고 생각했다"고 했다. 핵확산이 적발된다고 해도 각종 제재 등 최악의 상황은 일어나지 않을 것으로 봤다는 것이다. 아리프는 "NPT가 중요한 역할을 한다고 생각하는 사람은 극히 드물었다. 이스라엘과 남아프리카공화국, 아르헨티나 등 많은 나라들이 미국의 외교 정책이 인정하는 하에서 핵무장을 할 수 있었기 때문이다"라고 했다.

서방세계가 파키스탄에 대해 갖고 있던 우려는 크게 세 가지다. 하나는 국내 정치적 혼란 사태가 발생해 핵기술을 정부가 통제할 수 없는 상황이 되는 것이었다. 또 다른 하나는 파키스탄이 인도에 핵무기를 사용하는 것이었다. 마지막 우려는 파키스탄이 이란 등 다른 중동 국가에 핵기술을 판매하는 것이었다. 지아 장군은 파키스탄의 핵무기가 파키스탄 것만이 아닌 '이슬람의 핵무기'라는 발언을 한 바 있다. 이슬람이 공유하는 핵무기를 갖기 위해 파키스탄이 앞장선다는 것이었다. 그러나 수니파인 파키스탄이 시아파인 이란과 핵기술을 공유할 가능성은 낮다고 서방세계는 파악했다. 핵 프로그램을 유지하는 데 들어가는 비용만 수억 달러에 달했다. 서방세계는 파키스탄의 경제력을 생각보다 과대평가한 것으로 보인다. 파키스탄은 핵 프로그램을 계속 유지하고 이를 고도화하기 위해 어떻게 해서든 더 많은 자금을 끌어들여야만 했다.

파키스탄과 이란의 핵협력은 1986년부터 2007년까지 지속된 것으로 알려졌다. 칸 박사는 1986년 2월 이란을 직접 방문해 핵 관련 사안들을 논의했다고 그와 동행했던 사람들은 주장한다. 칸 박사는 2011년 발표한 성명에서 자신은 이란을 직접 방문한 적이 한 번도 없다고 했다. 칸 박사가 이란을 방문했다는 주장을 한 사람들의 증언을 토대로 우선 파키스탄과 이란 두 나라의 핵 협력 과정을 짚어보겠다.

이란-파키스탄 커넥션

이란의 핵개발 계획은 1950년대부터 시작됐다. 팔레비 정권은 부시르 지역에 핵 연구시설을 만들었다. 독일 원자로 기술을 도입해 1974년부터 가동했다. 이 시설은 1979년 이란 혁명으로 호메이니가 집권하자 가동이 멈췄다. 핵시설 근무자와 독일 과학자들에 대한 임금을 지불할 수 없을 정도로 경제 상황이 좋지 않았기 때문이라는 설(說)이 있다. 호메이니는 이후 부시르 시설을 재가동시켜 핵개발을 하려 했다. 이라크는 전쟁 중이던 이란이 핵을 보유하는 것을 막기 위해 1984년 4월 부시르 시설을 폭파시켰다. 이 즈음 독일과 프랑스 정보당국은 이란의 핵 야욕이 실험 수준이 아니라는 것을 파악하게 됐다. 독일 정보당국은 이란 당국자들이 '2년 안에 핵을 개발하자'는 목표를 세운 사실을 알게 됐다. 프랑스 정보당국은 이란이 파키스탄과 합의, 핵기술을 수입하려 한다는 사실을 입수했다.

이런 과정에서 칸 박사가 이란을 방문한 것으로 보인다. 이스라엘과 인도 정보당국 관계자들은 칸이 이 시점에 이란을 방문해 이란 원자력위원회 및 혁명수비대 관계자들과 만났다고 했다. 당시 칸과 동행했던 사람 중 한 명은 카후타 시설의 관리 책임을 맡았던 사자왈 사령관이었다. 사자왈 사령관의 아들인 샤히크 박사는 아버지의 기록을 많이 보관하고 있는 사람이다. 그는 책 '디셉션' 저자와의 인터뷰에서 "이란은 이미 만들어진 농축 우라늄을 구입하고 싶은 게 아니라 우라늄을 직접 농축하는 방법을 배우려고 했다"고 했다.

칸의 방문 얼마 후 알리 호세인 하메네이 대통령(훗날 최고지도자)이 파키스탄을 방문해 지아 대통령과 협상을 했다. 지아는 하메네이에게 카후타 핵시설에서 개발하는 기술을 공유하겠다고 했다. 지아와 칸은 기본적인 핵 기술을 이전한다고 해도 이란이 바로 핵을 만들어낼 수는 없다고 봤다. 팔레비 정권 붕괴 이후 국가 엘리트층이 대거 이탈한 상황이었던 이란엔 제대로 된 과학자도, 연구시설도 없었다. 두 나라는 핵 문제와 관련한 인적 교류를 하기 시작했다. 이란의 과학자들이 1986년과 1989년 두 차례 파키스탄의 핵 연구시설을 방문했다. 이때만 해도 기본적인 정보 교류 차원 수준이었다. 원심분리기 등 제대로 된 핵 관련 기술이 이란에 넘겨진 것은 1993년 이후의 일이다.

이 무렵 칸 박사는 두바이를 물품 조달의 허브로 사용했다. 경제특구 성향을 띤 두바이는 유럽이나 미국보다 수출 규제가 덜 까다로웠다. 칸에게 물건을 조달해준 유럽 협력자들 역시 두바이로 자리를 옮겨 사업을 이어갔다. 1980년대에 들어 칸은 'R'이라는 파키스탄 여성과 바람을 피운다. 그는 두바이 출장을 핑계로 'R'과 자주 만났다. 부인 헨리는 유럽 여성 특유의 까칠하고 성격이 민감한 면이 있었다. 반면 'R'은 헨리와는 정반대로 매우 내성적이며 조용한 성격이었다.

일촉즉발의 인도-파키스탄

헨리와 불화를 겪었던 칸의 정신 상태는 더욱 악화됐다. 칸은 이미 국가적인 영웅의 위치에 올라섰지만 여전히 그 자신에게 만족하지 못했다. 그의 심리치료를 담당했던 아메드는 칸이 자신이 이뤄낸 성과에 대한 보상이 제대로 뒤따르지 않는다며 불만을 가졌다고 했다. 칸은 "(건국 대통령) 지나가 파키스탄을 만들었지만 이를 살려낸 것은 나 자신이다"라고 말하며 더 많은 것을 원하기 시작했다.

인도는 계속 미국을 압박했다. 파키스탄의 핵개발을 미국이 멈추지 못하면 인도가 직접 나설 것이라고 했다. 미국은 계속 모호한 입장을 취했다. 핵개발과 같은 민감한 정보 사안에 대해서는 추측하거나 앞서 나가지 않는다는 수준의 논평만 내놨다. 레이건 행정부는 파키스탄에 대한 원조를 늘리겠다는 발표도 내놨다.

인도는 더 이상 참을 수 없는 단계에 이르렀다. 라지브 간디 총리는 1986년 12월 대규모 군사훈련 계획을 승인했다. 이 계획은 인도의 전략 핵무기를 국경 접경지역에 배치하는 등 최고 수위로 준비됐다. 40만 명 이상의 병력과 수천 대의 장갑차가 투입됐다. 2차 세계대전 이후 가장 큰 규모의 훈련이었다. 1987년 1월이 되자 인도와 파키스탄 군 병력은 100 마일(160km)을 사이에 둔 채 신경전을 벌였다. 일촉즉발의 상황이었다.

지아 대통령은 파키스탄이 인도 군대와는 싸움이 되지 않을 정도로 약하다는 것을 알고 있었다. 지아는 칸을 통해 인도군을 철수시키는 방법을 강구했다. 칸에게 인도 언론 등과 인터뷰를 할 것을 요청했다. 칸 연구실험실과 관련한 비밀 내용들을 조금 더 흘리라고 했다. 파키스탄이 공격을 당하면 언제든 핵으로 반격할 수 있다는 인상을 줘야 한다고 했다. 지아는 칸에게 미국이 원조를 중단할 수밖에 없을 정도로 많은 정보를 흘려서는 안 된다는 또 하나의 지시도 내렸다.

칸을 흥분시킨 記者의 질문

칸 박사는 인터뷰의 화제성을 최대한 키울 수 있는 기자를 찾아 나섰다. 그러다 '더 무슬림'이라는 잡지의 쿨딥 나야르라는 언론인이 가장 적절하다는 판단을 내렸다. 힌두교인인 그는 영국 식민지 시절 무슬림이 거주하던 지역(지금의 파키스탄)에서 태어났다가 인도로 탈출한 사람이다. 우르드어와 영어를 배웠던 그는 인도 지역으로 이주한 후 인도의 공용어인 힌디어를 배웠다.

나야르는 책 '디셉션' 저자와의 인터뷰에서 파키스탄에서 칸을 만난 것은 1987년 1월 29일이었다고 했다. 그는 "아시아에서 가장 유명하고 인도에서도 가장 악명높은 사람을 인터뷰할 수 있다는 사실이 믿기지 않았다. 인터뷰 조건은 딱 두 개였다. 녹음을 하지 말고 받아 적지도 말라는 것이었다"고 했다.

나야르는 인터뷰를 위해 파키스탄으로 오기 전 인도의 핵무기 개발의 아버지 중 한 명인 라자 라마나 박사와 얘기를 나눴다는 말로 인터뷰를 시작했다. 라마나가 '어디를 가느냐'고 해 나야르는 '칸 박사를 만나기 위해 이슬라마바드로 간다'고 말했다고 했다. 그러자 라마나가 "시간 낭비하지 말라. 파키스탄에는 아무것도 없다. 폭탄도, 이를 만들 사람도, 상식적인 근거도 없는 곳이다"라고 말했다고 했다. 칸은 파키스탄을 무시하는 듯한 이런 발언에 인터뷰 시작부터 이성을 잃었다고 한다. 나야르의 증언을 토대로 당시의 대화 내용을 재구성해본다.

〈칸: 우리가 (핵무기를) 갖고 있다고 말해줘라. 꼭 말해줘라.

나야르: 칸 선생님, 그런 주장을 하는 것은 쉽지만 실험을 해본 적은 없지 않습니까?

칸: 더 이상 지상(地上)에서 테스트를 해볼 필요가 없다. 실험실에서도 테스트를 할 수 있다. 확실하게 말해주겠는데 우리는 실험을 했다. (무척 흥분한 채) 우리는 이를 갖고 있고 농축 우라늄도 갖고 있다. 이

를 무기화해서 다 결합을 했다.

나야르: 실험을 했다면 인도에 있어서는 심각한 경고를 주는 것일 텐데요?

칸: 우리를 그렇게 해야만 하는 코너로 밀어 넣는다면 우리는 폭탄을 사용할 것이다. 재래식 무기로 시간 낭비를 하지 않을 것이다. 바로 이 무기를 사용할 것이다.〉

나야르의 편집장은 이 내용을 기사화하지 않기로 했다. 파키스탄이 핵폭탄을 제조했다는 사실은 너무나도 큰 뉴스였기 때문에 우선 보류하기로 결정했다. 나야르는 영국에서 활동하는 '옵저버'의 기자 시암 바티아에게 연락을 했다. 그와는 과거에 함께 근무한 적이 있었다. 옵저버 역시 나야르가 전달한 칸의 주장을 검증하기 위해 한 달 이상을 기다렸다. 결국 옵저버는 칸의 주장이 사실이라 판단했다. 옵저버는 1987년 3월 1일자에 "파키스탄이 원자폭탄을 갖고 있다(Pakistan Has the A-Bomb)"는 제목으로 기사를 내보냈다. 이 기사는 칸의 발언을 다음과 같이 인용했다.

"우리가 폭탄을 갖고 있다고 CIA는 말해왔는데 이는 사실이다. 그들은 파키스탄이 절대 폭탄을 만들지 못할 것이라며 나의 역량을 의심했다. 하지만 그들은 이제 우리가 이를 갖고 있다는 것을 알게 됐다."

이 세계적인 특종의 대가로 나야르가 받은 돈은 350 파운드(약 450 달러)였다.

| 07 |

철권통치자 지아,
의문의 비행기 사고로 숨지다

칸 "그들은 우리를 막을 수 없었다. 우리는 항상 한 발짝 앞서갔다"

파키스탄의 해명을 요구하는 미국

영국 옵저버의 "파키스탄이 원자폭탄을 갖고 있다"는 기사는 전세계로 퍼졌다. 미 의회에 관련 사실을 숨겨오던 레이건 행정부는 큰 고민에 빠졌다. 파키스탄은 칸 박사가 계획보다 너무 센 수위의 발언을 하는 바람에 발생한 외교문제의 뒷수습을 해야 했다. 관련국인 인도와 이스라엘은 분노했다.

기사가 나온 다음 날인 1987년 3월 2일 레이건 대통령은 의회에서 매년 진행해 온 비확산 관련 정책을 소개하는 연설을 했다. 그는 "레이건 행정부의 핵심 목표는 핵무기가 다른 나라들에 확산되지 않도록 하는 것이었다"며 "이 목표를 계속 추구할 것"이라고 했다. 파키스탄 관련 기사에 별다른 입장을 밝히지는 않은 채 원론적인 얘기만을 했다.

표면적으로는 별일 아닌 척 넘어가는 듯했으나 비공개적으로 진행되는 외교의 장(場)에서는 심각한 논란이 됐다. 우선 문제 중 하나는 옵저버가 한 달 동안 기사 내용을 검증하는 사이 지아 대통령이 인도를 방문해 국경지역에서 군대를 철수하겠다고 밝혔던 것이었다. 군사적 긴장이 거세지자 지아 대통령이 한 발 물러선 듯한 모습을 보였는데 얼마 후 "파키스탄이 원자폭탄을 갖고 있다"는 기사가 나오게 된 것이다. 당시 지아 대통령의 철수 의사에 라지브 간디 총리 역시 인도군을 철수시키기로 했었다. 간디 역시 지아에게 속았다는 느낌을 받았다.

미국 백악관은 지아 대통령에게 자초지종을 설명할 것을 요구했다. 지아 대통령은 칸 박사가 인터뷰 과정에서 나야르 기자의 꾐에 넘어가게 됐다고 했다. 또한 "파키스탄 정부는 핵무기를 생산할 어떤 의사도 없다는 점을 확실하게 밝힌다"고 했다. 미국은 물론, 자체적으로 정보를 수집하던 인도 역시 이런 주장을 믿지 않았다. 간디 총리는 국제사회가 적극적인 조치에 나서야 한다고 촉구했다. 논란이 계속되자 와심 사자드 파키스탄 과학기술부 장관은 "파키스탄은 원자폭탄을 보유하고 있지 않다. 이를 가질 마음도 없고 이를 만들어낼 능력도 없다"고 했다. 파키스탄 외무장관 등 고위 인사들은 비슷한 내용의 성명을 반복해 발표했다.

논란은 수그러들지 않았다. 칸 박사는 자신이 직접 나서서 문제를 해결해야 한다고 판단했다. 그는 당시 파키스탄에서 영향력이 있던 언론인인 자히드 말릭을 찾았다. 말릭은 칸의 회고록 작성을 돕던 사람으로 과장된 기사를 자주 써온 사람이었다. 칸과 말릭은 나야르 기자가 인도 정보당국(RAW) 요원이었다고 주장하기 시작했다. 또한 나야르의 기사를 전달받아 옵저버에 실은 바티아 기자는 "이스라엘 예루살렘의 돈을 받는 힌두교의 개(dog)"라고 말했다. 이런 주장들은 말릭의 기사를 통해 확산됐다. 말릭은 옵저버의 편집장인 도널드 트렐포드가 파멜라 보데스라는 여성과 불륜을 저질렀다고도 했다. 보데스는 인도계 여성이며 그녀의 설득으로 인해 트렐포드가 거짓 기사를 지면에 실었다고 했다. 이런 음해성 프로파간다에 파키스탄 국민들은 동요했지만 서방세계는 넘어가지 않았다. 파키스탄 정부는 칸을 비롯해 핵시설에서 근무하는 직원들의 입단속을 시켰다. 한동안 이들에 감시를 붙여 자유롭게 이동하지 못하게 했다.

또 한 번 적발되는 칸 네트워크…"파키스탄 정부와는 무관(無關)"

미국과 파키스탄을 더욱 곤경에 빠뜨리는 또 하나의 사건이 발생했다. 미국 FBI와 세관 당국은 1987년 7월 아샤드 페르베즈라는 파키스탄계 캐나다인 사업가를 필라델피아에서 체포했다. 그는 25톤 상당의 마레이징 강철(강도 높은 강철의 일종)을 구입하려다 적발됐다. 페르베즈는 자신이 물건을 구입하려 한 상대가 잠복한 FBI 요원인 것을 알지 못했다. 미국 정부는 1986년 11월부터 페르베즈를 감시했다. 그는 당시 펜실베이니아주 레딩에 있는 '카펜터 스틸'이라는 곳에서 강철을 구입하려 했다. 페르베즈가 구입하려던 물건은 수출 규제 물품이었다. 카펜터의 직원은 관련 내용을 미국 에너지부에 신고했다. FBI와 세관당국은 카펜터의 세일즈 직원으로 위장해 정보를 캐냈다. 페르베즈는 파키스탄에 있는 '이남(Mr. Inam)'이라는 사람을 대리해서 물건을 구입하고 있다고 했다. 페르베즈는 상무부 직원들에게 접촉해 약 5000 달러의 뇌물을 제공하려고도 했다. 1000 달러를 미리 지불하고 수출 허가 승인이 떨어지면 잔금을 제공하겠다고 했다.

페르베즈가 구입하려던 강철은 터빈을 만드는 용도였다. 터빈은 물과 가스 등의 에너지를 추출해 다른 곳에 사용할 수 있는 에너지를 만드는 회전식 기계장치다. 페르베즈가 구입하려던 강철은 파키스탄식 원심분리기의 회전장치에 필요했다. 페르베즈는 강철 이외에 다른 부품도 구입할 의사를 밝혔다. 그는 11개의 다른 부품을 추가로 구입할 의사가 있다며 200만 달러 정도를 쓸 의향이 있다고 했다. 페르베즈가 요구한 품목에는 베릴륨이라고 불리는 금속도 포함돼 있었다. 이는 원자로의 감속재(減速材) 및 반사재(反射材)로 쓰인다. 베릴륨을 사용하면 핵탄두의 무게를 낮추면서도 비슷한 위력을 갖도록 할 수 있다. 미국 정보당국 입장에서는 파키스탄이 핵탄두 개발을 완료한 상황에서 이를 소형화하는 단계까지 이르렀다는 추측을 할 수 있게 됐다.

레이건 행정부는 페르베즈와 파키스탄 정부와의 직접적인 관계가 드러나지는 않았다고 밝혔다. 필라델피아 세관 당국 역시 정부의 이런 주장을 뒷받침했다. 마이클 아마코스트 국무부 정무차관이 앞장서서 이런 주장을 했다. 그는 파키스탄을 압박하기 위해 이슬라마바드로 향하는 길에서 기자회견을 가졌다. 그는 기자들에게 "지아 대통령이 개인적인 차원에서 일어나는 조달 네트워크를 근절하도록 설득할 것"이라고 했다. '개인적인 차원'이라는 단어가 매우 중요하다. 아마코스트는 파키스탄 정부가 직접 핵 관련 부품 조달에 개입하지는 않았다는 뉘앙스를 전하려 했다. 미 의회는 정보당국자들을 소환해 페르베즈 사건이 파키스탄 정부와 무관하냐는 질문을 퍼부었다. 정보당국자들은 의회에서의 위증이 연방법 처벌 대상임을 인지했음에도 파키스탄 정부와 직접적인 관계는 없다고 말했다.

미국 정부는 페르베즈가 거래한 '이남'이라는 사람의 정체는 파키스탄의 퇴역 장군인 이남 울 하크라는 사실을 알고 있었다. 그는 페르베즈에게 접근해 강철을 구입하도록 했다. 이남은 1980년 초부터 CIA의 감시대상에 올랐던 인물이다. 칸 박사를 도와 해외에서 물건을 조달하는 핵심 인물 중 한 명이었다.

미국을 우습게 보게 되는 파키스탄

미 의회의 계속된 조사로 인해 미국 행정부는 증거를 더 이상 숨길 수 없었다. 재판부는 페르베즈가 파키스탄을 위해 강철과 베릴륨을 밀수출하려 했다는 혐의에 대해 유죄 판단을 내렸다. 유죄가 확정됨에 따라 파키스탄에 대한 원조는 중단됐다. 개정된 해외원조법은 핵개발을 하는 국가에 원조를 하지 못하도록 했다. 파키스탄의 핵개발은 이미 여러 차례 언론 보도 등을 통해 세상에 공개돼 있었다. 이 과정에서 페르베즈라는 사람이 미국 본토에서 핵 관련 부품을 밀수출하려다 적발된 것이다. 파키스탄 정부가 페르베즈와 어떤 관계이고 어떤 방식으로 개입했는지는 더 이상 중요하지 않았다. 미 의회 입장에서는 원조에 제동을 걸 충분한 이유가 있다고 판단했다. 레이건 행정부는 1988년 1월 15일 의회의 이런 노력을 무산시켰다. 그는 파키스탄에 대한 원조 중단 방침을 유예한다고 발표했다. 그는 이런 규정을 유예하는 이유로 국가 안보를 꼽았다. 대통령은 자신이 여전히 핵확산을 막는 데 전념하고 있다고 덧붙였다. 레이건 대통령은 1988년 3월에 실시된 연례(年例) 비확산 관련 연설에서도 핵확산을 방지하기 위해 최선의 노력을 하고 있다는 원론적 발언을 이어갔다.

파키스탄은 미국을 점점 더 우습게 보기 시작했다. 미국의 원조가 여전히 필요하지만 이를 위해 매달려야만 하는 이른바 '갑과 을'의 관계가 아니라는 생각을 하기 시작했다. 1988년에 들어 미국의 가장 큰 관심사 중 하나는 아프간 문제를 완전히 해결하는 것이었다. 소련군의 철수에 따라 아프간 문제에서 손을 떼는 것이 목표였다.

조지 슐츠 당시 국무부장관은 회고록에서 지아 대통령의 변심을 소개했다. 지아 대통령은 8년간 아프간에서 활동하는 게릴라 조직을 지원한 파키스탄 입장으로서는 아프간에서 행사하는 영향력을 완전히 끊고 싶지 않다고 밝혔다. 지아 대통령은 레이건 대통령과의 전화 통화에서 아프간 평화 협정에는 찬성한다고 했다. 그러나 소련 철수 이후 무장 게릴라 조직에 대한 외부의 지원 역시 중단돼야 한다는 소련의 주장을 따를 수 없다고 했다.

레이건 대통령은 지아가 만약 그렇게 한다면 이는 (국제사회에) 거짓말을 하는 것이 된다고 경고했다. 지아는 "우리는 그곳(아프간)에서 우리가 한 활동을 8년 동안 숨겨왔다. 무슬림은 선의의 거짓말을 할 수 있게 돼 있다"고 했다. 책 '디셉션'의 저자에 따르면 프랭크 칼루치 당시 국방장관도 지아와 만난 뒤 비슷한 얘기를 들었다고 했다. 지아 대통령은 칼루치를 만나 "지난 10년간 거짓말을 해왔듯 앞으로도 거짓말을 하겠다. 당신들이 핵 관련 사업에 대해 거짓말을 했듯이 말이다"라고 했다고 한다.

미스터리로 남은 비행기 추락사고

아프간 평화 협정 체결 이후 지아 대통령은 더욱 대범해졌다. 그는 1988년 4월 26일 월스트리트저널과의 인터뷰에서 핵개발을 언급하며, "파키스탄이 성공해내는 것을 봤다. 지금 할 수 있는 가장 좋은 일은 편안하게 쉬면서 이를 즐기는 일이다"라고 했다. 그는 며칠 뒤 미국의 싱크탱크인 카네기 기념재단에서 한 연설에서도 핵 역량을 언급했다. 그는 "억제력을 갖췄다는 인상을 주기 충분한 수준이 됐다"고 했다.

모든 것을 다 얻은 듯 행동했던 지아 대통령에게도 예기치 못한 일이 생기게 된다. 인생의 아이러니함을 보여주는 대목이다. 1988년 8월 17일, 지아 대통령은 바하왈푸르 지역을 방문해 미국이 제공한 M1 에이브럼스 탱크의 시연(試演) 행사에 참석했다. 행사가 끝난 뒤 그는 허큘리스 C-130 수송기를 타고 약 300마일(약 480km) 떨어진 수도 이슬라마바드로 돌아가고 있었다. 그가 탑승한 비행기는 오후 4시 30분 활주로에서 이륙했다. 약 2분 뒤 관제소와의 교신이 끊겼다. 그리고 얼마 후 기수(機首)가 고꾸라지며 땅으로 추락했다. 탑승했던 30명은 모두 숨졌다. 파키스탄 주재 미국대사인 아놀드 라펠도 이 비행기에 탑승했다 숨졌다. 쿠데타 이후 11년간 파키스탄을 이끌어온 64세 철권통치자의 최후였다.

이 사건은 30년이 지난 지금도 항공사고의 미스터리 중 하나로 꼽힌다. 우선 이 비행기는 격추되지도 않았고 공중에서 폭발하지도 않았다. 비행기가 땅에 추락하기 전까지는 기체에서 화재가 목격되지도 않았다. 아리프 비서실장은 훗날 인터뷰에서 "신(神)의 계시, 아니면 조종사의 자살행위 이외로는 설명할 수 없는 사건이었다"고 했다. 파키스탄 정부는 수사 결과 발표 당시 비행기가 공격당했을 가능성은 배제할 수 없지만 정확한 이유는 불분명하다고 했다. 이 비행기에는 블랙박스도 없었던 것으로 알려졌다. 허큘리스 수송기를 파키스탄에 제공한 미국 국방부는 비행기의 자체결함은 없는 것으로 판단된다고 했다. 파키스탄 정부의 수사 과정에서 일종의 신경가스 공격이 발생했을 가능성도 제기됐다. 비행기에 숨겨놓았던 신경가스가 이륙 직후 퍼지기 시작해 비행기가 추락하게 됐다는 설(說)이었다. 바하왈푸르 공항에서 수송기에 여러 화물이 새롭게 실렸는데 이들에 대한 정확한 조사가 이뤄지지 않았다는 점도 신경가스 테러설을 뒷받침하는 정황 중 하나다.

차고 넘치는 살해동기

이 공격의 배후에 대한 여러 음모론이 돌기 시작했다. 지아 대통령의 죽음으로 이익을 보는 국가 및 세력이 너무 많았기 때문이다. 배후로 지목된 국가 중 하나는 소련이다. 소련은 아프간에서 파키스탄이 반군(叛軍)단체를 지원해온 사실에 불만을 가져왔다. 또한 소련 정보당국(KGB)은 아프간 등지에서 VX 신경가스를 사용한 테러 공격 연습을 해온 바 있었다.

인도와 이스라엘도 의심을 받았다. 파키스탄 핵개발에 가장 반대해온 이들 국가는 카후타 핵시설에 대한 선제타격도 검토했었다. 이스라엘 정보당국은 해외에서 활동하는 칸의 조력자들에 협박을 하고 편지봉투를 사용한 테러 위협을 해온 전례가 있었다.

미국 역시 의심을 받았다. 우선 지아는 여러 차례 미국의 심기를 거슬리게 했다. 비행기 추락사고 직전에는 핵무기 완성을 운운하기도 했다. 미국 레이건 행정부가 아프간 반군 지원을 위해 기를 쓰고 파키스탄의 핵개발 사실을 의회에 비밀로 해왔으나 이런 노력을 수포로 돌아가게 했다. 쉽게 말해 레이건 행정부와의 약속을 지키지 않고 레이건에게 창피를 주는 행동을 했다. 또한 미국의 원조금을 경제개발 등 지원 목적이 아닌 카후타 핵시설 등에서 사용했다는 정황도 미국은 파악하고 있었다. 미국이 공격의 배후에 있다고 주장하는 세력들은 미국에 또 다른 동기가 있다고 주장한다. 당시 파키스탄이 지원하는 아프간의 무장 게릴라 단체 중에는 반미(反美) 성향의 극단주의 세력이 포함돼 있었다는 점이다. 사우디아라비아 정보당국은 여러 차례 미국에 파키스탄의 지원을 받는 무장단체가 미국이 지원한 무기의 총구를 미국 쪽으로 돌릴 수도 있다고 전하기도 했다. 그러나 미국의 파키스탄 대사 역시 사망했다는 사실을 보면 미국 배후설에는 신빙성이 떨어진다.

또 다른 배후로는 파키스탄 내부에서 지아에 반대하는 세력들이 지목됐다. 우선 사형된 부토 총리의 아들 무르타자가 이끄는 테러그룹이 배후로 거론됐다. '알 주피카르'라는 이름으로 활동한 이 단체는 부토 총리의 복수를 목적으로 만들어졌다. 실제로 여러 차례 지아 대통령을 암살하려 했으나 실패한 바 있다. 또 다른 배후로는 군부(軍部)의 지아 반대 세력이 지목됐다. 이들은 지아 대통령이 수십억 달러의 미국 원조금을 받고서도 경제개발을 등한시한다는 사실에 불만을 가졌다. 지아 측근들의 부정부패에도 반발하는 입장이었다.

지아 대통령은 육군 참모총장직을 겸직했다. 참모차장은 미르자 아슬람 베그 장군이었다. 그는 지아와 함께 C-130 수송기에 탑승할 예정이었으나 마지막에 계획을 수정해 사고를 면했다. 지아의 사망으로 베그는 자동적으로 참모총장 자리에 오르게 됐다. 군대가 오랫동안 정권을 잡아온 파키스탄에서 순식간에 권력 1인자가 된 것이었다. 이런 이유로 베그가 쿠데타를 일으켰다고 주장하는 사람도 있었다. 베그는 훗날 인터뷰에서 자신이 사고가 난 수송기에 타지 않았다는 사실만으로 자신이 쿠데타의 배후라는 주장을 할 수는 없다고 했다.

여론은 또 다른 군인이 정권을 잡는 것에 거부감을 느꼈다. 파키스탄에도 제대로 된 민주주의가 들어서야 한다는 여론이 거세졌다. 당시 상원의장을 맡고 있던 사람은 굴람 이샤크 칸이다. 그는 재무장관 출신으로 A. Q. 칸 박사와도 매우 가까운 사이였다. 파키스탄 헌법 규정에는 권력에 공백이 생기면 상원의장이 이를 대체하도록 돼 있다. 지아의 사고로 굴람 이샤크 칸은 파키스탄의 새로운 대통령이 됐다. 이샤크 칸과 베그 장군은 협력 관계를 맺고 새로운 총선거를 치르기로 했다.

이슬람의 첫 여성 총리 탄생

1988년 지아 대통령이 의문의 사고로 숨진 뒤 파키스탄 정국은 크게 요동쳤다. 새롭게 치러진 총선거를 통해 사형됐던 부토 전 총리의 딸 베나지르가 총리에 오르게 됐다. 회교국가 최초로 여성 총리가 탄생한 순간이었다. 앞으로 소개하게 되겠지만 베나지르의 역할은 내치(內治)로 국한됐다. 외교 및 국방, 그리고 핵개발은 지아 정권에서 상원의장을 지내던 굴람 이샤크 칸이 맡게 됐다. 이샤크 칸은 총선거 결과와 상관없이 대통령직을 수행하게 됐다. 이샤크 칸 주변은 군부를 비롯한 강경론자들로 가득 채워져 있었다. 이들은 베나지르 부토와도 여러 갈등을 빚게 된다. 부토는 사실상 형식적인 총리에 불과했다. 정책과 관련한 중요 결정은 칸 대통령과 그의 측근들이 내리게 됐다.

베나지르 부토 총리의 등장을 소개하기에 앞서 지금까지 파키스탄이 이뤄낸 핵개발 진전 상황을 다시 한 번 정리해볼 필요가 있다. 지아 장군이 물러난 시점과 레이건 행정부의 임기가 끝나는 시점이 맞물렸다. 이샤크 칸과 부토 총리의 파키스탄과, 조지 H. W. 부시 행정부가 어떤 위험요소를 안고 정책을 펴야 했는지에 대한 이해가 필요하기 때문이다. 미국 워싱턴의 국방대학교 교수인 하산 아바스는 '파키스탄의 핵무기'라는 책을 통해 A. Q. 칸 박사가 지금까지의 성과를 이뤄내는 데 사용한 전략을 크게 여덟 가지로 꼽았다. 그가 꼽은 전략별로 간략한 설명을 덧붙인다.

1. **인맥**: 칸 박사는 유럽에서 근무하다 파키스탄으로 귀국한 후 그가 대학교와 회사에서 만났던 인맥들과 꾸준히 연락을 하며 도움을 얻었다. 대학을 같이 다니다 사업가가 된 하인즈 메부스, 헨크 슬레보스가 그런 예다. 그는 런던에서 직접 만나 인맥을 쌓은 피터 그리핀, 독일의 기술자 고타드 러치 등과도 긴밀한 사업 관계를 맺고 필요한 물건을 구했다.

2. **제약 없는 예산**: 칸은 예산을 자유롭게 사용할 수 있었다. 파키스탄은 가난한 나라였지만 미국의 공식적, 비공식적 지원금을 칸 박사에게 전달해 핵개발을 할 수 있도록 도왔다. 칸은 해외로부터 물건을 구입할 때 시가보다 50% 이상을 지불하는 경우도 잦았다. 판매자 입장에서는

의심이 들어도 사업을 할 수밖에 없는 상황이 많았다. 칸이 사용하는 자금에 대해 파키스탄 정부는 문제를 삼지 않았다. 칸 박사의 자금 지출과 관련해 파키스탄 정부가 감사를 실시한 것은 1990년대 후반이다.

3. **각국의 수출규제 연구**: 칸 박사가 핵무기 개발에 성공한 이유 중 하나는 각국 정부의 수출규제 방침에 대해 꾸준히 연구를 한 덕분이다. 미국과 유럽 국가들은 1970년대에 들어 핵관련 기술에 대한 수출 규제를 강화했다. 칸 박사는 이들 국가의 수출규제를 회피하기 위해 완성품이 아니라 완성품에 들어가는 부품들을 개별적으로 구입했다. 칸 박사는 파키스탄 내부에서 이들 부품을 완성품으로 만들어냈다. 또한 아랍에미리트연방(두바이)과 터키 등 국제사회의 감시가 덜 심한 지역을 중개지로 삼아 무역을 했다.

4. **자력갱생**: 칸 박사는 여러 차례의 언론 인터뷰를 통해 '서방세계의 선전선동으로 파키스탄은 남에게 해(害)를 주지 않는 물건조차 수입할 수 없게 됐다'는 발언을 해온 바 있다. 그는 이 문제를 해결하기 위해 웬만한 기본부품은 자체적으로 생산했으며 해외로부터 사들인 부품들을 조립하는 방법도 자체적으로 연구했다.

5. **파키스탄 출신 이민자를 통한 물품 조달**: 칸 박사는 해외에서 알게 된 인맥을 사용했을 뿐만 아니라 해외에 거주하고 있는 파키스탄계 이민자들을 적극 활용했다. 그는 미국과 유럽 등지에서 사업을 하는 파키스탄 사업가들을 접촉해 물건을 사들였다. 그는 이 사업가들을 금전적으로 유혹했다. 또한 파키스탄에 대한 애국심을 언급하며 이들이 사업에 동참할 수밖에 없게끔 했다.

6. **파키스탄 대사관 활용**: 유럽과 북미 지역에 있는 파키스탄 대사관은

1970년대 초부터 1990년대 말까지 핵무기 개발 부품을 조달하는 중개지 역할을 맡았다. 독일과 프랑스, 영국 주재 파키스탄 대사관이 특히 그랬다. 이들은 인버터와 알루미늄봉, 진공펌프 등을 사들여 파키스탄으로 보냈다.

7. **언론플레이**: 칸은 여러 차례 언론에 등장해 사실과 다른 정보를 흘렸다. 때로는 문제를 과장하고 때로는 축소해가며 전세계의 관심을 핵심으로부터 멀어지게 했다. 파키스탄 정부는 칸이 언론에 인터뷰를 하도록 해 핵개발 능력을 과시하려 하기도 했다. 칸의 인터뷰로 큰 외교적 문제가 발생한 것 역시 사실이다.

8. **직원관리**: 칸 박사는 칸연구실험실(KRL) 직원들을 위해 최선을 다했다. 그는 정부를 설득해 직원들이 최상의 교육과 건강보험 혜택을 받을 수 있게 했다. 칸과 함께 근무하던 직원들은 모두 그를 존경했고 비밀유지 약속을 철저히 지켰다. 칸은 KRL 내부에서도 부서를 여러 분야로 나눠 서로 무슨 일을 하는지 정확히 알지 못하게끔 했다.

"우리는 그들보다 항상 한 발짝 앞서갔다"

칸 박사는 2009년 8월 31일 파키스탄 방송에 출연해 다음과 같은 말을 했는데 위에 언급된 그의 전략을 파악해볼 수 있는 대목이다. 단순히 물건을 훔친 것 하나로 핵개발을 이뤄낸 것이 아니라 네트워크의 총동원, 수출규제 회피 방안 연구 등을 통해 이뤄낸 성과라는 것이 그의 설명이다.

〈사람들은 내가 유럽의 납품업체들의 명단을 훔쳤다고 주장하는데 이는 쓰레기 같은 소리다. 나는 유럽 전역을 돌아다녔다. 모든 납품업체들의 주소를 정확히 알고 있었다. 파키스탄으로 돌아온 뒤 나는 이들 회사로부터 물건을 구입했다. 이들이 파키스탄에 대한 수출을 금지할 때까지 말이다. 그들이 수출을 막자 우리는 다른 국가들로부터 물건을 구입했다. 쿠웨이트와 바레인, 아랍에미리트, 싱가포르 같은 곳으로부터 물건을 샀다. 그들은 우리를 막을 수 없었다. 우리는 항상 그들보다 한 발짝 앞서 나갔다.〉

1985년 11월에 작성된 CIA의 '파키스탄 핵무기 프로그램 : 관계자 및 조직 현황'이라는 보고서가 있다. 최근 기밀해제된 이 보고서에는 칸 연구소 직원들이 어떤 혜택을 받았는지 짐작해볼 수 있는 대목이 있다.

〈(핵)무기 개발에 참여하는 고위 과학자들은 좋은 교육을 받고 충성심이 강한 사람들로 구성돼 있다. 핵심 역할을 하는 물리학자와 기술자, 화학자들은 서방세계에서 대학원 이상의 과정을 밟고 훈련을 받은 사람들이다. 파키스탄의 핵과학자 대부분은 파키스탄에서 교육을 받은 뒤 해외에서 제대로 된 훈련을 받았다.〉

"서방세계에 대한 반발심이 과학자들을 똘똘 뭉치게 했다"

파키스탄이 핵개발 목표를 세운 것은 부토 총리 재임 시절이다. 그러나 제대로 된 개발 과정은 지아 장군이 쿠데타로 권력을 잡은 후에 이뤄졌다. 지아 재임 시절의 파키스탄 국민들에게 어느 정도의 자유가 주어졌는지는 차치하더라도 그가 칸 박사라는 민간인이 지휘하는 핵 프로그램에 대한 전폭적인 지원을 해준 것은 사실이다. 정권이 주도하는 프로그램에 칸의 핵시설이 예속돼 있었다고 볼 수도 있다. 하지만 더 정확하게는 軍-民의 협력 사업이었다. 아바스 교수는 1970~80년대 파키스탄의 독특한 정치상황이 핵개발에 있어서는 이점(利點)으로 작용했다고 본다고 했다. 상명하복(上命下服) 관계가 아닌 단독 프로젝트의 개념으로 유지됐기 때문에 칸 박사가 몰두할 수 있었다는 것이다.

미국을 비롯한 서방세계는 여러 차례 협박과 회유를 하며 파키스탄의 핵개발을 막으려 했다. 이런 협박 및 회유 전략이 먹히지 않은 이유 중 하나도 군대와 민간 프로젝트가 분리돼 있었기 때문이다. 지아 대통령은 여러 차례 압박을 받으면서도 민간차원의 평화로운 핵개발을 하고 있다는 거짓 해명을 할 수 있었다. 칸 박사의 해외 네트워크가 적발되더라도 파키스탄 정부와는 직접적인 관계가 없다고 선을 그을 수 있었다. 아바스 교수는 파키스탄이 핵개발에 성공한 가장 큰 이유는 미국을 필두로 한 서방세계에 대한 반발심 때문이라고 주장한다. 파키스탄의 핵과학자들은 특히 말로 형용할 수 없는 분노로 가득 차 있었다는 것이다. 서방세계가 인도의 핵개발은 묵인하고 파키스탄의 핵개발에만 제동을 걸려고 하는 것에 대한 반항심으로 이들이 더욱 똘똘 뭉칠 수 있었다는 게 아바스 교수의 주장이다.

권력을 잡은 강경파…"핵개발 멈춰선 안돼"

그렇다면 다시 본론으로 돌아가 지아 대통령 사망 이후의 파키스탄 상황을 짚어보자. 지아 대통령 사망 이후 권력을 잡게 된 사람은 대통령이 된 이샤크 칸과 베그 참모총장이다. 이 둘은 인도는 물론 서방세계에 더욱 강경한 입장을 취해야 한다는 주의였다. 또한 핵무기 개발 성과에 큰 자부심을 갖고 있는 인물들이었다. 베그 장군은 A. Q. 칸 박사를 국민영웅으로 생각했다. 권력의 3인자가 되는 인물은 정보당국의 새로운 수장(首長)이 된 하미드 굴 장군이다. 굴 장군은 소련이 아프간에서 철수하더라도 계속해 아프간 반군 세력을 지원해줘야 한다는 생각이었다.

굴 장군은 이샤크 칸을 만나 파키스탄이 핵개발을 계속해야 한다고 조언했다. 미국의 요구를 받아들여 핵 프로그램을 동결해서는 안 된다고 했다. 파키스탄은 기술적으로 봤을 때 핵무기를 어느 정도 완성한 상태였다. 하지만 미사일을 비롯한 운반체계에 핵탄두를 부착하는 기술, 폭탄을 정확한 목표지점에 터뜨리도록 하는 기술이 부족했다. 굴 장군은 파키스탄이 지금 시점에서 핵개발을 멈춘다면 인도 역시 파키스탄의 핵 역량이 아직 완성단계에 이르지 못했다는 판단을 할 것이라고 했다. 지금 수준에서는 완벽한 억제력을 갖추지 못한 것이라고 했다.

베그 참모총장은 책 '디셉션' 저자와의 인터뷰에서 "핵폭탄을 더 이상 숨겨서는 안 됐다. 다른 국가들에 우리가 핵폭탄을 갖고 있고 이를 사용할 수 있다는 사실을 알려야 했다. 파키스탄의 핵무기가 터지는 것에 대해 사람들이 공포심을 갖게 할 필요가 있었다. 이를 위해서는 폭탄을 떨어뜨릴 수 있는 미사일이나 전투기가 필요한 상황이었다"고 했다.

1988년 11월 16일 총선거를 앞두고 칸 대통령과 베그 참모총장, 굴 장군에게 눈엣가시가 되는 사람은 총선 출마 계획을 밝힌 35세의 베나지르 부토였다. 베나지르는 그의 아버지가 만든 파키스탄인민당(PPP)의 당수 자리에 올랐다. 베나지르는 하버드와 옥스퍼드에서 교육을 받은 사람으로 칸 대통령 등 집권세력과 비교하면 親美주의자였다. 굴 장군은 총선에 나서는 이슬람민주동맹(IJI) 소속 출마자들에게 부토를 공격하는 방법을 일일이 설명해주기도 했다.

"파키스탄은 핵폭탄이 필요하다. 부토에게 핵폭탄을 맡길 수는 없다. 그녀의 충성심은 그녀가 교육받은 미국을 향해 있다. 그녀는 우리를 미국에 팔아버릴 것이다. 그녀는 우리의 핵기밀을 팔려고 하는 스파이다. 그녀는 인도에 대항하려 하지도 않을 것이다."

민주동맹의 흑색선전에도 불구하고 부토가 이끄는 인민당이 근소한 차이로 다수당이 됐다. 부토가 아버지에 이어 총리직을 맡게 되는 순간이었다. 칸 대통령은 부토를 인정하고 싶지 않았지만 여론을 의식했다. 또 한 번의 군부독재정권이 들어서는 것에 대한 여론의 반감을 우려했다. 칸은 몇 가지 조건을 걸고 그녀를 총리로 인정하기로 했다. '인민당이 무리한 정책을 취하려 하지 말 것', '군대 문제에 개입하지 말 것', '핵문제에는 관여하지 말 것'이 칸이 요구한 조건이었다. 부토는 이를 받아들였다.

허울뿐인 총리

부토는 총리라는 권력을 잡기는 했지만 실질적인 권한은 없었다. 그녀의 위에는 대통령이 존재했다. 칸 대통령은 공개석상에서 부토를 무시하는 발언을 해왔다. 또한 파키스탄 헌법에 따라 자신이 원할 때 언제든 총리를 해임할 수 있었다. 외무장관을 비롯한 내각 인사들 역시 칸 대통령을 위해 일하는 사람들이었다.

로버트 오클리 파키스탄 주재 미국대사는 '디셉션' 저자와의 인터뷰에서 부토 당선 당시의 상황을 소개했다. 부토는 베그 참모총장과 정보수장인 굴 장군과 처음으로 만나는 자리에 동석해달라고 오클리에게 부탁했다. 오클리는 "부토는 무서워서 굳어 있었다. 그들은 부토가 군대와 아프가니스탄, 그리고 핵문제에 대해 개입하지 않는다는 조건으로 그를 총리로 인정해준다고 했다"고 했다. 군부 세력은 부토를 대놓고 무시했다. 부토는 전임 정권으로부터 어떤 자료도 인수받지 못했다. 책상에는 볼펜이나 종이도 없었다고 한다. 사무실 직원도 한 명뿐이었다. 부토는 국가정책 관련 중요 사안을 언론을 통해 듣는 경우가 허다했다. 허울뿐인 총리였다.

부토를 무시한 건 칸 대통령을 위시한 군부세력만이 아니었다. 부토 총리는 취임 얼마 후 파키스탄원자력위원회의 무니르 칸 의장과 A. Q. 칸 박사에게 전화를 걸어 총리실로 오라고 지시했다. 부토는 "당신들은 우리 아버지의 오랜 친구들이다. 그가 당신들의 자리를 만들어줬고 내가 지금 당신들 월급을 주고 있다"고 했다고 한다. 무니르 칸과 A. Q. 칸은 공손하게 전화에 응대했지만 총리실에 오라는 지시는 거부했다.

얼마 후 부토는 무니르 칸과 A. Q. 칸의 연락을 받았다. 칸 대통령을 만나러 가는 길인데 같이 가지 않겠냐는 것이었다. 부토 총리는 이때 처음으로 핵 관련 내용을 접할 수 있었다. 당시 회의에는 이샤크 칸과 베그 참모총장 등이 참석했다. 이샤크 칸과 베그 장군, 부토 총리는 '핵지휘통제권'이라는 이름하에 세 명이 함께 핵문제에 대한 결정을 내린다는 사안에 합의했다. 부토는 이날 카후타 시설의 우라늄 농축 농도를 낮추는 등 핵무기 완성을 목표로 하지 않는다는 신호를 미국에 보내야 한다고 했다. 이샤크 칸과 베그 장군은 이에 동의한다며 이날 마련된 전략을 '베나지르 독트린'이라고 부르기로 했다. 그러나 이는 다 '쇼'에 불과했다. 베그는 1989년 2월 워싱턴을 방문할 계획이었다. 親美성향으로 분류되는 부토와 함께 핵무기 개발을 하지 않기 위한 노력을 하고 있다는 구실을 만들기 위해서였다.

부토 총리는 계속해서 군대 및 핵 문제에 개입하려 했다. 인도와의 갈등을 줄이고 아프간에서 조속히 철수해야 한다고 군대를 압박했다. 칸 박사 역시 부토에게 짜증이 나기 시작했다. 그는 부토 총리의 지시로 카후타 핵시설의 우라늄 농축이 일시 중단된 것에 불만을 가졌다. 그는 핵프로그램을 다시 가동시켜 진전을 이뤄내야 할 때라고 생각했다. 그는 하미드 굴 파키스탄 정보국(ISI) 국장에게 연락해 부토가 더 이상 정책에 개입하지 못하게 압력을 가해줄 것을 요청했다.

오사마 빈 라덴의 등장

굴 장군은 칸의 요청을 받기 전부터 부토를 거세해야 한다는 생각을 하고 있었다. 부토가 자신을 찾아와 아프간과 평화협정을 체결하고 아프간 국내정치에 개입하면 안 된다고 일장연설을 한 것이 화근이 됐다. 부토는 이 자리에서 ISI가 아프간 반군에 지원한 무기들을 모두 회수해야 한다는 주장도 했다.

1989년 초. 굴 장군은 더 이상 부토를 참을 수 없었다. 그는 파키스탄과 아프가니스탄을 잇는 주요 산길인 카이버 고개에 위치한 페샤와르에서 활동하는 무장 게릴라이자 자금원을 접촉했다. 당시만 해도 서방세계에 잘 알려지지 않은 오사마 빈 라덴이 그였다. 그는 사우디 출신이다. 그의 가족은 건설업으로 큰 돈을 벌었으며 정재계(政財界)에 인맥이 탄탄한 사람이었다.

부토 총리 역시 굴 장군이 빈 라덴과 만났다는 사실을 알고 있었다. 빈 라덴과 굴의 만남을 알고 있던 또 한 명은 후세인 하카니였다. 그는 '무슬림'이라는 신문사의 기자로 활동하다 ISI로 자리를 옮긴 사람이다. 그는 굴 장군이 오사마 빈 라덴을 데리고 나와즈 샤리프를 찾아갔다고 했다. 샤리프는 민주동맹 당수로 총선에 출마했다가 부토에게 패배한 인물이었다. 하카니는 '디셉션' 저자와의 인터뷰에서 당시 자리에 동석했다고 말했다.

"굴은 두 사람을 한 자리에 모이게 해 부토를 축출할 수 있는 방법을 논의하도록 했다."

굴 장군은 오사마 빈 라덴이 부토 축출 작전에 대한 자금을 대줄 것을 요구했다. 오사마 빈 라덴은 1000만 달러를 지원하겠다고 했다. 그가 제시한 조건은 하나였다. 샤리프가 총리 자리에 오르면 파키스탄을 엄격한 이슬람 국가로 전환시켜야 한다고 했다. 훗날 아프간의 탈레반과 같은, 이슬람 율법으로 다스려지는 국가를 만든다는 약속을 받아야 한다는 것이었다. 샤리프는 이에 동의한다고 했다. 부토 총리는 몇 년 후에 총리에서 물러나게 된다. 샤리프는 이후 총리가 되는 인물이다.

| 08 |

파키스탄, 카슈미르 반군(叛軍)
지원 대가로 이란에 핵기술을 팔다

'핵폭탄의 아버지'로 떠오른 칸 박사…베그 총장 "120억 달러 받고 핵기술 팔자"

사방으로 고립된 부토 총리

파키스탄은 1988년 5월 전세계를 또 한 번 충격에 빠뜨렸다. 하트프 (Hatf) 탄도미사일 시험발사에 성공한 것이다. 이 미사일의 사정거리 는 50~200마일이었다. 인도의 주요 도시인 뉴델리와 뭄바이가 사정 권 안에 들어갔다. 핵탄두도 탑재할 수 있었다. 얼마 후 베그 참모총장 은 파키스탄이 지대공(地對空) 미사일 개발에 성공했다는 사실도 발표 했다.

베나지르 부토 총리는 이런 사실을 언론보도를 통해 알게 됐다. 부토 는 축제 분위기인 여론에 찬물을 끼얹을 수 없었다. 그는 "미사일 발사 는 파키스탄 국민들의 자긍심을 높이 세웠다. 알라의 은총이다"라고 했 다. 미국은 자신들이 지지한 부토의 영향력이 제한적이라는 사실을 알 게 됐다. 부토가 군부를 장악할 수 없다는 현실을 깨닫게 됐다. 파키스 탄에는 핵무기가 없다는 부토의 발언도 믿을 수 없게 됐다.

인도도 가만히 있지 않았다. 인도는 아그니(Agni)라 불리는 탄도미사일 발사 실험을 했다. 이 미사일 역시 핵탄두를 탑재할 수 있었다. 사정거리는 1500 마일에 달했다. 중국 남부 지역까지 타격할 수 있는 미사일이었다. 부토가 추진한 인도와의 평화 협상 역시 모두 수포로 돌아갔다. 인도와 파키스탄간 또 한 차례의 군비 경쟁이 펼쳐졌다. 국제사회는 핵을 가진 두 나라의 경쟁을 우려할 수밖에 없었다.

부토는 사방으로 고립됐다. 그는 하미드 굴 ISI 국장이 오사마 빈 라덴을 통해 자신을 죽이려고 한다는 사실을 알게 됐다. 그는 아버지의 측근이던 이프티카르 길라니 장군에게 연락을 했다. 길라니 장군에게 사우디아라비아를 방문해 줄 것을 요구했다. 사우디가 공식적으로 이런 공작 혹은 오사마 빈 라덴을 지원하고 있는지 파악하기 위해서였다. 당시 사우디 국왕은 "베나지르는 나의 딸과 같은 사람"이라며 그를 죽이는 공작에 가담하지 않고 있다고 했다. 부토는 굴 국장을 해임시켰다. 국장 자리는 그의 측근인 샴수르 레만 칼루에 장군에게 맡겼다. 굴 장군은 정보 수장(首長) 자리에서는 물러났지만 일선 부대의 사령관으로 자리를 옮겨 계속 큰 영향력을 행사한다.

부토에게 파키스탄 핵폭탄 모형을 들이민 미국

1989년 6월 부토는 처음으로 워싱턴을 방문했다. 부시 대통령을 비롯한 미국 인사들은 부토의 방문을 그리 반기지 않는 모습이었다. 윌리엄 웹스터 CIA 국장은 부토에게 단도직입적으로 말했다. 그는 미국이 직접 만든 파키스탄의 핵폭탄 모형 등 미국이 갖고 있는 증거를 들이밀었다. 부토는 훗날 인터뷰에서 "이들이 제시한 자료의 절반 이상은 내가 알지도 못하는 것들이었다. 내가 모르게 많은 일들이 일어났다는 식의 변명을 할 수도 없었다. 총리인데 어떻게 그런 말을 할 수 있었겠는가"라고 했다.

"미국의 메시지는 A. Q. 칸을 비롯한 핵프로그램에 대한 통제권을 내가 탈환해야 한다는 것이었다고 받아들였다."

부토는 부시 대통령과 만나 협상을 이어갔다. 부토는 미국이 원조를 계속하는 대신 우라늄을 무기화가 가능한 수준까지 농축하지 않겠다고 했다. 부토에 따르면 부시는 "부토 당신이 처한 어려움을 알고 있다. 파키스탄에 대한 원조를 유지하기 위해 파키스탄에 핵무기가 없다고 (의회에) 보고할 것"이라고 했다. 부시는 파키스탄이 핵폭탄 폭발을 위한 최종 단계까지는 절대 가서는 안 된다는 취지로 말했다. 미국은 파키스탄에 60대의 F-16 전투기를 판매하겠다고 했다. 부토는 원조 연장과 전투기 판매 승인이라는 결과물을 가지고 귀국하면 그에 반대하던 군부 세력도 조금은 마음이 돌아설 것으로 봤다.

파키스탄의 내부 상황은 부토에게 계속 불리하게 돌아갔다. ISI 국장 자리에서 쫓겨난 하미드 굴 장군은 언론 인터뷰를 통해 "서구화된 여성이 파키스탄의 핵무기 역량을 관리하는 것은 너무 위험하다. 부토는 '이슬람 전체의 첫 핵폭탄'보다 미국인의 지지율을 더 신경 쓰고 있다"고 했다. 베그 참모총장도 부토가 미국에서 약속하고 온 평화조성 분위기에 찬물을 끼얹었다. 그는 역대 최대 규모의 군사훈련을 실시하겠다고 했다. 그는 '디셉션' 저자와의 인터뷰에서 "세상 사람들에게 진실을 제대로 알려줄 필요가 있었다. 우리에겐 미사일이 있고 핵을 개발했다는 점을 말이다. 우리가 이런 능력을 갖추지 못했다고 더 이상 연기를 할 필요가 없었다"고 했다.

"파키스탄, 美製 F-16 전투기에 核 탑재 능력 갖춰"

부시 대통령이 '파키스탄은 핵무기를 갖고 있지 않다'는 발언을 해가며 의회의 원조 승인을 받았으나 파키스탄은 또 한 번 대놓고 창피를 줬다. 미국이 F-16 전투기를 판매하는 혜택까지 줬는데 이를 핵무기 운반 용도로 사용하려는 정황이 포착됐다. 1989년 7월 독일 정보당국은 "파키스탄은 기존에 보유한 F-16 전투기에 핵무기를 탑재하는 방법을 터득했다. 새로 도입된 F-16 전투기에도 핵무기 탑재가 가능한지 파악하기 위해 바람굴(풍동, 風洞) 실험을 했다"고 했다. 이는 인공으로 바람을 일으켜 기류가 물체에 미치는 작용이나 영향을 실험하는 터널형 장치를 뜻한다.

얼마 후 아서 휴스 국방부 副차관보가 하원 외교위원회에 출석했다. 그는 "미국이 판매한 전투기에 파키스탄이 핵무기를 탑재할 수 있느냐"는 한 의원의 질문에 "아니다"라고 답했다. 휴스는 "F-16을 사용해 핵폭탄을 터뜨리는 것은 파키스탄의 역량 밖의 일이다"라고 했다. 이날 의회에 출석한 또 다른 국무부 고위 관리도 비슷한 발언을 했다. "파키스탄이 현재 보유하고 있거나 구입할 예정인 F-16 전투기들에는 핵 운반 기술이 없다. 미국의 허가 없이 비행기의 기능을 바꾸는 것은 계약 위반이다." 당시 정보부서에서 근무하던 요원들은 미국의 고위 관리들이 의회에서 또 위증을 하는 장면을 목격하게 됐다.

베그 참모총장은 1989년 11월 어느 날 부토 총리를 찾아갔다. 베그는 부토에게 카슈미르 독립을 위해 싸우는 무장단체들을 지원할 계획이라고 했다. 이들이 인도 정부와 독립을 놓고 싸우는 것이 파키스탄에 이익이 된다고 했다. 베그는 전쟁에 대한 모든 권한을 군대로 넘겨줄 것을 요구했다. 부토는 힘이 없는 총리였으나 헌법이 명시한 전쟁지휘권을 갖고 있었다. 부토는 이 지휘권을 넘겨줄 수는 없다고 했다. 대신 소규모의 작전 등에 있어서는 군대가 총리의 승인을 받지 않고 실시할 수 있도록 했다.

베그는 카슈미르 반군 지원을 위해 돈이 필요하다고 했다. 부토는 "베그 장군이 칸실험연구소의 기술을 판매하겠다고 말한 것을 들은 건 이때가 처음이다"라고 했다. 부토는 당시 대화 내용을 이렇게 기억했다.

〈그의 발언을 믿을 수 없었다. 굴 장군과 베그 장군이 이끄는 세력들이 미국과 전세계 금융 시스템을 통하지 않는 독립적인 자금줄을 마련하려고 한 것이다. 베그는 IMF의 돈도 필요 없다고 했다. 핵무기나 핵 관련 기술을 판매하면 되기 때문이라고 했다. 나는 IMF가 매년 2억 달러를 지원해준다고 했다. 우리 핵무기를 얼마나 많은 사람들이 사려 하겠느냐고 했다. 이란과 이라크, 그리고 리비아 정도나 이런 거래에 참여할 것 같았다. 누가 우리에게 2억 달러를 지불하겠냐고 했다. 이들이 2~3년 후에 모든 기술을 갖게 되면 돈은 어디에서 마련할 것이냐고 했다.〉

軍部의 核수출 계획을 알게 된 부토

부토는 베그 장군의 제안을 거절했다. 부토는 오클리 미국 대사로부터 칸 연구소에서 수상한 일이 일어나고 있다는 내용을 들은 적이 있었다. 오클리 대사는 칸 연구소의 과학자들과 군인들이 군수송기를 타고 예상치 못한 장소들을 방문하고 있다고 알려줬다. 비밀리에 해외를 방문하는 사례가 많은데 의심이 든다고 했다. 부토는 핵기술을 팔고 있다고 짐작은 했으나 베그 장군으로부터 이런 계획을 직접 듣게 돼 충격에 빠졌다고 했다.

카슈미르 분쟁은 계속 악화됐다. 인도 정부는 파키스탄이 카슈미르에서 전쟁이 일어나기를 바라고 있다며 파키스탄이 배후에 있다고 주장했다. 인도는 카슈미르에서 활동하는 무장세력을 대규모로 잡아들였다. 이 무렵 베그 참모총장은 이란 혁명수비대의 초청을 받고 이란을 방문했다. 베그는 이란이 카슈미르 반군 지원에 나서 달라는 요청을 하러 이란에 갔다.

오클리 대사는 '디셉션' 저자와의 인터뷰에서 이란을 방문한 이후 베그는 완전히 돌변했다고 말했다. 오클리에 따르면 베그는 "카슈미르에서 일어나는 대리전에 이란이 지원하기로 약속했다"며 "파키스탄은 이에 따른 대가로 이란의 핵프로그램을 돕기로 했다"고 했다. 오클리 대사는 군사력이 약한 이란이 어떻게 돕겠다는 것인지, 파키스탄이 왜 이런 예측 불가능한 국가에 핵무기라는 위험한 기술을 넘기려고 하는지 의문이 들었다.

그는 베그와 만나 들은 얘기를 워싱턴에 바로 보고했다. 워싱턴은 아무런 반응이 없었다. 오클리는 "엄청난 뉴스였고 매우 걱정스러운 사건이었다. 그런데 어느 누구도 이에 관심을 갖지 않았다. 미국의 중대한 실수 중 하나다"라고 했다.

파키스탄, 1987년 이란에 구식(舊式) 원심분리기 제공

베그 장군은 1990년 1월 해리 로웬 국방부 국제안보 차관을 만나 비슷한 발언을 했다. 로웬의 기억에 따르면 베그는 "미국으로부터 충분한 지원을 받지 못하게 되면 이란에 핵기술을 공유할 수밖에 없다"고 말했다. 로웬은 만약 파키스탄이 그렇게 하면 심각한 문제가 발생할 것이라고 했다. 로웬은 "파키스탄이 허풍을 떠는 것이라고 볼 수 없는 상황이었다"고 했다.

베그 장군은 이란에 군사적 도움을 원한 것이 아니었다. 파키스탄이 F-16을 보유한 이상 인도가 전쟁을 확대하지 못할 것이란 확신이 있었다. 그가 원한 건 이란이 농축 우라늄을 더 많이 사가게 하는 것이었다. 그는 기름과 돈을 이란으로부터 받아내 카슈미르 무장단체를 지원할 계획이었다.

파키스탄과 이란은 1987년 핵 기술 공유 합의를 맺고 돈독한 관계를 맺어왔다. 파키스탄은 칸의 해외 네트워크를 이란에 소개해 직접 필요한 물건을 구입할 수 있도록 했다. 더 이상 사용하지 않는 구식 원심분리기를 이란에 전달하기도 했다. 베그 장군은 1993년 미국 '뉴요커'誌와의 인터뷰에서 원심분리기 전달 사실을 부인하며 파키스탄에 핵확산 혐의를 씌울 수 없다고 주장했다.

〈이는 범죄가 아니다. 나는 그들에게 어떤 납품업체를 찾아가 필요한 물건을 사라고 말해줬을 뿐이다. 핵기밀이나 노하우를 직접 전달한 것은 아니기 때문에 범죄를 저지른 것이 아니다.〉

1990년에 들어 인도와 카슈미르의 상황은 더욱 악화됐다. 더 많은 물자가 파키스탄을 통해 카슈미르로 들어갔다. 당시 CIA 부국장을 맡고 있던 딕 커는 1993년 언론 인터뷰에서, "내가 정부에서 근무하게 된 이래 발생한 가장 위험한 핵 사태였다. 쿠바 미사일 위기 때보다 더욱 심각했다"고 했다. 인도는 파키스탄이 계속 카슈미르 사태에 개입하면 파키스탄의 군시설을 폭격할 것이라고도 했다.

베그 장군은 또 다른 방법으로 인도에 위협을 주기로 했다. 그는 칸 박사에게 우라늄 농축을 재개하라고 지시했다. 군부는 부토 총리를 압박해 칸 박사에게 훈장을 내리도록 했다. 인도를 더욱 분노하게 만들 목적이었다. 부토는 1990년 3월 23일 칸 박사에게 훈장을 내리며 다음과 같이 말했다.

〈파키스탄은 A. Q. 칸 박사라는 인물을 갖게 돼 영광스럽다. 그와 같은 훌륭한 인물이 더 많이 탄생하기를 바란다. 그는 핵 분야뿐만 아니라 국방력 강화를 비롯한 많은 부문에서 엄청난 공을 세웠다.〉

파키스탄과 사우디의 비밀 합의

오클리 대사는 부토 총리를 압박했다. 핵시설을 당장 중단하지 않으면 원조를 끊겠다고 했다. 부토는 칸 대통령을 만나려 했으나 그는 계속 만나주지 않았다. 부토는 미국의 제재를 받을 수 있다며 우라늄 농축을 멈춰야 한다고 말하려 했다. 오클리 대사는 1990년 10월 1일부로 원조를 중단할 수밖에 없다고 칸 대통령, 베그 참모총장에게 알렸다. 베그는 "우리가 핵폭탄을 가진 지 벌써 수년째인데 미국은 한 번도 원조를 끊은 적이 없다. 왜 지금은 다르다는 것이냐"고 말했다고 한다. 칸 대통령은 1990년 8월 6일 수정헌법 8조를 발동, 부토 총리를 해임시켰다. 해임 사유는 부정부패 및 친족 등용이었다. 파키스탄이 미국에 전한 메시지는 확실했다. 또한 이날은 사담 후세인이 쿠웨이트를 침공한 3일 뒤였다. 미국은 부토 총리의 해임 문제에 집중할 수 없는 상황이었다.

1990년 가을. 미국 CIA는 파키스탄이 '이중용도'로 분류된 핵 관련 부품들을 미국에서 수입하고 있는 사실을 파악했다. 미국의 수출규제를 계속 회피해 물건을 사고 있다는 것을 알아챘다. 또한 사우디아라비아가 파키스탄에 어느 정도 금액의 자금지원을 하고 있다는 사실도 확인했다. 사우디가 파키스탄의 핵개발을 돕고, 사우디가 외부로부터 핵공격 위협을 당하면 파키스탄이 핵으로 도와준다는 모종의 합의를 맺은 것으로 파악됐다.

부시 대통령과 오클리 대사는 이샤크 칸 대통령과 베그 참모총장에게 직설적으로 말했다.

"우리는 당신들이 핵 프로그램을 재가동한 것을 알고 있다. 당신들이 하는 행동 중 마음에 들지 않는 것이 매우 많다. 제재를 가할 수밖에 없다."

칸 대통령과 베그 장군은 별다른 해명도, 부인도 하지 않았다. 1990년 10월 1일 부시 대통령은 파키스탄에 대한 원조를 중단시켰다. 파키스탄의 핵무기 보유 여부를 알 수 없다고 했다. 1991년 전달될 예정이던 5억 6400만 달러의 군사 및 경제 원조가 곧바로 동결됐다. 파키스탄이 추가로 주문한 30대의 F-16 전투기 역시 판매하지 않기로 했다. 10년 만에 처음으로 파키스탄에 대한 원조가 완전히 끊긴 것이다.

이샤크 칸 대통령은 1990년 6월 부토 총리를 해임한 후 그해 10월에 총선거를 실시하기로 했다. 이 선거에선 칸 대통령과 베그 참모총장이 지지한 민주동맹의 나와즈 샤리프 당수(黨首)가 승리했다. 그러나 샤리프 총리 집권 초기에는 부토 때와 마찬가지로 이샤크 칸 대통령과 베그 참모총장, 굴 사령관의 영향력이 훨씬 강했다. 이들은 샤리프를 부토 때와 마찬가지로 길들이려 했다.

美製 스팅어 미사일로 북한을 유혹한 파키스탄

1990년대에 들어 파키스탄은 핵무기 개발 사실을 공공연히 밝혔다. 베그 참모총장은 미국의 레이더망 밖에 있는 한 우르두語 언론사에 기고문을 썼다. 그는 "한 국가가 평화적인 목적, 그리고 외화(外貨)를 벌어들이기 위한 목적에서 원자력 기술을 판매하는 게 왜 소란이 되는지 모르겠다"고 했다. 그는 "파키스탄이 부채를 탕감하기 위한 최선의 방법은 이것이다"라고 했다. 그는 미국과 프랑스, 그리고 영국이 그랬듯 파키스탄 역시 핵 역량을 해외시장에서 팔 권리가 있다고 했다. 그는 "파키스탄은 명예로운 방법으로 외화를 벌어들이려고 한다"고 했다.

새로운 정보국(ISI) 국장 자리에는 자비드 나시르가 올랐다. 그는 베그 참모총장의 지원을 받는 인물이었다. 베그는 이즈음 나시르에게 특명을 내린다. 선물을 들고 북한을 방문하라고 한 것이다. 책 '디셉션'의 저자는 전직 파키스탄 정보당국 관계자들을 인터뷰해 이같은 사실을 확인했다고 했다. 파키스탄과 북한의 핵협력이 활발하게 진행된 것은 1992년 이후로 알려져 있다. 그러나 이런 협력이 일어나기 전인 1990~1991년에도 두 나라가 핵협력을 염두에 두고 만났다는 것이 이들 저자의 주장이다.

파키스탄은 1980년대 후반부터 북한과 관계를 맺어왔다. 칸 박사 연구팀은 이때부터 북한에 아주 간단한 우라늄 농축 기술 등을 전달했다. 북한은 파키스탄으로부터 받아낸 기술만으로는 우라늄을 자체 농축할 단계까지 진전을 이뤄내지 못했다. 그렇게 두 나라의 핵협력은 사실상 중단됐다.

이 과정에서 베그 참모총장은 나시르 정보국장을 북한으로 보내 경제 교류를 다시 활성화하는 방안을 논의하도록 했다. 나시르는 미국이 아프간 반군 지원을 위해 제공한 스팅어 휴대용 대공미사일을 북한에 가져갔다. 미사일 기술이 파키스탄보다 앞서 있던 북한에 이를 보여주면서 배터리의 설계를 개조해 수명을 연장시킬 수 있겠냐고 물었다. 북한에 이 스팅어 미사일 기술을 보여주면서 북한이 파키스탄으로부터 다른 무기 역시 구입하고 싶게끔 구미를 당기려는 목적이었다. 이런 물밑 작업을 통해 관계가 다시 회복돼 핵기술 이전까지 이어졌다.

이라크에 핵거래를 제안하다

베그 참모총장은 이라크의 사담 후세인에게도 핵기술을 일부 판매했다. 이스라엘은 1981년에 이라크의 오시라크 핵시설을 폭파시킨 바 있다. 이후 이라크는 핵시설을 다시 가동하지는 못하고 있었지만 파키스탄으로부터 핵 관련 기술을 사들이고 있었다. 1990년 8월 이라크의 쿠웨이트 침공 이후 미국과 영국을 비롯한 다국적군은 이라크를 상대로 전쟁에 나섰다. 국제사회는 전방위적으로 이라크에 대한 압박을 했다.

국제사회가 이라크와 파키스탄의 핵협력 사실에 대해 알게 된 것은 전쟁 발발 5년 후였다. 국제원자력기구(IAEA)는 이라크에 들어가 조사에 나섰다. 당시 이라크 무기 프로그램 조사 담당자는 영국인 개리 딜런이었다. 이들은 바그다드 인근에 거주하던 사담 후세인의 사위 후세인 카멜 장군의 농장을 습격했다. 딜런의 조사팀은 이 농장에서 한 쪽짜리 문서를 발견했다. 문서 상단에는 '1급 기밀 제안'이라는 글이 적혀 있었다. 중간 부분에는 '프로젝트 A/B'라는 문구가 있었다.

딜런은 "이 문서는 이라크 정보당국이 1990년 10월 6일 작성한 것으로 보였다. 이 문서에는 파키스탄의 핵 과학자 압둘 카디르 칸이 이라크가 우라늄을 농축하고 핵무기를 만들도록 도울 수 있다는 제안 내용을 전달한다고 써 있었다"고 했다. 핵폭탄의 설계도와 두바이를 거점으로 하는 판매망을 거쳐 유럽 회사들로부터 필요한 물건을 구입하는 방법을 제공하겠다고 했다. 칸 박사가 현재 쿠웨이트와 이라크의 혼란스러운 상황을 고려할 때 직접 만나 대화를 할 수는 없다고 했다. 대신 그리스에서 믿을 수 있는 중개인들을 통해 협상을 하자고 했다. 이라크 정보당국은 파키스탄의 목적은 돈이라는 사실을 단번에 알 수 있었다.

딜런의 수사팀은 또 다른 문서 하나도 발견했다. 이라크가 핵개발을 위해 필요한 물건들의 리스트였다. 파키스탄 측은 대신 구입해주겠다며 500만 달러를 계약금으로 요구했다. 또 한 건의 거래당 10%의 커미션을 이라크가 지불해야 한다고 했다. 딜런의 회고에 따르면 사담 후세인은 파키스탄의 이런 제안이 진심인지 불확실했다. 일종의 공작을 통해 자신을 제거하려는 목적이 있는 것으로 봤다는 것이다. 딜런의 조사팀이 확인한 이라크의 마지막 답변은 파키스탄으로부터 어느 정도의 샘플을 받은 뒤 검토를 거쳐 거래를 하겠다는 것이었다. 이후의 교신 내용은 확인할 수 없었다.

딜런은 이 문서에 적혀 있던 '프로젝트 A/B'의 뜻이 무엇인지 오랫동안 고민했다고 한다. 심오한 의미가 있을 것으로 생각했으나 허무하게도 너무 단순한 의미였다고 했다. 이는 '프로젝트 원자폭탄(Atomic Bomb)'이었다는 것이다. 딜런의 조사팀은 1995년 8월 8일 후세인 카멜과 그의 동생 사담 카멜이 가족 모두를 데리고 요르단으로 탈출한 뒤에 그들 소유의 농장을 습격했다. 사담 후세인은 이들의 배신행위를 용서할 수 없었고 이듬해 2월 이들을 이라크로 귀국시킨 뒤 총살시켰다.

앞서 언급한 파키스탄-이라크 사이의 협력 제안서 작성 날짜가 중요하다. 이는 1990년 10월 6일에 작성된 것으로 알려졌다. 베그 참모총장은 이때부터 샤리프 총리와 칸 박사를 접촉하며 이라크와 협력해야 한다고 했으나 이들은 모두 거절했다. 베그는 1991년 2월 샤리프를 만난 자리에서 이라크와의 핵협력에 대해서는 언급을 하지 않으며 사담 후세인을 지지해야 하지 않겠냐고 했다. 샤리프는 파키스탄이 이미 다른 아랍국가와 연합해 사담 후세인과 맞서 싸우기로 한 상황에서 그런 선택을 할 수는 없다고 거절했다.

칸 박사는 어느 누구보다도 핵기술을 여러 나라에 판매하고 싶었다. 돈도 벌고 파키스탄이 이룬 성과를 자랑하고 싶었다. 그러나 사우디아라비아가 파키스탄의 핵개발에 많은 지원을 해주고 있는 과정에서 사우디를 적으로 돌릴 수는 없었다. 칸 박사는 샤리프를 찾아가 사담 후세인이 아닌 사우디 편에 서야 한다고 호소했다. 샤리프는 설득이 필요 없었다. 샤리프 역시 칸과 같은 생각이었다.

샤리프가 군부(軍部)에 대들자 그를 축출하려는 움직임이 바로 일어났다. 베그 참모총장 등은 샤리프가 속한 민주동맹 내부의 인사들을 이용, 샤리프가 나약한 지도자라고 선동했다. 샤리프의 측근들 역시 샤리프를 설득하게 됐다. 더 이상 군부에 대항하다가는 부토처럼 해임될 수 있다고 했다. 샤리프는 군대를 자극하지 않기 위해 자중하는 시간을 보냈다.

"120억 달러 받고 이란에 핵기술 팔자"

사담 후세인의 패색이 짙어지자 베그 참모총장은 마음을 바꿨다. 그는 이샤크 다르 재무장관을 대동하고 샤리프를 찾아갔다. 베그는 "핵기술을 총 120억 달러를 받고 우방국가에 판매하자"고 했다. 그가 말한 우방국가는 이란이었다. 베그는 이 정도의 돈을 받으면 10년 정도의 국방비는 걱정하지 않아도 된다고 했다. 샤리프는 이 제안도 바로 거절했다. 베그는 샤리프가 거절하자 석유 및 천연자원부 장관을 찾아갔다. 그는 이란에게 핵폭탄을 판매하면 수십억 달러를 벌 수 있다며 샤리프를 설득해줄 것을 요구했다. 샤리프는 책 '디셉션' 저자와의 인터뷰에서 "베그는 끈질겼다. 정치인이 군대의 지시를 받는 파키스탄의 오랜 권력체계를 바꿔야 한다는 생각을 했다"고 했다.

베그 참모총장은 부토 때와 마찬가지로 샤리프가 자신에 반대하든 말든 큰 신경을 쓰지 않았다. 베그는 총리의 승인 없이 무작정 이란으로 향했다. 1991년 당시 이란은 파키스탄의 구식 원심분리기인 P-1을 제공받아 이를 연구하고 있는 상태였다.

베그 장군은 이란 혁명수비대 측과 만나 단도직입적으로 이란에 핵무기나 핵무기 설계도면을 제공할 수 있다고 했다. 이란은 핵무기 네 기를 수억 달러 정도 금액에 살 의향이 있다고 했다. 이란은 모든 물품이 카자흐스탄을 경유해 들어와야 한다는 조건을 달았다. 당시 카자흐스탄은 소비에트연방 국가였다. 소련제 군수품이 카자흐스탄을 통해 이란으로 들어오고 있었다. 카자흐스탄은 서방세계의 감시망 밖에 있는 곳이기도 했다.

이란은 1991년부터 1994년 사이 핵개발에 사용할 예산으로 42억 달러를 배정했다. 파키스탄의 무기를 살 돈은 충분히 갖고 있었다. 당시 카자흐스탄 핵프로그램의 보안 총책임자였던 사람은 훗날 미국 대사로 근무하기도 한 인물이다. 그는 베그 장군과 이란 사이의 협상 내용이 사실이라고 증언했다. 베그 장군은 이를 끝까지 부인했다.

결론부터 얘기하자면 베그 장군이 진행한 거래는 성사되지 않았다. 이샤크 칸 대통령은 급진적 시아파 정권이 들어선 이란에 핵무기를 판매했을 시 생길 후폭풍을 우려했다. 베그 참모총장은 멈출 줄을 몰랐다. 그는 샤리프 총리를 찾아가 A. Q. 칸 박사와 원자력위원회(PAEC)에 더 많은 예산을 배정해줄 것을 요구했다. 파키스탄의 국방비는 GDP의 8%, 전체예산의 27%를 차지하는 수준이었는데 이를 늘려 달라고 한 것이다. 중산층의 표심에 민감했던 샤리프는 이 제안 역시 거절했다. 파키스탄의 경제가 더욱 악화되면 지지율이 계속 떨어지게 되기 때문이다.

이 즈음 파키스탄 내부에선 베그 참모총장이 계엄령을 선포하는 방식으로 쿠데타에 나설 것이라는 소문이 돌기 시작했다. 부토의 실패를 직접 봤던 샤리프는 선수(先手)를 뒀다. 그는 1991년 8월 16일부로 베그를 참모총장직에서 물러나도록 한다고 발표했다. 그의 후임자는 아시프 나와즈 장군이 될 것이라고 했다. 베그가 손발을 쓸 수 없게 먼저 행동에 나선 것이다. 샤리프가 말한 예편 일자까지 약 3개월을 남겨둔 베그는 마지막까지 권력을 놓지 않기 위한 노력을 했다. 그는 후임 참모총장 자리에 그의 측근인 굴 장군을 추천한다고 했다. 샤리프는 야전부대 사령관이던 굴 장군을 후방에 있는 탱크수리공장의 소장 자리로 좌천시켰다. 굴은 모욕을 참지 못했다. 그는 1992년 1월 강제 예편됐다.

'파키스탄 핵폭탄의 아버지'

군대와 정보당국을 재정비한 샤리프는 자신만의 방법으로 미국과 핵협상에 나서기로 했다. 그는 파키스탄이 핵무기를 보유하고 있다는 사실을 공개적으로 알리며 떳떳한 위치에서 협상을 하기로 결심했다. 1992년 8월 샤리프는 선거로 당선된 총리로는 처음으로 칸 박사의 카후타 핵시설을 방문했다. 그는 "국가영웅인 A. Q. 칸 박사와 그의 직원들이 우리 조국의 자긍심을 키워준 것에 감사를 표한다"며 "알라의 은총이 우리에게 가득하길"이라고 했다. 샤리프는 이 자리에서 칸 박사에게 새로운 호칭을 붙여줬다. '폭탄의 아버지(Father of the Bomb)'였다. 이 이름은 평생 칸 박사를 따라다닌다.

'폭탄의 아버지'라는 호칭이 전세계 언론에 퍼지고 있었다. 이때 파키스탄이 또 한 번 언론의 관심을 받는 사건이 터졌다. 1987년 미국을 떠들썩하게 했던 사건이 다시 수면 위로 올라왔다. 1987년 미국 FBI는 아샤드 페르베즈라는 파키스탄계 캐나다인 사업가를 필라델피아에서 체포한 바 있다. 그는 핵무기에 필요한 베릴륨과 마레이징 강철을 구입하려다 적발됐다. 그는 이 물건을 파키스탄의 퇴역 장군인 이남 울 하크를 대리해서 구입했다고 했다. 수배를 받던 울 하크가 1991년 독일에서 체포돼 미국으로 송환된 것이었다. 그는 1992년 필라델피아에서 재판을 받았다. 혐의가 모두 인정되면 10년의 징역형과 50만 달러의 벌금형이 부과되는 상황이었다. 1987년 페르베즈의 재판을 담당했던 제임스 길스 판사가 울 하크의 재판 역시 담당했다. 그는 페르베즈 때와 마찬가지로 솜방망이 처벌을 내렸다. 그는 울 하크가 재판을 받으며 수감됐던 시간 이외의 징역형은 필요 없다며 1만 달러의 벌금형만 내렸다. 재판의 핵심이 돼야 할 울 하크와 파키스탄 정부와의 관계 역시 제대로 다뤄지지 않았다. 울 하크는 훗날 인터뷰에서 "나는 음모공작의 피해자다"라며 "親인도, 親이스라엘, 反파키스탄 공작의 피해자였다"라고 거듭 주장했다.

미국을 긴장케 한 '더티 밤'

이 무렵 미국과 파키스탄의 관계를 악화시킨 또 하나의 사건이 발생했다. 1993년 2월 26일 미국 뉴욕의 세계무역센터에서 폭탄 테러가 발생한 것이다. 지하 주차장에서 약 600kg짜리 폭탄이 터져 6명이 사망하고 1000여 명이 다쳤다. FBI는 테러 배후로 람지 유세프를 지목했다. 그는 자신이 이라크 난민 출신이라고 주장했다. FBI가 유세프의 여권과 지문을 조회해보자 유세프는 가명이고 본명은 압둘 카림이라는 사실이 밝혀졌다. 카림은 파키스탄 국적자였다. 미국은 쿠웨이트의 데이터베이스에서 유세프의 신원을 찾아냈다. 그는 쿠웨이트에 거주했다.

FBI는 유세프가 테러 직전에 파키스탄에 국제전화를 했다는 사실을 발견했다. 유세프를 비롯한 테러범들은 사건 얼마 후 파키스탄으로 도주했다. 미국은 유세프가 파키스탄 국적자일뿐만 아니라 아프가니스탄에서 활동하던 파키스탄 정보당국(ISI) 요원들에 의해 훈련을 받은 사실을 파악했다. 그는 테러조직인 알 카에다 소속인 것으로 알려졌다. 미국은 유세프가 과거 '더티 밤(Dirty Bomb)'을 만드는 실험도 한 것으로 파악했다. 더티 밤은 재래식 폭발물에 방사능 물질을 결합한 것으로 폭발력 자체에 치중하기보다는 방사능 유출에 따른 대혼란 사태를 일으키기 위한 목적이다.

파키스탄 외무부는 유세프가 파키스탄 출신이 아니라며 현재 파키스탄에 머물고 있지 않다고 거짓말을 했다. 미국은 당연히 이를 믿지 않았다. 파키스탄이라는 국가가 위험한 존재라는 사실을 미국은 비로소 깨닫게 됐다. 미국은 샤리프 총리에게 ISI가 운영하는 모든 훈련시설을 폐쇄하라고 했다. 샤리프는 그렇게 하겠다고 했으나 ISI는 이미 관련 시설들을 다른 곳으로 옮겨 놨다.

샤리프 총리는 이샤크 칸 대통령과 육군참모총장 임명 문제를 놓고 갈등을 빚었다. 서로 자신의 사람을 앉히려 했다. 이샤크 칸 대통령은 1993년 4월 18일 또 한 번 수정헌법 8조를 발동해 샤리프 총리를 해임시켰다. 칸은 국정운영 실패와 부정부패 등을 이유로 들었다. 샤리프는 칸의 이같은 조치가 위헌이라며 대법원에 문제를 제기했다. 대법원은 샤리프의 손을 들어줬다. 샤리프는 복권된 뒤에도 계속 칸 대통령과 다퉜다. 칸 대통령은 샤리프 총리와의 합의 없이 와히드 카칼 장군을 새로운 참모총장에 임명했다. 카칼은 참모총장이 된 뒤 칸 대통령과 샤리프 총리 사이의 중재역할을 맡았다. 카칼의 중재로 칸과 샤리프는 1993년 7월 동시에 사임했다.

미국에서는 빌 클린턴이 새로운 대통령으로 당선됐다. 클린턴은 레이건 행정부의 파키스탄 정책을 대부분 이어받았다. 핵무기 개발 상황을 뒤로 돌리면 F-16 전투기를 다시 판매하겠다고 했다. 클린턴 행정부 역시 F-16으로 파키스탄의 핵무기를 제거할 수 있을 것으로 봤다. 문제는 의회였다. 의회는 F-16에 핵무기를 탑재할 수 있다면 이를 절대 파키스탄에 판매할 수 없다는 입장이었다. 의회는 이미 파키스탄이 미국이 전달한 전투기를 일부 개조해 핵무기를 탑재하려 한다는 사실을 알고 있었다. 국방부는 레이건 행정부 때와 마찬가지로 파키스탄에 전달한, 그리고 앞으로 전달할 F-16에는 핵무기 탑재 기능이 없다고 했다.

통제불능이 된 칸 박사

이 무렵 A. Q. 칸 박사는 점점 통제불능 상태가 돼 갔다. 그의 심리치료를 맡았던 아메드 박사는 칸이 '폭탄의 아버지'라는 호칭을 부여받은 뒤부터 그가 하는 일은 모든 정당화된다는 생각에 빠졌다고 했다. 자신이 파키스탄이라는 나라를 이롭게 하고 있다는 망상에 빠졌다.

파키스탄 정부 역시 칸을 통제할 수 없게 됐다. 당시 정보국장이었던 아사드 두라니는 책 '디셉션' 저자와의 인터뷰에서 칸이 기밀을 너무 많이 떠벌리고 다니는 것을 우려했다고 했다. 매우 민감한 수출 현황 등을 비롯한 기밀을 너무 많은 사람에게 털어놨다. 그는 칸을 직접 만나 "입을 닫아라. 당신이 진행하는 일은 비밀로 유지돼야 한다"고 경고했다. 두라니는 "그가 우리를 필요로 하는 것보다 우리가 그를 더 많이 필요로 했다. 그런 사람을 검열하는 것은 어려운 일이다"라고 했다.

칸은 국가로부터 여러 훈장과 상을 받았다. 돈이 많아지면서 씀씀이도 커졌다. 심리치료사 아메드는 어느 날 칸이 집을 찾아왔던 날을 기억해냈다. 아메드의 딸은 당시 핵무기에 반대하는 운동을 하고 있었다. 칸은 그녀를 보더니 웃으면서 5만 달러를 현금으로 건네줬다고 한다. 칸은 약속대로 아메드에게 병원을 만들어줬다. 무상(無償)으로 의료서비스를 제공하는 정신병원이었다. 칸은 어느 날 아메드에게 전화를 걸어 에어컨이 배달될 테니 사용하라고 했다. 아메드는 "무상으로 운영되는 병원에서 에어컨을 운영할 돈이 어디 있겠냐"며 거절했다. 칸은 "하라면 해라"라고 명령조로 말했다. 최고급 기기들이 계속해서 병원에 배달됐다. 병원은 5성급 호텔 수준이 돼 갔다.

1977년부터 칸과 함께 일했던 영국의 피터 그리핀도 달라진 칸을 보게 됐다. 1993년 어느 날 칸연구실험실에서 시설 임원들과 군인 몇 명이 앉아 얘기를 나누고 있었다. 칸은 이 방에 있는 한 사람을 면전에 두고 흉을 봤다. 칸이 너무 무례하다고 느낀 그리핀은 "조심해라"라고 했다. 칸이 "왜"라고 하자 그리핀은 "네가 이렇게 바뀌었다는 것에 대해 나도 할 말이 많다"고 했다. 칸은 가만히 그리핀을 쳐다봤고 이 자리에 있던 다른 사람들은 모두 얼어붙었다. 그리핀은 이만 자러 가겠다며 자리를 떴다. 칸은 안하무인(眼下無人)으로 변했고 모든 사람들은 그의 눈치를 보기 급급하다는 사실을 알게 됐다.

책 '디셉션'의 저자들은 '콰이드 이 아잠 대학교'에서 교수로 활동했던 퍼베스 후드보이라는 핵과학자를 만나 그가 겪은 이야기를 들었다. 후드보이는 1993년 파키스탄의 핵무기 보안이 잘 이뤄지지 않았다는 주제의 논문을 썼다. 그는 참모총장의 호출을 받고 그의 사무실을 찾아갔다. 얼마 후 칸 박사가 사무실로 들어와 그를 노려봤다. 참모총장은 논문에 대해 설명해보라고 했다. 자신들은 보안에 대해 한 번도 제대로 연구한 적이 없다고 했다. 후드보이는 쿠데타가 빈번히 일어나고 있는 이 나라에서 핵무기의 보안을 검토하지 않고 있다는 사실에 놀랐다.

"폭탄의 아버지가 사람들을 원격 조종하고 있다"

후드보이는 계속 압박을 받았다. 칸 박사는 그가 재직하는 대학교의 이사로 임명됐다. 칸은 대학교의 캠퍼스 부지를 팔기 시작했다. 후드보이는 이에 반대했다. 그러자 캠퍼스 부근에 그를 조롱하는 포스터가 붙기 시작했다. 후드보이는 '이슬람과 건국의 아버지 지나를 싫어하는 인물이다', '이스라엘과 한 패이며 親美주의자다'는 식의 공격을 받았다.

후드보이는 자신에게 출국금지 조치가 내려진 것도 알게 됐다. 내무장관을 찾아가 이유를 물었더니 이유를 알려줄 수 없다고 했다. 그는 내무장관의 사무실에서 자신에 대한 서류들을 볼 수 있었다. 서류 하나에는 칸 박사가 직접 그를 비판하는 내용이 담겨 있었다. 내무장관은 "당신은 우리의 핵폭탄에 대해 안 좋은 글을 썼다"고 했다. 후드보이는 "그렇기는 하지만 이는 내 개인의 의견일 뿐이다"라고 했다. 내무장관은 아무 말도 하지 않고 그냥 그를 쳐다보기만 했다. 후드보이는 "내무장관이 다른 사람의 지시를 받고 있다는 사실을 알게 됐다. '폭탄의 아버지'가 원격으로 사람들을 조종하고 있었다"고 했다.

| 09 |

김일성 만난 부토,
"우라늄 농축 기술 담긴 CD 北에 건넸다"

노동 미사일의 대가는 뭐였을까?…부토의 生前 회고 '현금만 줬다'

암살 위협에도 다시 총리가 된 부토

1993년 가을 파키스탄에선 또 한 차례의 선거가 치러졌다. 총리를 지내다 해임됐던 베나지르 부토가 다시 한 번 출마했다. 부토의 증언에 따르면 세계무역센터 테러를 가했던 람지 유세프가 그를 죽이려는 공작에 나섰다. 유세프는 지아 대통령이 만든 파키스탄의 극단주의 수니파 무장단체인 SSP의 사주를 받았다. 유세프는 SSP로부터 9만 달러의 돈을 받았다. 유세프의 삼촌인 칼리드 모하메드도 돈을 추가적으로 지원했다. 이 칼리드 모하메드는 2001년 9·11 테러에 가담한 인물 중 하나다. 7월 26일 유세프 일당은 부토의 집을 찾아가 폭탄을 설치하려 했다. 그러다 폭탄이 오작동해 그의 눈앞에서 터졌다. 얼굴과 손을 크게 다친 그는 의식을 잃었다. 유세프 일행은 그를 병원으로 옮기기 위해 자리를 떴다. 부토 암살 작전은 실패였다.

이런 테러 위협에도 부토는 총선을 완주해 승리했다. 그는 공석이 된 대통령 자리에 측근인 파루크 레가리를 임명했다. 레가리는 총리를 해임시킬 수 있는 수정헌법 8조를 절대 사용하지 않겠다는 약속을 하고 대통령직을 맡았다.

총리 자리에서 한 번 쫓겨난 경험이 있던 부토는 칸 박사의 심기를 거스르지 않는 게 가장 중요하다는 사실을 알고 있었다. 그는, 총리가 된 뒤에 만난 칸은 과거와 전혀 다른 사람이 돼 있었다고 했다. 그는 "겸손함은 찾아볼 수 없었고 고집불통이 돼 있었다. 무례했다"고 했다. 또한 "종교에 더욱 빠지게 됐으며 보수적으로 변했다. 조금 광신도 같았다"고 했다.

부토는 여전히 군대를 손보지는 못했다. 그는 군대에 거스르는 행동을 하면 또 다시 해임될 수 있다고 봤다. 군대는 부토가 과거처럼 대들려고 하지 않는다는 사실을 파악한 뒤 그를 조금 더 신뢰하기 시작했다. 부토는 파키스탄의 원자폭탄 수출 계획인 '프로젝트 A/B'에 대해서는 아무것도 알 수 없었다. 그랬던 군부는 파키스탄이 진행하고 있던 외국과의 비밀스러운 군사협력에 부토가 참여하도록 해줬다.

부토에게 부탁하는 칸, "북한에 가달라"

1993년 겨울, 칸 박사가 직접 부토에게 전화를 걸어왔다. 몇 년 전 총리를 지낼 때는 만나주지도 않았던 사람이었다. 부토는 깜짝 놀랐다고 한다. 칸은 우선 카라치에 있는 '인민의 제철소'에 대해 얘기했다. 이 제철소는 재정악화로 문을 닫게 된 상황이었다. 칸은 자신이 이 제철소를 사용해 최상급의 부품들을 만들어 칸연구실험실에서 사용하겠다고 했다. 칸은 1960년대에 이 제철소에 취업하고 싶었으나 실패한 바 있다. 그랬던 칸은 결국에는 이 제철소를 통째로 이어받아 파키스탄 핵프로그램에 없어서는 안 될 곳으로 만들어냈다.

칸이 전화를 걸어온 두 번째 목적은 북한이었다. 부토는 "칸은 내게 북한에 가달라고 했다. 파키스탄은 내 아버지 때부터 매년 문화사절단 형식으로 북한에 사람을 보내왔다. 평양은 (내가 속한) 파키스탄인민당과 항상 연락을 주고받았고 행사가 열리면 우리를 초대해왔다"고 당시 상황을 회고했다. 칸은 부토가 1993년 12월에 중국을 방문할 계획이라는 사실을 이미 알고 있었다고 한다. 칸은 중국에서 북한은 가까우니 방문해달라며 도움이 필요하다고 했다. 부토의 기억이다.

〈그는 내게 '더 좋은 미사일이 필요하다. 우리가 지금 만들고 있는 미사일로는 인도 미사일 수준에 도달할 수 없다'고 했다. 솔직히 말해 나는 우리나라가 어느 정도 기술 수준에 도달했는지 전혀 알지 못했다. 군대가 한 번도 내게 말을 해주지 않았기 때문이다. 나는 내가 군대에 대항하려 하지 않는다는 점을 보여주려 했다. 칸은 북한 같은 국가만 우리에게 대륙간탄도미사일을 판매할 수 있을 것이라고 했다. 나는 문제가 될 것은 없다고 봤다. 나는 칸에게 미사일 개발을 위한 돈은 제공할 수 없다고 했다. 인도가 미사일 개발이란 도발을 하고 있지 않았기 때문에 우리도 하지 말아야 한다고 생각했다. 이런 이해관계가 형성된 것을 확인한 뒤 나는 '알았다, 평양에 잠깐 들르도록 하겠다'고 했다.〉

칸은 파키스탄이 북한과 이미 어느 정도의 합의를 해온 사실을 숨겼다. 칸은 1980년대부터 북한과 관계를 맺었다. 1990년에는 미국의 스팅어 미사일을 건네주기도 했다. 북한의 김영남(金永南) 당시 외무상은 1992년 8월 파키스탄을 방문했다. 칸 박사는 김영남과 비밀리에 노동 미사일 구입 및 핵기술 교류에 대해 논의했다. 김영남은 당시 시리아와 이란 역시 방문했었다. 북한은 1980년대에 이란에 화성 5호 미사일 160 기를 판매한 바 있다. 이때부터 북한과 파키스탄의 과학자들은 미사일 기술을 같이 연구했다. 칸 박사는 북한의 초청을 받아 1993년 5월 북 한을 방문했다. 노동 미사일 실험을 직접 볼 수 있었다. 북한은 이 미사 일의 사정거리는 800 마일이며 1000kg의 탄두를 탑재할 수 있다고 했 다. 파키스탄이 정확히 원하는 기술이었다.

부토, "김일성은 악마 같은 독재자 아닌 수다스러운 사람"

부토의 측근들은 그의 방북(訪北)을 만류했다. 북한이 NPT 탈퇴를 선언하며 이른바 '1차 북핵위기'가 벌어지는 상황에서 약점을 잡힐 수 있다는 것이었다. 또한 미국에 좋지 않은 인상을 줄 수도 있다고 했다. 칸의 심기를 거스르면 안 된다는 교훈을 배운 부토는 1993년 12월 29 일 북한 방문을 강행했다.

부토가 訪北한 시점이 어느 때인지 짚어볼 필요가 있다. 북한은 1970 년대부터 플루토늄을 통한 핵개발을 하기 시작했다. 소련을 통해 플루 토늄 재처리시설을 들여왔다. 1980년대에 들어 우라늄을 통한 핵개발 을 시도했으나 큰 진전을 이루지 못하고 있었다. 1991년 南과 北은 '남 북기본합의서와 비핵화공동선언'을 발표했다. ①핵무기의 시험·제조·생 산·접수·보유·저장·배비(配備)·사용의 금지, ②핵에너지의 평화적 이용, ③핵재처리시설 및 우라늄 농축시설 보유 금지, ④비핵화를 검증하기 위해 상대측이 선정하고 쌍방이 합의하는 대상에 대한 상호 사찰, ⑤공동선언 발효 후 1개월 이내에 남북핵통제공동위의 구성 등이 합의 내용이다. 북한은 물론 이런 약속을 지키지 않았다.

당시 언론 보도에 따르면 10만 명의 인파가 길거리로 나와 부토 총리를 환영했다. 부토는 김일성을 만난 뒤 그가 예상했던 것과 많이 달라 놀랐다고 한다. 부토는 책 '디셉션' 저자와의 인터뷰에서 "김일성 주석에 대해 엄청 많은 보도가 나오곤 했는데 그는 이에 묘사된 것과 전혀 달랐다. 악마 같은 독재자가 아니라 수다스러운 사람이었다. 통역가를 대동했었는데 매우 개방돼 있고 말이 많았다"고 했다. 부토는 "주체사상을 통해 국가를 재건하는데 혁혁한 성과를 거뒀다"며 김일성을 치켜세웠다. 부토는 "경제 발전 등을 비롯한 평화적 목적으로 핵기술을 보유하고 개발하는 것을 막아서는 안 된다"는 발언도 했다. 그는 "아시아인들이 아시아의 미래를 독립적으로 개척해나가야 한다"고 했다.

김일성은 '17년 전 줄피카르 알리 부토를 통해 우정이 싹트기 시작했다'며 베나지르 부토는 자신의 가까운 친구라고 치켜세웠다. 김일성과 부토는 만찬을 들기 시작했다. 부토는 당시 상황을 다음과 같이 기억했다.

부토에게 CD를 건네는 북한

〈긴장돼서 거의 식사를 하지 못했다. 나는 숲에게 가까이 기댄 뒤 '당신은 내 아버지와 매우 가까웠다'고 말했다. 그는 고개를 끄덕였다. 나는 '당신이 내게 꼭 해줬으면 하는 일이 하나 있다'고 말했다. 그는 미소를 지었다. 나는 단도직입적으로 '제발 우리나라에 노동 미사일 청사진을 주십시오'라고 했다. 그는 놀란 표정이었다. 나는 '미사일이 꼭 필요합니다'라고 했다. 그는 계속 놀란 표정이었다. 나는 그가 이해를 제대로 했는지 몰라 여러 차례 반복해서 말했다. 통역가는 어떻게 하면 이를 제대로 표현할 수 있을까 고민하는 눈치였다. 갑자기 金은 고개를 끄덕이더니 '좋다. 실무팀을 구성해 이들이 자세한 내용을 논의할 수 있도록 하자'고 했다.〉

다음날 부토는 김일성을 다시 만났다.

〈북한 사람들은 미사일에 대한 정보를 콤팩트 디스크(CD)에 담아야 한다고 말했다. 각종 자료들이 담긴 가방 하나를 건네줬다. 김일성은 양측의 실무진이 합의 내용을 진행할 것이라고 했다. 나는 실무진들이 도대체 무슨 대화를 하고 있는지 알 수 없었다. '미사일뿐이었을까'라는 의문이 들기는 했다. 북한은 거래는 현금으로만 가능하다고 했다. 우리 측의 실무진 대표는 칸 박사와 가까운 카와자 지아우딘 장군이었다.〉

김일성은 부토의 출국 몇 시간을 앞두고 깜짝 이벤트를 제공했다. 부토는 "그는 우리에게 자기가 태어난 고향에 가보자고 했다"고 했다. 부토는 새롭게 조성된 그의 고향을 둘러봤고 아름다운 정원을 봤던 것을 기억했다. 부토는 풍경도 아름답고 다 좋았지만 그가 건네받은 가방 안에 무엇이 있는지 계속 신경 쓰였다고 한다. 그러다 갑자기 눈이 내리기 시작했다고 한다.

〈나는 '우리가 가는 곳에서 보는 사람들마다 모두 가난하고 비쩍 마른 것 같이 보였다'고 말했다. 내 자신에 죄책감이 들었다. 북한 주민들의 옷은 형편없었다. 먹을 음식도 당연히 없는 것 같이 보였다. 모두 너무 말랐다. 그런데 우리는 엄청난 식사를 대접받았다. 죄를 짓는 기분이었다. 어떤 사람이 '눈발이 세서 비행기가 뜨지 못할 수도 있다'고 말했다. 김일성은 '그래, 더 머무세요'라고 했다. 나는 이곳에서 빨리 탈출해야 한다고 생각했다. 지금 당장 말이다. 이곳에서는 하룻밤도 더 지낼 수 없었다.〉

부토의 측근으로 자문 역할을 맡았던 후세인 하카니는 공항으로 그를 마중 나왔다. 하카니는 "부토는 내게 가방 안을 들여다봤는데 CD와 다른 것들이 있었다고 말해줬다. 그녀는 이것들이 무엇인지 전혀 모르겠다고 말했다"고 했다. 하카니는 군부가 부토에게 일부러 이런 일을 시킨 것으로 봤다. 북한과의 비밀 거래에 부토의 지문을 남기도록 한 것으로 봤다.

"부토, 우라늄 농축 기술 담긴 CD 北에 전달했다"

부토는 북한으로부터 받은 가방을 지아우딘 장군에게 모두 넘겼다. 그는 "내가 이해하기로는 이 거래는 현금으로 노동 미사일을 사는 것이었다. 내가 이 거래에 대한 추가 내용을 알고 싶다고 하자 군대는 입을 닫아버렸다"고 했다. 국방비는 여전히 기밀로 유지돼 총리도 알 수 없는 영역이었다. 총리 내각은 군대가 자체적으로 실시하는 무역 및 거래에 대한 정보도 확인할 수 없었다.

베나지르가 책 '디셉션' 저자와의 인터뷰에서 밝힌 내용은 이것이 끝이다. 1993년 파키스탄이 북한에 건넨 것은 무엇일까? 정말 노동 미사일 관련 자료만 받은 것이 끝일까? CD에는 무엇이 들어 있었을까? 이런 의문에 대한 하나의 실마리를 제공하는 또 다른 자료가 있다. 이는 인도 출신으로 영국에서 활동하는 기자 시암 바티아가 2008년에 출판한 '안녕, 부토 총리(Goodbye Shahzadi)'라는 책이다. 이 책은 2003년 부토와 인터뷰한 내용을 토대로 작성된 회고록 형식의 책이다. 이 책은 부토가 사망한 1년 뒤에 나왔다.

바티아 기자는 부토와는 죽기 직전까지 연락을 주고받는 사이였다고 했다. 그는 부토가 2003년 인터뷰에서 "죽을 때까지 밝히지 않겠다고 약속한 중요한 비밀을 털어놨다"고 했다. 부토는 "무엇 하나를 말해주겠다"며 바티아에게 녹음기를 끄라고 했다. 부토는 "나는 파키스탄 군부 그 누구보다도 국가를 위해 많은 일을 해냈다"고 말했다. 부토는 평양을 가기 전 호주머니가 가장 깊은 코트를 샀다고 했다. 북한이 원하던 우라늄 농축 관련 과학 자료가 담긴 CD를 이 호주머니에 넣고 북한에 가져갔다고 했다. 부토는 양측의 물건을 전달하는 역할을 했다고 했다. 귀국할 때는 북한의 미사일 자료가 담긴 CD를 들고 왔다는 것이다. 부토는 CD 몇 장을 들고 왔는지, 파키스탄의 자료를 전달받은 북한의 인사는 누구인지에 대한 질문에는 답하지 않았다. 바티아는 이 내용을 계속 외부에 공개하자고 했으나 그는 끝까지 이를 막았다고 한다.

미국의 저명한 핵 전문가인 데이비드 올브라이트 과학국제안보연구소(ISIS) 소장은 부토의 주장이 사실일 가능성이 있다고 했다. 북한이 1980년대 후반부터 우라늄 농축을 시도했는데 관련 부품을 조달하는 과정에서 파키스탄이 개입한 정황이 있다는 것이다. 바티아를 아는 워싱턴의 전문가들은 그가 거짓말을 할 사람이 아니라고 입을 모았다. 그가 과거에 쓴 인도의 핵개발 관련 책들은 사실을 기반으로 한 책이라는 것이다. 미국 주재 파키스탄 대사관은 이 책에 대한 언론보도가 나오자 "말도 안 되는 거짓말"이라며 "논평할 가치도 없다"고 일축했다. 부토는 이미 죽었고, 북한은 말을 하지 않을 것이다. 1993년 부토-김일성 회담에서 오고 간 실체는 여전히 미스터리로 남아 있다.

급속도로 진행되는 北-파키스탄 협력

이때부터 북한과 파키스탄의 관계는 정치, 과학, 미사일 등 분야에서 빠르게 발전했다. 1994년 4월 북한 외교부의 박충국을 단장으로 하는 대표단이 파키스탄을 찾았다. 1994년 9월에는 북한 국가과학기술위원회 위원장 최희종 등 대표단이 파키스탄을 방문했다. 1995년 11월 인민무력부장 최광을 비롯한 북한 군사 대표단이 파키스탄을 방문했다. 최광은 칸연구실험실을 방문해 우라늄 농축 시설을 견학했다. 외국 인사가 이 실험실을 방문한 것은 극히 드문 일이다. 최광은 파키스탄에 노동 미사일의 연료탱크와 로켓 엔진 등 8개의 주요부품을 제공하겠다고 했다. 또한 12~24기의 노동 미사일을 완전체 형태로 공급하기로 약속했다. 이 품목들은 북한의 제2경제위원회의 제4기계총국에서 생산된 것이다. 이는 이듬해 창광신용사를 통해 파키스탄의 칸 연구소로 인도됐다.

이같은 사실을 파악한 미국 국무부는 1998년 4월 24일 북한의 창광신용사와 파키스탄의 칸 연구소에 대해 무역 제재조치를 내렸다. 파키스탄은 북한의 미사일에 엄청난 관심을 가지고 있었다. 그러다 결국 돈이 바닥나기 시작했다.

부토 총리가 김일성을 만나고 돌아온 뒤인 1994년부터 1995년 사이 파키스탄에서는 여러 소요사태가 발생했다. 수니파 극단세력을 중심으로 테러 행위가 자행됐다. 파키스탄 국민들은 오랫동안 이어진 군사정권에 반대했고 이로 인해 부토가 총리에 당선될 수 있었다. 그러나 국민들은 혼란사태가 이어지자 민간 출신의 지도자로는 파키스탄 내에서 일어나는 어려움을 해결하기 역부족이라는 판단을 하기 시작했다.

커져가는 의심

경제 상황도 부토에게 불리하게 돌아갔다. 파키스탄은 1996년 무렵부터는 거의 국가부도 상태에 빠졌다. 여러 산업이 붕괴했고 물가상승률은 연간 14%에 달했다. 파키스탄의 외화보유액은 5억 달러선 이하로 떨어졌다. 이는 파키스탄이 2주간 수입에 지출하는 돈도 안 되는 것이었다.

돈이 바닥나자 군부는 더욱 절실히 핵기술 구매자들을 찾아 나섰다. 당시 칸 연구소에서 근무했던 직원들에 따르면 연구소에 마련된 손님용 숙소에는 북한과 중국, 이란, 시리아, 베트남, 리비아 국적의 사람들이 꾸준히 찾아왔다. 파키스탄 군대는 C-130 수송기에 물건을 가득 싣고 여러 지역을 방문했다. 군대가 핵기술을 판매하려 한다는 부토의 의심은 점점 더 커져갔다.

1995년 11월 부토 총리는 레가리 대통령과 함께 이란을 방문했다. 부토는 당시 하셰미 라프산자니 이란 대통령과 만났다. 부토는 라프산자

니에게 조용히 말을 걸었다. 그는 "우리 두 나라 사이에 무슨 일이 일어
나고 있느냐, 혹시 핵 관련 교류가 있느냐"고 물었다. 라프산자니는 놀
란 표정이었다. 그는 자신 역시 이런 상황을 의심하고는 있지만 어떤 정
보도 자신에게 주어지지 않고 있다고 했다. 부토는 이란의 핵개발 계획
은 이란 혁명수비대가 담당하고 있다는 사실을 나중에 알게 됐다.

1994년 11월 8일 미국 PBS 방송에 출연한 부토 총리는 핵개발에 대
한 질문을 받았다. 그는 이 자리에서 "우리는 핵폭탄을 폭발시키지도,
갖고 있지도 않다"고 했다. 그는 "파키스탄은 책임감 있는 국가이고 비
확산에 전념하고 있다. 우리는 지난 다섯 번의 정권 동안 평화로운 원자
력 개발 계획을 추진해왔을 뿐이다"라고 했다. 부토는 자신이 거짓말을
하고 있는 것을 알면서도 그렇게 할 수밖에 없었다. 군부의 눈치를 봐
야 했기 때문이다.

이스라엘의 첩보 "현금 동난 파키스탄, 노동미사일 건넨 北에 우라늄 농축 기술 제공키로"

이스라엘은 이란과 파키스탄의 핵협력을 면밀히 주시해왔다. 이스라
엘 정보군 소속의 8200부대는 파키스탄이 이란에 핵무기 시설을 제공
하는 등 말도 안 되는 행동에 나서고 있다는 사실을 파악했다. 훗날 국
방장관을 지내게 되는 모세 야론은 당시 미국 워싱턴에서 이스라엘 정
보부 소속으로 근무했다. 야론은 '디셉션' 저자와의 인터뷰에서 "파키스
탄은 부도 상태였고 칸은 군대의 호위를 받으며 전세계를 돌아다녔다.
이란과 접촉한 사실도 파악했다"고 했다.

1980년대에 칸 박사는 파키스탄에서 더 이상 사용하지 않는 구식 원심분리기인 P-1을 이란에 건네준 바 있다. 당시 칸 박사는 P-1을 비롯해 여러 부품들을 함께 전달했다. 이란은 이 기술이 제대로 작동하지 않는다는 것을 알아챘다. 1990년대 초 이란은, 파키스탄이 이미 P-1보다 발전된 P-2 원심분리기를 사용한다는 걸 알게 됐다. 이란은 이를 요구했고 파키스탄은 1995년에 P-2 설계도를 제공했다.

이스라엘은 파키스탄이 시리아와 접촉한 사실도 파악했다. 야론 전 국방장관은 "칸은 (시리아 고위 당국자를 만나) 메뉴판을 보여줬다. 핵 개발을 지원하겠다고 했다. 하지만 이런 거래가 실제로 일어났는지는 알 수 없었다. 칸이 시리아에 핵기술을 팔려 하는 것인지 이란의 핵개발을 지원하기 위한 중간창구로 시리아를 사용하려 한 것인지 불확실했다. 당시만 해도 시리아를 핵개발과 연관시켜 생각하는 사람은 아무도 없었다"고 했다.

이스라엘이 도청한 내용 중에는 더욱 충격적인 것도 많았다. 파키스탄은 1993년 노동 미사일 거래를 체결하고 북한에 4000만 달러를 제공하겠다고 했다. 그러나 1996년에 들어 파키스탄은 평양에 대금을 지불할 수 없다고 밝혔다. 대신 1992년 8월 김영남이 파키스탄을 방문했을 때 제안한 것처럼 우라늄 농축 기술을 제공하겠다고 제안했다. 이는 부토 총리의 주장과 엇갈린다. 그는 바티아 기자와의 인터뷰를 제외하고는 북한 미사일을 사는 조건으로 현금을 건넸다고 주장해왔다. 또한 대금은 모두 치러졌다고 주장한 바 있다. 야론 전 국방장관은 당시 상황을 다음과 같이 기억했다.

〈1995년인가 1996년에 이런 정보를 접하고 미국 측에 알려줬던 것으로 기억한다. 나는 '파키스탄이 (이 방법이 아니면) 도대체 어떻게 노동 미사일에 대한 금액을 지불할 수 있겠느냐'고 물었다. 하지만 이는 나 혼자 떠들어대는 상황이었다. 어느 누구도 (불편한) 진실을 알고 싶어하지 않았다.〉

| 10 |

파키스탄, 핵실험에 성공하다

"기대수명 122위, 문맹률 162위인 우리가 핵무기 부문 세계 7위가 됐다"

북한에서 파키스탄으로 향하던 '천성號'에 실린 로켓 추진체 적발

이 무렵 중국은 파키스탄에 M-11 미사일을 판매하고 있었다. 문제가
커질 것을 우려한 미국은 이번에도 사실상 이를 묵인했다. 1996년 초에
들어 미국 정보당국은 중국이 파키스탄의 핵개발을 돕고 있다는 또 하
나의 증거를 포착했다. 중국이 파키스탄에 원심분리기 부품을 만들어
제공한다는 것이었다. '중국원자력산업회사'가 파키스탄에 5000개의 '고
리 자석(ring magnet)'을 판매한 사실이 적발됐다. 이는 원심분리기의
회전자에 필요한 부품이다. 클린턴 행정부는 이 문제에도 침묵했다.

또 한 번 의회가 들고 일어났다. 국무부는 중국과 파키스탄에 제재
를 가할 수 없다고 했다. "중국 정부가 자석을 판매하는 것을 통해 파키
스탄의 핵무기 프로그램을 자의적으로 도와줬거나 방조했다고 보기 어
렵다"고 했다. 미국 정부는 자국 내에서 적발된 파키스탄 밀수출자들,

F-16 전투기의 핵탑재 가능 여부 등 때와 똑같이 사실을 알리기보다는 은폐하는 방법을 택했다.

1996년 3월 북한에서 파키스탄으로 향하던 '천성號'가 대만에서 억류되는 사건이 발생했다. 이 배에는 15톤 상당의 로켓 추진체가 실려 있었다. 미국과 영국 정부는 깜짝 놀랐다. 양국 정보기관은 "파키스탄이 북한, 그리고 아마도 이란에 (무기를) 판매할 준비를 하고 있거나 이미 판매하고 있다"는 정보를 교류했다. 영국 주재 파키스탄 고등판무관을 지내던 와지드 하산은 영국 당국으로부터 항의 전화를 받았던 일을 기억했다. 영국 정부는 "파키스탄 정보국이 핵프로그램을 사고팔고 있다"고 했다. 영국 정부는 파키스탄 대사관에 근무하던 한 직원을 특정해 그가 대량살상무기 확산에 가담했다고 했다. 대사관에서 근무하던 살렘이라는 직원이 칸의 명령을 받고 활동하는 유럽의 중개인이라는 것이었다.

1996년 1월 10일 존 도이치 CIA 국장은 6명의 리투아니아 국적자와 1명의 그루지아(조지아)인이 리투아니아에 구금돼 있다고 밝혔다. 우라늄 100kg을 밀수출하려다 적발됐다. 이들은 카자흐스탄을 통해 우라늄을 밀반입해왔다. 앞서 카자흐스탄은 파키스탄이 이란에 핵기술을 전달하는 데 필요한 중간창구 역할을 맡기로 한 바 있다. 도이치 국장은 상원 청문회에 출석해 체포된 사람들은 우라늄을 파키스탄에서 활동하는 익명의 구매자에게 판매할 생각이었다고 했다. CIA는 수니파 극단주의 세력이 우라늄을 구입하려 한 것으로 파악했다. 이 단체는 오사마 빈 라덴과 연계돼 있을 가능성이 농후했다. 얼마 후 미국과 영국 정보당국은 오사마 빈 라덴의 훈련시설 인근에서 우라늄원광(原鑛)이 거래되고 있는 사실을 파악했다. 1993년 세계무역센터를 테러한 람지 유세프처럼 누군가가 '더티 밤'을 만들려 한다는 가능성이 제기됐다.

물러나게 되는 부토 총리

파키스탄과 아프가니스탄에서는 소요사태가 끊임없이 이어졌다. 1995년 파키스탄 주재 이집트 대사관 폭탄 테러사건에 이어 1996년 펀자브주에서 폭탄 테러사건이 잇달아 발생하면서, 파키스탄의 치안은 더욱 악화됐다. 이 과정에서 부토 총리는 자신이 임명한 레가리 대통령과 불화를 겪게 됐다. 경찰의 진압과정, 총리의 판사 임명 등 사법부에 대한 개입이 갈등의 원인이었다.

1996년 11월 5일 레가리는 총리해임권을 뜻하는 '수정헌법 8조'를 발동해 부토를 해임시켰다. 대통령 지명 당시 이를 사용하지 않기로 한 약속을 저버린 것이다. 해임 사유는 부정부패와 국정혼란 등이었다. 1997년 2월 4일 치러진 선거에서 민주동맹의 샤리프 전 총리가 다시 승리를 거뒀다. 샤리프는 총리에 당선된 뒤 대통령에 부여된 총리해임권과 의회 해산 권한을 박탈했다. 레가리 대통령이 자신을 해임하지 못하도록 한 것이다. 1997년 12월 레가리는 사임했다. 샤리프는 측근인 무하마드 라피크 타라르를 대통령으로 임명했다.

빌 클린턴 대통령은 재선에 성공해 1997년 1월 두 번째 임기를 시작했다. 1997년 1월 클린턴과 샤리프는 예전과는 전혀 다른 분위기에서 서로를 상대하게 된다. 샤리프는 파키스탄 내 권력을 총리 중심제로 바꾸며 내부 결속을 다졌다. 그는 군대와는 물론, 미국과도 강력한 위치에서 맞서려 했다. 이 무렵 칸 박사는 무역 중개지로 사용했던 두바이에 대한 규제가 늘어나고 국제사회의 관심이 쏠리게 돼 아프리카 곳곳을 돌아다니며 새로운 무역 중개지를 찾고 있었다. 1998년 초, 칸 박사는 서부 아프리카 말리의 사막에 있는 팀북투(Timbuktu) 마을을 눈여겨봤다. 칸은 말리 정부가 방문 목적을 묻자 팀북투에서 작은 사업거리를 찾아보고 있다고 했다. 그는 팀북투에 있는 호텔을 하나 사들인 뒤 이름을 '헨드리나 칸 호텔'로 지었다. 헨드리나는 부인 '헨리'의 이름에서 따왔다. 오랫동안 칸을 도와온 영국의 피터 그리핀은 "칸의 사업방식을 정확히 보여준다. 그는 자신을 대놓고 알리려고 했다"고 말했다.

北 노동미사일 개조한 '가우리' 실험 발사 성공

칸 박사가 귀국한 얼마 후 파키스탄은 또 한 번 세계를 놀라게 하는 사건을 저질렀다. 1998년 4월 6일 핵무기 탑재가 가능한 '가우리' 장거리미사일 실험을 강행한 것이다. 이는 북한의 노동 미사일을 기반으로 했다. 1993년 부토-김일성 회담 이후 북한은 파키스탄에 노동 미사일 기술을 전달했다. 앞서 언급했듯 파키스탄에는 원자력위원회(PAEC)라는 기구와 칸 연구소(KRL)라는 기구가 따로 있었다. PAEC는 파키스탄의 초창기 핵개발 때 플루토늄을 통한 핵개발을 시도한 곳이다. 그러다 칸이라는 사람이 등장해 우라늄 농축 기술을 선보였고 파키스탄은 우라늄 방식에서 앞서나갔다. 우라늄 기반의 핵개발은 칸의 KRL이 담당했고 PAEC는 여전히 미사일과 각종 폭탄 등의 군수품 생산 및 개발을 담당했다. 이런 과정에서 칸 박사가 PAEC보다 뛰어난 미사일 기술을 북한으로부터 들여와 만든 것이었다.

칸은 PAEC를 이겼다는 기분에 크게 들떴다. 그는 노동 미사일로 만들어낸 파키스탄 미사일의 이름을 12세기 아프가니스탄의 왕 술탄 무하마드 가우리에서 따왔다. 앞서 인도는 1988년 2월 '프리트비'라는 이름의 핵 탑재 중거리 미사일 발사에 성공했다. 프리트비는 12세기 인도의 왕 프리트비 라즈 차우한에서 따온 것이었다. 가우리 왕은 1192년 인도의 프리트비 왕과의 전쟁에서 승리한 뒤 인도 북부지역을 점령했다. 칸 박사는 인도의 '프리트비'를 파키스탄의 '가우리'가 이긴다는 의미로 이렇게 이름을 지었다.

샤리프 총리는 칸에게 "이 미사일은 파키스탄이 증강하는 인도의 핵역량에 대한 억제력을 보여주는 엄청난 사건이다"라고 격려했다. 시험 발사에 사용된 미사일이 파키스탄식으로 개조한 '가우리'가 아니라 그냥 '노동 미사일'이었다는 증언도 나왔다. 당시 KRL에서 근무하던 사람들에 따르면 칸 박사는 노동 미사일 기술을 자체적으로 완전히 터득하는 데는 실패했다. 그는 노동 미사일에 페인트를 새로 칠해 파키스탄 무기처럼 보이게 만든 뒤 이를 발사해 '가우리' 실험 성공이라고 발표했다고 한다.

인도의 핵실험에 들끓는 파키스탄

1998년 3월 인도에서는 아탈 비하리 바지파이라는 정치인이 새로운 총리로 선출됐다. 그는 파키스탄의 도발을 잠재우겠다는 공약을 내걸었다. 그의 측근과 지지자들은 인도가 실제 핵실험에 나서야 한다고 조언했다. 바지파이 총리는 1998년 5월 11일 라자스탄주 포크란 사막에서 핵실험을 했다. 1974년 첫 번째 핵실험 때와 같은 장소였다.

인도는 총 다섯 차례의 핵실험을 이날 실시했다. 바지파이 총리는 파키스탄이 카슈미르 지역 등에서 도발을 계속한다면 심각한 대가를 치르게 될 것이라고 했다. 그는 "南아시아의 새로운 지정학적 현실을 파키스탄이 깨달아야 한다"고 했다. 파키스탄에게는 남아 있는 옵션이 없었다. 순종하며 살아가거나 핵실험에는 핵실험으로 대응하는 것뿐이었다. 핵이 있는 상황에서 파키스탄이 택할 수 있는 방법은 사실 하나뿐이었다.

클린턴 행정부는 샤리프 총리가 핵실험을 하지 못하게 하기 위해 여러 채널로 설득했다. 클린턴은 샤리프에게 직접 전화를 걸었다. 중단된 F-16 전투기 판매와 원조를 재개하겠다고 했다. 또한 미국 워싱턴에 초청하겠다고 했다. 미국이 제공할 수 있는 '당근'은 과거에 이미 써먹었던 것들뿐이었다.

미국 행정부에서 파키스탄 회유 협상에 참여했던 사람들은 당시 상황을 '미션 임파서블', '파키스탄이 미국의 52번째 주(州)가 되지 않는 이상 이들의 마음을 돌릴 방법은 없었다' 등으로 설명했다. 미국은 고위급으로 구성된 협상팀을 직접 파키스탄에 보내기도 했다. 샤리프 총리는 단호했다.

미국 협상팀이 파키스탄을 방문하고 있던 1998년 5월 15일, 샤리프 총리는 내각 주요인사들을 비롯해 원자력위원회와 칸 연구소의 담당자들을 불러 회의를 진행했다. 당시 PAEC 의장은 이샤크 아메드였으나 해외에 있던 관계로 사말 무바라크만드 박사가 대신 회의에 참석했다.

무바라크만드는 1972년 아버지 부토 총리 시절의 핵개발 때부터 함께 해온 인물이다. 칸 연구소를 대표해서는 물론 칸 박사가 참석했다.

핵실험에서 배제되는 칸 박사

주요 의제는 두 가지였다. 핵실험을 하느냐 마느냐, 한다면 PAEC와 KRL 중 어느 기관이 이를 담당하느냐가 논의 사안이었다. 살타즈 아지즈 재무장관을 제외한 모든 내각 인사들은 핵실험 강행에 찬성했다. 아지즈는 핵실험으로 국제사회의 제재를 받게 되면 경제가 더 악화될 것이라고 했다. PAEC와 KRL 둘 중 어느 곳이 핵실험을 주관하느냐를 놓고 몇 시간의 논의가 이어졌다.

무바라크만드 박사는 PAEC가 담당해야 한다고 주장했다. 인도 핵실험 때 사용된 폭발규모에 이르기 위해서는 PAEC가 만든 폭탄 장치를 사용해야 한다고 했다. 그는 10일 이내에 핵실험에 들어갈 수 있다고 했다.

칸 박사도 10일 이내에 준비를 끝낼 수 있다고 했다. 칸 박사는 PAEC는 아버지 부토 시절부터 플루토늄으로 핵을 개발한다며 시간과 돈을 낭비한 부서라고 비판했다. 칸은 "우라늄을 농축하고 이를 원자폭탄으로 만들어 모의 실험에 성공한 곳은 KRL"이라고 했다. 또한 KRL이 가우리 미사일을 개발해 인도에 본때를 보여줬었다고 했다.

샤리프 총리는 결정을 보류했다. 우선 PAEC가 갖고 있는 이점(利點)이 있었다. 발루치스탄주 차가이에 이미 실험용 갱도를 만들어 놓았던 것이다. 다음날 미국의 협상팀은 본국으로 돌아갔다. 이날 PAEC의 이샤크 아메드 의장은 해외 일정을 마치고 귀국해 총리를 찾아갔다. 그는 PAEC에게 기회를 달라고 했다. 꼭 성공해내겠다고 했다. 다음날인 1998년 5월 18일, 총리는 아메드에게 전화를 걸어 핵실험을 진행하라고 지시했다. 칸 박사는 제항기르 카라마트 참모총장에게 항의했다. 카라마트는 칸 박사와의 갈등을 원하지 않았다. 그는 칸 박사와 KRL 직원들이 실험을 참관할 수 있게 해줬다.

샤리프는 책 '디셉션' 저자와의 인터뷰에서 "파키스탄의 많은 국민들은 압둘 카디르 칸을 '핵프로그램의 아버지'라고 생각했다. 내가 이런 신조어를 만드는 데 도움을 줬다. 칸 박사가 이끄는 팀은 핵실험을 하는 데는 최적화돼 있지 않았다. 그러나 그가 핵개발에 핵심 역할을 했다는 것은 부인할 수 없다. 그래서 그의 참관을 허락했다"고 했다.

1988년 5월 19일 100여 명의 PAEC 기술진들은 발루치스탄주 차가이로 비행기를 타고 이동했다. 갱도는 실험을 위해 개방되고 있었다. 실험에 필요한 물자와 다른 연구진들은 헬기와 트럭을 타고 차가이로 향했다. 미국은 아직까지 파키스탄의 핵실험 계획을 파악하지 못하고 있었다. 파키스탄은 갱도 입구와 관련 시설들을 캔버스로 가렸다. 군수품의 이동 현황을 기록에서 모두 지웠다.

"알라는 위대하다"

PAEC의 무바라크만드 박사는 "실험 장소는 아도브 벽돌(注 : 진흙과 짚으로 만들어서 굽지 않고 햇볕에 건조한 벽돌)로 만들어진 작은 마을 같이 보이게끔 위장했다. 위성사진으로 시설이 노출되는 것을 피하기 위해서였다"고 했다. 그는 실험 직전 샤리프 총리가 자신에게 "선생님, 제발 실패하지 마십시오. 우리는 실패하면 방법이 없습니다. 실패하면 우리는 살아남지 못합니다"라고 말했다고 했다. 샤리프는 핵실험이 실패하면 이스라엘이 바로 공격해 올 것으로 생각했었다고 한다.

PAEC는 C-130 수송기에 폭탄 체계와 고농축 폭발물 HMX를 싣고 실험 지역으로 보냈다. 실험에 사용될 핵물질인 베릴륨/우라늄-238과 우라늄-235는 따로 운반됐다. F-16 전투기 4기가 수송기를 엄호했다. 관측소와 7마일 떨어진 실험장소 사이를 잇는 전선들이 서로 연결됐다. 5월 26일에는 갱도에 젖은 시멘트 6000포와 모래 1만 2000포가 채워졌다. 실험 준비는 완료됐다.

1998년 5월 27일, 샤리프 총리는 클린턴 대통령에게 전화를 걸었다. 실망시켜 미안하다고 했다. 오후 2시 30분, 실험 관계자들은 폭발 현장을 떠나 관측소로 이동했다. PAEC와 칸 사이의 갈등을 악화시키지 않도록 하기 위해 발사 버튼은 전혀 다른 사람이 누르도록 했다. 기폭장치 설계를 맡았던 젊은 과학자 무하마드 아샤드가 역할을 맡게 됐다.

오후 3시 16분, 아샤드는 "모든 영광을 알라에게"라고 말했다. 그는 발사를 위해 필요한 여섯 가지의 조치를 취했다. 전력을 가동시키고 컴퓨터에서 발사 신호를 인식, 5기의 핵무기에 연결된 폭발물 HMX까지 전류를 보내는 것이었다. 아샤드가 버튼을 누른 30초 뒤, HMX가 터졌다. 우라늄 235를 감싸고 있던 베릴륨/우라늄-238 보호막에 진동이 전달됐다. 원자와 중성자가 연쇄반응을 일으키기 시작했다. 갱도 인근의 라스코山이 크게 흔들렸다. 엄청난 먼지가 솟아올랐다. 짙은 회색이던 산바위가 하얗게 변했다. "알라는 위대하다(Allah-o-Akbar)"는 말이 곳곳에서 나왔다. 무바라크만드 박사는 "파키스탄의 기대수명은 세계 122위다. 문맹률은 162위다. 이제 우리는 핵무기 부문에서 세계 7위가 됐다"고 했다. 칸 박사를 포함한 관계자들은 기념사진을 찍었다. 실험 주관 문제를 두고 갈등을 빚었던 사람들이었지만 폭발 성공 이후엔 모두 한마음으로 기뻐했다.

핵전문가의 분석

여기서 한 가지 짚고 넘어가야 할 사안이 있다. 파키스탄의 핵개발은 중국의 도움이 있었기에 가능했다. 미국의 핵전문가인 토머스 C 리드와 대니 B 스틸만은 2008년 '핵특급(核特級·The Nuclear Express)'이란 책을 냈다. 부제는 '핵폭탄과 확산의 정치사(政治史)'다. 리드는 로렌스 리브모어 국립연구소에서 핵폭탄 설계에 종사했고, 포드 및 카터 행정부 시절엔 공군장관을 지냈으며 레이건 대통령의 안보 특보였다. 스틸만은 미국 최초의 핵폭탄을 만들어냈던 로스앨러모스 연구소에서 핵폭탄 설계 등 업무에 종사했고, 13년간 핵관련 기술정보국을 이끌었다. 그는 10년간 중국의 핵관련 시설을 방문 조사하기도 했다.

스틸만은 팀을 만들어 1990년 4월에 처음 중국의 핵시설을 시찰했다. 스틸만은 중국의 핵폭탄 기술 개발이 높은 수준에서 진행되고 있는 것을 보고 놀랐다. 미국보다 앞서 있는 분야도 있었다. 그는 많은 과학자를 만나면서 중국이 1982년 이후 정책적으로 중동과 아시아 국가를 상대로 핵기술을 확산시켜 왔다는 결론에 이르렀다고 했다. 스틸만은 이 책에서 10년간의 중국 핵시설 방문으로 얻은 정보를 공개했다. 그가 이 책에서 강조하는 것은 미국을 포함해 어느 나라도 혼자 실력으로 핵폭탄 개발에 성공하지는 못한다는 점이다. 미국이 뉴멕시코州 로스앨러모스 연구소에서 최초의 핵폭탄을 연구하고 있을 때 영국·캐나다·이탈리아 등 외국인 과학자들이 많았다. 프랑스는 이스라엘의 핵개발을 도왔고, 이스라엘은 남아프리카의 핵개발을 지원했다. 파키스탄과 북한의 핵개발엔 중국의 지원이 있었다는 게 이 책 저자들의 분석이다.

스틸만 등에 따르면 중국은 등소평(鄧小平)이 권력을 잡게 되는 1980년대 초부터 핵과 탄도미사일 기술을 이슬람 국가 및 공산국가에 확산했다. 1982년 12월 지아 울하크 파키스탄 대통령은 워싱턴을 방문했다. 중국은 이런 방문이 있기 전부터 파키스탄에 핵무기 설계와 핵물질 생산, 핵시설 구축 과정을 도왔다. 중국은 라이벌인 인도의 숙적(宿敵) 파키스탄이 핵무기 개발에 나서자 기술자들을 초빙해 교육도 하고 CHIC-4라고 불리는 단순구조의 원자폭탄 설계에 대한 정보를 건네줬다. 중국이 파키스탄에 건네준 설계도는 약 20년 뒤 리비아가 핵포기를 선언해 모든 기술을 미국에 넘겼을 때 발견된 바 있다.

"중국은 파키스탄을 대리해 핵실험을 했다"

리드와 스틸만은 이 책에서 또 하나의 흥미로운 주장을 했다. 1990년 5월 26일 중국이 파키스탄을 대리해서 핵실험을 했다는 것이다. 이는 중국 신장위구르자치구 롭 누르 실험장에서 진행됐다. '핵특급'의 저자들은 다음과 같은 증거가 중국이 대리실험을 했다는 사실을 뒷받침한다고 주장한다.

〈첫째, 중국이 핵무기 기술을 1982년부터 파키스탄에 전달했다는 사실이 명백하다. 둘째, 중국이 파키스탄에 CHIC-4 우라늄탄(彈) 핵무기 설계도를 전달했다는 사실은 리비아가 무기를 포기할 때 발견됐다. 셋째, 책의 공저자인 스틸만은 중국의 핵시설의 핵심부에서 파키스탄 국적자를 여러 차례 직접 목격했다. 파키스탄 연구진은 1980년대 내내 중국 핵시설에서 포착됐고 1989년에도 당연히 있었다.

넷째, 중국 과학자들과 대화를 해본 결과 중국이 '35번'으로 이름 붙인 핵실험은 CHIC-4 무기를 실험한 것으로 보인다. 스틸만을 포함한 미국 연구진은 중국이 실시한 모든 핵실험의 시행일과 폭발 규모, 목적에 대해 중국과 미국에서 보고를 받았다. 1990년 5월 26일 시행된 '35번' 실험은 우라늄 폭탄을 사용한 것으로 폭발력은 10kt 정도에 달했다. 이는 파키스탄이 1998년 5월 28일 실시한 핵실험의 결과와 일치한다.〉

리드와 스틸만은 파키스탄의 1998년 핵실험에 준비시간이 부족했음에도 성공한 이유는 중국의 대리 실험 경험 때문이었다는 주장을 이어갔다.

〈파키스탄이 1998년 인도의 핵실험 이후 얼마나 빠르고 자신 있게 대응 조치에 나섰는지 생각해볼 필요가 있다. 파키스탄은 (인도 핵실험) 17일 만에 자체 핵실험을 실시했다. 1961년 9월 1일 소련은 (핵실험을 강행해) 미국을 놀라게 했다. 미국은 핵과 관련해 경험이 있었음에도 (대응 차원의) 지하 핵실험을 하는 데 17일이 걸렸다. 미국은 운영해오던 핵준비태세 프로그램 하에서 몇 년 동안 갖춰놓은 무기를 발사하기만 하면 되는 것이었다. 파키스탄은 1998년 5월 28일 실험한 핵무기에 대단한 자신감을 가지고 있었다는 것을 알 수 있다. 인도의 핵실험 이후 이렇게 빨리 대응하고 또 미리 실험계획을 발표할 수 있을 정도로 말이다.

우리는 중국의 핵무기 프로그램 관련 고위 당국자들과 최근 미국에서 만나 토론을 했다. 대화 과정에서 다른 국가를 위해 대리실험을 하는 것이 주제가 된 적이 있다. 우리는 미국이 1990년대에 영국을 위해 네바다 사막에서 핵실험을 했다는 사실을 중국 인사들에게 확인해줬다. 우리는 미국의 실험 결과를 이스라엘이 구한 것으로 본다고 했다. 중국은 프랑스를 대리해서 핵 관련 실험을 한 적이 있다고 시인했다. 이들은 롭 노르에서 파키스탄 핵무기를 실험했다는 인상을 줬다. 이를 절대 부인하는 듯한 모습은 보이지 않았다.〉

리드와 스틸만은 중국에서 실시된 1990년 5월 26일 핵실험은, "파키스탄이 만든 CHIC-4 폭탄 체계다"라고 결론지었다. 이들 전문가들은 이 실험이 혁신적인 기술에 도전한 것은 아니라고 했다. 이는 다른 곳으로부터 핵기술을 구해와 처음 실험을 해보는 국가에서 한 것과 비슷한 양상을 보인다고 했다. 새로운 기술을 도전한다기보다는 무기 체계가 제대로 작동하는지를 파악하는 목적이라는 것이다.

소련은 Joe-1 핵무기를 1949년에 실험했다. 이는 미국의 '팻맨'을 모방한 것이다. 영국은 1952년 '허리케인'이라는 핵무기 실험을 했는데 이는 미국 로스앨러모스에서 근무하던 영국인 과학자들이 미국 것을 베껴 만든 것이다. 리드와 스틸만은 "소련과 영국의 실험은 국내 과학자와 정책결정자들에게 자신감을 심어 주기 위한 목적이었다"고 했다. 파키스탄이 1990년 중국을 통해 한 실험 역시 비슷한 이유였다는 것이다.

파키스탄 핵실험의 미스터리

파키스탄은 1998년 5월 28일 다섯 차례의 핵실험을 했다. 이틀 후인 30일에 또 한 차례의 핵실험을 했다. 리드와 스틸만은 여섯 차례의 핵실험을 성공적으로 마쳤다는 파키스탄 정부의 발표에 의문을 제기했다. 인도는 파키스탄 핵실험 약 2주 전 다섯 차례의 핵실험을 했다. 파키스탄 정부는 인도보다 앞서간다는 인상을 주기 위해 6회의 실험을 했다고 발표한 것으로 보인다. 파키스탄이 실제로 6회의 핵실험을 했다면 파키스탄은 핵무기를 만들기 위해 보유한 핵물질의 25%를 한 번에 다 사용한 것이 된다. 이는 비이성적인 행동이라는 것이 리드와 스틸만의 분석이다. 파키스탄은 첫 날 폭발된 무기의 규모는 40kt이라고 밝혔다. 하지만 지진파 등을 분석한 결과 규모는 9kt 수준인 것으로 확인됐다.

파키스탄은 한 곳의 갱도에서 다섯 개의 핵무기를 한 번에 폭파시켰다고 주장했다. 미국은 한 곳의 갱도에서 두 차례 이상의 무기를 연속으로 실험하는 것은 매우 어렵다고 분석했다. 이를 위해서는 수 년간의 준비과정이 필요하다. 아울러 하나의 갱도에서만 실험을 진행하면 정확한 결과를 확인하기 어렵다고 했다. 인도의 핵실험 이후 2주 만에 한 곳의 갱도에서 다섯 개의 핵무기를 폭발시키는 것은 사실상 어렵다는 것이다. 리드와 스틸만은 파키스탄이 핵실험에 실제로 사용한 핵무기는 하나였을 가능성이 있다고 주장한다. 리드와 스틸만은 여섯 번째 실험된 핵무기에서는 플루토늄이 검출됐다고 했다. 이들은 파키스탄이 원자력발전소에서 불법적으로 빼낸 핵연료를 사용한 것으로 보인다고 했다.

리드와 스틸만은 중국이 1980년대 초 파키스탄에 핵무기 설계도를 이전했다고 주장한다. 중국으로부터 받은 핵무기 설계 및 관련 기술이 파키스탄에서 리비아와 이란 등으로 향했다고 했다. 1996년 중국은 A. Q. 칸 박사의 원심분리기에 필요한 고리 자석 5000개를 보내기도 했다. 중국은 파키스탄에 핵물질을 전달한 것으로 알려져 있다. 이와 관련해 리드와 스틸만은 중국의 우라늄 생산량도 넉넉치 않은 상황에서 파키스탄에 전달한 이유를 고민해봐야 한다고 했다. 정확한 동기가 아직 밝혀지지 않았다는 뜻으로 보인다. 또한 이를 위해서는 자금을 지원한 사람이 있어야 하는데 용의선상 가장 위에 있는 곳은 사우디아라비아라고 했다. 사우디아라비아가 이를 통해 무엇을 얻으려 했는지 역시 풀리지 않은 문제라고 했다.

리드와 스틸만은 북한의 플루토늄 기술은 소련으로부터 들여왔다고 했다. 1980년대 후반에 핵폭탄 한두 개를 만들 수 있는 수준의 핵물질을 생산해낸 것으로 보인다고 했다. 우라늄의 경우는 1990년대에 시작됐다. 북한은 A. Q. 칸으로부터 받은 기술을 사용해 우라늄 농축 시설을 만들었다. 리드와 스틸만은 이 과정에서도 중국의 도움이 필요했다고 했다. 중국 영공을 지나는 비행기를 통해 기술을 받아와야만 했기 때문이라는 것이다. 리드와 스틸만은 중국 과학자들과 대화를 나눠본 결과 북한의 핵무기는 CHIC-4 설계도를 기반으로 만든 것이라고 했다. 중국이 파키스탄에 보냈던 것이 핵확산 시장에 나오게 돼 북한으로까지 건너갔다는 것이다.

3부

파키스탄의
우라늄 농축 기술

| 11 |

고위 탈북자 "북한, 파키스탄에서
1998년 비밀 核실험 성공"

"파키스탄에서 핵기술 수입한 북한, 리비아에 우라늄 넘겼다"

의문의 북한대사관 직원 부인 총격 사건

빌 클린턴 대통령은 파키스탄이 핵실험을 강행하자 백악관 로즈가든
에서 긴급 기자회견을 열고 이를 규탄했다. 그는 "핵실험은 파키스탄의
자해(自害)행위이자 위험한 행동"이라고 했다. 또한 파키스탄과 인도 국
민들을 "더욱 가난과 위험에 빠뜨리는 행위"라고 했다. 나와즈 샤리프
총리는 "오늘 우리는 민족의 원한을 풀었다"고 했다.

1억 4000만(현재 인구는 2억 2000만)의 파키스탄 국민들은 축제 분
위기였다. 사람들은 길거리로 쏟아져 나와 기뻐했다. 이들은 '핵폭탄의
아버지'라는 칸 박사의 포스터를 들고 환호하며 행진했다. 칸 박사는 실
험 직후 실시한 언론 인터뷰에서 5월 28일 총 다섯 차례의 핵실험을 했
다고 밝혔다.

이들 중 하나는 히로시마에 떨어진 폭탄 위력보다 두 배 강력한

30~35킬로톤 규모였다고 했다. 나머지 네 개의 폭탄은 저강도 폭탄이었다고 했다. 칸은 이 저강도 폭탄을 작은 미사일에 탑재해 육상전에서 사용할 수 있게 됐다고 했다. 파키스탄은 5월 30일에도 한 차례의 핵실험을 했다. 이에 대해서는 조금 후에 다루겠다.

파키스탄이 핵실험을 강행한 10일 후, 파키스탄 주재 북한대사관 직원 강태윤의 부인 김사내가 칸 연구소 영빈관 인근에서 총격을 받고 사망한 사건이 발생했다. 파키스탄 정부는 단순 사고였다고 했다. 미국 정보당국은 김사내 씨가 총살 방식으로 사망했다는 사실을 파악했다. 또한 남편 강태윤이라는 인물은 북한대사관의 경제 참사관으로 근무하며 무기를 해외에 내다 파는 창광무역 직원이었던 것으로 확인됐다. 창광무역은 1994년 파키스탄에 노동 미사일을 판매했다.

당시 칸 연구소에서 근무하던 사람들은 강태윤이 자주 이 시설을 방문했다고 증언했다. 1998년 2월 미국 첩보위성은 북한 기술자들이 파키스탄을 방문, F-16 전투기의 폭탄 투하 실험을 참관한 사실을 알아냈다. 또한 북한이 대포동 1호 시험 발사를 하는 과정에 파키스탄 기술진이 참여한 사실을 파악했다.

북한産 플루토늄彈 대리실험 의혹

미국 CIA는 강태윤 참사관 등 북한 기술진들이 파키스탄의 핵실험을 참관한 것을 확인했다. 파키스탄은 5월30일에 한 마지막 실험은 차가이의 첫 번째 실험장에서 약 100km 떨어진 사막에서 했다. 마지막 실험용 지하시설은 수평갱(坑)이 아닌 수직坑이었다. 이는 경비가 덜 드는 방법이다. 이 마지막 실험에 쓰인 핵폭탄의 폭발력은 작았다. 파키스탄 당국자들은 '소형화된 장치'를 썼다고 했다. 미국은 마지막 핵실험 장소 상공으로 정찰기를 보냈다. 이 첩보기가 상공에서 플루토늄을 검출했다는 언론 보도가 나왔다. 28일 실시한 다섯 번의 핵실험에서는 우라늄을 사용했으나 30일 마지막 실험에서는 플루토늄을 사용했다는 것이었다.

언론 보도에 따르면 미국 뉴멕시코州 로스앨러모스에 있는 국립핵연구소 관계자들은 이런 사실에 놀랐다. 파키스탄은 우라늄 농축 방법으로 핵무기를 만들었기 때문에 플루토늄이 검출될 리가 없었다. 로스앨러모스의 核과학자들은 파키스탄이 핵무기를 만들 만큼 플루토늄을 충분히 확보하지 못했고, 있다고 하더라도 핵폭탄을 만들 실력은 없다는 판단을 내렸다. 이들은 플루토늄이 중국이나 북한에서 들어왔을 것이라고 추리했다. 로스앨러모스 연구소는, 중국이 파키스탄에 플루토늄을 양도했을 것 같지는 않고 북한産 플루토늄이든지 플루토늄탄(彈)일 가능성이 높다는 추정을 했다. 일종의 대리 실험이 있었을 수 있다는 것이다.

김사내가 죽은 것은, 핵폭탄 실험에 대한 자료를 미국 측에 전달하려다가 발각되었기 때문에 암살된 것이라는 說이 나돌았다. 김사내의 시신(屍身)은 核과학자들이 北으로 돌아갈 때 탑승한 보잉 707기에 같이 실렸고 관(棺)엔 우라늄 농축시설의 부품들이 함께 들어 있었다는 정보당국 관계자들의 증언도 나왔다. 원심분리기인 P-1과 P-2를 포함한 여러 설계도면이 실렸다는 것이다. 이 비행기에는 칸 박사가 동승했다는 주장도 있었다.

황장엽 선생의 生前 증언

파키스탄이 북한의 핵개발을 도왔다는 주장을 뒷받침하는 여러 증언
이 있다. 그중 하나는 2010년에 작고한 황장엽(黃長燁) 전 북한 노동당
국제담당비서의 生前 증언이다. 그는 1994년 제네바 합의에 따라 미국
과 한국과 북한 등이 영변 핵시설의 가동 중단과 그 대가로 경수로 건
설 제공에 합의한 직후 평양 심장부에서는 이런 대화가 오고갔다고 한
다.

〈강석주(북한측 대표〉 : 과거의 核개발이 걱정이었는데 그건 미국의 갈루
치가 덮어주기로 하여 해결이 되었습니다.

황장엽 : 5년쯤 지나면 과거 核개발을 미국이 사찰하겠다고 할 터인데
어떡하지요.

강석주 : 그건 지도자 동지와 토론했습니다. 그때 가서는 우리가 다른
걸 가지고 나와서 처음부터 다시 시작할 것입니다.

전병호(무기개발 담당 책임 비서가 황장엽 비서에게) : 核폐기물을 땅에 파
묻어 놓았는데 그 위에 아무리 나무를 심어도 말라 죽어버립니다. 그
근처에만 가도 계기판이 작동해서 숨기기가 참 어렵습니다. 러시아에서
플루토늄을 더 들여와야 하는데 아쉽습니다. 좀 도와주실 수 없습니
까?〉

1996년에 전병호는 황장엽 선생에게 이렇게 말했다고 한다.

"이제 해결이 되었습니다. 파키스탄에서 우라늄 농축 기자재를 수입
할 수 있게 합의되었습니다. 이제 걱정할 필요가 없습니다."

위의 대화로 미뤄보아 북한정권은 1994년 제네바 협정을 맺을 때부

터 다른 카드를 준비중이었던 것 같다. 2011년 北으로 우라늄 농축 기자재를 팔아 넘긴 파키스탄의 核개발 책임자 칸 박사가 전병호의 편지를 공개하였다. 편지는 북한이 파키스탄 군부의 두 실력자에게 뇌물을 주었으니 평양으로 돌아오는 비행기편으로 서류와 설비들을 보내달라는 내용이었다.

'월간조선'은 2016년 2월호에서 황장엽 선생의 생전 육성 녹음 테이프를 단독 입수해 보도했다. 2006년 10월 11일과 2007년 3월 14일자 강연·토론을 각각 녹음한 120분짜리 두 개다. 이 육성 녹음 테이프에는 보다 상세한 내용이 담겨 있다.

〈제네바 회담이 끝난 다음에 군수공업 담당비서가 거기는 체계가 어떻게 되었는가 하면 신형무기, 핵무기, 미사일 이런 것은 군수공업부가 주관합니다. 그것을 행정적으로 보장하는 것이 제2경제위원회이고 내각에서는 전혀 관계를 안 합니다. 다 만들어져서 군대에 넘긴 다음에는 군대가 관리를 합니다.

그런데 전병호 군수공업 담당비서가 나를 만날 때마다 그래요. 국제비서가 왜 그렇게 무관심하냐고요. 플루토늄을 좀 사다주지 않겠느냐고 해요. 그래서 아직도 부족해서 그런가 했더니, 그래도 몇 알 더 만들어 놓으면 좋지요 이런단 말이에요. 그러니까 그만큼 핵무기를 만들었다는 것은 김정일도 나한테도 얘기를 했고 거기 중요한 간부들은 다 알고 있는 것입니다.

(중략) 그런데 하루는 회의를 하는데 전병호 비서가 보이지를 않아요. 20일 있다가 왔는데 나보고 그래요. 이제는 플루토늄이 필요 없어요. 구할 필요 없어요. 이제 우라늄 235로 만들게 되었어요. 그래서 어

떻게 되었느냐고 했더니 내가 이번에 파키스탄에 가서 다 협정 체결을 하고 거기 기술을 다 넘겨받아서 우라늄 235로 만들기로 했다고 해요. 그것이 1996년 여름인가, 가을인가 그래요.〉

고위급 탈북자 "북한, 파키스탄에서 비밀 核실험 성공"

황장엽 선생은 김정일 때가 아닌 김일성 때부터 핵실험 준비를 했다는 증언도 했다.

〈전병호가 나보고 그래요. 지하 핵폭발 장치를 다 해놓고서 지하 핵폭발 실험을 하기로 제의서를 올렸는데 왜 승인을 안 하느냐고요. 그것은 국제관계 때문에 안 하느냐고 물어요. 내가 국제비서라고 해서 나한테 물어보는 것이었어요. 그래서 걱정할 필요가 있는가, 두 분(김일성, 김정일)이 토론해서 결론을 줄 것이 아닌가 했어요. 그러니까 이 사실은 김일성이 1994년에 죽었으니까 김일성이 살아 있을 때거든요. 살아 있을 때라는 것은 틀림없어요. 왜냐하면 내가 그랬거든요. 두 분이 토론해서 결론을 줄 테니까 기다리라고 분명히 말했으니까요. 종래 결론을 안 주었지요. 그러니까 그때는 아직 못했지만 벌써 지하 핵실험은 하기로 장치가 다 되어 있다고 보고를 했어요.

곁들여 얘기하고 싶은 것은 여기 사람들(남한)이 얼마나 건방지고 잘 모르면서 아는 척하는가 하는 것입니다. 나를 찾아와서 그래요. 북조선 같은 데서는 지하 핵실험을 하면 전체 지하수가 어떻게 되고 파괴되어 절대 불가능한데 그것이 가능하냐고요. 그래서 나도 모르겠다고 했어요. 이 사람들이 알지도 못하면서 아는 척하는 것이 큰일입니다.〉

북한의 한 고위급 탈북자는 '월간조선' 2006년 9월호에 실린 趙甲濟 기자와의 인터뷰 기사에서 파키스탄이 북한의 플루토늄 핵무기를 대리 실험해줬다는 주장을 했다. 그는 이렇게 말했다.

〈북한이 플루토늄을 파키스탄으로 가져가서 공동실험을 한 적이 있다. 그 실험 결과로 核폭탄을 제조할 수 있는 자료를 모으는 데 성공했다. 플루토늄 물질을 파키스탄으로 가져가서 실험한 것인지, 核폭탄을 가져간 것인지는 나도 모른다.

파키스탄과 북한 사이의 유착관계는 상상 이상이다. 파키스탄은 북한으로부터 核탄두 운반용 미사일 개발 기술을 배우고 북한은 파키스탄으로부터 核개발 기술을 배우는 아주 이상적인 협력체제가 오랫동안 작동해 왔다. 서로 國益에 부합되기 때문이다. 무샤라프 대통령이 親美 정책을 쓰고 있지만 지금도 그런 협조관계는 내밀하게 계속되고 있을 것이다.〉

이 탈북자는 "김사내의 암살은 核개발과는 관계없다. 부부 사이의 문제였다"라고도 했다. "미국 정부도 북한-파키스탄의 공동실험 사실을 알고 있지만 이를 인정했을 경우의 후속(後續) 조치와 여파를 걱정하여 모른 척하고 있다"고 했다.

"북한, 김일성 때부터 핵개발"

황장엽 선생과 고위 탈북자의 증언을 종합하면 북한은 김일성 시절부터 핵실험을 준비했다. 부토 총리가 김일성과 만난 것은 1993년 12월이었다. 김일성은 1994년 7월에 사망했다. 얼마 후인 1994년 10월 미국과 북한은 이른바 '제네바 합의'를 맺었다. 북한이 핵개발을 동결하고 핵사찰을 허용하는 대가로 미국이 경수로를 제공하는 것을 골자로 했다. 그러다 1998년 파키스탄이 핵실험을 강행했고 북한이 이에 깊숙이 관여한 사실이 포착됐다. 당시 미-북 핵협상을 주도했던 사람들은 한국인들에게 친숙한 인물들이다. 로버트 갈루치 특사, 로버트 아인혼 국무부 비확산 담당 특보, 게리 세이모어 백악관 국가안보회의 대량살상무기 조정관 등이다. 이들은 파키스탄의 핵실험 이후 북한이 플루토늄이 아닌 우라늄 개발 쪽으로 크게 방향을 틀었다고 설명했다.

앞서 언급한 강태윤이라는 인물은 미국과 영국 등의 감시대상에 올라 있는 사람이었다. 영국 개트윅 공항 세관 당국은 1997년 러시아 모스크바를 출발한 브리티시 항공사의 비행기 편에서 마레이징 강철을 찾아냈다. 이 강철은 원심분리기 작동에 필요한 핵심 부품이다. 이 비행기는 영국을 경유해 파키스탄에 있는 강태윤 참사관 앞으로 배송될 계획이었다. 영국 정보당국은 강태윤이라는 북한인이 러시아를 통해 물건을 구입, 파키스탄에 전달해주는 중개 역할을 맡고 있는 것으로 파악했다.

1998년 2월 강태윤은 또 한 번 적발됐다. 그는 이번에는 파키스탄에서 평양으로 우라늄 농축 관련 부품을 보내려고 했다. 미국과 영국 정보당국은 북한이 우라늄 농축을 하고 있다는 사실을 파악했다. 칸 박사가 만든 P-2 원심분리기는 마레이징 강철을 필요로 한다. 우라늄 농축을 하지 않는 이상 필요하지 않은 부품이었다. 전문가들은 북한이 제네바 합의에서 플루토늄 재처리시설 가동 등을 중단한다고 말해 놓고 뒤로는 우라늄 농축에 나서려 한 것으로 봤다.

1990년대 후반 포착된 파키스탄-북한 핵거래

로버트 아인혼 前 국무부 차관보는 책 '디셉션' 저자와의 인터뷰에서 "미국은 1998년부터 파키스탄과 북한의 협력이 미사일에 국한된 것이 아니라는 점을 파악했다"고 했다. 그는 "핵협력이 있는 것을 알게 됐다. 파키스탄과 북한의 무기 기술자들이 계속 교류를 하는 것을 알았고 이 중에는 칸 연구소 소속 연구진도 있었다"고 했다. 아인혼 차관보는 1998년 1월 기준으로 파키스탄 이슬라마바드와 평양을 오가는 비행기 편이 매달 최소 아홉 번 운행됐다고 했다.

1994년 제네바 합의를 이끌었던 갈루치 특사도 비슷한 증언을 했다. 그는 "1994년 당시만 해도 북한은 파키스탄의 우라늄 농축 기술에 큰 관심이 없었다. 하지만 1997년에 들어 북한이 우라늄 농축 관련 기술을 구입하고 있는 것을 파악했다"고 했다. 그의 증언이다.

〈칸 박사는 엄청나게 바쁜 사람이었다. 우리는 북한과 파키스탄이 미사일 관련 협력을 하는 것과 우라늄 농축 관련 협력을 하는 것에 대한 차이를 명확히 알고 있었다. 파키스탄의 군부도 당연히 이를 눈치챘을 것이다. 파키스탄은 원심분리기 기술을 팔려고 했고 북한은 이를 사들였다.〉

아인혼에 따르면 1998년부터 미국과 파키스탄의 협상팀은 매년 최소 두 차례 만났다. 아인혼은 파키스탄이 북한에 핵기술을 이전하고 있다는 사실을 알고 있다며 압박했다. 파키스탄 협상가들은 아인혼의 이런 주장에 얼굴을 붉히며 매우 화난 표정을 지었다고 한다. 아인혼은 미국 정부의 협상 방침상 미국이 알고 있는 모든 사실을 공개하며 압박할 수 없었다고 했다.

일부 파키스탄 당국자들은 미국이 사실은 제대로 알지 못하면서 허풍을 떠는 것으로 생각했다고 한다. 미국이 모든 것을 알고 있는 것처럼 속여 파키스탄이 제 발로 공개하게끔 하려 했다는 것이다. 미국 CIA는 북한의 우라늄 농축 기술이 날로 발전하고 있는 것을 알면서도 대놓고 행동에 나설 수 없었다. 아인혼은 미국 정부가 샤리프 총리에게 직접 연락을 해 북한 원심분리기 기술을 돕지 말라고 압박했다고 했다. 샤리프는 정확하게 어떤 일이 일어나고 있는지 파악해보겠다고 했다. 시간을 버는 전략을 택한 것이다.

무샤라프의 등장

이즈음 파키스탄 내부에서는 칸 박사를 견제해야 한다는 목소리가 나오기 시작했다. 파키스탄 핵개발에 가장 중요한 자산이지만 자만심에 너무 가득 차 통제 불능 상태가 됐기 때문이다. 파키스탄 고위 인사는 훗날 언론 인터뷰에서 "칸의 할 일은 끝났다는 의견이 나오기 시작했다. 비밀리에 진행되는 핵 프로그램을 담당하기 위해서는 칸보다 이름이 덜 알려진 사람이 필요한 때라는 생각이었다"고 했다.

핵실험 성공으로 국가가 들떠 있던 1998년 또 한 번 예기치 못한 사건이 터졌다. 오사마 빈 라덴이 후원하는 알 카에다가 그해 8월 아프리카 케냐와 탄자니아의 미국 대사관에 폭탄 테러를 했다. 200명 이상이 숨지고 수천 명이 다쳤다. 임기 후반의 클린턴은 입지가 약해지고 있었다. 이른바 '르윈스키 스캔들'이 터져 탄핵 절차를 밟는 대통령이 됐다. 그해 12월 샤리프 총리는 워싱턴을 방문했다. 클린턴은 파키스탄이 F-16 전투기 구매 비용으로 지급했으나 전투기를 전달받지 못해 보관한 금액 4억 7000만 달러를 되돌려주겠다고 했다. 이에 대한 대가로 칸 박사가 이끄는 핵 프로그램을 동결하고 아프가니스탄과의 협력을 중단할 것을 요구했다. 미국은 또 한 번 아프가니스탄이 중대한 위협으로 떠오르자 파키스탄이 필요해졌다.

파키스탄에서는 또 한 번 고질적인 문제가 되풀이됐다. 샤리프 총리와 군부 간의 갈등이 심화된 것이다. 1999년 10월 페르베즈 무샤라프 육군참모총장의 주도로 군사 쿠데타가 발생, 샤리프 총리는 실각했다. 무사랴프는 군부가 행정을 책임지는 임시 군사정부를 출범시켰다. 비상사태를 선포하고 의회를 해산했다. 샤리프 총리는 2000년 12월 사우디아라비아로 망명했다. 무샤라프는 2001년 6월 20일 정식 대통령으로 취임했다.

무샤라프는 쿠데타로 정권을 잡은 뒤 클린턴 대통령에게 칸 박사의 위험한 행동을 멈추도록 하겠다고 약속했다. 무샤라프는 정보당국에 지시해 칸의 불법 활동이 있는지 조사했다. 이들은 여러 방면에서 조사를 벌였는데 그중 하나는 1998년 핵실험 이후 칸 박사가 북한에 타고간 것으로 알려진 C-130 수송기와 관련돼 있었다. 핵 관련 기술을 몰래 비행기에 싣고 가져갔는지를 조사했다. 무샤라프는 "의심스러운 정황에 대한 보고를 받았다. 하지만 칸이 사전에 조사에 대한 정보를 입수했는지 그가 불법적 활동을 했다는 명확한 증거를 찾아낼 수 없었다"고 했다. 일부 파키스탄 정부 인사들은 이런 수사 및 발표 내용은 모두 미국에 보여주는 용도였다고 주장했다.

미국에서는 2000년 11월에 대통령 선거가 치러졌다. 조지 W. 부시 공화당 후보가 당선됐다. 그는 외교안보팀을 '드림팀'으로 꾸몄다. 콜린 파월 국무장관, 리처드 아미티지 국무부 副장관, 도널드 럼스펠드 국방 장관, 딕 체니 부통령 등이었다. 이들은 군대와 정보 분야 경험을 두루 갖춘 베테랑들이었다.

美 언론 '북한, 리비아에 우라늄 넘겼다'

부시 행정부 출범 직후인 2001년 봄. 조지 테닛 CIA 국장은 정부 최고위급 관료들을 불러 비공개 브리핑을 했다. 이 자리에서 북한이 파키스탄의 핵무기 기술을 사들이고 있다는 내용이 논의됐다. 파키스탄과 이란 사이에도 협력 관계가 이어지고 있으며 파키스탄이 핵무기를 이라크에 판매한 정황도 다뤄졌다. 파키스탄이 리비아에도 핵 관련 기술을 팔았다는 보고가 들어오고 있다는 점도 주요 의제였다.

훗날 공개된 정보자료에 따르면 2000년 9월 기준 리비아는 파키스탄으로부터 원심분리기 P-2 두 개를 전달받았다. 또한 원심분리기를 직렬과 병렬로 연결해 작업하는 캐스케이드를 만들기 위해 원심분리기 1만 개에 필요한 부품을 추가로 주문한 것으로 알려졌다. 원심분리기에 약 100개의 부품이 들어간다고 가정하면 총 100만 개의 부품을 주문한 것이다. 2001년 초 기준으로 리비아는 육불화우라늄 1.87톤을 보유한 것으로 알려졌다. 이는 원심분리기에 주입해 우라늄을 농축하는 데 필요한 물질이다. 리비아가 정확히 어느 경로를 통해 육불화우라늄을 구했는지는 불확실하다. 북한이 이 물질을 제공했다는 설(說)도 있으나 정확한 경로는 여전히 알려지지 않았다. 뉴욕타임스 등 미국의 주요 언론은 2004년 미국과 유럽 정부 당국자들을 인용해 '북한이 리비아에 우라늄 물질을 넘겼다는 증거가 포착된 것으로 파악됐다'고 보도했다.

2001년 봄, 무샤라프는 A. Q. 칸을 거세하기 위한 작업에 나섰다. 그는 칸을 범죄행위로 엮을 경우 국민들의 반발이 거셀 것으로 생각했다. 그는 언론 플레이를 통해 칸의 영향력을 서서히 약화시키기로 했다. 칸과 관련된 언론 보도가 쏟아져 나왔다. 칸 연구소의 직원들이 공무용 차량을 개인 용도로 사용한다는 폭로 기사가 신문에 실렸다. 칸 박사가 칸 연구소의 회계 부정 사태의 책임을 지고 은퇴할 것이란 전망성 기사도 나왔다. 칸 박사도 반박에 나섰다. 그의 연구소는 인공위성 발사를 준비하고 있다고 했다. 또한 그 어느 나라보다 큰 규모의 핵탄두를 미사일에 부착하는 기술을 실험하고 있다고 했다. 국가 발전에 자신이 전념하고 있다는 인상을 주기 위함이었다.

사라진 농축우라늄 보관 용기

무샤라프는 칸보다 한 발 먼저 행동에 나섰다. 그는 칸 박사가 근속 25주년을 끝으로 칸 연구소(KRL)에서 은퇴할 것이라고 발표했다. 그는 칸 박사에게는 'KRL 특별 자문위원'이라는 직책이 주어질 것이라고 했다. 장관급이지만 실제 권한은 아무것도 없는 직책이었다. 칸은 이런 직책에 관심이 없다고 했다. 언론과 사람들은 여전히 칸을 '폭탄의 아버지'라고 불렀다. 무샤라프는 각종 연설을 통해 칸을 치켜세웠다. "칸, 당신은 국가적 영웅이며 미래 세대에 귀감을 줬다. 어느 누구도 당신의 공(功)을 빼앗아갈 수 없으며 역사는 당신을 영원히 기억할 것이다"라고 했다. 이는 칸을 정신적으로 힘들게 했다. 겉으로는 칸을 영웅으로 묘사하며 실제로는 그가 자의(自意)로 은퇴할 수밖에 없게끔 하고 있었다. 칸의 공식 퇴임일은 그의 예순세 번째 생일인 2001년 4월 1일로 예정됐다. 칸의 후임자로 지목된 것은 자비드 미르자였다. 미르자는 칸과 함께 오랫동안 근무를 해왔고 핵무기 수출 프로젝트에 가담한 인물이었다. 무샤라프는 미르자 정도의 인물은 자신이 직접 통제할 수 있을 것으로 봤다.

무샤라프는 대통령직에 오른 뒤 KRL에 대한 감사를 실시했다. 미국에 선의(善意)를 보여주기 위해서였다. 감사팀은 KRL의 핵심이라고 할 수 있는 농축우라늄을 보관하는 스테인리스 전용용기인 '캐니스터'를 집중 조사했다. 이들은 감사 과정에서 캐니스터가 일부 사라진 것을 확인했다. 캐니스터는 암시장에서 수천만 달러에 거래될 정도로 핵무기 개발에 매우 중요한 것이다. 감사팀은 캐니스터 40개가 없어진 것을 파악했다. 당시 정보당국의 보고서에 따르면 총 120개의 캐니스터가 있어야 했으나 80개밖에 찾지 못했다. 칸 박사만이 이에 대한 설명을 할 수 있었다. 무샤라프는 칸 박사에게 관련 사건에 대한 설명을 요구했다. 칸은 '나는 이미 은퇴했다'고 지인들에게 말했다고 한다. 파키스탄 정보국은 일부 캐니스터가 북한으로 넘어갔을 가능성이 높으며 일부는 이란이나 리비아에 갔을 수도 있다고 봤다고 한다. 무샤라프는 이런 사실을 미국에 차마 알릴 수 없었다. 없어진 캐니스터의 고농축우라늄을 사용하면 '더티 밤' 1000개는 만들 수 있었다. 핵무기 개발 기술이 있다면 핵무기도 만들 수 있는 수준의 고농축우라늄이 파키스탄에서 사라진 것이다.

다행히 미국은 KRL 감사 결과에 그다지 큰 관심을 갖지는 않았다. 사담 후세인의 대량살상무기에 집중하고 있었다. 미국은 겉으로는 관심을 갖지 않는 척했으나 우려할 만한 정보를 계속 입수했다. 2001년 4월 칸의 퇴임 얼마 후 평양 외곽에서 파키스탄의 C-130 수송기가 포착됐다. 미국이 위성사진으로 분석한 결과 미사일 관련 제품들이 수송기에 실어졌다. 미국 정보당국은 파키스탄의 핵기술과 북한의 미사일 기술이 교환되는 현장인 것으로 봤다. 칸 박사는 떠났지만 핵확산은 계속된다는 것을 알 수 있었다.

칸 "北, 핵기술 확보 위해 파키스탄 軍部에 350만 달러 뇌물 전달"

이스라엘 "파키스탄, 미사일 구입비 4000만 달러 지불 못해 우라늄 농축 기술 이전"

칸의 단독범행인가, 아니면 정부도 개입했나?

이 시점에서 하나 짚고 넘어가야 할 사안이 있다. 칸 박사의 북한 핵 개발 협력과 관련해 다양한 주장이 있다. 큰 맥락에서 칸이 북핵 개발을 도왔다는 사실에 대해서는 이견(異見)이 없다. 칸이 개인의 욕심을 위해서 정부 몰래 핵기술을 이전했는지, 아니면 정부의 감독 하에, 혹은 묵인 하에 이를 진행했는지에 대해서는 엇갈린 주장이 나온다. 이런 논란은 이란과 리비아 등 국가에 대해서도 똑같이 적용된다. 그러나 북한 문제가 더욱 중요한 것은 북한만이 실제 핵실험을 강행, 사실상의 핵보유국 수준의 위치에 올랐기 때문이다.

무샤라프를 비롯한 전직 총리들과 육군참모총장들은 칸이 핵기술을 이전하는 것에 정부나 군대가 개입하지 않았다는 입장이다. 보고는 받은 적이 있으나 정부가 개입한 적은 없다고 한다. 일부는 아예 알지 못했다고 한다. 파키스탄이 정부 차원에서 칸을 지원, 핵확산에 나선 것은 아니라는 사람들은 크게 다섯 가지의 증거를 토대로 이를 주장한다. 정확하게는 파키스탄 정부가 북한 미사일의 대가로 파키스탄의 핵기술을 건넨 적은 없다는 주장이다. 이들이 제시하는 것 중 하나는 베나지르 부토 전 총리의 증언이다. 그는 북한 노동 미사일의 대가로 파키스탄은 현금을 지급했지 핵기술을 전한 적은 없다고 했다는 것이다.

칸이 홀로 움직였다고 주장하는 측은 또 하나의 증거로 당시의 재정 상황을 언급한다. 1996년 파키스탄의 외화보유고가 바닥 상태였던 것은 사실이다. 하지만 노동 미사일 구입을 위해 핵기술을 이전하는 방법밖에 없었다는 것은 사실이 아니라는 것이 이들의 설명이다. 파키스탄은 북한으로부터 노동 미사일을 12~24기 정도 구입한 것으로 알려졌다. 가격은 약 4800만 달러에서 1억 달러로 추정된다. 파키스탄은 1995년부터 1996년 사이 총 8억 1900만 달러어치의 군수품을 수입했는데 이 정도면 노동 미사일도 무난하게 구입할 수 있었다는 주장이다.

C-130 수송기엔 무엇이 실렸나?

세 번째는 파키스탄이 북한의 노동 미사일을 필요로 한 것은 사실이지만 과연 파키스탄의 미래가 걸린 '핵기술'을 교환할 정도의 값어치가 있느냐는 것이다. 노동 미사일은 이미 수십 년 된 액체연료 미사일로 이보다 더 뛰어난 미사일은 많이 있었다. 이런 주장을 들고나오는 사람들은 북한이 이집트와 이란, 리비아, 시리아, 예멘 등에도 미사일 기술을 돈을 받고 팔았는데 파키스탄이라고 왜 그렇게 하지 못했겠느냐고 한다.

네 번째는 파키스탄과 북한 사이에 핵협력이 이뤄졌다는 확실한 물증이 없다는 주장이다. 파키스탄의 수송기가 여러 차례 북한 평양에서 포착된 것은 사실이지만 미사일 기술이 전달되는 것만 확인됐다는 것이다. 이들이 제시하는 마지막 증거는 무샤라프가 권력을 잡은 직후인 2000년 정보당국이 실시한 칸 연구소에 대한 감사 결과다. 정보당국은 핵실험 이후 칸 박사가 북한에 타고간 C-130 수송기를 조사했다. 핵 관련 기술을 몰래 비행기에 싣고 가져갔는지를 조사한 것인데 어떤 정보도 찾아내지 못했다는 것이다.

이런 주장을 하는 사람들은 몇 가지 사실을 간과하고 있다. 부토 총리는 인터뷰 등을 통해 북한의 미사일에 대한 대가로 현금을 지급했다고 했다. 하지만 부토의 사후(死後) 출판된 회고록에서는 부토가 김일성을 만날 당시 '우라늄 농축 기술이 담긴 CD를 들고 갔다'고 말한 것으로 적혀 있다. 부토는 죽은 뒤였고 파키스탄 정부는 극구 부인했으니 회고록에 담긴 내용 역시 완벽한 증거가 될 수는 없어 보인다. 또한 부토는 현금으로 모든 금액을 지불했다고 했으나 이스라엘 정보당국의 감청 내용에 따르면 이 역시 불확실하다. 이스라엘이 도청한 내용에 따르면, 파키스탄은 1993년 노동 미사일 거래를 체결하고 북한에 4000만 달러를 제공하겠다고 했다. 그러나 1996년에 들어 파키스탄은 평양에 대금을 지불할 수 없다고 밝혔다. 대신 1992년 8월 북한 김영남(金永南)이 파키스탄을 방문했을 때 제안한 것처럼 우라늄 농축 기술을 전달하겠다고 했다는 것이다.

파키스탄 정부가 칸의 핵기술 이전을 알지 못했다고 주장하는 사람들은 평양을 오고 간 수송기에서 미사일 기술 외에 핵 관련 기술이 포착됐다는 확실한 증거가 없다고 한다. 이는 파키스탄이 당시 기록에 적혀 있는 대로 수송기에 어떤 품목이 실렸는지 공개하면 쉽게 해결된다. IAEA를 비롯한 국제사회는 여러 차례 관련 자료를 요구했으나 파키스탄은 이를 제공하지 않았다.

마지막은 파키스탄이 시리아나 이란 등과 마찬가지로 북한에 돈을 주고 미사일을 사왔다는 주장이다. 당시 북한과 거래하던 국가 중 파키스탄만 유일하게 핵기술을 보유하고 있었다. 북한이 돈보다 핵기술에 관심을 가졌을 가능성은 충분하기 때문에 파키스탄을 여느 중동국가와의 거래 방법과 비교하는 것은 타당하지 않아 보인다.

말을 바꾼 칸 박사

칸 박사는 KRL 책임자 자리에서 물러난 얼마 후인 2004년 자신이 핵확산에 가담했다는 자백을 한 뒤 가택연금을 당했다. 그는 당시 기자회견에서 자신이 단독으로 핵기술을 확산했으며 정부의 개입은 일체 없었다고 했다. 외부와의 모든 교류가 차단됐고 그가 그렇게 좋아하던 언론과도 접촉이 끊겼다.

그런 칸은 2008년 7월 무샤라프 대통령이 정치적 위기에 빠지자 침묵을 깨고 세상에 등장했다. 그는 언론 인터뷰를 통해 2000년 북한에 중고 P-1 원심분리기가 보내졌다고 했다. 그는 "북한 수송기가 사용됐고 군부는 관련 사실과 전달된 물건에 대해 완벽하게 알고 있었다"고 했다. 그는 "그(무샤라프)의 동의가 있었기에 가능했던 일"이라고 했다. 무샤라프는 1999년 쿠데타를 통해 권력을 잡았다. 이런 언론 보도가 나오자 무샤라프 대변인실은 "완전한 거짓말"이라고 일축했다. 칸 박사는 2004년 자백 기자회견 당시에는 왜 단독으로 일을 처리했다고 말했느냐는 질문을 받았다. 그는 '그렇게 말하면 완전한 자유를 보장해주겠다는 약속을 당시 여당 핵심 인사로부터 받았다'고 했다. 그는 이 약속이 지켜지지 않았다고도 했다.

북한이 파키스탄 軍部에 뇌물을 줬다는 증거

2011년 7월 6일 미국의 워싱턴포스트는 칸 박사가 북한의 전병호 무기개발 담당 책임 비서로부터 받은 편지를 입수해 보도했다. 편지의 작성일은 1998년 7월 15일이다. 파키스탄이 핵실험을 한 직후다. 이 편지에는 파키스탄 주재 북한대사관 직원 강태윤이 파키스탄에서 총격을 받고 숨진 부인 김사내의 시신(屍身)과 함께 북한에 도착했다는 내용이 있다. 또한 파키스탄 군부에 뇌물을 전달했으니 부탁한 물건을 보내달라고 요청한다. 미국 언론들은 칸 박사가 추가로 공개한 성명서 등을 토대로 북한이 부탁한 것은 핵 관련 기술이었다고 보도했다. 의미가 있는 문건이기에 전문(全文) 번역해 소개한다.

〈각하, 귀하와 귀하의 가족 모두 잘 지내고 있기를 기원합니다.

강태윤 장군은 부인의 시신과 함께 돌아왔습니다. 귀하가 그에게 준 도움에 대해 감사의 말을 전합니다. 바드룰 씨와 파룩 씨를 보내주고 공군의 보잉 수송기편을 마련해준 호의에 감사를 표합니다. 저는 강 장군이 타깃이었다고 확신합니다. 또한 CIA와 한국의 정보당국, 그리고 파키스탄 정보당국(ISI)이 개입했다는 사실에는 의심의 여지가 없다고 봅니다. 이 살인 사건이 발생한 지 얼마 안 돼 ISI가 아무 일도 아니었던 것처럼 처리했다는 사실을 들었습니다. 강 장군의 목숨이 위험에 빠져 있기 때문에 연(Yon) 씨를 보내도록 하겠습니다. 연 씨는 이란과 이집트, 시리아, 리비아에서 근무했고 매우 실력이 있는 사람입니다.

강 장군은 300만 달러가 카라마트 참모총장에게 지불됐고 50만 달러 및 다이아몬드와 루비로 만들어진 세트 3개가 줄피카르 칸 장군에게 전달됐다고 저에게 말해줬습니다. 약속하신 서류와 부품 등을 연 씨에게 전달해주시기를 바랍니다. 연 씨는 미사일 부품이 그쪽에 도착한 이후 돌아오는 비행기편을 타고 올 계획입니다.

각하, 최근 당신의 핵무기 실험들이 성공한 것에 대한 우리의 진심 어린 축하를 받아주십시오. 당신의 노력과 팀워크가 있었기에 가능했습니다.

각하, 건강과 장수(長壽), 그리고 당신의 중요한 사업에 성공이 있기를 기원합니다.〉

문서 상단에는 '기밀(SECRET)'이라는 표시가 있다. 수신인은 'Dr. A. Q. Khan, Project Director, K. R. L'로 돼 있다. 문서 하단 발신인란에는 'Jon ByongHo, Secretary of the Workers Party of Korea, D. P. R. of Korea'라고 쓰여 있다. 이 밑에는 한글로 '전병호'라는 서명이 휘갈겨져 있다.

카라마트 당시 참모총장은 이 편지가 가짜라고 반박했다. 그는 칸이 불법 핵확산의 책임을 남에게 전가하려 한다고 했다. 편지에 언급된 줄피카르 칸 장군은 카라마트 참모총장의 측근이었다. 그 역시 편지는 조작됐다고 했다. 익명을 요구한 파키스탄 당국자도 편지가 가짜라고 했다. 공식 서한에 필요한 도장 등이 제대로 갖춰지지 않은 가짜 문서라고 했다. 이 당국자는 파키스탄 국내의 칸 지지자들의 심기를 거스르지 않기 위해 익명을 요구한다고 했다.

워싱턴포스트가 취재한 고위 미국 관료는 '정부 전문가들이 검토해 본 결과 편지의 서명은 진짜인 것으로 보인다'고 했다. 또한 '우리가 알고 있는 내용과 일치된 것으로 보인다'고 했다. 이 관료 역시 외교적 마찰을 피하기 위해 익명을 요구했다. 미국 정보 당국자들 역시 편지에 담긴 내용은 알려진 사실과 일치하는 것으로 보인다고 했다.

이 편지는 영국의 기자 출신인 사이먼 헨더슨이 워싱턴포스트에 전달하며 공개됐다. 헨더슨은 오랫동안 칸에 대한 글을 써온 사람이다. 그는 칸이 2004년 가택연금에 처하게 된 이후에 편지와 칸의 성명문을 입수했다.

칸 "내가 직접 참모총장에게 북한으로부터 받은 돈 전달했다"

칸의 성명문에 따르면 전병호는 1990년대에 파룩 레가리 대통령을 만나 파키스탄의 핵시설을 방문했었다. 레가리는 북한인 과학자들이 이 시설에서 일할 수 있도록 도와주기로 했다. 칸은 1996년 노동 미사일에 대한 대금을 파키스탄이 계속 연체하게 되자 핵기술을 전달하는 대안이 논의됐다고 했다. 이는 이스라엘 정보당국이 입수한 첩보와 일치한다. 워싱턴포스트가 인용한 미국 정보당국자도 파키스탄이 이런 사실을 파악하고 있었다고 했다.

칸은 편지에 덧붙여 보낸 성명문에서 북한이 파키스탄 군부에 뇌물을 전달한 과정을 자세히 소개했다. 강태윤이 50만 달러를 여행가방에 담아 카라마트에게 전달했으나 카라마트가 거부했다고 했다. 카라마트는 칸에게 강태윤을 만나 이 돈을 파키스탄 육군이 관리하는 비밀 계좌를 통해 전달하도록 하라고 지시했다. 돈을 받으면 북한에 밀린 비용을 지불하도록 하겠다고 했다. 칸은 강태윤을 만나 50만 달러를 받은 뒤 직접 카라마트에게 전달했다. 참모총장 자리에 오른 지 얼마 안 된 카라마트는 구미가 당겼고 더 많은 돈을 요구했다. 카라마트는 칸에게 강태윤을 다시 만나보라고 지시했다.

칸에 따르면 강태윤은 이때부터 협상을 하기 시작했다. 강태윤은 자신의 상관들이 "250만 달러를 추가로 제공할 뜻이 있지만 파키스탄이 우라늄 농축 기술에 도움을 제공할 것을 요구했다"고 전했다. 칸은 성명서에서 "남아 있는 250만 달러까지 직접 카라마트 장군에게 전달했다"고 했다. 가방 하나와 상자 세 개에 나눠 담았다고 했다. 두 번에 걸쳐 전달했는데 한 번은 참모총장 관사에 직접 찾아가 전달했다고 했다. 상자 하나에는 50만 달러 현금이 담겼고 그 위는 과일로 채워졌다. 작은 가방에도 50만 달러를 담아 전달했다. 다른 상자 두 개에는 100만 달러씩 담았다고 했다. 관계자들은 모두 사실이 아니라고 부인하지만 증언이 매우 구체적이라는 점을 알 수 있다.

파키스탄 원심분리기가 북한에서 사용된다는 사실이 알려진 것은 칸이 편지를 공개한 얼마 전의 일이다. 2010년 북한의 영변 핵시설을 견학했던 미국의 핵 전문가 지그프리드 헤커 미국 스탠퍼드대 국제안보협력센터 소장은 북한에 우라늄 농축 용도의 원심분리기가 2000개에 달한다며 시설이 매우 현대식이라 놀랐다고 했다. 그는 방문 이후 작성한 보고서에서 북한의 시설책임자에게 사용하고 있는 원심분리기가 P-1이냐고 물었다. 이 담당자는 '아니다'라고 했다. 그는 "국내에서 만든 것이며 네덜란드의 알멜로나 일본의 로카쇼무라 원심분리기를 모델로 했다"고 주장했다. P-1은 칸 박사가 URENCO에서 가져온 G-1 원심분리기 기술을 개량한 것이다. 앞에 'P'가 붙는 것은 파키스탄제라고 보면 된다. 헤커 박사는 이 기술자에게 P-1이 아닌 것이 확실하냐고 계속 압박했다. 그러자 이 책임자는 이 원심분리기가 알루미늄 합금으로 만들어졌다고 말했다.

영변에서 발견된 파키스탄 원심분리기

헤커 박사는 이 책임자의 '알루미늄 합금' 발언에 각주를 달고 중요한 설명을 덧붙였다. 헤커는 '알루미늄 합금을 사용했다는 것은 강한 마레이징 강철을 사용하는 P-2 원심분리기일 가능성이 높다는 점을 보여준다'고 했다. 그는 P-2는 URENCO에서 사용하던 독일식 G-2를 개량한 것이라는 설명을 붙였다. URENCO, 네덜란드 알멜로 시설은 모두 칸 박사가 기술을 훔쳐온 곳이다. 칸 박사와 북한의 연결고리를 제대로 알지 못하던 일부 언론은 '파키스탄의 P-1 원심분리기가 아니라 자체 생산이라는 점에 헤커 박사가 놀랐다'는 식으로 보도하기도 했다.

논란이 이어지자 헤커 박사는 얼마 후 언론 인터뷰에서, 북한이 원심분리기가 어디서 나왔는지 밝히지 않았지만 칸이 유럽에서 불법으로 취득한 P-2 원심분리기와 흡사했다고 제대로 설명했다. 그는 "파키스탄 설계도와 파키스탄이 제공한 트레이닝, 파키스탄의 조달 네트워크를 통해 북한이 기술을 종합, 작동시킬 수 있었다"고 했다.

"김정일이나 무샤라프 둘 중 하나는 거짓말을 하고 있다"

파키스탄이 북한에 어떤 기술을 전달했는지, 정부 차원의 개입이 있었는지 등에 대한 의문은 칸 박사를 조사하면 나오게 될 것이다. 하지만 파키스탄 정부는 가택연금 상태의 칸 박사에 대한 조사는 절대 허용하지 않고 있다. 이와 관련, 미국의 한국 전문가 셀리그 해리슨이 2008년 1월 워싱턴포스트의 기고한 'A. Q. 칸이 아는 것'이라는 제하(題下)의 칼럼은 읽어볼 가치가 있다. 12년이 지난 지금에도 진실이 밝혀지지 않고 있기 때문이다. 북한 핵프로그램의 실체, 즉 시발점(始發點)을 알아야 핵협상에서 우위를 차지할 수 있다는 게 해리슨의 주장이다. 해리슨은 워싱턴포스트 동북아시아지국 지국장을 거쳐 국제정책센터 아시아프로그램 국장을 지냈다. 그는 북한을 10여 차례 방문했으며 한반도와 관련된 책도 여럿 썼다. 2016년 사망한 그의 글을 全文 번역해 소개한다.

〈김정일이나 페르베즈 무샤라프 둘 중의 하나는 파키스탄의 미치광이 박사 압둘 카디르 칸에 대해 거짓말을 하고 있다. 그가 북한에 우라늄 농축을 위한 원심분리기를 제공했는지 여부에 대해서 말이다. 진실이 밝혀질 때까지 평양과의 비핵화 협상은 실패할 가능성이 높다.

칸은 전세계를 상대로 한 '核월마트'를 운영한 혐의로 3년 전 체포됐다. 이후부터 그는 국제사회의 조사로부터 보호를 받고 있다. 무샤라프는 회고록을 통해 파키스탄의 핵프로그램 책임자(칸)가 북한에 '약 24

개'의 원심분리기 모형을 제공했다고 했다. 이는 북한이 운영하는 우라늄 농축 프로그램에 필요한 것이다. 북한은 이런 주장을 완전히 부인하고 있다.

북한의 유엔 대표부 김명길은 최근 오찬 자리에서 미소를 보이며 "협상에 A. Q. 칸을 초청하면 되지 않겠느냐"고 했다. 그는 "영수증은 어디에 있나? 증거를 보여 달라"고 했다.

지난해 2월 13일 체결된 합의에 반대하는 존 볼튼 전 유엔 대사와 같은 사람들은 CIA가 2002년에 발표한 내용을 언급하며 이를 무력화하려 하고 있다. 이는 김정일이 무기화 가능한 우라늄 농축 시설을 비밀리에 운영하고 있다는 내용이다. 볼튼은 평양이 이 비밀 장소를 공개하고 해체하지 않는 이상 비핵화 합의는 모두 없던 일이 돼야 한다고 주장한다.

미국측 협상가인 크리스토퍼 힐은 이런 시설이 존재한다는 사실이 명확하게 밝혀진 적은 없다고 반박한다. 힐은 미국이 알고 있는 것은 북한이 우라늄 농축을 위해 필요한 특정 기기를 수입했다는 점이었다고 했다. 러시아로부터 알루미늄 튜브를 수입한 것이 그 중 하나라고 했다. 힐은 "북한이 지금까지 사들인 것보다 훨씬 더 많은 것들을 사들였다는 사실을 알아낼 필요가 있다"고 했다. 무기화가 가능한 수준의 우라늄을 농축하기 위한 원심분리기 수천 개를 만들기 위해서는 더 많은 것을 사들였어야 한다는 것을 알아내야 한다는 것이다.

비핵화 합의는 북한이 모든 핵프로그램을 신고하고 이에 대한 대가로 6자회담에 참여하는 다른 다섯 개 국가가 북한에 에너지 지원을 하는 상응조치를 취해야 가능하다. 미국은 북한을 테러지원국 명단에서 해제해야 할 필요도 있다.

평양은 우라늄 농축 프로그램을 운영하고 있지 않다고 주장한다. 그럼에도 미국의 우려를 해소하기 위해 협조하겠다고 했다. 미국이 알루미늄 튜브 등이 수입됐다는 증거를 제시하면 이에 대한 목적이 우라늄 농축이 아니라 다른 목적이었다는 것을 해명하겠다는 것이다. CIA는 이에 대한 위성사진을 갖고 있고 북한은 튜브의 목적이 우라늄 농축이 아니라는 것을 증명하려 하고 있다. 원심분리기와 관련해서 파키스탄은 무샤라프의 주장을 뒷받침할 어떤 증거나 문서도 제시하지 않았다.

파키스탄의 공식입장은 미국 정보요원이 칸을 조사하도록 허락해주는 것이 주권에 대한 모욕으로 받아들여질 수 있다는 것이다. 칸은 국가영웅이다. 많은 파키스탄 국민들은 이라크와 아프가니스탄을 쳐들어간 것과 대량의 민간인 사상자가 발생했다는 이유로 미국을 싫어한다. 하지만 무샤라프가 진심으로 협력하기를 원한다면 IAEA를 통해 칸을 조사하도록 할 수 있다. 베나지르 부토 전 총리도 이런 방식이 하나의 대안이 될 수 있다고 했다. 아니면 무샤라프가 직접 칸이 아는 것을 알아내 북한에 들이밀 수 있는 증거를 미국에 전달할 수도 있다.

많은 파키스탄 사람들은 무샤라프가 움직이지 않는 이유는 그를 비롯한 군부 핵심 인사들이 칸과 협력했기 때문이라고 보고 있다. 이런 사실이 드러나는 것을 두려워한다는 것이다. 무샤라프가 공개하지 못하는 이유는 제대로 된 증거가 존재하지 않는 것이기 때문일 수도 있다. 또 하나의 가능성은 무샤라프가 북한 문제에 있어 부시 행정부를 돕기 위해 갑자기 마음을 바꿔 원심분리기 수출 사실을 알렸을 수도 있다. 알 카에다와 탈레반과의 싸움에서 파키스탄이 제대로 된 모습을 보여주지 못하고 있는 것에 대한 워싱턴의 불만을 잠재우기 위한 목적 때문에 그렇게 했다는 것이다.

이런 가설을 그냥 무시할 수는 없다. 무샤라프는 2004년 2월 뉴욕타임스와의 인터뷰에서, 파키스탄의 핵기술이 평양에 전달됐다는 언론보도에 대해 극구 부인한 바 있기 때문이다.

사실이야 어찌됐든 미국은 칸 문제를 파키스탄과의 외교에 있어 최우선에 놓아야 한다. 최소한 IAEA라도 칸을 조사해 그가 북한은 물론, 이란과 시리아에 무엇을 건넸는지 알아내야 한다.

평양에 원심분리기가 전달됐다는 무샤라프의 주장이 사실로 증명되면 북한 역시 사실을 밝히는 데 협조해야 한다. 비핵화 과정이 실제로 끝을 보기 위해선 말이다. 북한은 원심분리기는 그냥 연구 목적이었다고 할 수도 있다. 북한은 이란과 마찬가지로 비확산 조약(NPT)에 따라 민간용으로 사용되는 저농축 우라늄을 만들 수 있다. 무기화하지 않고 있다는 것을 파악하는 IAEA의 사찰을 허락한다면 말이다. 북한은 민간용도의 우라늄 농축 혹은 전기 발전용도의 경수로 플루토늄 원자로 운영이 보장되지 않는 이상 완전한 비핵화에 나서지 않을 가능성이 높다.〉

왜 칸은 혼자 죄를 끌어안았나

해리슨은 일각에서는 親北성향의 지식인으로 분류돼 비판을 받는다. 칼럼이 실린 12년 후인 지금 돌아보면 그가 우라늄 시설이 없다는 북한의 주장을 믿고 오판한 것을 알 수 있다. 그럼에도 앞으로의 북핵 협상에서 파키스탄과 북한의 협력 관계에 대한 진실을 알 필요가 있다는 그의 과거 주장은 여전히 타당하게 보인다. 2008년과 2011년 칸이 언론에 등장함에 따라 해리슨의 의문 상당 부분은 해소됐다. 파키스탄 정부가 칸에게 거짓 진술을 강요했다는 점은 사실일 가능성이 높아 보인다. 2004년 기자회견 당시 독자적으로 핵기술을 해외에 팔았다고 한 것 말이다. 그럼에도 미스터리는 깨끗하게 풀리지 않는다. 정부가 정확히 어느 정도 개입했을까? 왜 정권이 바뀌어도 이런 칸에 대한 조치는 똑같을까? 왜 국가영웅으로 칭송받던, 지금도 일각에서 영웅으로 받들어지는 그는 가택연금을 받아들이며 혼자 죄를 끌어안고 갔을까? 2000년 초 중동(中東)에 부는 광풍이 이를 설명하는 하나의 이유가 될지 모른다.

| 13 |

빈 라덴, 파키스탄 核과학자에게 '고농축 우라늄 확보' 주장

세상을 뒤흔든 9·11 테러…미국 "파키스탄은 우리 편에 설지 말지 결정하라"

빈 라덴과 파키스탄 核과학자의 밀회(密會)

미국 정보당국은 2001년 초중순, 이슬람 극단주의 무장단체인 알 카에다가 미국을 대상으로 한 공격에 나설 것이란 여러 첩보를 입수했다. 미국은 파키스탄과 아프가니스탄, 그리고 알 카에다의 은신처 등을 도청해 관련 내용을 확인했다. 조지 테닛 CIA 국장은 2001년 여름 파키스탄을 비밀리에 방문했다. 그는 파키스탄 정보국(ISI) 국장 마모드 아메드 장군을 만나 알 카에다 수장(首長) 오사마 빈 라덴에 대한 자료를 요구했다. 아프가니스탄은 1996년부터 이슬람 원리주의 무장 세력인 탈레반에 의해 통치됐다. 빈 라덴은 탈레반과 이념과 사상을 공유하는 알 카에다라는 테러단체를 이끌고 있었다. 당시의 아메드 ISI 국장 역시 탈레반에 우호적이었다. 그는 테닛 국장에게 빈 라덴 관련 정보를 넘길 마음이 없었다.

아메드 국장은 많은 정보를 알고 있었음에도 불구하고 이를 미국에 숨겼다. 2001년 8월 무렵, ISI는 오사마 빈 라덴이 파키스탄 출신 핵 과학자 두 명을 아프가니스탄의 비밀 은신처에서 만난 것을 알고 있었다. 이들 중 한 명은 술탄 바시루딘 마흐무드였다. 그는 1960년대에 영국에서 핵물리학을 공부한 파키스탄의 인재(人材)였다. 그는 1972년 줄피카르 알리 부토 당시 총리의 핵개발 추진 계획 때부터 참여했던 사람이다. 그는 우라늄 농축 전문가였으며 20년 넘게 A. Q. 칸 박사의 연구실에서 고위직으로 근무했다. 1990년대 초, 마흐무드는 칸과 사이가 멀어졌고 파키스탄원자력위원회(PAEC)로 자리를 옮겼다. 그는 PAEC가 운영하는 쿠샵 핵 시설의 설계를 도우며 그곳에서 근무했다.

마흐무드는 핵 분야에서는 권위를 인정받는 과학자였다. 그러나 그는 극단적인 종교에 빠지게 됐다. 그는 엄격한 이슬람 율법을 강조하는 탈레반의 통치 방식에 매력을 느꼈다. 탈레반의 모델이 파키스탄에 적용돼야 한다고 생각했다. 그는 1998년 파키스탄의 핵실험 성공 이후에는 파키스탄의 핵무기가 '이슬람 전체의 자산'이라고 했다. 그는 칸 연구소가 다른 이슬람 국가들에 원심분리기와 농축 우라늄을 나눠줘야 한다고 주장했다. 그는 공개적으로 이런 주장을 하다 결국엔 자리에서 물러나게 됐다.

빈 라덴 접촉 사실을 미국에 숨긴 파키스탄

빈 라덴을 만난 또 한 명의 파키스탄 과학자는 차우디리 압둘 마지드였다. 그 역시 유럽의 핵 연구시설에서 활동한 경험이 있는 사람이었다.

그는 1960년대에 벨기에의 플루토늄 핵시설에서 일을 시작했다. 이후 그는 이탈리아에서 전문적으로 핵물리학을 연구했다. 귀국한 후 그는 파키스탄핵과학기술연구소(PINSTECH)에서 근무했다. 그 역시 극단주의적인 이슬람 사상을 갖게 됐다. 그는 1996년에 은퇴했다.

비슷한 시기에 은퇴한 마흐무드와 마지드는 2000년에 들어 아프가니스탄의 구호활동을 돕는 목적의 자선단체인 '무슬림커뮤니티재건(UTN)'을 설립했다. 이들은 2001년 8월 빈 라덴을 만났다. 빈 라덴은 이들에게 우즈베키스탄의 이슬람 단체를 통해 고농축 우라늄을 확보했다고 했다. 그는 이를 무기화하기 위해 두 과학자의 도움이 필요하다고 했다. 마흐무드와 마지드는 이 같은 사실에 깜짝 놀랐다. 그러나 이들은 우라늄 농축 및 핵 물리학 전문가였지 무기를 만드는 방법은 잘 알지 못했다. 빈 라덴은 이들을 아이만 알 자와히리라는 사람에게 소개했다. 알 자와히리는 이집트에서 활동하는 알 카에다의 2인자였다. 최고의 전략가이자 이론가였다. 알 자와히리는 파키스탄 과학자들에게 농축 우라늄을 무기화할 수 있는 과학자의 연락처를 전달해달라고 했다.

아메드 ISI 국장은 이런 사실을 군부의 소식통을 통해 파악했다. UTN이라는 단체의 이사진에는 여러 파키스탄 군(軍) 출신 인사들이 포함돼 있었다. 1980년대 후반 최고의 권력을 누렸던 하미드 굴 전 ISI 국장도 명예이사로 이름을 올리고 있었다. 굴 장군은 빈 라덴과 두 명의 과학자가 만난 자리에 동석했던 것으로도 알려졌다. 당시 파키스탄 정부는 칸 박사의 은퇴 이후 농축 우라늄을 저장한 캐니스터가 상당 부분 사라졌다는 사실을 파악한 상황이었다. 이 문제와 아프간에서 일어나고 있는 빈 라덴과 파키스탄 과학자들의 접촉 사실을 미국에 알렸다면 미국에 큰 도움이 됐을 수 있다. 그러나 파키스탄은 이런 사실을 모두 숨겼다.

9·11 테러와 미국의 對파키스탄 최후통첩

얼마 후인 2001년 9월 11일. 이슬람 테러단체가 민간 항공기를 납치, 뉴욕의 세계무역센터와 국방부 청사인 펜타곤에 자살 테러를 가했다. 大폭발 테러로 약 90여개국 출신 3000여 명이 무고하게 목숨을 일었다.

사건이 발생한 날 아메드 ISI 국장은 공교롭게도 워싱턴에 있었다. 그는 테닛 CIA 국장과 만나 알 카에다 및 빈 라덴 소탕 작전에 파키스탄이 동참할지 여부를 논의하고 있었다. 아메드는 파키스탄이 사실상 할 수 있는 일이 많이 없다며 부정적인 뉘앙스를 풍겼다. 그러다 이런 세계적 테러사건이 터지게 된 것이다.

리처드 아미티지 국무부 副장관은 다음날 아메드 국장을 자신의 사무실로 불렀다. 아미티지는 단도직입적으로 나왔다. 그는 "우리 편이냐 우리 편이 아니냐"고 물었다. 그는 파키스탄이 탈레반을 오랫동안 도와온 것을 알고 있다고 압박했다. 파키스탄은 물라 오마르가 이끄는 탈레반 정권과 유일하게 외교관계를 체결한 국가였다.

아미티지는 "파키스탄은 우리 편에 설지 아니면 그렇게 하지 않을지 명확한 선택을 해야 한다"고 했다. 아메드는 소련과 맞서기 위해 미국이 ISI를 통해 오랫동안 아프간의 무장단체를 지원해온 것 역시 사실이 아니냐고 했다. 아미티지는 그의 말을 자르며 "역사는 오늘부터 다시 시작된다"고 했다.

아미티지 부장관은 콜린 파월 국무장관과 만나 파키스탄에 무엇을 요구할지에 대한 리스트를 정리했다. 이날 밤 파월 장관은 무샤라프 대통령에게 전화를 걸었다. 무샤라프는 주지사들과 회의를 하는 중이었다. 무샤라프는 회의가 끝난 후에 다시 전화를 하겠다고 했으나 파월은 지금 바로 회의를 끝내라고 했다. 파월 역시 "우리 편에 서거나 우리의 반대편에 서거나 둘 중 하나다"라고 했다. 무샤라프는 미국의 편에 서겠다고 했다. 그는 훗날 "최후통첩과 같았다. 나는 그에게 파키스탄은 테러와 싸우는 미국의 편에 서겠다고 했다. 어떤 것도 협상을 할 수 있는 상황이 아니었다"고 회고했다.

다음날 아메드는 다시 한 번 아미티지를 만났다. 아미티지는 미국이 파키스탄에 요구하는 사항들을 설명했다. 모든 알 카에다 조직원들이 파키스탄 국경을 통과하는 것을 막을 것, 미국이 파키스탄 상공에서 공군 작전을 수행할 수 있도록 할 것, 탈레반에 제공하는 모든 연료와 원조·군수품을 끊을 것, 오사마 빈 라덴과 그의 알 카에다 조직을 파괴하는 데 있어 미국을 도울 것 등을 요구했다. 파월과 아미티지는 파키스탄에 대한 요구사항에 A. Q. 칸 박사 문제를 포함할지 여부를 두고 고민했다고 한다. 그러나 테러조직 소탕에 집중해야지 핵확산 문제로 전선(戰線)을 확대해서는 안 된다는 판단에 그렇게 하지 않았다. 아메드 ISI 국장은 무샤라프 대통령에게 전화를 걸었다. 아메드는 아미티지가 파키스탄이 미국의 요구에 따르지 않으면 "석기시대로 돌아갈 정도의 폭탄 공격을 받을 것을 각오해야 한다고 했다"고 전했다. 파키스탄에 옵션은 없었다.

고민하는 파키스탄

아메드 국장이 파키스탄으로 돌아온 뒤 무샤라프 주재의 참모회의가 열렸다. 아메드 국장과 우스마니 참모차장은 미국을 도와선 안 된다고 주장했다. 회의 참석자들의 훗날 증언에 따르면 아메드는 "더러운 일은 미국이 다 하도록 해야 한다. 미국의 적(敵)은 우리의 동지다"라고 말했다. 파키스탄 입장에서는 미국이 1990년에 원조를 끊은 것에 큰 적개감을 느꼈다. 자신들이 필요할 때만 도움을 원한다는 생각을 했다. 이 회의에 참석했던 한 사람은 무샤라프가 다음과 같이 말했다고 주장했다.

"파키스탄은 수십 년 동안 테러에 휩쓸려왔다. 우리는 이런 상황에서도 살아가는 법을 배웠다. 미국 역시 '피의 맛'에 적응될 필요가 있다." 무샤라프는 주판알을 굴리기 시작했다. 그는 미국에 도움을 줌으로써 파키스탄이 받는 것이 훨씬 많을 것이라는 판단을 내렸다. 미국이 아프가니스탄을 공격할 수 있는 장소를 내어줄 수 있는 곳은 파키스탄 뿐이었다. 오사마 빈 라덴이 있는 지역에 침투할 수 있도록 도울 수 있는 곳도 파키스탄뿐이었다. 무샤라프는 미국으로부터 최대한 많은 것을 얻어내는 것이 국가에도 도움이 된다고 생각했다. 무샤라프는 그렇게 미국의 편에 서게 됐다.

미국은 9·11 테러 이후 파키스탄에 대한 제재를 일부 해제했다. 1998년 핵실험과 1999년 무샤라프 쿠데타에 따른 제재가 모두 없어졌다. 파키스탄은 미국의 오사마 빈 라덴과 알 카에다 소탕 작전에 참여한다는 이유로 26억 4000만 달러의 군사 및 민간 원조를 받게 됐다. 미국은 파키스탄의 국내정치에도 최대한 개입하지 않겠다고 했다. 무샤라프가 정식 선거 없이 그의 대통령 임기를 5년 연장하겠다는 방침도 인정하겠다고 했다.

부시 행정부는 파키스탄과의 관계를 고려해 논란이 되던 '핵확산' 문제에 대한 언급을 자제하기 시작했다. 아리 플래셔 백악관 대변인은 기자회견에서 '파키스탄과 북한의 커넥션에 대해 더는 우려하고 있지 않다'고 했다. 그는 9월 11일 이후 많은 국가들의 행동이 바뀌게 됐다고 했다. 9·11 전과 후는 완전히 다른 세상이 됐다는 뉘앙스였다. 파키스탄이 리비아와 북한에 핵기술을 전달했다는 테닛 CIA 국장의 과거 브리핑 내용은 이미 잊혔다. 미국은 1981년 소련이 아프간에 침공했을 때처럼 파키스탄의 모든 어두운 측면을 무시, 혹은 겉으로 드러나지 않게 했다.

2001년 10월 7일. 미국과 영국 등 연합군은 이른바 '항구적 자유 작전(Operation Enduring Freedom)'에 돌입했다. 알 카에다의 훈련시설에 크루즈 미사일이 쏟아지기 시작했다. 미국은 아프간의 탈레반에게 더 이상은 테러단체를 보호해주지 말라는 경고를 보냈다.

이런 과정에서 파키스탄을 걱정에 빠뜨리는 사건이 발생했다. 9·11 테러 당시 아메리칸 항공 11편을 납치해 세계무역센터를 공격한 모하메드 아타라는 사람의 신원이 확인된 것이다. 그의 계좌에는 아랍에미리트연방의 은행으로부터 송금된 10만 달러가 확인됐다. 돈을 보낸 사람은 아메드 우마르 셰이크로 전직 파키스탄 군인으로서 ISI의 중요한 정보원 역할을 했던 사람이었다. 그는 인도항공 여객기를 납치, 모든 승객을 죽이겠다고 협박하다 붙잡혀 인도에서 징역을 살았다. 그는 1999년에 풀려났다. 이들은 출소 이후 파키스탄 정보당국과 긴밀한 관계를 유지한 것으로 알려졌다.

아메드 ISI 국장은 난처한 상황에 빠지게 됐다. 아메드는 2001년 9월 11일 테러 이후 요원들을 아프간에 보내 탈레반 지도자 물라 오마르를 만나게 했다. 그는 빈 라덴을 넘기라고 설득하기 위해서였다고 했다. 그러나 당시 상황을 취재한 언론들은 아메드의 요원들은 사전에 미국의 공격이 있을 것이란 소식을 알려주는 게 주요 목적이었다고 보도했다. 무샤라프는 아메드를 경질했다. 반기(叛旗)를 들 가능성이 있는 장군들 역시 해임시켰다. 자신의 측근들을 정보당국과 군부 핵심 위치에 앉혔다. 무샤라프는 권력을 공고히 했고 미국과의 관계가 다시 악화되는 상황은 피한 것으로 보였다.

미국, 추가 '더티 밤' 테러 첩보에 충격

미국은 파키스탄의 핵확산 문제를 최대한 언급하지 않으려 했으나 또 다른 문제가 발생했다. 2001년 10월 11일 조지 테닛 CIA 국장은 부시 대통령에게 전달되는 일일 정보보고서에 충격적인 내용을 담았다. 공개된 서류 등을 토대로 당시 보고 내용을 정리했다.

〈'드래곤 플라이'라는 암호명으로 활동하는 CIA 요원이 교신 감청을 통해 정보를 입수했다. 알 카에다 테러조직이 미국에 10킬로톤 규모의 핵폭탄을 터뜨릴 준비를 했다는 내용이다. 소식통에 따르면 (폭탄이 실린) 조그마한 기기가 미니밴 뒷자리에 실린 채 이미 맨하튼을 돌아다니고 있다. 타임스퀘어와 같이 사람이 많이 모이는 시내 중심부에서 폭탄이 터질 경우 수천만 도(度)의 (뜨거운) 화염이 반경 0.5마일에 있는 인

구 50만 명을 삼키게 될 것이다. 또한 구겐하임 박물관을 비롯한 모든 명소가 파괴될 것이다.〉

'드래곤 플라이'가 입수한 정보를 뒷받침하거나 반박할 추가 증거는 나오지 않았다. CIA는 1992년부터 빈 라덴이 핵물질을 구하고 있다는 사실을 파악하고 있었다. 빈 라덴은 파키스탄 등을 통해 핵물질을 구하려 한 바 있다. 정보당국은 9·11테러를 사전에 방지하지 못해 3000명의 목숨을 잃게 됐다는 일종의 죄책감을 갖고 있었다. 대통령은 이번에는 선제적 대응에 나서기로 결심했다. 딕 체니 부통령은 수백 명의 연방 공무원들과 함께 워싱턴을 떠나 비밀장소로 이동할 것을 명(命) 받았다. 이들은 최악의 시나리오가 발생하게 되면 비밀장소에서 대체 정부 역할을 수행하라는 지시를 받았다. 핵 감시 전문 요원들이 뉴욕에 투입됐다. 루돌프 줄리아니 뉴욕 시장을 비롯한 민간에는 관련 정보를 모두 숨겼다. 미국 정부는 관련 사실이 알려짐에 따라 발생할 2차 주식시장 충격 및 국민들의 혼란 사태를 최소화하려 했다.

결국 '드래곤 플라이'의 정보는 사실이 아닌 것으로 확인됐다. 그러나 알 카에다가 핵물질을 구입하려 한 정황이 파악된 이상 이런 공포스러운 사건은 언제든 재발할 수 있었다. 10월 중순 조지 테닛 CIA 국장은 비밀리에 파키스탄을 방문했다. 미국은 9·11 이전 빈 라덴을 만났던 두 명의 파키스탄 과학자를 우선 만나야 한다고 생각했다. 미국은 관련 사실을 어느 정도 인지했지만 무샤라프 대통령은 이를 사전에 미국에 알리지 않았었다. 빈 라덴을 만났던 두 과학자 술탄 바시루딘 마흐무드와 차우디리 압둘 마지드는 칸 연구소가 운영하는 퇴직자 전용 시설에서 평화롭게 지내고 있었다.

테닛 CIA 국장의 압박

테닛은 무샤라프를 만나 행동에 나서라고 압박했다. 무샤라프는 이에 동의, 2001년 10월 23일 이들을 체포했다. CIA와 ISI는 공동으로 이들을 조사했다. 마흐무드와 마지드는 처음에는 모두 발뺌했다. 이들은 빈 라덴을 만난 적도 없고 알 카에다와 접촉한 적도 없다고 했다. 수사에는 진전이 없었다. 조지 테닛 CIA 국장은 회고록 '폭풍의 한복판에서'를 통해 당시 상황을 다음과 같이 회고했다.

《(파키스탄) UTN 관계자들은 모두 잘못한 일이 없다고 부인했다. 파키스탄 당국은 그들을 적절하게 격리해서 신문하지도 않았다. 그들은 매일 조사를 받은 후 집으로 돌아갈 수 있었다. 파키스탄 정보기관은 UTN 관계자들을 사회적 지위에 맞게 정중하게 대우했다. 그들은 파키스탄에 커다란 공헌을 한 과학자로 대접을 받고 있었다.》

수사에 진전이 없는 것을 확인한 테닛은 무샤라프를 직접 만나 압박했다. 다시 그의 회고록을 인용한다.

〈나는 몇 마디 의례적인 인사를 한 다음 무샤라프 대통령에게 미국 대통령의 지시에 따라 대단히 중대한 첩보를 가지고 왔다고 설명했다. 나는 오사마 빈 라덴 및 알 자와히리와 UTN 지도자들 사이에 있었던 캠프 파이어 모임을 설명하기 시작했다.

"대통령 각하, 파키스탄이 빈 라덴의 핵무기 입수를 돕고 있는 과학자들을 양성하고 있다는 이야기가 알려질 경우, 미국에서 터져 나올 분노를 상상하실 수 없을 것입니다. 그런 장치가 사용될 경우 미국 국민의 분노는 누구든 알 카에다를 도와준 사람에게 집중될 것입니다."

무샤라프는 신중하게 내 말을 검토했지만, 우리가 예상했던 반응이 나왔다.

"그러나 테닛 국장, 그 사람들은 지금 동굴 속에 숨어 있습니다. 설사 그들이 그런 무기를 보유하려는 꿈을 가지고 있다고 해도, 우리 전문가들은 그것이 그들의 손이 미치지 않는 먼 곳에 있다고 확언해주었습니다."

나는 그의 보좌관들 중에는 '죽음의 核商人(핵상인)' A. Q. 칸이 포함되어 있다는 것을 알고 있었다. 그러나 나는 그 시점에서 토의 주제를 칸 쪽으로 돌리고 싶지 않았다. 그 문제는 다음에 토의할 수 있었다. 당면 과제는 UTN이었고, 칸은 다른 문제였다.

무샤라프 대통령에게 나는 파키스탄 정부가 신속하게 시행해야 할 일련의 긴급조치 항목을 열거했다. 나는 파키스탄 군부 안에 있는 특정 그룹과 정보기관에 주목할 필요가 있다고 권고했다. UTN에 대한 더 철저한 조사와 함께 파키스탄은 면밀하게 핵물질의 在庫(재고)조사를 할 시기가 되었다고 건의했다. 나는 대통령에게 "우리가 각하를 믿을 수 있다고 부시 대통령에게 보고해도 좋겠느냐"고 물었다. 그는 "물론"이라고 대답했다.〉

CIA 수사에 협조하는 척만 하는 파키스탄

테닛의 압박은 성공했다. 파키스탄은 미국 수사팀과 함께 UTN 간부들을 조사하기 시작했다. 마흐무드는 계속 거짓말 탐지기에서 거짓말을 하는 것으로 나왔다. 마흐무드를 곤란한 상황에 빠뜨린 건 그의 아들이었다. 그의 아들 아짐은 기자들과 만난 자리에서 아버지 자랑을 했다. 그는 빈 라덴이 자신의 아버지를 만나 '핵폭탄 같은 것들을 만드는 방법을 알려달라'고 말했다고 전했다. 결국 마흐무드는 빈 라덴을 만난 적이 있다고 털어놓았다. 그러면서도 당시 논의된 내용은 학술적인 측면에 그쳤다고 했다. 어떻게 보면 이는 사실일 수도 있다. 이들은 핵 전문가였지 빈 라덴이 원하는 폭탄 제조 전문가가 아니었기 때문이다.

미국은 마흐무드와 마지드가 파키스탄 핵프로그램에 관여하는 기술진들과 여러 관계를 맺어왔고 이들을 통해 기밀 사안을 **빼돌릴** 수 있었다는 사실을 알고 있었다. 이들은 은퇴 후 UTN이라는 자선단체를 만들어 탈레반과 알 카에다를 후원했다. 테닛 국장은 UTN의 이사진을 조사하기 시작했다. 이 과정에서 모하마드 나심과 후마윤 니아즈 등의 과학자들 역시 알 카에다와 접촉한 사실을 파악했다. 하지만 미국은 이들 역시 핵심 인물이 아니라고 판단했다. 미국은 무하마드 알리 무크타르와 술레이만 아사드를 조사하고 싶어했다. 단순 핵 전문가가 아니라 이를 무기화할 수 있는 전문가를 찾고 싶었던 것이다. 무크타르는 핵물리학 박사로 PAEC에서 무기 프로그램 전문가로 활동했다. 아사드는 KRL에서 무기 설계를 담당한 사람이었다.

이들은 ISI와 CIA의 조사를 피해 사라졌다. 미국은 이 두 과학자가 빈 라덴에게 핵물질을 무기화할 수 있는 방법을 가르쳐준 사람이라며 파키스탄을 압박했다. 무샤라프는 이들이 현재 최고 기밀의 정부 프로젝트를 진행하기 위해 해외를 간 상황이라 귀국할 수 없다고 했다. 이들은 현재 버마에서 프로젝트를 진행하고 있다고 했다. 이런 사실은 당시 뉴욕타임스 등 언론보도를 통해 알려졌다.

미국은 전 ISI 국장이던 하미드 굴 장군을 조사하고 싶다고 했다. 미국은 굴이 물라 오마르 탈레반 지도자와 만남을 가졌고 빈 라덴과 두 명의 파키스탄 과학자가 만나는 자리에 동석했다는 것을 알고 있었다. 굴 역시 무샤라프의 도움을 받아 CIA의 조사를 피하게 됐다. 언론들은 무샤라프가 군부의 반발을 잠재우기 위해 굴 장군을 소환하는 것까지는 허락하지 않았다고 보도했다.

UTN-알 카에다-파키스탄의 연결고리

2001년 11월 13일 미국 중심의 연합군은 아프간의 수도 카불에 입성(入城)했다. 카불에 들어간 서방세계의 정보부대와 기자들은 알 카에다가 챙기지 못하고 놓고 간 여러 자료들을 찾아냈다. 폭탄제조법, 각종 무기의 공식 매뉴얼들이 발견됐다.

카불에 도착한 CIA는 마흐무드가 운영하는 자선단체 UTN 본부에서 수백 개의 문서를 찾아냈다. 마흐무드의 주장대로 인도주의 및 인프라 개발을 위한 문서들도 많이 발견됐다. 도로 공사 방법, 밀가루 공장 건설 방법, 학생들을 위한 교육자재가 보관돼 있었다.

도널드 럼스펠드 당시 국방장관은 훗날 언론 인터뷰에서 알 카에다가 '대량살상무기'를 취득하는 방법에 관심을 가졌다는 증거도 여럿 발견됐다고 했다. 탄저균 운반체계의 설계도와 방독면, 각종 화학물질이 담긴 유리병이 발견됐다. 헬륨 가스라고 적혀 있는 컨테이너도 찾아냈다. 풍선에 탄저균을 넣고 공격하려는 방법을 논의했다는 분석이 나왔다. 파키스탄에서 활동하는 무장단체와의 연계성을 보여주는 자료도 발견됐다. UTN과 알 카에다, 그리고 파키스탄 내의 무장단체 사이에 연결고리가 있다는 것을 보여줬다.

CIA와 ISI는 카불에서 찾은 증거들을 마흐무드와 마지드에게 들이밀었다. 이들은 알 카에다 관계자들과 핵무기 및 생화학 무기와 관련해 논의한 것은 사실이라고 했다. 부시 대통령은 UTN을 테러지원단체로 지정했다. 마흐무드와 마지드 등 UTN 관계자들의 자산은 모두 동결됐다.

파키스탄은 미국이 과잉대응을 하고 있다는 입장이었다. 마흐무드와 마지드에게 테러 혐의를 물을 수는 없다고 했다. 이들은 핵무기 및 생화학무기 기술을 이전하기 위해서는 수백만 달러의 자산과 수십 명의 인력이 필요하다고 주장했다. 또한 이런 기술 이전은 하루 아침에 될 수 있는 게 아니라 수십 년이 걸리는 프로젝트라고 했다. 이 두 명이 그런 엄청난 일을 해낼 수 없다는 것이었다.

이런 주장은 정상적인 국가 對 국가간의 교류에는 맞을 수 있다. 그러나 알 카에다가 원한 것은 A. Q. 칸 박사가 북한과 리비아 등에 핵기술을 전달할 때처럼 조심스럽고 전문적으로 진행되는 방법이 아니었다. 알 카에다가 원한 것은 핵물질 일부만을 구해 도시 하나를 방사능에 오염시키는 '더티 밤'일 가능성이 높았다. 이렇게 판단한 미국으로서는 파키스탄이 진심으로 미국을 돕고 있는지 의심이 들게 됐다. 파키스탄 과학자들에 대한 조사는 계속 이어졌다. 무샤라프는 결국 마흐무드나 마지드를 재판에 넘기지 않았다. 또한 A. Q. 칸을 불러 조사하지도 않았다. 파키스탄 전문가들은 무샤라프가 이들 과학자들이 파키스탄의 비밀 핵 활동을 모두 공개하는 상황이 닥칠 것을 우려해 이같은 결정을 내렸다고 분석했다.

"알 카에다가 '더티 밤' 제조법을 알고 있다"

2001년 말, CIA는 카불 와지르아크바르칸 지역에 위치한 아부 알마스리의 집을 찾아냈다. 이집트 출신의 화학전문가인 그는 알 카에다의 대량살상무기 책임자였다. CIA는 그의 집에서 플루토늄과 우라늄을 사용하는 원자폭탄 설계도를 비롯해 서방의 과학자들이 개발한 '더티 밤' 제조법을 찾아냈다. 이 시설에서 확인된 자료를 분석한 IAEA 조사단은 일반인들이 알 수 없는 수준의 내용이 포함돼 있다고 했다. 알마스리는 이런 내용들을 알 카에다 요원들에게 가르친 것으로 보였다.

이런 사실들이 밝혀지자 미국은 공개적으로 알 카에다의 위험성을 대중에 알렸다. 럼스펠드 장관은 오사마 빈 라덴이 이미 일부의 대량살상무기를 손에 넣었다고 보는 것이 타당할 수 있다고 했다. 부시 대통령은 "테러리스트들이 그들의 증오를 홀로코스트로 바꿔버릴 수 있는 대량살상무기를 찾고 있다"고 유엔 연설에서 밝혔다.

2002년 봄에 들어 알 카에다는 자신들이 가진 능력을 공개하며 또 한 번 전세계를 공포에 떨게 했다. 알 카에다의 3인자로 알려진 칼리드 셰이크 모하메드는 알자지라TV의 요스리 푸다 기자와 비밀 장소에서 만나 인터뷰를 했다. 푸다 기자는 눈이 가려진 채 차를 타고 비밀장소로 이동해 모하메드를 만났다. 모하메드는 9·11 테러 계획을 총괄한 사람으로 알려져 있었으며 미국의 수배명단에 올라 있었다. 모하메드는 "9·11 테러의 기존 목표는 핵시설 몇 곳이었다"고 했다. "우선은 핵시설을 타깃에서 제외하기로 결정했다"고 했다. 푸다 기자는 '우선은'이라는 표현이 무엇을 의미하느냐고 했다. 모하메드는 '우선은의 의미는 우선은'

이라며 즉답을 피했다. 모하메드의 이런 발언에 여러 추측이 난무했다. 실제로 미국에 있는 핵시설을 공격하겠다는 뜻인지, 아니면 실제로 더티 밤 등을 사용하려 했던 것인지 불확실하다는 것이었다. 미국이 아프간에서 찾아낸 자료들을 보면 알 카에다가 어느 정도 수준의 핵물질을 결합한 폭탄을 사용할 역량을 갖췄을 수 있었기 때문이다. 모하메드는 2003년 3월 파키스탄에서 ISI에 의해 체포됐다. 그는 CIA에 넘겨져 텍사스주로 갔다가 관타나모 감옥으로 이송됐다.

'더티 밤'에 대한 미국의 우려는 계속 커져만 갔다. 알 카에다에서 작전 계획을 점검하고 조달책 역할을 했던 아부 주바이다가 2002년 3월 28일 파키스탄 동부 페샤와르에서 체포됐다. 그는 그의 존재를 숨기지도 않은 채 평범하게 살고 있었다. 미국은 테러가 일어나기 전인 2000년 1월부터 그를 체포하려 했다. 미국은 파키스탄의 도움으로 그를 체포한 것이 아니었다. 미국 정보당국은 주바이다의 핸드폰 통화 내용을 추적하다 그의 주거지를 파악했다. 그는 미국의 수감시설로 이송돼 FBI의 조사를 받았다. 조사 과정에서 그는 '알 카에다가 더티 밤을 생산하는 데 관심을 갖고 있었고 만드는 방법을 알게 됐다'고 했다.

| **14** |

우라늄 농축 프로그램 가동을
시인한 북한

발뺌하는 무샤라프, "북한과 어떤 핵협력도 없다"

파키스탄 핵개발의 거점 두바이

9·11 테러 이후 미국의 부시 행정부는 '테러와의 전쟁'을 선포하며 강경한 조치에 나섰다. 부시 대통령은 9월 20일 "테러와의 전쟁은 알 카에다에서부터 시작된다. 하지만 거기서 끝나지 않는다"고 했다. 그는 "전세계의 모든 테러 단체를 찾아내 이들을 멈추고 굴복시킬 때까지 끝나지 않는다"고 했다. 부시 대통령은 2002년 1월 국정연설에서는 '악(惡)의 제국', '악의 축(軸)' 등의 표현을 사용하며 북한과 이란, 이라크를 지목했다. 부시 대통령은 "이들 국가의 대량살상무기 개발 문제를 매우 심각하게 받아들이고 있다"고 했다. 이들의 대량살상무기 개발에 도움을 준 파키스탄은 언급되지 않았다. 파키스탄은 이때도 여전히 해당 국가들에 위험한 무기를 팔고 있었다. 부시 대통령은 2002년 6월 미국의 육군사관학교인 웨스트포인트 졸업식에서도 또 하나의 유명한 연설을

했다. 그는 적(敵)의 위협이 부상(浮上)하기 전에 이들을 막아내야 한다고 했다. 위협이 너무 커지면 때는 이미 늦었을 수도 있다고 했다. 이는 이른바 '선제공격 선포'라는 연설로 더 잘 알려져 있다. 미국은 이번에도 파키스탄을 언급하지는 않았지만 핵확산 네트워크는 손을 봐야 한다는 생각을 하게 된다.

영국의 합동정보위원회(JIC)는 2002년에 들어 A. Q. 칸 박사에 대한 정보를 집중적으로 수집하기 시작했다. 2002년 3월 영국 정보당국은 파키스탄이 중동(中東)의 한 국가에 핵기술을 전달한 것으로 보인다는 결론을 내렸다. 이는 리비아로 보인다고 했다. 칸 박사가 두바이와 아프리카 국가에 있는 네트워크를 사용해 이런 확산 사업을 하고 있다고 했다. 또한 칸이 말레이시아에 자체 제조공장을 만들고 측근을 자리에 앉혀 운영하도록 했다고 했다. JIC는 칸 박사가 1998년 이후 최소 40차례 두바이를 방문한 것을 파악했다.

칸은 유럽 국가들의 수출 규제가 강화된 1970년대부터 두바이를 통해 무역을 해왔다. 오랫동안 칸에게 물건을 조달해준 영국인 사업가 피터 그리핀은 1997년 두바이로 이주해 GTI라는 회사를 차렸다. 그리핀은 영국 정부가 수사에 나선 2002년 무렵은 자신이 칸과 더 이상 거래를 하지 않게 됐을 때라고 했다. 칸의 주요 조달책은 부하리 타히르였다. 타히르는 칸의 핵확산에 매우 중요한 역할을 하는 인물이다.

칸과 그리핀 등은 1970년대 초부터 두바이를 방문해 사업을 구상했다. 경제무역특구 성격의 두바이의 수출 규제는 덜 까다롭기 때문에 이를 허브로 물건을 파키스탄으로 보낼 목적이었다. 하나의 문제는 두바이에서 외국인이 사업을 하기 위해서는 현지인이 후원인으로 이름을 올릴 필요가 있었다. 이때 칸은 스리랑카 출신 무슬림인 S. M 파룩이라는 사람을 소개받았다. 파룩은 과일과 야채를 수입하는 작은 사업을 운영하고 있었다. 칸과 그리핀은 파룩의 작은 아파트에 사무실을 차렸다. 파룩은 대단한 협상가이자 사업 수완이 좋은 사람이었다. 돈계산도 빠르고 입도 무거웠다.

말레이시아 진출

파룩의 조카인 타히르는 16세였던 1981년 스리랑카를 떠나 두바이로 가 삼촌 밑에서 일했다. 그리핀은 책 '디셉션' 저자와의 인터뷰에서 어린 타히르는 궂은 일을 담당했고 땅바닥에서 쭈그려서 잤다고 했다. 유럽 등으로 유학을 가고 싶어했던 타히르는 삼촌 파룩이 하는 위험한 일에 발이 묶여 버렸다. 그리핀 등은 타히르가 처한 상황을 안쓰럽게 생각했다고 했다. 잡일만 할 줄 알았던 파룩의 인생을 바꾼 것은 칸 박사였다. 1985년 칸 박사는 타히르를 처음으로 만났다. 그는 타히르의 잠재력을 바로 알아봤다. 칸 박사는 스리랑카 시골에서 온 타히르를 탈바꿈시켰다. 천으로 몸을 둘러싸고 샌들을 신고 다니던 그의 복장부터 바꿨다. 양복과 수제 구두를 사줬다. 서양식 매너를 가르쳤다. 타히르는 빨리 배우는 청년이었다. 그는 칸이 하는 모든 것들을 따라했다. 누구와 앉아 대화를 할 때는 다리를 꼬고 손에 깍지를 끼는 것마저도 똑같이 했다.

칸의 사람 보는 눈은 정확했다. 타히르는 삼촌 파룩의 사업을 이어받아 더 크게 키워 나갔다. 2002년 그는 두바이에서 'SMB 컴퓨터'라는 회사를 운영했다. 직원은 200명이 넘었다. 타히르는 이 위장회사를 통해 칸을 도와 리비아와 이란, 북한에 핵기술을 확산시켰다.

타히르는 1998년 6월 27일 말레이시아 외교관의 딸 나지마 마지드와 결혼했다. 두바이에서 열린 결혼식은 성대하게 치러졌다. 파키스탄 핵실험이 끝난 직후라 세계의 관심이 뜨거웠지만 칸 박사도 참석했다. 타히르의 부인 마지드는 결혼하기 1년 전 그에게 말레이시아 명문가(家)를 소개시켜줬다. 타히르가 소개받은 사람은 카말 압둘라였다. 그는 훗날 말레이시아의 부총리를 지낸 뒤 총리가 되는 압둘라 바다위의 아들이었다. 바다위는 1999년부터 2003년까지 부총리를, 2003년부터 2009년까지 총리를 지냈다. 그의 아들 카말은 정유회사인 'SCOMI'를 운영하고 있었다. 이 회사는 재정 상황이 좋지 않았다. 타히르는 이 회사 지분 25%를 사들이며 SCOMI의 회사경영을 도왔다. 이렇게 관계를 맺게 된 카말은 2000년 12월 타히르에게 동업을 제안했다.

칸은 리비아와 이란, 북한 등과 비밀 핵기술 이전 합의를 맺었지만 관련 기술을 전달하는 데 어려움을 겪었다. 유럽을 비롯한 서방세계는 물론, 파키스탄 내부에서 생산해 수출하는 품목들도 국제사회의 감시를 받았다. 말레이시아는 칸이 딱 필요로 한 국가였다. 핵무기도 없고 IAEA의 감시도 받지 않았다. 일반 제품이지만 핵무기에도 사용될 수 있어 '이중용도 품목'으로 규정된 부품들의 수출도 규제를 받지 않았다. 말레이시아 기술자들의 실력도 뛰어났다. 이들은 제품이 무엇이 됐든 금방 복제할 수 있는 것으로 유명했다. 신발부터 전자기기까지 다 복제품을 만드는 곳이었다. 이런 그들에게 원심분리기라고 다를 것은 하나도 없었다.

타히르는 2001년 12월 SCOMI에 정식 사업제안서를 들고 갔다. 두바이에 있는 정유회사에서 사용할 알루미늄 부품을 만드는 공장을 만들자고 했다. 타히르는 수도 쿠알라룸푸르에서 얼마 떨어지지 않은 샤 알람 지역에 공장을 짓자고 했다. 인건비도 저렴하고 비어 있는 땅도 많았다. 타히르는 독일의 '비카르 메탈'이라는 회사로부터 알루미늄을 납품받기로 했다. 그는 유럽 수준에 맞는 알루미늄 부품을 만들어 훨씬 저렴한 가격에 수출하자는 목표를 세웠다. 그는 무역중개회사 두 곳을 정했다. 하나는 '아리야시 무역회사'였다. 이 회사가 말레이시아에서 두바이로 물건을 보냈다. 피터 그리핀의 회사인 'GTI'가 두바이에서 이 물건을 받아 해외로 보내는 역할을 맡았다. 그리핀은 말레이시아에서 보내오는 물건이 칸과 연계돼 있는 것은 몰랐다고 주장한다.

타히르는 말레이시아 부총리의 아들 카말 압둘라는 물론, 다른 동료들을 속여가며 핵무기에 들어가는 이중용도 부품을 생산했다. 총괄 엔지니어는 스위스 사람을 앉혔다. 부품 제작에 들어가는 원재료는 독일과 스위스 회사로부터 사왔다. 파키스탄이라는 이름은 어디에서도 언급되지 않았다. 그렇게 그는 각국 정보당국의 눈을 피해 칸을 도왔다.

타히르가 말레이시아로 사업을 옮긴 것은 그에게 큰 다행이었다. 2001년 10월 영국 사법당국은 타히르의 오래 된 유럽 파트너인 아부 바크르 시디퀴를 체포했다. 파키스탄에 수출 규제 물품을 수출한 혐의로 그를 기소했다. 바크르는 12개월 징역형의 집행유예를 선고받았다. 벌금은 6000 파운드였다. 타히르가 운영하던 SMB 유럽 지부는 문을 닫게 됐다. 사법당국은 타히르를 비롯한 관련자들에 대한 수사를 진행하려 했다. 그러나 영국 정보국은 정부에 이들을 가만히 놔둘 것을 요청했다. 계속 불법 활동을 하도록 놔두면 불법 거래의 주동자까지 잡을 수 있다는 것이었다. 이 거래를 끝내기 위해선 보다 확실한 물증이 필요하다고 했다. 영국 정부도 조금 더 지켜보기로 했다.

미국과 영국은 2002년 중반에 들어 이라크의 사담 후세인 축출을 주요 목표로 삼았다. 대량살상무기를 보유하고 있을 가능성이 높고 이를 사용하겠다는 위협을 여러 차례 해왔기 때문이다. 미국과 영국 정보 당국은 사담 후세인도 중요하지만 칸 박사의 네트워크를 통해 리비아와 북한 등에 핵기술이 전달된 것이 더욱 심각한 문제라고 봤다. 이라크의 대량살상무기에 대한 정확한 실체는 파악되지 않았지만 북한과 리비아의 경우는 이미 정황 증거가 드러난 상황이라고 했다. 그럼에도 부시 대통령과 토니 블레어 영국 총리는 이라크에 집중하는 쪽으로 결정을 내렸다.

사담 후세인이라는 골칫거리

블레어 총리는 2005년 영국 BBC 방송과의 인터뷰에서 당시의 의사 결정 과정을 설명했다.

〈2001년 9월 모든 패러다임이 바뀌게 됐다. 당시 나는 대량살상무기 문제와 관련해 이라크를 먼저 해결해야 한다고 생각했다. 이란과 북한, 리비아, 그리고 A. Q. 칸 박사의 네트워크가 안중에 없었다는 것은 아니다. 그러나 모든 조치의 시작은 이라크부터 해야 한다고 생각했다. 전 세계에 명확한 메시지를 전달해야 한다는 필요성을 느꼈다. 모든 정권은 국제사회의 규범을 따라야 하고 테러조직은 이런 위험한 무기를 더

이상 손에 쥘 수 없게 될 것이라는 점을 알리고 싶었다.〉

여러 학자들은 이 모든 위협의 시작점에는 파키스탄이 있었는데 왜 파키스탄이 아닌 국가를 우선순위를 꼽았는지에 대해 의문을 갖는다. 이라크와 이란, 사우디아라비아에 핵무기를 팔겠다고 한 국가는 파키스탄이었다. 무장단체들에 테러를 자행할 용기를 준 것 역시 파키스탄이었다. 오사마 빈 라덴과 칸 박사 밑에 있는 과학자들이 만나 '핵(核) 겨울' 같은 상황을 만드는 것을 논의하게 된 이유도 파키스탄 때문이었다. 그럼에도 미국과 영국은 "우선은 사담 후세인이 먼저다"라는 결론을 내렸다.

2002년 7월 영국의 합동정보위원회(JIC)는 파키스탄이 우라늄 농축 기술은 물론이고 핵탄두 설계도를 판매하고 있다는 결론을 내렸다. 핵탄두 설계도가 아니라 핵탄두 자체를 판매하고 있을 가능성도 있다고 했다. 리비아와 북한, 그리고 이란의 위협이 이라크의 위협보다 크다는 판단이 드는 상황이었다.

세상에 공개된 이란의 핵프로그램

미국과 영국이 이라크 대량살상무기 제거 계획을 세우는 사이 또 한 차례 충격적인 사건이 발생했다. 이란국가저항위원회(NCRI) 대변인인 알리레자 자파르자데가 2002년 8월 미국 워싱턴의 한 호텔에서 긴급 기자회견을 열었다. 反체제 인사인 그는 이란이 수도 테헤란 남쪽 인근에 있는 사막에서 두 개의 비밀 핵시설을 가동하고 있다고 폭로했다. 아라크 지역에서는 중수로(重水爐) 시설이, 나탄즈에서는 농축 우라늄 시설이 운영되고 있다고 했다. 미국과 영국 정보당국이 몇 개월 동안 보고해왔던 파키스탄의 핵확산 위협이 세상에 공개된 것이다.

자파르자데는 원심분리기를 사용하는 우라늄 농축 시설이 고도의 기술을 사용하고 있다고 했다. 전문가들은 파키스탄 이외에 이런 기술을 이란에 전달할 수 있는 곳은 없다는 사실을 바로 알았다. 이란은 과거 플루토늄 핵시설만을 운영하고 있다는 인상을 줘 IAEA가 우라늄 농축 시설을 아예 생각하지 못하게끔 했다. 북한 때와 마찬가지로 플루토늄 시설로 시선을 분산시킨 뒤 우라늄 농축에 나섰던 것이다.

자파르자데는 자신이 처음으로 이란의 핵시설 가동 사실을 파악해 폭로한 것으로 생각했다. 이는 미국과 영국 정보기관이 오랫동안 알았음에도 비밀에 부쳤던 사안이다.

CIA는 이란과 파키스탄의 핵협력이 1987년부터 진행됐다는 것을 알고 있었다. 1987년 이란의 과학자들과 혁명수비대 간부는 칸 박사와, 타히르, 타히르의 삼촌 파룩을 두바이에서 만났다. 이란 혁명수비대 일원으로 참석한 모하메드 에슬라미 장군은 칸 박사의 P-1 원심분리기 기술을 사들이기 위해 300만 달러를 지불하겠다고 했다. 얼마 후 P-1 원심분리기 샘플과 원심분리기 2000개를 만들 수 있는 부품들이 이란으로 보내졌다.

파키스탄은 이란으로부터 얼마를 받았나?

여기서 잠시 짚고 넘어가야 할 문제가 있다. 이란이 파키스탄에 전달한 금액이 300만 달러보다 많을 수도 있다는 주장도 있다. 당시 회의에 참여했던 사람들과 관계자들을 인터뷰한 결과 엇갈린 증언이 나오는 것이다. 학자들의 중론(衆論)은 300만 달러다. 칸 박사는 이 중 25%만을 받았고 나머지는 유럽에서 활동하는 칸의 조력자들에게 돌아갔다는 것이다.

이란이 800만 달러를 지불했다는 주장도 나왔다. 이중 가장 많은 돈은 칸의 유럽 조달책 고타드 러치에게 돌아갔다는 것이다. 칸의 또 다른 조력자인 하인스 메부스가 1987년 두바이 회담을 준비했다고 한다.

파키스탄이 1000만 달러를 받았다는 주장도 있다. 파키스탄과 관련해 오랫동안 글을 써온 더글라스 프란츠와 캐서린 콜린스는 관계자들 인터뷰들을 통해 다음과 같은 결론을 내렸다.

〈300만 달러가 러치에게 돌아갔다. 러치가 계약을 처음에 제안했기 때문이었다. 파룩과 칸은 200만 달러를 각각 받았다. 메부스는 100만 달러를 받았다. 스위스 출신 엔지니어인 프레드리 티너는 50만 달러를 받았다. 티너도 칸처럼 당시 회의에 참석하지 않았다. 또 다른 100만 달러는 은행계좌를 통해 파키스탄의 한 치과의사에게 들어갔다. 이 치과의사의 존재는 미스터리하다. 일부 정보당국 관계자들은 이 치과의사가 받은 돈이 파키스탄 정부나 군부에 전달됐을 것으로 보고 있다.〉

50만 달러가 비는데 이에 대해서는 알려진 바가 없다. 이 치과의사의 신원은 나중에 확인됐다. 그는 이미 세상을 떠난 자파르 니아지라는 사람이었다. 그는 파키스탄 인민당과 베나지르 부토 총리와 매우 친했던 사람이다. 니아즈의 과거 삶을 봤을 때 그가 정부나 군대를 위해 돈을 대신 받았을 가능성은 낮아 보인다. 니아즈라는 엉뚱한 사람의 이름을 집어넣어 나중에 수사가 진행됐을 시 의심을 피하려 했다는 주장에 힘이 실린다.

"조사를 받으면 죽은 사람 이름만 대라"

2004년 칸 박사를 수사했던 한 정부 관계자는 훗날 인터뷰에서 칸이 이란에 메시지를 전달하려 하다 도청된 사실이 있다고 밝혔다. 칸은 "파키스탄과 이란의 핵협력에 대해 질문을 받으면 이미 죽은 사람들의 이름만 대라. 나도 그렇게 하겠다"고 했다고 한다. 니아지의 이름이 공개된 것도 그가 죽은 뒤였다. 칸 박사 등이 개인의 이익을 위해 핵기술을 팔았다고 주장하는 사람들에게는 '1000만 달러 시나리오'가 매우 중요하다. 칸 박사 등을 통해 니아지라는 사람의 이름을 공개했는데 이는 자신들이 독단적으로 한 것이 아니라 정부의 지시를 받았기 때문이라는 거짓말을 하기 위해서라는 것이다. 정확한 금액에 대해서는 여전히 불확실하지만 '300만 달러'가 가장 신빙성 있는 주장으로 받아들여지고 있다.

이스라엘 정보국을 거쳐 국방장관을 지낸 모셰 야론은 이스라엘이 이란과 파키스탄의 핵협력을 면밀히 주시해왔다고 했다. 이스라엘 정보군 소속의 8200 부대는 파키스탄이 이란에 핵무기 시설을 제공하는 등 말도 안 되는 행동에 나서고 있다는 사실을 파악했다. 그는 당시 독일을 방문했을 때 이런 얘기를 꺼내 놨다고 했다. 독일도 이런 사실을 알고 있었다고 했다. 그러나 독일도 지금은 지켜볼 수밖에 없는 상황이라고 했다고 한다. 이란 반체제 기관인 NCRI에 이란의 핵시설 기밀을 전달한 것은 이스라엘의 모사드라는 주장도 있다. 서방세계가 이란의 핵시설을 묵인하려 하자 모사드가 NCRI를 이용, 이를 세상에 터뜨렸다는 것이다.

이란 핵시설에 대한 폭로가 나오자 상황은 계속 커져갔다. 민간 위성사진 회사들은 나탄즈 시설의 사진을 공익을 위한 목적이라며 세상에 퍼뜨렸다. 엄청나게 큰 부지에 들어선 핵시설을 누구나 볼 수 있었다. 핵 전문가인 데이비드 올브라이트 과학국제안보연구소(ISIS) 소장은 위성사진을 검토, 이 시설의 규모라면 약 5만 개의 원심분리기가 설치될 수 있다고 했다. 파키스탄제 원심분리기가 이 시설에서 제대로 작동한다고 가정하면 75개의 핵무기를 만들 수 있을 것이라고 했다. 국제사회의 압박이 커지자 이란은 우라늄 농축 시설 가동 사실을 시인했다. 이는 민간 발전용도라고 해명했다. IAEA의 사찰을 받겠다고 했다. 이란으로서는 빠져나갈 수 없는 증거가 세상에 공개된 것이었다.

농축 우라늄 프로그램 가동 사실을 인정하는 북한

미국이 이라크에 집중할 수 없게 하는 또 다른 문제가 불거졌다. 2002년 6월 미국 CIA는 대통령에게 북한이 상당한 양의 우라늄을 농축했다고 보고했다. CIA는 파키스탄이 북한에 우라늄을 사용한 핵폭탄을 만들기 위한 원심분리기와 관련 자료들을 전달한 것으로 보인다고 했다. CIA는 A. Q. 칸을 비롯한 파키스탄의 과학자들에 대한 여행 제한 약속을 파키스탄이 했지만 여전히 일부 인사들이 평양을 방문하고 있다고 했다. 미국 등 각국 정보당국의 레이더망을 피해 비밀리에 모의 실험을 하는 것을 도와주고 있다고 했다. 미국이 파키스탄에 제공했던

C-130 수송기가 또 한 차례 평양에서 포착됐다. 미사일 관련 부품을 싣고 파키스탄으로 돌아오는 것으로 보였다.

북한이 파키스탄의 도움을 받아 우라늄 농축을 하고 있다는 증거를 잡은 미국은 행동에 나섰다. 2002년 10월 3일, 이 증거를 갖고 방북(訪北)한 제임스 켈리 국무부 차관보의 추궁에 북한의 외교부 부상(副相) 김계관은 "반북(反北)세력의 조작"이라고 반박했다. 당시 회의에 참석했던 일본 측 외교관은 미국이 증거를 제시하자 "북한은 굳어버렸다"고 했다. 또한 "북한은 미국이 파키스탄과 평양 사이의 거래의 퍼즐을 맞췄다는 사실에 놀랐다"고 했다.

다음 날 강석주 제1부상은 켈리 특사에게 폭탄선언을 했다. 그 요지는 북한이 우라늄 농축을 추진하고 있는 것은 사실이며, 이는 부시 대통령이 북한을 '악의 축'이라 부른 데 대한 직접적인 조치라는 것이었다. 켈리는 파키스탄과 북한의 핵협력에 관한 증거를 들이밀었다. 강석주는 "우리는 그보다 더한 것도 갖게 돼 있다"고 했다.

강석주는 미리 정리한 내용을 읽어가면서 "이는 당(黨)과 정부의 입장에 의거한 것이다"고 몇 차례 강조했다. 그 자리에 참석한 미국 관리 8명은 대화록의 정확성을 확인한 뒤 워싱턴에 보고했다. 나중에 한국과 미국에선 북한 정권이 자신들의 불법활동을 인정할 리 없다면서 이는 통역의 잘못일 것이라고 주장하는 사람들도 나온다.

"북한, 핵기술 이전 위협까지 했다"

북한이 켈리 차관보에게 전달한 내용은 충격적이었다. 우라늄 농축

시설 운영을 인정했을 뿐만 아니라 파키스탄과의 핵협력에 대해서도 극구 부인을 하지 않았다.

마이클 그린 미국 전략국제문제연구소(CSIS) 부소장은 2002년 당시 백악관 국가안보회의 아시아담당 국장을 지냈다. 그는 켈리 차관보와 함께 북한을 방문했었다. 그는 2017년 언론 인터뷰에서 "2002년 10월 평양에서 강석주와의 협상에 백악관을 대표해 참석했는데, 그는 미국이 일본과 한국에 대한 핵우산과 (대북) 제재를 끝내야 한다고 분명히 말했다"고 했다. "그리고 한국이 대북 경제 지원을 하도록 (미국이) 압박하고, 인권에 대한 비판을 중단하고, 조지 W. 부시 대통령의 방북을 통해 북한을 인정해야 한다고 말했다"고 했다. "그 후 북한은 핵기술을 이전하겠다고 위협했다"며 "우리는 그들의 요구에 굴하지 않았다"고 했다.

고농축 우라늄으로 핵폭탄을 만드는 프로그램의 존재를 인정한 북한은 제네바 합의가 금지한 불법 활동을 자백한 것이 되어 법적 책임을 지게 되었다. 미국과 북한의 협상은 진전되지 못했다. 북한은 2002년 12월 영변의 플루토늄 원자로를 재가동하겠다고 밝혔다. 2003년 1월에는 NPT에서 공식 탈퇴했다.

파키스탄 무샤라프 대통령으로서도 해명(?)이 필요했다. 2002년 10월 뉴욕타임스는 미국 정보당국자를 인용, "파키스탄이 북한 핵프로그램에 필요한 핵심 장비를 수출하는 국가다"라고 했다. 파키스탄이 수출하는 장비 중에는 원심분리기도 포함된 것으로 보인다고 했다. 무샤라프는 이런 보도가 나온 뒤 이슬라마바드에서 기자들과 만나, "이는 말도 안되는 주장이다. 핵 분야에 있어서 북한과는 그 어떤 협력 관계도 존재하지 않는다"고 했다. "파키스탄 정부 차원에서 여러 차례 말해왔고 나도 여러 차례 말해왔다. 파키스탄은 핵기술을 절대 확산하지 않을 것이다"라고 했다.

얼마 후 콜린 파월 국무장관은 공식석상에서 무샤라프의 발언을 신뢰한다고 했다. 그는 "파키스탄과 북한 사이의 어떤 접촉도 우리는 부적절하다고 생각한다"며 "그럴 시에는 대가가 따를 것이다. 무샤라프 대통령은 이 사안의 중대성을 잘 알고 있다"고 했다. 1980년대부터 계속돼 온 미국과 파키스탄의 특이한 외교전략을 또 한 번 엿볼 수 있다. 이 두 나라는 서로 속이고, 숨겨주고, 모른 척을 하며 관계를 계속 이어가고 있었다.

'진짜 북한 정권 변명가'

미국과 파키스탄은 북한의 핵활동에 대해서는 인정하면서도 파키스탄과의 협력 내용에 있어서는 선을 그었다. 신기한 것은 북한의 핵프로그램에 가장 분노해야 하는 한국 측 인사들은 파키스탄과 북한의 관계는 차치하고 아예 우라늄 농축이 없었다는 주장도 했다는 점이다. 이른바 '햇볕 정책'의 실무 책임자이던 임동원 씨는 회고록에서 "미국이 핵의혹을 조작, 제네바 합의를 일방적으로 파기했다"고 주장했다. 북한 정권의 자백이 제네바 합의 파기로 이어진 역사적 사실을 부정한 것이다. 켈리 팀은 평양에서 서울로 와서 한국 측에 방북(訪北) 결과를 설명했다. 존 볼튼의 회고록 '항복은 선택이 아니다'에 따르면, 임동원은 이들의 설명을 들은 뒤 이렇게 말했다.

"북한 사람들의 과장되고 격앙된 발언을 그대로 받아들이는 데는 신중을 기할 필요가 있다. '왜 우린들 핵무기를 가질 수 없느냐'는 식의 표현이 고농축 우라늄 계획을 시인하는 것인지, 핵무기를 가질 권리가 있다는 것인지 모호하다. 북한은 최고당국자와의 회담을 통하여 일괄타결을 바라는 것일 가능성이 높다."

임 씨는 "미국의 네오콘 강경파들이 불순한 정치적 의도를 가지고 이 첩보를 과장 왜곡하는 것이 아닌가 하는 의구심을 갖고 있었다"고 했다. 북한 측이 명백하게 우라늄 농축 추진 사실을 인정했는데도 그는 미국을 의심하고 김정일 정권을 감쌌다. 이런 임동원 씨에 대하여 존 볼튼은 회고록에서 '진짜 북한 정권 변명가'(real DPRK apologist)라는 경멸적 표현을 하기도 했다. 'apologist'는 변명을 대신해주는 이를 가리킨다. '변호'와 '변명'은 어감(語感)이 다르다. 변호는 억울한 사람을 지키기 위하여 설명하는 것이고, 변명은 잘못에 대하여 구실을 대는 것이다.

더 충격적인 것은 김대중 전 대통령이 퇴임 후인 2007년까지도 북한의 우라늄 농축 사실을 믿지 않았다는 점이다. 프랑스 신문 '르몽드'와 한 2007년 4월 인터뷰에서 김대중 전 대통령은 이렇게 말한다.

"난 제임스 켈리의 발언 내용에 매우 놀랐다. 그의 대화 상대였던 북한 대표들은, 실제로 가동되고 있는 우라늄 농축 프로그램이 존재한다고 말한 적이 없다. 그들은 '우라늄 농축 프로그램을 가질 권리가 있다'고 말했다. 그렇기 때문에 나는 당시뿐 아니라 지금까지도, 북한에 실제로 가동되고 있는 우라늄 농축 프로그램은 존재한 적이 없다고 생각한다."

칸이 유럽에서 훔친 원심분리기 기술, 이란에서도 발견

2003년 3월 미국을 주축으로 한 연합군은 이라크와 전쟁에 돌입했다. 이라크 전쟁을 놓고 여러 주장이 있다. 미국의 전쟁 목적은 대량살상무기 제거였지만 전쟁 후 이라크에서는 대량살상무기가 발견되지 않았기 때문이다. 부시 행정부가 의회와 유엔에 거짓보고를 하고 전쟁을 했다는 주장도 있다. 미국과 영국의 전쟁 결정이 충동적으로 일어난 것은 사실이 아니다. 공식적인 유엔의 절차를 밟아 전쟁에 돌입하게 됐다. 유엔은 여러 차례의 안보리 결의안을 통해 이라크를 압박했다. 2002년 11월 통과된 결의안은 30일 이내에 대량살상무기 관련 모든 자료를 국제사회에 제출하도록 했다. 러시아와 중국, 시리아조차도 이 결의안에 동의했다. 2006년부터 2011년까지 국방장관을 지낸 로버트 게이츠는 2020년 6월 '권력의 행사(Exercise of Power)'라는 제목의 신간을 냈다. 이라크 전쟁 비판론자들에 대한 그의 반론을 짧게 소개한다.

〈이라크의 대량살상무기와 관련해 논란이 많다. 많은 사람들이 유엔 결의안이 통과된 이유를 잘 모르고 있다. 결의안이 통과된 이유는 거의 모든 정부의 정보기관이 미국의 정보당국과 같은 결론을 내렸기 때문이다. 이는 이라크가 대량살상무기를 보유하고 있든지, 아니면 이를 보유하기 위한 작업을 하고 있든지 둘 중의 하나라는 것이었다. 사담 후세인은 자국민과 주변국가들에 자랑을 떠벌리고 다녔다. 이런 무기 개발에 성공했다고 말이다. 이 역시 결의안 통과를 도와주는 꼴이 됐다. 부시가 이라크와의 전쟁을 정당화하기 위해 대량살상무기 프로그램에 대해 거짓말을 했다는 주장은 완전히 말도 안된다. 미국과 다른 나라의

정보기관은 그냥 오판을 한 것이고 이에 따른 엄청난 대가를 치르게 된 것이다.〉

이라크 전쟁을 준비하던 미국은 이란 핵개발 의혹이 계속 확산되자 이를 묵인할 수 없었다. 미국의 사찰팀은 2003년 2월 21일 이란의 나탄즈 핵시설을 방문했다. 이란이 미국에 보여준 것은 정식 핵시설이 아니라 시범운영 중이던 시설이다. 이 시설은 2003년 6월에 정식 가동될 계획이었다. 당시 사찰팀은 약 100개의 원심분리기가 설치된 상태였다고 보고했다. 2005년이 되면 이 시설에 약 5만 개의 원심분리기가 들어설 수 있을 것으로 봤다.

당시 사찰팀에 포함된 사람 중 한 명은 영국인 트레버 에드워드였다. 그는 1970년대 초 URENCO에서 근무했던 금속공학자다. 그가 근무했던 시기는 칸 박사가 근무했을 때와 겹친다. 에드워드는 이란의 원심분리기는 1975년 칸이 훔쳐간 원심분리기 설계를 기반으로 하고 있다고 했다. 그는 훗날 인터뷰에서 "이란이 어떻게 이런 엄청난 진전을 이뤄냈는지 바로 알 수 있었다. 내가 URENCO에서 근무할 때 봤던 모델과 똑같은 원심분리기 기술을 사용하고 있었다. 세세한 것 하나까지도 똑같았다"고 했다.

또 적발된 북한-파키스탄 핵협력

미국과 영국은 파키스탄의 핵확산과 관련한 또 하나의 중요한 정보를 입수했다. 미국과 영국 정보당국은 칸 연구소가 중국과 더 많은 거래를 하고 있다는 사실을 알아냈다. 정부간 계약을 맺고 중국의 M-11

미사일이 파키스탄으로 들어갔다. 이는 핵무기를 탑재할 수 있는 미사일이었다.

파키스탄은 북한의 핵기술 조달회사인 창광신용회사와도 더욱 밀접한 관계를 유지했다. 미국 정보당국은 파키스탄 국기(國旗)가 꽂힌 배가 평양 인근에 정박하는 모습을 포착했다. 이 배에서는 스커드미사일 10기가 내려지고 있었다. 2003년 4월 3일 독일 정보당국은 수에즈운하 인근에서 북한으로 향하는 배 한 척을 나포했다. 이 배에는 알루미늄 배관이 실려 있었다. 이는 P-2 원심분리기의 외벽을 만들기 위해 필요한 부품이었다. 콜린 파월 국무장관은 무샤라프 대통령에게 전화를 걸었다. 그는 외교적으로 이 문제를 조용히 해결하기로 했다. 그는 창광신용회사와 칸 연구소를 제재 대상에 올리겠다고 했다. 파키스탄 정부의 잘못을 묻는 대신 개인 기업에 대한 제재만 부과하겠다고 했다. 이는 레이건 행정부 때부터 계속돼 온 미국의 방침이었다. 파키스탄 정부가 개입하지 않은 '개인적인 조달 네트워크'라는 것이다. 미국은 이번에도 파키스탄에 경고를 주는 선에서 멈췄다.

| 15 |

나포된 'BBC 차이나호(號)', 그리고 '리비아식 비핵화 모델'

'리비아는 1억4000만 달러를 내고 핵시설을 통째로 사들이려 했다'

WMD 포기 뜻을 밝히는 리비아

이라크 전쟁이 시작되던 2003년 3월. 한 팔레스타인 국적자가 영국의 정보기관 MI6에 연락했다. 그는 리비아의 독재자 무아마르 카다피가 대량살상무기(WMD)와 관련해 영국과 대화를 나누고 싶다는 뜻을 전해왔다고 했다. 카다피는 자신의 아들 사이프 알 이슬람을 특사로 보냈다. 이라크로 전쟁이 확전(擴戰)되는 것을 본 카다피는 자신이 미국의 다음 타깃이 되는 상황을 우려한 것으로 보였다.

리비아는 1979년과 1984년 두 차례에 걸쳐 미국의 테러지원국으로 지정됐다. 여러 폭탄 테러에 가담한 혐의 때문이었다. 사이프 카다피는 영국 런던에서 유학했다. 아버지와는 달리 서방세계를 경험한 인물이었다.

사이프는 런던 인근의 메이페어에서 MI6 요원들과 만났다. 그는 자신의 아버지가 영국과 미국과 함께 중동을 개혁하는 일에 나서고 싶다고 했다. 요원들은 그의 말을 자른 뒤 "대량살상무기에 대해서 얘기하라"고 했다. 사이프는 메시지를 전달할 뿐이었다. 뭐라고 말을 해야 할지 몰랐다. 영국 정부는 리비아 정부 측과 직접 대화를 나누겠다고 했다.

영국 정보당국은 리비아 해외정보국 수장(首長)인 무사 쿠사와 대화를 나누게 됐다. 무사 쿠사는 강경파 출신으로 유럽 여러 나라에서 수배명단에 오른 사람이었다. 영국은 리비아의 무기 현황을 아는 것이 더 중요하다는 판단을 내리고 그의 과거를 묻어두기로 했다. 영국은 '리비아의 모든 핵시설을 사찰하고, 대량살상무기 프로그램에 가담했던 모든 과학자들과 대화를 나눌 수 있어야 한다'는 조건을 제시했다. 이런 조건이 충족되지 않는 한 추가적인 외교 합의는 없다고 했다. 영국은 리비아와의 이런 협상 내용을 미국에 알렸다. 무사 쿠사는 모든 살상무기 관련 정보를 제공하겠다는 약속을 했으나 몇 차례 약속을 어겼다. '아직 준비가 덜 됐다', '시간이 부족하다'는 식의 핑계를 댔다. 영국은 리비아가 아직 무엇을 내놔야 할지, 정확히 말해서는 미국과 영국이 어디까지 알고 있는지에 대한 판단이 서지 않았기 때문으로 봤다.

2003년 6월 말, 파키스탄의 무샤라프 대통령은 영국과 미국을 연이어 방문했다. 테러와의 전쟁에서 파키스탄이 연합국의 중요한 동맹이라는 사실을 전세계에 알려줬다. 무샤라프의 방미(訪美) 한 달 전 부시 대통령은 에이브러햄 링컨 항공모함 위에서 '미국과 동맹국이 이라크와의 전쟁에서 승리를 거뒀다'고 했다. 그는 "임무 완성"이라고 했다. 무샤라프가 방문했을 때 부시는 기분이 고조돼 있는 상황이었다.

부시는 기자회견 자리에서 테러와의 전쟁에 파키스탄이 큰 도움을 줬다고 했다. 파키스탄이 2001년 9월 이후 500명 이상의 알 카에다 및 탈레반 소속 테러리스트를 체포했다고 했다. 미국은 답례로 파키스탄이 갖고 있던 10억 달러의 부채를 탕감해주겠다고 했다. 또한 30억 달러 규모의 군사 및 경제 원조 패키지를 제공하겠다고 했다. 기자들과 만난 자리에는 무샤라프도 함께 있었다. 파키스탄의 핵무기에 대한 질문은 질의응답 시간이 거의 끝날 무렵에 나왔다. 파키스탄 출신 기자는 파키스탄의 핵무기 보유 목적이 무엇이냐고 물었다. 당황한 무샤라프는 "파키스탄은 최소한의 억제력을 유지하자는 전략을 따르고 있다"며 "군비 확장 경쟁에 뛰어들 생각이 없다"고 했다.

영국의 선박 나포 작전

이때 미국과 파키스탄의 우호 관계에 찬물을 끼얹는 사건이 발생하게 된다. 영국 정보당국은 칸의 조달책인 타히르가 말레이시아 공장에서 생산한 알루미늄 부품을 배에 싣고 두바이로 보낸 것을 확인했다. 이 화물은 독일 선적(船籍)인 'BBC 차이나호(號)'로 옮겨 실린 뒤 리비아로 향했다. P-1 및 P-2 원심분리기를 운영할 수 있는 회전자가 포함된 것으로 알려졌다. 이 부품은 파키스탄에서 사용하는 것과 동일했다. 이 선박을 나포할 수만 있다면 리비아의 핵프로그램에 대한 완벽한 물증을 구하게 되는 것이었다.

영국의 MI6가 관련 사실을 파악했을 때는 이미 조금 늦은 상황이었다. BBC 차이나는 두바이를 떠나 항해(航海)하는 중이었다. 영국은 이 배가 수에즈운하를 지날 것이라는 정보를 입수했다. 리비아와 파키스탄에는 관련 사실을 숨기면서도 이 배를 중간에 나포하는 데 협조해줄 국가를 찾아야 했다. 영국은 우선 BBC 차이나의 선적이 독일인 관계로 독일 정부에 연락을 했다. 독일 정부가 조사해본 결과 이 배의 선주(船主)는 함부르크에 있었다. 선주는 이 배에 실린 화물과 도착지에 대해 전혀 알지 못한다고 했다. 2003년 9월 영국은 이탈리아에 도움을 요청했다. BBC 차이나가 이탈리아 동남부의 주요 항구인 타란토에 정박할 가능성이 높았기 때문이다. 영국은 화물을 수색하는 데는 몇 시간밖에 걸리지 않을 것이라며 협조를 요구했고 이탈리아는 이를 받아들였다.

영국은 이런 사전 준비가 완료된 뒤에 미국에 정보를 알려줬다. 부시 대통령은 무샤라프 대통령과 그해 9월 뉴욕에서 만날 예정이었다. 뉴욕에서 열리는 유엔 회의에 참석하기 위해서였다. 9월 23일 부시와 무샤라프의 회담에 참석했던 한 고위 백악관 관리는 "부시 대통령은 핵확산이 만연된다며 당장 멈춰야만 한다고 말했다"고 했다. 조지 테닛 CIA 국장은 다음날 무샤라프 대통령과 따로 만났다. 무샤라프를 보좌했던 한 인사는 "파키스탄 대통령 일생을 통틀어 가장 수치스러운 순간이었다"고 했다.

무샤라프는 당황했다. 핵확산 사실을 미국이 알게 됐기 때문이 아니었다. 그는 미국이 자신에게 이렇게 강압적으로 나올 것이라고 생각하지 못했다. 테닛 국장은 파키스탄의 P-1 원심분리기의 세부 설계도를 꺼내 들었다. 그는 세부 부품의 시리얼 넘버와 제조 일자 등까지도 알고 있었다. 무샤라프는 훗날 인터뷰에서 "나는 그가 보여준 것이 우리의 원심분리기라는 것을 단번에 알아챘다. 그러나 이는 칸 박사가 지휘한 핵프로그램 초창기 때 사용하던 것이고 더 이상 사용하지 않는 것이었다"고 했다. 테닛 국장은 칸 박사의 여행 기록과 은행 계좌 내역, 칸 연구소가 작성한 계약서 등도 보여줬다. 이 계약서에는 칸 연구소가 특정 국가에 어떤 부품을 팔려고 한다는 내용이 담겨 있었다.

증거를 들이민 미국, 발뺌하는 파키스탄

테닛 국장은 회고록 '폭풍의 한복판에서'에서 당시 상황을 이렇게 기억했다.

〈무샤라프가 UN총회에 참석하기 위해 뉴욕으로 오게 되어 나는 2003년 9월 24일 단독면담을 요청했다. 우리는 그의 호텔 방에서 만났다. 그것은 우리 정보기관들이 '포 아이즈(4개의 눈)'라고 부르는 두 사람만의 회담이었다. 수행원도 없었고, 기록자도 없었다.

나는 테러리즘에 대한 전쟁에서 그가 용기 있게 지원해 준 데 감사하는 말로 시작하면서 몇 가지 나쁜 소식을 전하겠다고 말했다.

"A. Q. 칸이 각하의 조국을 배반하고 있습니다. 그는 귀국(貴國)의 가장 민감한 비밀을 훔쳐내서 최고 입찰자에게 팔았습니다. 칸은 핵무기 비밀을 훔쳤습니다. 우리는 관련 자료들을 그에게서 훔쳤기 때문에 전모를 알게 되었습니다."

나는 서류가방에서 칸이 파키스탄 정부로부터 훔친 핵폭탄 설계도의 청사진과 도표를 꺼냈다. 나는 핵물리학자는 아니었고, 무샤라프 대통령도 마찬가지였지만, 나의 팀으로부터 충분한 브리핑을 받았기 때문에 그 도표에 그려 놓은 표지를 지적하면서 그 설계도가 뉴욕의 호텔방이 아니라 이슬라마바드의 금고 속에 있어야 했다는 것을 증명할 수 있었다.

나는 파키스탄의 P-1 원심분리기 설계도 청사진을 꺼내 보여주면서 그가 그것을 이란에 팔았다고 말했다. 나는 차세대 P-2 원심분리기 설계도를 보여주고 그것도 몇 나라에 팔았다고 말했다. 나는 쉴 틈을 주지 않고 또 한 장의 문서를 무샤라프 대통령에게 보여주면서 칸이 리비아에 판 우라늄 처리공장의 설계도라고 말했다.〉

A. Q. 칸에 대한 분노

무샤라프는 모른 척했다. 그는 훗날 인터뷰에서 "뭐라고 말해야 할지 몰랐다. 내 머릿속에 처음 든 생각은 '어떻게 해야 우리 조국이 해(害)를 당하지 않을까'였다"고 했다. "그 다음에 든 생각은 A. Q. 칸에 대한 분노였다. 그가 파키스탄을 위험한 상황에 빠뜨렸기 때문이다."

1980년대 중반 지아 대통령 시절부터 파키스탄은 군부의 지휘 하에 '프로젝트 A/B'라는 이름으로 핵기술을 수출해왔다. 미국은 무샤라프가 거짓말을 하고 있다는 것을 알았을 것이다. 파키스탄도 마찬가지였을 것이다. 당시 회의장에 있었던 모든 사람들은 모든 사람들이 거짓말을 하고 있다는 사실을 알고 있었다.

무샤라프는 2006년에 출간된 그의 회고록 '사선(射線)에서'를 통해 자신은 무관하다는 주장을 이어갔다. 그는 "파키스탄의 기술을 가지고 장난을 치는 사람이 칸이라는 사실에는 의심의 여지가 없었다"며 "그러나 테닛은 칸의 이름을 직접적으로 언급하지는 않았다"고 했다. 그는

"칸에 대한 나의 의심은 점점 더 커져갔다"고 했다. 무샤라프는 핵확산이라는 범죄의 주동자가 파키스탄의 군부가 아니라 부도덕한 과학자 몇 명이라고 했다.

테닛 국장은 이날 회담을 끝내며 이렇게 말했다고 한다.

〈대통령 각하, 만약 리비아나 이란 같은 나라, 또는 그럴 리는 없겠지만 알 카에다 같은 조직이 실제로 작동하는 핵장치를 입수하게 된다면, 그리고 세계가 그것이 당신의 나라에서 나왔다는 것을 알게 된다면, 그 결과는 파멸적이라고 생각합니다.〉

테닛에 따르면 무샤라프는 몇 가지 질문을 한 뒤 고맙다고 하며 자기가 처리하겠다고 말했다.

발각되는 칸의 조달책

2003년 10월 4일 BBC 차이나는 이탈리아 타란토에 정박했다. MI6와 CIA 요원들이 대기하고 있었다. 이들이 화물 수색을 하는데 주어진 시간은 2시간 남짓이었다. 약 200개의 40피트(약 12m) 길이의 화물 컨테이너 중에서 의심 가는 물건이 실린 컨테이너 다섯 개를 찾아내야 했다. 이들은 말레이시아에 물건을 납품하던 유럽 납품업체를 통해 시리얼 넘버를 구했다. 요원들은 시리얼 넘버를 통해 의심 컨테이너를 찾아냈다. 이 컨테이너 안에는 'SCOPE'라고 쓰여 있는 나무 상자들이 가득했다. SCOPE는 타히르가 말레이시아에서 운영하던 제조공장의 이름이었다. 요원들은 알루미늄 부품과 펌프 등을 찾아냈다. 원심분리기 조립에 사용되는 다른 부품들도 여럿 나왔다.

이런 사실은 A. Q. 칸과 타히르에 귀에 곧바로 들어갔다. 영국 외교부의 실수 중 하나였다. 영국 외교부는 MI6와 상의하지 않은 채 바로 리비아의 정보 수장인 무사 쿠사에게 전화를 걸었다. 리비아로 향하는 배에서 핵무기에 사용될 수 있는 '이중용도' 품목이 적발됐는데 해명을 하라는 것이었다. 이를 통해 약 1000개의 원심분리기를 조립할 수 있다고 했다.

무사 쿠사는 바로 타히르에게 전화를 걸었다. 타히르는 이 사실을 파키스탄 정부에도 알렸다. 영국 정부는 또 한 번 무사 쿠사에게 전화를 걸었다. 쿠사는 이 화물을 영국과 미국에 전달할 계획이었다고 했다. 카다피가 대량살상무기를 제거하겠다는 약속에 대한 선의(善意)를 보이기 위해 화물을 받아내려 했던 것이라고 했다. 쿠사는 미국과 영국이 리비아의 기밀 핵시설을 사찰할 수 있도록 협조하겠다고 했다.

2003년 10월, 미국과 영국의 정보요원들과 사찰팀은 리비아를 방문했다. 무사 쿠사 정보국장은 사찰팀에 최대한 협조하겠다고 했다. 사실이 아니었다. 당시 리비아의 핵개발 책임자는 마토구 모하메드 마토구 과학기술위원회 장관이었다. 이름 이니셜을 따 '트리플 M'이라고 불렸다. 트리플 M은 자신이 사찰팀을 직접 만나지는 않겠다며 대신 젊은 과학자를 가이드로 붙여주겠다고 했다.

사찰팀은 이 젊은 과학자의 도움을 받아 리비아의 타주라 원자력연구센터로 향했다. 1980년대에 소련은 리비아에 실험용 10MW 원자로를 지어줬다. 사찰팀과 동행한 리비아 과학자는 리비아에는 우라늄을 농축할 정도의 기술도, 필요한 재료도 없다고 했다. 그는 1980년대에 들어 독일 과학자가 리비아의 우라늄 농축을 도와줬다고 했다. 이 독일인은 원심분리기 설계도를 가지고 와 연구를 도왔다고 했다. 우라늄 농축에 필요한 원료인 육불화우라늄을 만드는 방법을 가르쳐줬다고 했다. 그러나 여러 기술적 문제가 생겨 우라늄 농축에 성공하지 못했다고 했다. 리비아 정부는 이 독일인의 신원을 공개하지 않았다. 다만, 이 독일인이 1992년부터 리비아와 관계를 끊었다고 말해줬다. 미국과 영국의 사찰팀은 사실상 빈손으로 떠났다. 리비아의 대량살상무기를 찾아내는 데 실패했다.

미국과 영국 정보당국은 BBC 차이나에 실렸던 화물을 조사하기 시작했다. 화물은 말레이시아에서 보낸 것으로 확인됐다. 2003년 11월 10일, CIA와 MI6는 말레이시아로 향했다. 이들은 말레이시아 경찰 책임자를 만나 조사하고 있는 사안에 대해 설명했다. 말레이시아 경찰은 협조를 약속했다. 말레이시아 경찰은 자체 조사를 진행하던 중 곤란한 사실을 발견했다. 타히르라는 사람이 운영하는 공장에서 물건이 보내진 것으로 확인됐는데 이 공장의 공동 소유자가 카말 압둘라였다. 그는 압둘라 바다위 말레이시아 총리의 아들이었던 것이다. 말레이시아 경찰은 먼저 이 같은 사실을 총리실에 전달했다. 총리실은 이틀 간 관련 내용을 검토한 뒤 경찰에 협조해도 좋다는 답변을 보냈다.

미국과 영국 정보당국은 샤 알람에 있는 타히르의 공장을 방문했다. 공장은 거의 다 치워진 상태였다. 'SCOPE'라는 회사 로고도 떼어져 있었다. 남아 있는 것은 거의 없었다. 타히르를 찾는 것은 어렵지 않았다. 타히르는 장인(丈人)의 집에서 지내고 있었다. 그는 경찰의 조사에 순순히 응했다.

타히르는 처음에는 아무것도 모르는 척했다. 수사관들이 증거를 들이밀자 자백하기 시작했다. 말레이시아 경찰의 수사기록에 따르면 타히르는 리비아와 사업을 한 사실을 고백했다. 그는 이런 거래가 1997년부터 시작됐다고 했다. 그는 칸 박사와 함께 터키 이스탄불에서 리비아 관계자들과 만났다. 당시 리비아 측에선 '트리플 M'과 '카림'이라는 사람이 참석했다. 이 회동이 끝난 후 칸 박사는 타히르에게 리비아 핵프로그램 지원을 위해 원심분리기를 보내도록 지시했다. 중고 P-1 원심분리기 20개와 약 200개의 원심분리기를 만들 수 있는 부품을 보냈다. 이 거래를 통해 리비아로부터 수백만 달러를 받았다. 타히르는 "날로 먹은 돈이었다"고 조사과정에서 밝혔다. P-1은 어차피 사용하지도 않는 구식 원심분리기인데 이를 팔아 엄청난 수익을 얻었다는 것이었다.

리비아, "1억 4000만 달러 지불하겠다"

이듬해 타히르와 칸은 모로코의 카사블랑카에서 리비아 관계자들과 다시 한 번 만났다. '트리플 M'은 칸에게 P-1 원심분리기를 보내준 것에 감사하고 큰 도움이 됐다고 했다. 그러나 이것 가지고 핵프로그램을 시작하는 데는 역부족이라고 했다. 리비아는 당시 제재 대상이었기 때문에 과학자를 외국으로 보내 관련 기술을 배우고 오게 할 수 없었다. 리비아는 파키스탄이 P-1보다 뛰어난 원심분리기를 갖고 있다는 사실을 알고 있었다. 그럼에도 칸 박사가 자신들에게 뒤떨어지는 기술을 판매한 것을 알았다.

'트리플 M'은 카다피에게는 현금이 많다며 P-2를 원한다고 했다. P-2 원심분리기 1만 개를 사용할 수 있는 시설을 통째로 만들어 달라고 했다. 타히르는 깜짝 놀랐다고 한다. 그는 물건을 조달하고 건물을 짓는 등 모든 것을 해달라는 요구는 처음이었다고 했다. 아무리 칸의 네트워크를 사용한다고 해도 가능할지는 미지수였다. '트리플 M'은 우라늄 농축 시설을 만들어주는 대가로 1억 4000만 달러를 지급하겠다고 했다. 엄청난 액수였다. 칸은 타히르에게 지금 진행하고 있는 모든 일을 멈추고 리비아 사업에 집중하라고 지시했다.

1만 개의 원심분리기를 만들기 위해서는 수백만 개의 부품이 필요했다. IAEA를 비롯한 국제사회의 감시를 피해야 하기도 했다. 타히르는 여러 국가에서 물건을 구입한 뒤 두바이로 보낸 다음 리비아의 트리폴리로 보낼 계획을 짰다. 영국 정부가 나중에 확인한 타히르의 계약서 등 서류에 따르면 2002년 12월 기준 타히르는 필요한 물건을 구하기 위해 12개 나라에 있는 30개 회사와 거래했다. 리비아가 필요로 한 부품 중 일부는 타히르의 말레이시아 공장에서도 생산할 수 있었다. 타히르가 일부 품목은 직접 생산해 제공하겠다고 하자 리비아는 이에 대한 대가로 340만 달러를 건네줬다.

"파키스탄으로부터 우라늄 물질 직접 전달받았다"

타히르의 장인(丈人) 집안은 타히르를 압박해 모든 것을 털어놓도록 했다. 전세계를 위협한 핵확산의 주범(主犯)이라는 혐의에서 벗어나야 한다고 했다. 타히르는 오랫동안 칸과 함께 일해온 유럽 조달책들의 명단을 불었다. 타히르는 리비아가 원심분리기는 물론 육불화우라늄 역시 원했다고 했다. 리비아가 1999년 20톤 상당의 육불화우라늄을 구입하겠다고 했다는 것이다. 이는 원심분리기에 주입, 농축 우라늄을 생산하기 위한 물질이다. 파키스탄은 육불화우라늄은 물론 농축 우라늄까지도 리비아에 전달하기로 했다. 타히르는 2001년 아니면 2002년에 이 우라늄 물질을 파키스탄으로부터 받았다고 했다. 타히르는 이 우라늄 물질이 파키스탄을 떠난 민간항공기에 실려 두바이에 도착했다고 했다. 그는 이 우라늄을 차에 싣고 이동했다고 했다. 그러나 그는 리비아로 전달되기까지의 자세한 내용은 기억이 나지 않는다고 주장했다. 타히르는 리비아가 원심분리기 부품을 자체 생산할 수 있는 기술 역시 요구했다고 했다. 알루미늄 튜브를 원심분리기에 들어가는 회전자로 만드는 '플로-포밍(flow-forming)' 기기를 원했다고 했다.

칸의 영국인 조달책 피터 그리핀은 책 '디셉션' 저자와의 인터뷰에서 리비아와의 거래에 대해 처음 들은 것은 1994년이었다고 했다. 리비아의 국영석유회사가 필요로 하는 기기를 납품하는 일이었다고 했다. 그는 1997년 타히르가 찾아와 새로운 요청을 했다고 했다. 타히르는 다시 리비아와 사업을 하려고 하는데 계약비용으로 얼마가 필요하냐고 했다. 그리핀은 새롭게 시작하는 일이기 때문에 커미션을 다시 받아야 한다고 했다. 타히르는 리비아 계약 금액은 1000만 달러가 넘는다며 그리핀에게도 돈을 지불하겠다고 했다. 그리핀은 1997년 두바이로 아예 이주해 'GTI'라는 회사를 차렸다.

타히르는 GTI 회사계좌에 200만 달러를 이체했다. 필요한 기기를 구입하기 위한 돈이라고 했다. 타히르는 이후 여러 차례 그리핀에게 전화를 해 돈을 다른 곳들로 보내줄 수 있느냐고 했다. 돈은 칸 박사의 사위를 비롯한 칸의 유럽 조달책들에게 전달됐다. 그리핀은 이 돈이 리비아 국영석유회사로부터 들어오는 것임을 알게 됐다. 타히르는 걱정하지 말라고 했다. 리비아의 핵프로그램과는 아무런 관련이 없다고 했다. 그리핀은 이 때 제대로 영수증을 작성해놓지 않은 것을 후회한다고 했다. 그는 "타히르는 좋은 친구였고 그가 나에게 거짓말을 할 이유는 하나도 없다고 생각했다"고 했다. "나는 타히르가 어린애일 때부터 알았는데 그가 거짓말을 한 것이었다. 크게 실망했다"고 했다. 그리핀의 회사가 일종의 돈세탁 용도로 사용된 것이었다.

1999년 타히르는 그리핀에게 스페인으로부터 '플로 포밍' 기기 두 개를 구해달라고 했다. 이번에도 리비아 국영석유회사에 전달할 물건이라고 했다. 이 기기 하나의 무게는 15.6톤이었고 거실 크기만할 정도로 컸다. 하나당 가격은 35만 달러였다. 그리핀은 이 물건을 2000년 여름에 타히르가 있는 두바이로 보냈다. 타히르는 말레이시아 당국과의 수사과정에서 이 모든 것들은 리비아의 핵개발에 필요한 물건들이었다고 털어났다.

칸 조달책들 사이의 불화

그리핀은 두 개의 기기 중 하나가 리비아로 직접 가지 않고 남아프리카공화국으로 간 것을 파악했다. 때는 2000년 11월이었다. 이 기기는 남아공의 금속기기 회사인 '트레이드핀 엔지니어링'으로 보내졌다. 수사기록에 따르면 이 기기는 13개월 동안 남아공에 머문 뒤 두바이로 돌아갔다. 남아공의 기술자들이 기기 개선을 위해 개조작업을 했던 것으로 드러났다.

2001년 12월 이 기기는 두바이로 돌아왔다. 그런 다음 말레이시아로 다시 수출됐다. 당시 수출 비용과 운송비를 지불한 사람의 이름은 그리핀이 일하는 GTI 회사 직원 후세인이었다. 그리핀은 후세인이라는 이름의 직원이 없다는 것을 알았다. 서류에 적힌 발송인의 전화번호로 연락을 해보니 타히르가 운영하는 회사로 연결됐다.

그리핀은 타히르에게 속은 것을 알게 돼 두바이 사업을 정리하고 유럽으로 떠나기로 결심했다. 떠나기 얼마 전 타히르가 그리핀에게 전화를 걸어와 자신이 GTI의 이름을 사용해 무역을 계속해도 되느냐고 물었다. 그리핀은 적법한 사업이라면 사용해도 좋다고 했다. 그리핀은 유럽으로 돌아간 얼마 뒤 두바이에 있는 직원으로부터 연락을 받았다. GTI 이름으로 알루미늄 튜브 수입이 이뤄졌는데 이런 계약을 한 적이 없다는 것이었다. 그리핀은 바로 타히르에게 전화를 걸었다. 타히르는 "내 물건이 맞다. 괜찮지?"라고 했다고 한다. 그리핀은 "당연히 안 괜찮다. 또 한 번 이런 일을 하면 두바이 법원으로 끌고 가겠다"고 했다. 그리핀은 이때까지도 자신의 회사가 리비아 핵프로그램 조달에 사용됐다는 사실을 알지 못했다고 주장한다.

여유로운 칸 박사

타히르의 폭로로 유럽과 파키스탄에 폭풍이 덮쳤다. 칸과 오랫동안 일해온 유럽의 조달책들이 속속 체포됐다. 칸 연구소의 책임자는 물론 고위 관계자들이 쥐도 새도 모르게 파키스탄 정보당국에 끌려갔다.

카후타 핵시설 건설을 담당했던 사자왈 사령관의 아들인 샤히크 박사는 오랫동안 칸과 가까이 지냈다. 그는 여러 사람들이 잡혀가는 과정을 지켜봤다. 그는 책 '디셉션' 저자와의 인터뷰에서 당시 이런 생각을 했다고 했다.

〈그렇게 큰 일이라고 생각하지 않았다. 무서운 느낌도 없었다. 잡혀간 사람들은 모두 고위직이었다. 우리야말로 이 나라의 기득권 세력이었다. 우리에게 무슨 일이 어떻게 생기겠는가? 우리는 파키스탄의 영웅들이고 군부의 지원을 받아 수십 년째 이 일을 해왔을 뿐이었다. 칸 박사가 한 모든 일들은 조국을 위한 것이었고 명령을 따른 것이었다. 겁쟁이만이 자신의 친구와 동지를 팔아 넘긴다. 그땐 그렇게 생각했다.〉

칸 박사도 여유로웠다. 그는 수도 이슬라마바드에서 30분 정도 떨어진 바니갈라 호수에서 휴가를 즐기고 있었다. 이 호수는 이슬라마바드 주민들의 식수(食水)로 쓰였다. 인근 지역은 그린벨트로 지정돼 있었다. 물을 오염시킬 수 있었기 때문에 건물은 물론, 어떤 형태의 개발도 허용되지 않았다. 칸은 주말에 쉴 수 있는 별장을 이곳에 지었다. 그의 별장에서 나온 하수는 바니갈라 호수로 흘러 들어갔다.

2003년 1월, 미국과 영국의 사찰팀은 다시 한 번 리비아에 들어갔다. 타히르의 폭로로 코너에 몰린 리비아는 전에 보여주지 않은 다른 시설들도 보여주겠다고 했다. 미국과 영국은 1997년 이스탄불에서 칸을 만나 계약을 맺은 '트리플 M'을 만나겠다고 했다. 리비아는 이번에도 그와의 만남은 불가능하다고 했다.

리비아는 핵개발 계획을 순순히 털어놨다. 1997년 이스탄불 합의를 통해 파키스탄으로부터 P-1 원심분리기 20개와, 원심분리기 200개에 들어가는 부품을 샀다고 했다. 그러나 리비아에서 운영되는 핵시설 수준으로는 우라늄을 농축할 수 없었다고 했다. P-2라는 더 좋은 원심분리기가 있다는 사실을 알게 돼 이를 수입하게 됐다고 했다. 이는 이슬라마바드에서 두바이로 민간항공기에 실려 옮겨졌으며 이후 트리폴리로 왔다고 했다.

미국과 영국은 2002년 5월 무샤라프 대통령이 리비아를 방문할 때 원심분리기가 파키스탄 세관을 함께 통과했을 것으로 봤다. 무샤라프를 호위하던 군인들이 P-2 원심분리기가 들어있는 화물을 세관을 거치지 않고 통과시켰고 5개월 뒤 민간항공기에 실었다는 것이다. 이 원심분리기가 두바이를 거쳐 트리폴리로 갔다는 것이 미국과 영국의 판단이었다.

미국과 영국은 리비아를 통해 남아프리카공화국이 주요 수출 거점 기지로 사용됐다는 사실도 알아냈다. 타히르는 두바이에서 리비아의 주문 물량을 모두 채우는 것이 버거워 유럽 인맥이 남아공으로부터 물건을 구입하도록 했다.

전달 과정에서 계속 사라지는 핵기술

리비아는 파키스탄으로부터 받은 1.7톤 상당의 육불화우라늄을 보여 줬다. 파키스탄이 우라늄 농축 시설 완공을 축하하는 의미로 전달했다고 했다. 미국과 영국은 파키스탄이 수출한 물건 중 일부가 도중에 분실되기도 했다는 사실을 알아냈다. 원심분리기 부품과 원심분리기 작동에 필요한 알루미늄이 실린 컨테이너가 두바이에서 리비아로 오는 과정에서 사라졌다는 것이었다. 누구 손에 들어갔는지 전혀 찾아낼 수 없는 상황이었다.

미국과 영국은 수차례 리비아를 방문하며 무기 프로그램의 현황을 파악했다. 어떨 때에는 조사에 호의적이었다가 어떨 때에는 무언가를 숨기는 모습을 보였다. 테닛 국장은 리비아 프로그램 사찰 당시 상황을 이렇게 기억했다.

〈느리긴 했지만 진전은 있었다. 리비아인들은 미국과 영국의 요원들에게 다양한 무기계획이 어디까지 진전되어 있는지 보여주었다. 그들은 우리가 이미 얼마나 많이 알고 있는지도 모르고 여러 차례 무기계획의 일부를 숨기려고 시도했다. 그들이 스커드 B 미사일을 보여주면 우리는 이렇게 말했다.

"좋습니다. 그런데 스커드 C는 어디 있습니까?"

고도의 독성을 가진 화학물질 저장시설에 안내되었을 때 우리 검사요원들은 경악하지 않을 수 없었다. 리비아가 치명적 화학물질을 보유한 것에 놀란 게 아니라, 그 물질을 커다란 플라스틱 병에 담아두고 있었기 때문이었다. 리비아인들의 유일한 안전대책은 그 시설에 들어갈 때 코를 잡는 것이었다. 검사요원들은 재빨리 뒷걸음쳐 나와서 완벽한 화학방호복을 착용한 뒤 창고에 다시 들어갔다.

다양한 계획의 在庫(재고)조사를 하는 작업은 몇 달이나 걸렸다. 리비아인들은 핵문제에 대해서는 가장 비협조적이었다. 그들은 우리가 그들의 계획에 대해서 얼마나 많이 알고 있는지 전혀 모르고 있었다.

2003년 11월 말, 스티브와 그의 영국인 동료는 무사 쿠사를 한 모임에 초청했다. 그들은 무사 쿠사에게 리비아가 원심분리기 시설을 구입한 것을 알고 있다고 말했다. 리비아는 이제 되돌아갈 수 없는 상황이 되었다는 것을 알았다. 그들은 자기들의 계획에 대해서 털어놓기 시작했고, 우리가 이미 알고 있었으므로, 그런 노력을 포기하지 않을 수 없었다.

실제 우리는 칸의 조직망에 대한 작전 덕택으로 그들의 계획에 대해서 알 필요가 있는 것은 모두 알고 있었다. 그것은 마치 상대방의 카드를 알면서 돈이 많이 걸린 포커를 하는 것과 같았다. 이 경우 그 상금은 카다피에게 궁극적으로 핵무기 능력을 줄 수 있었던 핵개발 계획을 완전히 그리고 평화적으로 해체하는 것이었다.〉

'리비아 비핵화 모델'

2003년 12월 12일 미국과 영국의 사찰팀은 다시 한 번 리비아를 찾았다. 리비아 관계자들은 이들이 도착하자마자 갈색 봉투에 담긴 서류 뭉치를 건넸다. 핵무기 설계도면과 각종 기기의 조립 방법 등이 적힌 서류였다. 문서에는 영어와 중국어가 섞여 있었다. 다음날은 공교롭게도 이라크의 사담 후세인이 고향인 티크리트의 농장에 숨어있다 미군(美軍)에 의해 체포된 날이었다. 후세인 때문인지 리비아는 모든 사실을 미국과 영국에 털어놓게 됐다. 미국과 영국, 리비아 정부 관계자들은 나흘 뒤 만나 리비아가 앞으로 어떻게 해야 하는지에 대해 논의했다. 미국과 영국은 카다피가 성명을 통해 대량살상무기를 모두 포기하겠다고 발표하라고 했다. 카다피가 못하겠다면 정부관계자가 카다피의 성명을 대신 읽는 식으로 진행하라고 했다. 리비아에게 옵션은 없었다.

리비아는 12월 18일 미국과 영국의 뜻대로 성명을 발표했다. 카다피의 외교장관이 TV에 나와 대량살상무기를 모두 없애겠다고 발표했다. 카다피는 발표 직후 성명문을 통해 같은 입장을 내놨다. 토니 블레어 영국 총리는 곧바로 환영한다는 입장을 밝혔다. 파키스탄에 대한 언급 은 이번에도 없었다.

리비아의 대량살상무기 회수를 누가 담당해야 하는지를 놓고 약간의 논쟁이 오갔다. 국제사회의 핵문제를 전담하는 IAEA가 맡는 것이 타 당한 것으로 보였다. 미국 일각에서는 핵무기를 보유하고 있지 않은 국 가가 관련 기술에 접근해서는 안 된다고 했다. 결국 미국이 이를 관리 하게 됐다. 2004년 1월 미군 수송기가 리비아에 도착해 핵 기술과 탄도 미사일과 관련한 2만5000kg 분량의 서류와 장비를 싣고 미국으로 가 져왔다. 리비아의 자료들은 미국 테네시주의 오크리지 국립연구소에 보 관됐다. 원심분리기 용기 등 핵무기 관련 장비는 물론, 탄도미사일에 대 한 자료들이 모두 옮겨졌다.

이것이 이른바 '리비아 비핵화 모델'의 전말이다. 이는 미국과 북한이 2018년 정상회담을 준비하는 과정에서 논란이 된 적이 있다. 존 볼튼 당시 백악관 국가안보보좌관은 "북한 비핵화 과정에 '리비아 모델'이 적 용될 수 있다"고 말했다. 북한은 크게 반발하며 미국 당국자들을 욕하 는 험담을 했다. 이에 따라 트럼프 대통령은 회담을 취소시키기도 했다. 아무튼 리비아의 카다피는 2003년 핵기술을 포기했다. 카다피는 2011 년 리비아 내전 당시 도피 생활을 하다 시민군에 붙잡혀 죽었다.

한편 부시 대통령은 테네시주 오크리지를 직접 방문, 리비아에서 도 착한 기기들을 둘러보는 기념행사를 갖기도 했다. 그는 2004년 7월 12 일 오크리지에서 "이 시대의 위험을 극복해내기 위해 미국은 새로운 방식으로 접근하기 시작했다"며 "우리는 새로운 위협에 맞서는 데 전념할 것이다. 이를 무시하거나 미래에 생길 재앙을 기다리고 있지만은 않을 것이다"라고 했다. 부시 대통령의 연설에도 파키스탄은 언급되지 않았다.

4부

파키스탄의
우라늄 농축 기술

| 16 |

칸의 對국민 사과
"핵확산에 정부 개입은 없었다"

모든 책임을 칸에게 떠넘긴 무샤라프…"칸은 죄를 시인하고 사면(赦免)을 요구했다"

'핵의 아버지'를 향하는 수사망

파키스탄의 무샤라프 대통령은 사담 후세인이 체포된 다음날인 2003년 12월 14일 생명의 위협을 받았다. 그에 대한 암살 시도는 여러 차례 있었으나 이번에는 정말 천운(天運)이 그를 도왔다. 무샤라프 대통령 일행이 지나던 다리에 장착돼 있던 원격 조종 고성능 폭탄이 터졌다. 폭탄은 551파운드(약 250kg)에 달했다. 이 폭탄은 무샤라프 일행이 다리를 통과한 후에 터져 모두 무사했다. 조사 결과 군부의 극단세력이 이를 지원한 것으로 밝혀졌다. 미국이 주도하는 '테러와의 전쟁'에 동조하고 칸 박사를 탄압한 것에 대한 불만이 범행 동기였다. 그는 2003년 12월 25일에도 테러 위협을 받았다. 두 명의 자살폭탄 테러범이 각각 트럭을 타고 무샤라프가 타고 있던 리무진으로 돌진했다. 트럭이 무샤라프의 차량을 빗겨가 무샤라프는 무사했다. 테러범을 비롯한 16명이 이 테러로 숨졌다.

12월 14일 목숨을 건졌던 무샤라프는 다음날인 15일 칸 박사에 대한 수사를 지시했다. 파키스탄 정보당국(ISI)은 칸 박사의 집으로 찾아가 수사했다. 언론과 지지자들이 '파키스탄 핵의 아버지'의 집 앞으로 모여들었다. 파키스탄 정부는 7일 후인 12월 22일 첫 번째 공식 성명을 발표했다. 마수드 칸 외무부 대변인은 "칸은 체포되거나 구금된 것이 아니다"라며 "그에 대한 어떤 제한 조치도 내려진 것이 없다"고 했다. 현재 진행되고 있는 각종 사안과 관련해 칸에 대한 의견을 물었을 뿐이라고 했다.

칸의 딸 디나는 아버지가 사전에 작성해놓은 서류를 갖고 있었다. 칸은 이 서류를 부인 헨리에게 맡겨놨다고 한다. 자신의 신변에 문제가 생기면 공개하라는 취지였다. 군부의 지시에 따라 핵기술을 수출한 것이라는 내용이 담겨 있는 것으로 알려졌다. 어렸을 때부터 칸을 동경하며 가까이에서 지내왔던 샤히크 박사는 칸이 12쪽 분량의 서류를 작성해놓았다는 사실을 자신에게 알려줬었다고 했다. 디나는 이 서류를 들고 영국 런던에 갔다. 그는 영국 정보당국에 이를 전달할 계획이었다. 무샤라프 대통령은 즉각 성명을 내고 디나가 국가기밀을 유출했다고 주장했다. 무샤라프는 디나가 이를 공개하지 못하도록 하기 위해 칸 박사에게 연락을 취했다. 정확한 대화 내용은 알려지지 않았지만 칸 박사를 압박한 것으로 보인다. 디나는 아버지의 신변을 걱정해 이를 공개하지 않기로 했다. 다만 그는 영국 언론을 만나 "진실은 언제나 그랬듯, 언젠가는 밝혀질 것이다"라고 했다.

무샤라프 대통령도 사면초가에 빠진 상황이었다. 서방세계는 핵확산에 대한 추가 자료를 요구하며 압박했다. 군부 강경파는 그의 親美주의적 정책에 반발하고 있었다. '핵폭탄의 아버지' 지지 세력은 분노했다. 무샤라프는 자신에 대한 피해를 최소화하는 방법을 생각해내야 했다. 그는 대변인을 통해 다음과 같이 말하도록 지시했다.

〈파키스탄 정부는 민감한 핵기술 이전을 허가하거나 이를 직접 시행한 적이 한 번도 없다. 파키스탄 정부는 절대 핵확산을 하지 않았으며 앞으로도 그렇게 하지 않을 것이다. 파키스탄은 IAEA에 필요한 모든 협조를 하고 있다. 대통령은 파키스탄이 이런 약속을 저버릴 일은 없을 것을 400% 확신한다고 말했다. 극소수의 개개인만이 현재 조사를 받고 있다.〉

무샤라프가 꺼내든 전략은 또 한 번 '개개인'과 정부 사이의 선을 긋는 것이었다. 정부나 군대의 지휘체계를 따른 것이 아닌, 개인의 일탈이라는 점을 거듭 강조했다.

모든 책임을 칸에게 떠넘기는 무샤라프

칸 연구소(KRL) 고위 관계자들이 파키스탄 정보당국(ISI)에 끌려가 조사를 받았다. 가족들은 이들이 어디에서 조사를 받는지도 몰랐다. 정부는 이들로부터 '보고'를 받는 중이지 체포하거나 구금한 것은 아니라고 했다.

칸 박사의 집으로도 수사관들이 들이닥쳤다. 그는 오랫동안 알고 지냈던 샤히크 박사에게 쪽지를 건넸다. 칸 박사는 "왜 과거 핵거래 계획을 승인했던 전현직 장군들을 조사하지 않는지 모르겠다"고 했다. 그는

1990년 당시 참모총장으로 이란과의 거래를 승인했던 베그 장군과, 북한과 미사일-우라늄 농축 기술을 맞바꾸는 거래를 추진한 카라마트 장군을 조사하지 않느냐고 했다. 카라마트는 미국 대사를 지내고 있었다. 칸은 "참여했던 장군들을 모두 한 자리에 불러 놓고 조사하지 않는 이상 결론은 나지 않을 것"이라고 했다. 샤히크 박사는 이런 쪽지 내용을 책 '디셉션' 저자에게 보여줬다.

2004년 1월 23일 무샤라프 대통령은 미국 CNN 방송과 인터뷰했다. 무샤라프는 '반역자', '범죄자' 등의 표현을 사용해가며 이들이 사익(私益)을 추구하기 위해 핵기밀을 팔았다는 증거를 확보했다고 했다. 그는 정부나 군대가 이에 개입한 적은 한 번도 없었다고 했다. CNN 기자는 '소총에 들어가는 작은 볼트 하나가 분실되는 것도 정부는 다 파악하고 있다고 했는데 어떻게 핵기술이 빠져나가는 것을 정부가 모를 수 있느냐'고 물었다. 무샤라프는 "관련 기술은 컴퓨터나 문서, 그리고 사람들 머리 속에 있기 때문에 더 통제하기 어려운 문제다"라고 했다. 국제 사회는 파키스탄이 남아공의 한 회사로부터 5000개의 원심분리기를 구입하려던 것을 이미 알고 있는 상황이었다. 원심분리기 하나는 세탁기하나 정도의 크기다. 또한 미국과 영국은 이탈리아 항구에 도착한 BBC 차이나호(號)에서 다섯 개 컨테이너 상당의 핵 관련 자료 및 장비를 압수한 적이 있다. 더 끔찍한 것은 파키스탄이 고농축 우라늄을 보관해 놓은 캐니스터 40개가 분실된 사실도 있다는 점이었다. 캐니스터는 작은 자동차 하나 크기다. 무샤라프는 이런 지적이 나오자, "파키스탄 혼자서 이런 일을 했다고 생각하지 말았으면 한다. 유럽 국가와 회사들도 개입했다는 점을 말하고 싶다. 파키스탄 국적자들이 이 일을 혼자서 한 것은 아니다"라고 했다. 앞서의 그의 주장에서 한 발 물러서는 동시에 책임을 전가하는 모습이었다.

사흘 뒤인 1월 26일, 무샤라프는 책임을 A. Q. 칸 박사에게 돌리기로 결심했다. 그는 칸 박사를 가택 연금 조치에 취한다고 밝혔다. 칸 박사의 집 근처를 서성거리거나 사진을 찍는 행위도 금지했다.

정부의 전략기획실을 총괄하고 있는 칼리드 키드웨이 장군이 기자회견을 열었다. 그는 칸 박사가 12쪽 분량의 자술서를 제출했다고 발표했다. 칸 박사가 자술서를 통해 이란과 리비아, 북한에 핵 관련 부품 및 기술을 제공한 사실을 인정했다고 했다. 칸이 불법 밀수출 네트워크의 총책임자였다고 했다. 비밀리에 외국 고객들에게 핵기술을 팔았다고 했다. 칸이 핵기술을 판매한 목적은 돈을 벌기 위해서가 아니라 다른 이슬람 국가들을 도와주기 위해서였다고 진술했다고 밝혔다. 기자들은 궁금한 게 많았다. 이란과 리비아는 그렇다고 쳐도 북한은 이슬람 국가가 아니었다. 키드웨이 장군은 질문을 받지 않았다.

무샤라프는 회고록에서 다음과 같이 썼다.

〈국제사회의 우려를 해소시키면서도 파키스탄 국민들이 그들의 영웅에 대한 처사에 반발하는 것을 최소화하기 위해 노력해야만 했다. 나는 확산은 한 명의 개인이 저지른 일이고 파키스탄 정부나 군대가 개입한 적은 없다는 사실을 전세계에 확인시켜줬다. 이는 사실이었고 나는 이를 강력하게 말할 수 있는 입장이었다. 그러나 더 어려운 문제는 A. Q. 칸에 대한 공개 재판이 열리지 않도록 하는 것이었다. 대중들은 칸이 어떤 처벌을 받게 돼도 반발할 것이 분명했다. 진실이 무엇인지는 이들에게 상관이 없었다. 나는 모두가 받아들일 수 있는 해결책이 필요했

다.〉

무샤라프는 얼마 후 칸 박사와 독대(獨對)했다. 무샤라프는 회고록에서 칸에게 증거를 제시하니 그는 무너져 내렸다고 했다. 칸은 엄청난 죄책감을 느끼게 됐다고 말했다고 했다. 무샤라프는 "칸은 나에게 사면(赦免)을 요구했다"고 했다. 무샤라프는 "사과는 파키스탄 국민들에게 해야 하며 사면 요구 역시 그들에게 해야 한다"고 말했다고 한다. 무샤라프는 TV를 통해 사과의 뜻을 전하는 것이 최선이라고 했다.

칸 측근의 증언은 엇갈린다. 이 측근이 훗날 언론에 공개한 내용에 따르면 이날 미안해하는 모습을 보인 쪽은 무샤라프였다. 무샤라프는 거래를 하자고 했다고 한다. 칸이 TV를 통해 사과를 하면 모든 것을 묻어두고 과거의 삶으로 돌아갈 수 있다고 했다는 것이다. 이 측근에 따르면 무샤라프는 칸에게 "당신은 여전히 나의 영웅이다"라고 했다.

칸의 對국민 사과문

2월 4일, 파키스탄 정부는 칸 박사가 TV에서 발표할 사과문을 사전에 검토했다. 정부는 사과문을 검토한 뒤 칸 박사를 국영방송 스튜디오로 불렀다. 미국을 의식한 무샤라프는 칸에게 영어로 발표해 줄 것을 요구했다. 미국은 물론, 전세계에 알리기 위해서는 영어가 훨씬 편리하다고 생각했다. 방송을 얼마 앞두고 칸 박사는 프롬터를 사용하지 않겠다고 했다. 자신이 적어온 노트를 토대로 읽겠다고 했다. 이 방송은 생방송으로 진행될 예정이었다. 무샤라프는 생방송 형식으로 진행하되 약간의 시간차를 두고 방송하도록 했다. 칸이 예상하지 못한 발언을 할 것을 우려한 것이었다. 새로운 사실은 포함돼 있지 않지만 역사적 의미가 있기 때문에 전문(全文)을 번역해 소개한다.

〈신사 숙녀 여러분, 평화가 함께 하기를 바랍니다.

지난 두 달간 있었던 매우 불행한 일들로 사람들에게 고통과 괴로움을 준 것을 속죄하기 위해 여러분 앞에 섰습니다. 이렇게 여러분 앞에 서게 된 것에 대해 매우 비통하고 괴로우며 후회스럽습니다.

저는 파키스탄의 핵프로그램이 우리 조국의 안보에 얼마나 중요한 역할을 하는지, 그리고 이것이 여러분들 가슴 속에 국가에 대한 자긍심과 감동을 심어주고 있다는 것을 잘 알고 있습니다. 그리고 이 국가 안보에 어떤 뜻밖의 일이나 사고, 위협이 발생하게 된다면 국가의 정신을 크게 혼란스럽게 할 것이라는 점을 알고 있습니다.

최근 국제사회에서 일어난 일들과, 이에 따른 여파로 파키스탄에 발생하게 된 좋지 않은 일들이 우리 국가를 매우 힘들게 만들었습니다. 제가 이에 대한 해명을 해야 할 것입니다.

최근 파키스탄 정부가 지시한 수사는 일부 국가와 국제기구가 지난 20년간 특정 파키스탄 국적자와 외국인이 행한 핵확산 행위에 대해 제기한 의혹과 관련한 불편한 자료와 증거들에 따른 것입니다.

수사 결과, 의혹으로 제기된 많은 일들이 실제로 일어났으며 이 일들이 제 명령에 따라 이뤄진 것일 수밖에 없다는 결론이 내려졌습니다.

이 문제를 담당하던 정부 관계자들은 저와의 인터뷰 과정에서 증거와 각종 조사 결과물을 제시했습니다. 저는 자발적으로 대부분이 진실이고 정확하다는 점을 인정했습니다.

제 일생의 성과가…이런 중대한 위험에 빠뜨리게 했다는…사실을 알게 돼 너무 괴롭습니다.

친애하는 형제자매 여러분, 충격에 빠진 조국에 무한한 유감과 사죄를 표하기 위해 여러분 앞에 서게 됐습니다. 제가 국가 안보를 위해 일해온 공직생활 동안 여러분이 많은 존경과 사랑, 그리고 애정을 보내줬다는 사실을 알고 있습니다. 저에게 주어진 모든 상(賞)과 명예를 감사하게 생각합니다.

저의 일생의 성과는 흔들림 없는 국가 안보를 만든 것이었습니다. 선의(善意)에 기초했지만 허가를 받지 않은 확산 행위와 관련해 잘못된 선택을 내려 이런 중대한 위험을 초래하게 됐다는 사실에 고통스럽습니다.

제 부하로 일하며 이런 일에 역할을 맡았던 사람들 모두 저처럼 선의에서 이런 일을 했고 제 지시를 받아 했다는 점을 기록으로 남기고 싶습니다.

이런 활동과 관련해 정부 차원의 어떤 허가도 없었다는 사실을 명확히 하고 싶습니다.

제 행동에 대한 모든 책임을 지겠습니다. 여러분의 용서를 바랍니다.

친애하는 형제자매 여러분, 이런 활동이 앞으로 다시는 일어나지 않을 것이라는 점을 약속드립니다.

최선의 국익을 위해 파키스탄 국민 모든 분들께 부탁드립니다. 이와 같은, 안보에 매우 밀접한 사안에 있어 계속 추측을 하거나 정치화하지 말아주십시오.

알라가 파키스탄을 항상 안전하게 보호해주길. 파키스탄이여 영원하라.〉

파월 국무장관 "최악의 핵확산범은 이제 사라졌다"

칸의 사과문 발표의 파장은 대단했다. 이 소식은 국내외 언론의 톱뉴스를 장식했다. 칸의 지지자들은 칸이 한 표현 중 '선의에서'라는 문구에 주목했다. 이들은 검열을 받은 칸이 하고 싶은 말은 다 할 수 없었지만 '선의에서'라는 표현을 넣음으로써 지지자들에게 무언가 암시를 했다고 봤다. 즉, 그는 항상 정부의 명령에 따라, 그리고 애국심에 따라 행동했다는 이야기를 하고 싶었던 것이라고 했다. 물론 이에 대한 진실은 칸 본인만 알 것이다. 칸 지지자들은 거리로 몰려나왔다. 그들은 "칸은 죄수가 아니다. 대통령이 돼야 한다", "칸은 국민영웅이다" 등을 외쳤다. 이들은 정부가 칸을 협박해 어쩔 수 없이 거짓말을 했다고 주장했다. 이들은 무샤라프의 퇴진을 요구했다.

무샤라프는 다음날 칸을 사면한다고 발표했다. 그는 '국제사회도 그의 죄를 용서해줄 것으로 보느냐'는 기자의 질문에, "내게 맡겨라. 내가 칸 박사와 국제사회 사이에서 중재를 하겠다. 그에겐 어떤 일도 생기지 않을 것이다"라고 했다.

이는 2006년 발표된 그의 회고록 내용과는 차이가 있다. 무샤라프는 회고록에서 "칸은 그냥 한 명의 금속공학자였으며 복잡한 핵개발이라는 과정에서 한 부분만을 담당한 사람이었다는 게 진실이다. 그러나 그는 자신을 알버트 아인슈타인이나 로버트 오펜하이머(注 : 원자폭탄의 아버지)인 것처럼 포장했다"고 했다. 무샤라프와 칸의 진실 공방, 비방전은 끝나지 않고 계속된다.

언론은 칸 박사의 말을 액면 그대로 받아들이지 않았다. 국내 여론의 상당수도 무샤라프보다 칸 박사를 지지하고 믿었다. 기자들은 무샤라프를 만날 때마다 정말 정부가 개입한 사실이 없었냐고 물었다. 이런 질문에 화가 난 무샤라프는 "만에 하나 정부나 군대가 이런 활동에 개입했다고 해보자. 만약 그것이 사실이라면 이를 사실 그대로 떠벌리는 것이 국가 이익에 도움이 된다고 생각하느냐"고 했다. 그는 "만약 그렇게 하게 되면 파키스탄은 불량국가로 지명될 것이고 물리적 위험에 빠질 수도 있다"고 했다. 한 외신 기자는 계속해서 물고늘어졌다. 그는 칸 박사와 관련된 자료와 증거를 제시하라고 했다. 독립적인 조사기관을 통해 다시 조사해야 하지 않느냐고 했다. 화가 난 무샤라프는 "그 얘기는 이제 그만해라, 파키스탄은 주권국가이고 핵프로그램 관련 내용은 미국이 됐든 다른 나라가 됐든 어느 곳에도 넘겨주지 않을 것이다"라고 했다.

미국 정부는 칸 박사에 대한 파키스탄 정부의 대응에 환영한다는 입장을 밝혔다. 국무부 대변인실은 "파키스탄 수사의 진정성에 대해 감탄했다"고 했다. 파키스탄이 관련 자료를 모두 국제사회에 제출할 것을 기대한다고 했다. 콜린 파월 국무부장관은 "최악의 핵확산범이 이제 사라졌다. 이제 우리는 A. Q. 칸과 그의 네트워크가 핵을 확산하는 것을 더 이상 우려할 필요가 없게 됐다"고 했다.

부시 대통령도 며칠 후 연설을 통해 파키스탄을 치켜세웠다. 그는 "A. Q. 칸은 범죄 사실을 실토했다. 그의 측근들도 사업을 더 이상 할 수 없게 됐다"고 했다. 부시 대통령은 '탐욕스럽고 광신도적인 핵 상인들이 여전히 불량국가에서 고객을 찾고 있다'고 했다. '수백만 달러에 관련 기술을 팔아 이들의 핵개발을 돕고 있다'고 했다. 부시 대통령은 "우리는 당신들을 찾아낼 것이고 당신들이 멈출 때까지 우리도 멈추지 않을 것"이라고 했다.

한편 IAEA와 UN은 칸의 사과문 발표 이후 이를 환영한다면서도 의아하다는 반응을 내놨다. 모하메드 엘바라데이 IAEA 사무총장은 칸 박사가 '빙산의 일각'이라며 '혼자서 그런 일을 하지는 못했을 것'이라고 했다. 코피 아난 유엔 사무총장 역시 지금 벌어지고 있는 상황이 조금 이상하다고 말했다. 이란과 리비아, 북한에 핵기술을 판매한 사람에게 사면을 내린다는 것이 쉽게 이해가 되지 않는다고 했다. 그는 훗날 이와 관련한 여론이 집중되자 "국가영웅을 상대해야 하는 무샤라프로서도 쉬운 일은 아니었을 것이다"라며 파키스탄을 더 이상 비판하는 모습을 보이지 않았다.

복수를 다짐하는 칸

칸 박사의 집은 정보당국이 통제했다. 직계가족을 제외하고 유일하게 그의 집을 드나들 수 있었던 사람은 샤히크 박사였다. 그는 칸 박사가 고혈압 증세를 보이고 있고 우울증 치료를 받고 있다고 했다. 전화는 차단됐다. 신문 배달도 금지됐다. 그는 TV도 볼 수 없었다. 소파에 앉아 혼잣말을 하거나 코란을 공부하며 시간을 보냈다. 요가 연습을 하기도 했다고 한다. 샤히크에 따르면 당시 칸 박사는 정신적으로 크게 힘들어했다. 칸 박사는 부시 대통령의 테러와의 전쟁이 기독교와 이슬람 사이의 십자군 전쟁이 되고 있다고 주장하기도 했다고 한다. 그러다 또 정신이 정상으로 돌아왔다고 한다. 칸은 군부, ISI, 그리고 자신을 배신한

그 어느 누구와도 대화를 하지 않겠다고 했다. 그는 속으로 복수를 다짐했다.

무샤라프 대통령의 전략은 칸과 칸의 측근들의 입을 막아 이 문제가 잊히도록 하는 것이었다. 정부 공식 발표로는 총 9명의 KRL 관계자들이 체포됐다. 더 이상의 수사는 없다는 입장이었다. 미국도 파키스탄으로부터 핵확산 과정에 대한 추가 정보를 들을 수 없었다. 파키스탄 외무부는 "IAEA와 미국이 파키스탄의 수사 처리 방식에 만족하고 있다"며 "이 사건은 이렇게 종료됐다는 사실을 밝힌다"고 했다.

칸 박사와 관련된 이야기는 뉴스에서 점점 사라져갔다. 북한은 2006년 10월 9일 함경북도 화대군 무수단리에서 1차 핵실험을 했다. 이란의 핵시설 사찰 과정에서 계속 의문스러운 핵활동이 감지됐다. 미국과 서방세계 입장에선 파키스탄의 핵무기는 이미 오래 전 일이고, 파키스탄의 핵확산도 일단락된 사안이었다. 전세계 언론 역시 북한과 이란의 핵활동을 더 큰 위험요소로 보고 크게 다뤘다. 정작 이들 국가에 핵기술을 전달한 파키스탄 네트워크의 실체에 대해서는 관심이 사라져갔다.

2011년에 공개된 칸의 진술서 全文…
"북한은 내게 핵무기를 보여줬다"

7년 전 對국민 사과 내용과 정반대인 칸의 진술서는 비밀에 부쳐졌다

북한은 이미 핵무기를 갖고 있었다?

A. Q. 칸은 2004년 1월 파키스탄 정보당국(ISI)의 조사를 받았다. 그는 이 과정에서 약 10쪽 분량의 진술서를 작성했다. 그는 한 달 뒤 TV에 출연해 對국민 사과문을 발표했다. 그는 핵확산에 정부의 개입은 없었다며 모든 책임은 자신에게 있다고 했다. 그러나 칸은 ISI에 제출한 진술서에서 정부의 지시에 따라 핵확산을 했다고 주장했다. 그는 중국의 도움을 받아 핵개발을 했다는 사실, 북한과 리비아, 이란에 핵기술을 이전한 과정에 대해 설명했다.

그의 주장에는 신빙성이 떨어지는 내용도 많았다. 하나의 예는 북한이 1950년대에 러시아로부터 200kg 상당의 플루토늄을 지원받았다는 점이다. 그는 자신이 북한을 방문했을 때 북한이 이미 완성된 핵무기를 보여줬다고도 했다. 그는 이 진술서를 통해 자신의 행동으로 북한이 핵무기를 갖게 된 것이 아니라는 점 등을 강조하려 하는 것 같다. 전문가들은 칸 박사가 자신이 핵확산의 주범(主犯)이 아니라는 점을 주장하기 위해 여러 거짓말을 한 것으로 본다.

문서는 영국인 기자 출신인 사이먼 헨더슨이 2011년 폭스뉴스에 전달해 공개됐다. 헨더슨은 오랫동안 칸과 접촉해온 인물이다. 아직까지도 칸과 접촉이 닿는 사람으로 알려져 있다. 헨더슨은 칸의 진술서와 칸이 부인에게 쓴 편지를 공개했다. 이 편지는 칸이 수사를 받기 전인 2003년 12월에 작성됐다. 칸은 파키스탄 정부가 모든 책임을 자신에게 돌릴 경우 대처할 방안을 설명했다. 정부가 핵확산에 개입했다는 증거 일부와 연락을 취할 기자의 이름을 적었다. 7년 만에 세상에 공개된 역사적 문서들이다.

앞으로 소개할 칸의 진술서와 ISI의 수사 보고서에는 자파르 니아지라는 사람이 자주 등장한다. 리비아와 이란의 핵확산에 대한 돈을 전달받은 것은 니아지라는 사람이라는 것이 칸의 주장이다. 그는 베나지르 부토 총리의 측근이다.

파키스탄 정부는 2004년 칸을 수사할 당시 그의 전화를 도청했다. 칸은 이란 측에 "파키스탄과 이란의 핵협력에 대해 질문을 받으면 이미 죽은 사람의 이름만 대라"고 했다. 파키스탄 전문가인 하산 아바스 교수는 칸이 니아지라는 엉뚱한 사람의 이름을 집어넣어 수사를 어렵게 하려 했다고 주장한다. 니아지는 칸이 수사를 받을 당시 이미 사망한 상태였다. 칸 박사가 아닌 다른 사람이 돈을 받은 것처럼 위장하려 했다는 주장이다.

진술서와 편지 전문(全文)을 번역해 차례로 소개한다.

진술서 전문(全文)

〈나는 1971년 12월, 파키스탄 군대가 (방글라데시) 다카에서 항복하는 가장 고통스럽고 치욕스러운 장면을 벨기에에서 봤다. 당시 나는 박사 학위 논문을 막 제출한 뒤였다. 파키스탄 장교와 병사들이 손을 등 뒤로 묶이고 머리를 삭발당하는 모습, 인도 군인들이 이들을 가축떼처럼 발로 차고 몽둥이로 때리는 모습은 너무나 충격적인 장면이었다. 나는 평생 이를 잊지 못할 것이다.

1974년 나는 암스테르담에 있는 FDO라는 회사에서 선임과학자로 근무하고 있었다. 당시 나는 우라늄 농축 기술을 전문으로 했다. 이는 네덜란드와 독일, 영국이 20년이 넘는 기간 동안 수십억 달러를 써가며 완성한 가장 발달되고 가장 복잡한 기술이었다. 지금까지도 우라늄 농축과 관련해서는 최고의 기술을 자랑하고 있는 곳이다.

1974년 5월 18일, 인도는 처음으로 핵폭발 실험을 했다. 파키스탄의 안보에 대한 직접적인 위험을 주는 행동이었다. 나는 줄피카르 알리 부토 총리에게 도움을 주겠다고 했다. 1974년 12월 20일 나는 파키스탄을 잠시 방문해 부토 총리에게 (핵무기) 관련 내용을 설명했다. 나는 파키스탄이 핵역량을 갖추게 할 수 있다고 했다. 파키스탄 원자력위원회(PAEC)의 무니르 아메드 칸 위원장에게도 관련 내용을 설명했다. 그런 뒤 나는 네덜란드로 다시 돌아갔다. 1975년 12월 21일 나는 연휴를 맞아 파키스탄을 다시 찾았다. 지난 1년간 어떤 진전이 있었는지 확인하고자 했다. 진전 상황은 거의 '제로'에 가까웠다. 나는 이 문제를 총리에게 알렸다. 그는 네덜란드 FDO에 사표를 내고 파키스탄에 남아줄 것을 내게 요구했다. 이는 나와 가족에게 있어 힘든 결정이었다. 그러나 나는 내가 사랑하는 조국 파키스탄에 남기로 결정했다. 1976년 6월 PAEC의 자문위원으로 임명됐다. 나는 6개월간 월급을 받지 않으며 근무했다. 당시 근무상황은 참담하고 구역질이 났다. 이후 월급으로 3000루피(약 300달러)를 받게 됐다.

PAEC 밑에서 일하는 것은 거의 불가능한 상황이었다. 부토 총리는 또 다른 협력위원회를 만들어 이 문제를 PAEC와 별개로 진행하도록 했다. 위원장은 A. G. M. 카지가 맡았고 아가 샤히 외무장관과 굴람 이샤크 칸 국방장관이 위원으로 임명됐다. 우리는 총리의 직속 기관으로 일하게 됐다.

내가 수십억 달러의 가치가 있는 기술과 경험, 노트를 파키스탄에 가지고 왔다는 사실을 잊어서는 안 된다. 나의 지식과 경험이 없었다면 파키스탄은 절대로, 절대로 핵무장 국가가 되지 못했을 것이다. 나의 추진력과 지식, 그리고 성과 덕택에 파키스탄이 지금 꼿꼿이 서서 걸을 수 있는 것이다.

내가 어떻게 일을 구상하고 시설을 만들었으며 필요한 장비와 기기를 수입하는 효율적인 네트워크를 만들어낸 과정은 파키스탄 역사의 일부가 됐다. 나는 이 프로젝트의 모든 부문을 직접 감독했다. 부품을 공급하는 회사들에는 내가 직접 설계도와 세부 특징을 정리해 보내줬다. 이런 고급 기술에 대해 전혀 알지 못하던 수백 명의 과학자와 엔지니어들을 직접 훈련시켰다. 우리의 작업 속도와 우리가 일궈낸 성과는 우리의 숙적(宿敵)과 반대세력들, 그리고 서방세계를 놀라게 했다. 서방세계는 자전거 체인이나 바느질용 바늘도 만들지 못하는 제3국가가 가장 빠른 기간에 세상에서 가장 어려운 핵기술을 완성하는 것을 지켜볼 수밖에 없었다.

우리가 일궈낸 가장 선진화된 기술 덕에 우리는 중국과 역사적인 거래를 할 수 있게 됐다. 나는 중국에 도움을 줬다. 중국은 이에 따른 대가로 무니르 아메드 칸이 몇 년 동안 해내지 못했던 여러 프로젝트에 도움을 줬다. 육불화우라늄(UF6), 재처리기술, 원자로 등이 그 예다.

1984년에 들어 우리는 여러 차례의 모의실험에 성공하고 30개의 핵무기에 필요한 부품을 모두 만들어놓은 상황이었다. 나는 중국에 개인적으로 부탁을 했다. 중국 원자력기술 담당 장관은 우리에게 50kg 상당의 무기화할 수 있는 농축 우라늄을 선물해줬다. 이는 핵무기 2개를 만들 수 있는 양이었다. 이 선물은 중국이 나로부터 받게 된 농축 기술이 얼마나 중요한 것이었는지를 명백하게 보여준다. 나는 인도의 핵협박에 맞서고 조국에 대한 안보 위협을 없애기 위해 중국에 이런 부탁을 했던 것이다.

개발 작업은 매우 빠르게 진행됐다. 나는 주 7일, 매일 14시간에서 16시간을 일했다. 여러 어려움 속에서도 맡은 임무를 완수하기 위해서였다. 각종 수출 규제와 싸우고 제대로 훈련된 인력이 없는 상황에서 이런 일을 했던 것이다.

1988년 8월 지아 대통령이 비극적인 비행기 추락사고로 숨졌다. 선거가 치러졌고 베나지르 부토가 총리가 됐다. 이미티아즈 장군이 핵프로그램을 감독하게 됐다.

1985년 이란에서는 혁명이 일어났다. 혁명 후 사람들의 옷 입는 방식이 바뀐 것을 측은해하는 파키스탄인들이 많았다. (핵시설이 있던) 카후타에는 시아파 근무자들이 많았다. 하니프 카릴이라는 고위급 직원이 있었는데 그는 이란 대사인 무사비와 접촉하기도 한 것으로 알려졌다. 나는 그에게 행동을 조심하라며 주의를 줬다.

1989년인가 1990년, 베그 참모총장은 약 10년간의 국방비를 받아내는 대가로 이란에 일부 무기와 기술을 제공하겠다는 약속을 했다. 이란 육군참모총장이던 샴카니가 비행기를 타고 이슬라마바드에 와서 무기와 각종 서류를 가져갔다. 베그 장군은 베나지르 부토 총리와 이미티아즈 장군에게 많은 압력을 가했다. 그가 이란과 한 약속을 이행할 수 있도록 압박한 것이다. 이미티아즈 장군은 하시미 박사에게 연락해 원심분리기 부품 일부와 설계도 등을 이란에 전달하라고 했다. 당시 나는 현장에 없을 때였다. 내가 다시 현장에 복귀하자 이미티아즈 장군은 구식 원심분리기 P-1 두 개의 부품과 더 이상 쓰지 않는 장비들을 포장하도록 했다. 설계도도 여기에 포함됐다. 이 설계도만 가지고는 어려운 우라늄 농축 기술을 완성할 수 없었다. 부품과 설계도는 니아지 박사에게 전달됐다. 알다시피 니아지 박사는 베나지르 부토와 이미티아즈 장군의 측근이었다.

1994년인가 1995년 언젠가로 기억한다. 니아지 박사는 내게 이란 과학자들을 만나줄 것을 요청했다. 이들은 중국을 거쳐 두바이, 이란으로 향하는 길에 파키스탄의 카라치를 들를 것이라고 했다. 나는 카라치의 게스트하우스에서 이란 과학자들과 한 시간 반 정도 만났다. 나는 이들을 아무도 알지 못했다. 이들은 이름도 밝히지 않았다. 이들은 핵프로그램에 진전을 보이지 못하고 있다며 내가 직접 이란을 방문하거나 전문가팀을 몇 주 정도 이란에 보내줄 수 있겠냐고 했다. 나는 이런 형태의 접촉은 불가능하다고 단도직입적으로 말했다. 그러자 이들은 몇 가지 간단한 질문을 했다. 나는 세상에 공개돼 있는 전문 과학 서적에 관련 질문에 대한 답이 다 있다고 했다. 이들은 공개된 과학 서적들에 담겨 있는 기본적인 내용들도 알지 못하는 것 같았다.

지아 장군이 정권을 잡았던 시절, 베나지르와 그의 가족, 이미티아즈 장군과 니아지 박사 등은 리비아의 카다피 대령으로부터 재정 지원을 받았다. 카다피 대령은 고(故) 줄피카르 알리 부토가 핵프로그램을 시작할 수 있게 2억 달러를 제공한 것으로 알려졌다. 부토 총리의 대변인을 맡았던 칼리드 하산이 이런 사실을 확인한 바 있다. 그는 BBC의 '프로젝트 706-이슬람 폭탄'이라는 방송에서 이런 사실을 털어놨다. 나는 설계도와 부품이 실렸던 상자 중 하나는 이란에 넘어갔고 하나는 리비아로 갔다고 생각한다.

니아지 박사는 두바이와 트리폴리, 런던을 자주 방문했다. 그는 두바이에서 파룩이라는 스리랑카인과 친해졌다. 그는 영국인 피터를 통해 파룩을 알게 됐다. 니아지는 파룩을 통해 리비아와 접촉한 것 같다. 그는 내가 터키를 방문했을 때 리비아 측과 만날 수 있게 주선하는 일을 파룩에게 시켰다.

나는 이스탄불에 가서 헬링브루너 박사와 러치, 루에그 등과 만났다 (정확한 날짜는 기억나지 않는다). 당시 파룩은 내게 니아지 박사의 친구가 근처에 있는 쉐라톤 호텔에서 만나고 싶어한다고 말해줬다. 우리는 당시 딜선 호텔에 머물고 있었다. 그때 나는 자신을 '마기드'라고 소개한 통통하고 피부가 짙은 남성을 만났다. 그는 우라늄 농축 분야의 연구 개발 프로그램을 시작하려 한다며 파키스탄 정부의 지원을 약속 받았다고 했다. 나는 이들(리비아)에게는 훈련된 인력이나 인프라가 부족하다고 했다. 그는 그럼에도 개발을 할 수 있다며 실험실에서 각종 실험을 할 계획이라고 했다. 나는 이 기술이 얼마나 복잡하고 어려운가에 대해 간략하게 설명했다. 약 30분 뒤 만남은 끝났다. 그는 필요한 일이 있으면 파룩과 연락하겠다고 했다. 그는 기술 전문가가 아니었다.

우리는 그들로부터 몇 년 동안 아무런 연락도 받지 못했다. 그러다 내가 터키와 스위스의 부품회사들과 접촉하기 위해 터키로 향한 적이 있었다. 파룩의 조카인 타히르는 그의 삼촌이 리비아에서 온 신사 한 명과 전화통화를 했고 그가 우리를 만나러 오고 있다고 했다. 나는 이 신사를 타히르와 함께 만났다. 그는 평범한 몸매에 머리가 살짝 벗겨진 사람이었다. 그는 자신을 엔지니어라고 소개했으며 이름은 마푸즈(마투크)라고 했다. 그는 지금까지 어떤 진전도 일어나지 않았다며 지금부터 새롭게 프로그램을 시작할 것이라고 했다. 그는 작은 연구시설 규모에서부터 프로그램을 개발할 것이라고 했다. 나는 (핵) 시설은 큰 곳에 지어야 한다고 했다. 각종 시설이 들어서야 하고 많은 인력이 필요하다고 했다. 그는 지하에 시설을 지을 생각이라고 했다. 나는 그렇게 큰 시설을 지하에 짓는 것은 불가능하다고 했다. 그는 작은 시설에서도 핵개발을 할 수 있다고 생각했다. 그는 낙타나 염소 농장 규모의 땅만 필요할 것으로 생각했다. 나는 우선 많은 사람들을 해외로 보내 학위를 받고 훈련을 받고 오게 하라고 했다. 그런 다음에 개발을 시작하라고 했다. 그는 이런 조언을 마음에 들어 했다.

그로부터 약 4~5년 후, 두바이에 간 적이 있다. 타히르는 저녁 식사에 사람들을 초대했는데 마푸즈의 가족 약 10명이 왔다. 그는 아직 프로그램을 시작하지 못했다며 외국에서 물건을 납품해줄 회사들과 접촉하고 있다고 했다. 이들은 관련 부품과 장비를 보내주기로 약속했다고 했다. 두바이와 다른 나라를 거쳐서 물건을 받을 것이라고 했다. 나는 그냥 듣기만 했다. 나는 이들이 큰 성과를 얻어내지 못할 것 같다고 혼자서 확신했다. 그들에게 필요한 것은 이 프로그램에 대해 전념하는 마음, 그리고 잘 훈련된 인력이었다. 이들은 둘 다 갖추지 못했다.

나는 4~5년 사이 이 신사를 타히르의 집에서 한 차례인가 두 차례 더 만났다. 그는 기술적인 문제를 논의하거나 질문을 하지 않았다. 그는 타히르와 사업을 하며 겪는 계약금 지불 문제 등을 가끔 언급했다. 타히르는 마푸즈가 일부 돈을 개인용도로 쓰기 위해 항상 빼돌리고 있다고 말한 바 있다. 마푸즈 곁에는 카림이라는 젊은 남성이 항상 같이 있었다. 내가 카림을 마지막으로 만난 것은 카사블랑카에서 한 30분 동안 커피를 마실 때였다. 당시 나는 아프리카 팀북투로 가기 전이었다. 타히르는 카림이 나를 만나고 싶어했다고 했다. 카림은 부품 납품업체들로부터 여러 어려움을 겪고 있다고 했다. 타히르는 카림에게 납품업체에 돈을 최대한 빨리 전달하라고 했다. 마푸즈는 그가 하고 있는 일에 대한 자세한 내용을 내게 알려주거나 질문을 하지도 않았다. 나는 타히르가 그를 도와주고 있다는 것을 알고 있었다. 납품회사와 고객 간의 거래였다. 납품회사는 우리가 전달한 설계도를 모두 갖고 있었다. 필요에 따라 이를 수정하기도 하고 가격을 새롭게 책정해 알려주기도 했다.

내가 리비아 측과 마지막으로 만났을 때 느낀 점은 이들이 장비를 제대로 작동하지 못한다는 것이었다. 우라늄 농축은 언급할 가치도 없었다. 나는 리비아를 방문한 적이 한 번도 없다. 이들 시설에 대한 자료를 본 적도 없다. 리비아 프로그램에 대해 아는 것은 하나도 없었다. 아주 초보적인 작업조차도 성공하지 못했다고 들었다.

서방에 있는 납품회사들은 각종 부품을 제공했다. 말레이시아의 한 공장은 정유 관련 제품을 생산했다. 이는 아마드 바다위 말레이시아 총리의 아들이 운영하는 곳이었다. 스위스 엔지니어 한 명이 이 공장에서 필요한 부품들을 만들었다. 이 부품들이 실린 선박이 이탈리아 인근에서 나포됐다. 여기에 실렸던 제품들은 말레이시아 공장에서 생산된 것으로 알려졌다. 파키스탄과 칸 연구소(KRL)는 이와 관련해 어떤 역할도 하지 않았다.

타히르는 자신의 공장에서 근무할 엔지니어를 찾고 있었다. 그는 은퇴했거나 은퇴할 예정인 엔지니어를 찾는다고 했다. KRL에 근무하던 파룩은 새로운 일자리를 알아보고 있었다. 나시무딘이라는 엔지니어의 자녀들은 미국에서 공부하고 있었다. 그 역시 해외에서 일할 수 있는 곳을 찾았다. 나는 이들에게 이력서를 말레이시아 쪽에 보내도록 했다. 나시무딘은 말레이시아를 직접 방문했으나 별로 마음에 들지 않아 했다. 그는 중동 다른 국가에서 공무원으로 일할 수 있는 곳을 찾았다. 파룩은 관심이 있어 보였다. 그러나 그의 상관이 은퇴를 하면 승진할 수 있을 것이라는 생각에 파키스탄에 남기로 했다. 이들은 모두 말레이시아에 대한 관심을 끊었다.

리비아 측이 우리의 이름이나 서명이 담긴 문서 및 설계도를 갖고 있다면 이는 스리랑카인 파룩이나 타히르, 혹은 다른 납품회사들로부터 구한 것일 것이다.

타히르가 말레이시아, 미국, 그리고 영국 정부 당국자들의 조사를 받았다는 것을 들었다. 그가 말하는 모든 것들은 자신의 죄를 면하기 위해서이다. 그는 수사관들이 듣고 싶어하는 말들을 하고 있다. 거짓말임에도 말이다.

나는 KRL 어느 누구에게도 리비아 쪽에 핵물질을 보내도록 지시한 적이 없다. 2톤 상당의 기체 핵물질을 카후타 핵시설에서 빼내 리비아로 보내는 것이 발각되지 않을 수도 없다. 우리가 물질 재고를 기록한 문서는 완벽하게 작성돼 있다. 이 정도의 핵물질이 사라졌다고 믿는 사람은 200~300kg 상당의 무기화가 가능한 우라늄이 사라지는 것도 가능하다고 믿을 것이다. 말이 안 되는 일이다.

내가 리비아의 여권을 받으려 했다는 주장도 말이 안 된다. 나는 유럽에서 15년을 살았고 독일이나 네덜란드, 벨기에로부터 시민권을 얻었을 수도 있다. 그럼에도 나는 파키스탄 여권을 유지하기로 했고 이를 자랑스럽게 생각한다. 사우디아라비아의 왕자는 나에게 사우디 여권을 내주겠다고 했으나 나는 이를 거절했다. 아랍에미리트 측에서도 시민권을 주겠다고 했다. 고급 빌라도 내주겠다고 했다. 나는 이 역시 정중히 거절했다. 나는 이런 매력적인 제안을 모두 거절하고 파키스탄에서 살며 일해왔다.

이란은 부품과 장비를 직접 구입하고 제작하려 했다. 이란과 마지막으로 접촉한 것은 벌써 몇 년 됐다. 약 10년 전 타히르는 P-1 원심분리기를 요청했다. 정확한 내용은 잘 기억나지 않는다. 과거에 사용했으나 더는 사용하지 않는 부품(약 200개)과 새롭게 만들어진 부품이 타히르에게 전달됐다. 타히르는 이를 이란 측에 넘긴 것 같다. 원심분리기 용기나 주입 체계 등 중요 부품은 없었다. 이런 중요 부품이 없으면 나머지 장비는 거의 의미가 없다. 또한 보내진 부품들은 오래된 것들이고 더 이상 사용되지 않는 것이었다. 이 부품들로 아무리 잘 해봐야 (원심분리기) 장비 몇 개를 만들 수 있었을 것이다. 이에 성공한다고 해도 (우라늄 농축을 위해) 필요한 수준의 회전 속도를 내지 못했을 것이다. 최고 회전 속도(6만3000rpm)를 내기 위해서는 이 장비를 매우 정교하게 조립하고 균형을 맞출 수 있어야 한다. 나는 이미티아즈 장군과 정부의 지시에 따라 이 부품이 전달되도록 했다. 이란 사람들을 기쁘게 하고 양국의 우정이 유지되도록 하기 위해서였다. 이란은 15년 동안 어떤 진전도 이뤄내지 못했다. 이는 핵기술을 완성하기 위해서는 매우 복잡하고 까다로운 기술 경험이 있어야 한다는 점을 보여준다.

이란은 야당 세력의 배신 등으로 인해 진전을 이뤄내는 데 실패했다. 그런 이란이 우리를 지목해 책임을 우리 쪽에 떠넘기려고 한다는 얘기가 나오는 것은 매우 안타깝다. 이란은 파키스탄 측 관계자 이름이나 소식통을 공개하지는 않은 것으로 알려졌다. 전직 이란 대사가 그런 일이 없을 것이라는 점을 약속했다.

이란이나 리비아에 일부 지원을 제공한 것은 이들 국가와 우호적인 관계를 유지하기 위해서였다. 나는 이들이 핵기술을 완성할 수 있다고 생각한 적이 한 번도 없다. 이들은 필요한 인프라 시설이나 훈련된 기술자들, 그리고 기술적 노하우가 없었기 때문이다.

총리와 참모총장의 승인 하에 북한과 계약이 체결됐다. 1500km 사거리의 미사일을 구입하는 것이었다. 나는 대표단을 이끌고 북한을 방문해 5일간 머물렀다. 미안 무쉬타크 장군, 소할리 아메드 칸 제독, 카지 대령, 미르자 박사, 나심 칸 등이 대표단에 포함됐다. 얼마 후 북한

쪽에서도 대표단을 파키스탄에 보내와 계약이 체결됐다. 북한이 물건을 약속대로 보내오면 북한 대표단이 카후타 핵시설에 머물 수 있을 것이라고 했다. 1993년인가 1994년에 있었던 일이라고 생각된다. 북한 측은 미사일과 관련해 우리 측 엔지니어와 기술자들을 교육시켰다. 북한 사람들은 원심분리기 제조 시설에서 주로 근무했다. 북한은 이 기술에 관심을 가졌고 일부 엔지니어들은 회전자 튜브 등을 제작하는 공장에서 많은 시간을 보냈다. 이들은 P-2 원심분리기에 필요한 부품들을 만드는 곳이었다. 북한 사람들은 코카르와 많은 시간을 보냈다. 코카르는 액체연료 로켓 엔진을 만들고 있었고 북한인들로부터 도움을 받았다. 북한인들이 이곳에 머무는 동안 코카르가 일부 원심분리기 기술에 대한 내용을 설명해줬을 가능성은 있다.

1996년 즈음 미사일 프로젝트가 진행되고 있을 때 북한으로 보내야 하는 돈이 전달되지 못하고 있었다. 파키스탄 군부의 어떤 사람이 북한 측의 강 장군(注 : 강태윤 참사)에게 연락을 해 지아우딘 장군에게 돈을 주면 북한이 받아야 할 돈이 전달될 것이라고 했다. 강 장군은 그에게 50만 달러를 가방에 담아 전달했다. 카라마트 참모총장은 이에 대해 알게 됐고 내게 전화를 걸어왔다. 그는 강 장군과 만나 육군이 비밀리에 운영하는 자금으로 쓸 수 있게 돈을 달라고 하라고 했다. 그는 이 돈을 받으면 북한에 줄 돈이 집행되도록 하겠다고 했다. 그는 내게 몇 번 전화를 걸어 독촉하기도 했다. 나는 강 장군에게 이런 사실을 알렸고 그는 50만 달러를 현금으로 내게 건넸다. 나는 이를 직접 카라마트 장군에게 전달했다. 카라마트는 돈이 더 필요하다며 강 장군에게 또 연락을 하라고 했다. 강 장군은 며칠 뒤 자신의 상관이 250만 달러를 더

줄 수 있다고 말했다고 했다. 그는 이에 따른 대가로 북한의 우라늄 농축 기술을 도와달라고 했다. 북한은 이미 원자로를 갖고 있었고 플루토늄을 생산하고 있었다. 강 장군의 상관에 따르면 북한은 이미 일부 무기를 개발했다. 한국전쟁이 끝난 얼마 뒤인 1950년대 중반에 러시아로부터 200kg 상당의 플루토늄과 핵무기 설계도를 받았다고 했다. 북한은 미르자 박사와 내게 완성된 핵무기를 보여줬다. 우리 것보다 기술적으로 더 뛰어났다. 북한은 (우라늄 농축 기술이) 원자로 가동을 위해 필요하다고 했다. '디퓨전' 방식보다 10분의 1의 돈을 들여 비슷한 효과를 볼 수 있기 때문이다. 북한은 무기화할 수 있는 수준의 우라늄 농축에는 관심이 없다고 했다. 또한 무기화에 필요한 '캐스케이드' 등의 설계도를 요구하거나 관련 질문을 하지 않았다. 나는 이를 카라마트 장군에게 알려줬다. 그는 내게 그렇게 추진하라고 했다.

나는 부하들에게 구식 P-1 원심분리기 20개를 준비해 북한에 보내도록 했다. 북한은 이미 파키스탄 시설에서 근무를 한 적도 있었기 때문에 P-2 원심분리기도 잘 알고 있었다. 이들은 P-2 원심분리기 4개를 요청했다. 나는 이를 카라마트 참모총장에게 보고했고 그는 그렇게 하라고 했다. 나는 카라마트 장군의 관사를 찾아가 250만 달러를 전달했다. 카후타 시설의 선임 엔지니어들이 북한의 프로그램을 담당했다. 북한 사람들과 매일 만나 이곳 저곳을 보여주고 기술과 관련한 토론을 했다. 나는 이에 거의 참여하지 않았다. 나는 행정적 업무 처리를 위해 3~4시간 정도만 카후타 시설에 갔었다. 나는 대부분의 시간은 나의 사무실에서 보냈다. 북한은 (원심분리기) 장비들을 자신들의 비행기에 직접 실어갔다. 이 비행기를 통해 미사일 부품이 파키스탄에 전달됐다. 보안요원들이 파키스탄으로 들어오고 파키스탄을 떠나는 모든 화물을 검사했다. 미르자 박사와 나심 칸 역시 각종 소프트웨어 체계를 만들어 북한에 전달했다.

북한은 육불화우라늄(UF6) 일부를 가져와 분석하기도 했다. 우리가 이를 돌려본 결과 우라늄 농축을 할 정도로 깨끗하지 않았다. 북한은 육불화우라늄 가스 일부를 요구했다. 자신들 것과 비교를 해보겠다고 했다. 우리는 이를 그들에게 줬다. 이 가스는 기술적으로나 금전적으로 아무 가치가 없다. 누구나 해외에서 이 정도의 샘플을 구입할 수 있었다. 파이프에서 흐르는 기체나 액체의 속도를 측정하는 유량계(流量計) 샘플도 하나 전달됐다. 유량계는 UF6를 사용할 때 필요한 장비다. 파키스탄은 이를 수입할 수 없었다. 그러나 이는 유럽에서는 쉽게 구할 수 있는 장비였다. 북한은 이에 대한 대가로 우리에게 크라이트론(기폭장치 고속 스위치)을 만드는 방법을 알려줬다. 이는 수입이 금지된 부품이었다. 이는 핵무기를 폭파시킬 때 필요하다. 이는 우리에게 매우 중요한 기술이었다.

북한 사람들은 몇 년째 파키스탄에 머물고 있었다. 페르베즈 무샤라프 육군참모총장은 이들을 당장 북한으로 돌려보내라고 했다. 이들은 3일 뒤에 북한으로 갔다. 그후 이들과 접촉한 적은 없다.

나는 2001년 3월 31일 KRL을 떠났다. 그리고 그게 끝이었다.

일부 서류들과 자료들이 파기됐다는 것과 관련해서 할 말이 있다. 나는 훗날 파키스탄이 북한에 기술이나 장비를 이전했다는 사실이 드러날 수 있는 서류와 기록들을 보관하지 말도록 지시했을 뿐이다. 당시 파키스탄을 상대로 한 여러 로비 공작이 벌어지고 있었다. 나는 이런 서류들이 잘못된 사람의 손에 넘어가게 된다면 파키스탄을 공격하는 데 사용될 수 있다고 봤다. 이 모든 것은 사전에 위험을 차단하기 위한 목적이었을 뿐이다.

나는 파키스탄 국익에 반하는 어떤 행동도 하지 않았다. 내가 한 행동으로 핵무기 확산이라는 사태가 발생할 수도 없었다. 이 모든 것은 이들 국가와 우호적인 관계를 유지하기 위해서였다. 이들 국가는 파키스탄을 도와왔던 나라들이다.

다시 한 번 강조하고 싶지만 나는 절대로, 절대로 이란이나 리비아 영토에 발을 디딘 적이 없다.

1989년 초 베그 장군은 내게 이란의 우라늄 농축 기술을 도와줄 수 있느냐고 했다. 이란이 핵역량을 갖추도록 도와주라는 것이었다. 그는 이란이 핵역량을 갖추면 파키스탄을 미국이나 다른 서방국가로부터 보호하는 방패가 될 것이라고 했다. 이들 국가가 파키스탄에 대해 짓궂은, 혹은 모험적인 행동을 하지 못할 것이라고 했다. 나는 이런 의견에는 동의했지만 정부의 공식적인 지시가 있어야만 그렇게 할 수 있다고 했다. 이미티아즈 장군은 내게 필요한 일들을 하라고 했고 나는 총리로부터 직접 승인을 받아야만 할 수 있다고 했다.

리비아의 경우도 마찬가지였다. 니아지 박사는 총리의 승인을 받았다고 내게 알려줬다. 나는 이런 승인을 받고 필요한 행동을 했던 것이다.〉

2003년 12월 10일 칸이 부인 헨리에게 쓴 편지 全文

〈여보, 만약 정부가 내게 못된 짓을 하려고 하면 강경하게 대응해주십시오.

(1) 당신도 알다시피 우리는 중국과 15년 동안 협력 관계를 맺어왔습니다. 우리는 중국 한중(漢中, 西安에서 서남쪽으로 250km)에 원심분리기 시설을 만들었습니다. C-130 수송기에 장비와 인버터, 밸브, 유량계, 압력계 등을 실어 보냈습니다. 우리 연구팀은 몇 주간 그곳에서 지냈고 중국 측도 이쪽에 와서 몇 주간을 지냈습니다.

(2) 중국은 우리에게 핵무기 관련 설계도와 50kg 농축 우라늄, 10톤 상당의 UF6(천연)와 5톤의 UF6(3%)를 줬습니다. 중국은 파키스탄 원자력위원회(PAEC)가 UF6 시설을 짓는 것을 도와줬습니다. 플루토늄과 재처리시설을 위한 원자로용이었습니다.

(3) 베나지르 부토 총리와 베그 장군의 지시에 따라 이미티아즈 장군은 하시미(注 : 칸의 동료)와 내게 설계도와 일부 부품을 이란에 전달하라고 했습니다. 우리는 직접 접촉한 적이 없었고 누구를 직접 보내거나 누가 우리를 방문하게 한 적이 없습니다. 납품회사들의 이름과 주소들도 이란에 전달됐습니다. 이는 니아지 박사(注 : 부토의 치과의사이자 측근)를 통해 전달됐습니다. 분명히 이를 통해 돈을 받았을 것입니다 (100만 달러).

(4) 카라마트 장군은 나로부터 300만 달러를 전달받았습니다. 이는 북한이 전달한 돈입니다. 카라마트는 북한에 설계도와 장비를 보내라고 했습니다.

(5) 우리는 무기들을 리비아와 수단, 말레이시아에 팔았습니다. 보스니아에도 팔았습니다. (注 : 재래식 무기)

(6) 이에 대한 증거들은 안전한 곳에 보관돼 있고 대중이나 언론들에게 전달될 것입니다.

이슬람 소령이나 하시미를 통해 S M 자파르(注 : 칸의 변호사)를 찾으십시오. 그를 통해 이 문제를 법원이나 대중에 공개되게 하십시오.

사이먼 헨더슨(注 : 영국 기자)과 연락하시고 세부 내용을 모두 알려주십시오.

헨크(注 : 네덜란드에서 활동하던 칸의 측근)에게 연락해 텔레그래프(注 : 네덜란드 일간지) 사람을 소개받아 필요한 자료를 다 주십시오.

이들에게 개자식들이 처음에는 우리를 이용해먹고 이제는 우리에게 더러운 장난을 치려 하고 있다고 알려주십시오.

사랑합니다.

빨리 타냐(注 : 손녀)와 함께 두바이로 가서 얼마 동안 지내십시오. 아니면 타냐를 아예샤(注 : 이슬라마바드에 거주하던 딸)에게 맡기도록 하십시오.

영국 주재 파키스탄 고등판무관을 지내고 있던 와지드 하산의 말처럼 나를 희생양으로 삼으려고 하는 것 같습니다.

자신들이 이란과 리비아, 북한과 관련해 나를 통해 했던 (더러운) 일들을 감추기 위해 나를 제거하려고 할 수도 있습니다.

당신에게 이를 미리 알려주는 바입니다.

A. Q. 칸〉

| **18** |

칸 수사보고서: "칸이 직접 돈을
받진 않았으나 핵기술을 확산했다"

大지진으로 만신창이가 된 핵시설…무샤라프의 복구 도움 요청을 거절한 칸

핵개발 모토 '구걸하거나 빌리거나 훔쳐오라'

2011년 폭스뉴스는 헨더슨 기자로부터 또 하나의 서류를 입수해 보도했다. 이는 '파키스탄 정보당국(ISI)의 A. Q. 칸 수사 보고서'라는 이름의 문서다. ISI가 칸 박사의 對국민 사과 방송 전에 진행된 수사에서 확인된 내용들을 담고 있다.

이 문서는 파키스탄 핵개발의 간략한 역사부터 확산까지의 일련의 상황을 담고 있다. 파키스탄 핵개발의 모토는 '구걸하거나 빌리거나 훔쳐오라'였다고 했다. 파키스탄 핵개발 과정을 세 단어로 요약, 핵심을 짚은 표현이다.

이 문서는 서방 정보당국에 공유하기 위해 만들어진 것으로 알려졌다. 미국을 비롯한 국제사회는 칸 박사를 직접 조사하겠다고 했다. 그러나 파키스탄은 이미 조사가 완벽히 끝났다는 이유를 들며 칸에 대한

조사를 허용하지 않았다. 칸에 대한 추가 조사는 필요 없다는 메시지를 전달하기 위한 목적에서 만들어졌기 때문에 이 문서가 사건의 전말을 담고 있는 '수사 보고서'라고 보기 어렵다. 또 중국으로부터 받은 기술 도움과 북한으로의 핵확산 과정은 전혀 언급되지 않았다. 리비아와 이란 등에 대한 핵확산은 애매한 부분이 있지만 중국으로부터의 도움, 북한에 대한 기술 전달은 칸이 주동적으로 움직였다. 칸은 이런 사실을 ISI에 제출한 10쪽 분량의 진술서에서 상세히 밝힌 바 있다. ISI의 수사 보고서는 칸의 조달책들이 이란과 리비아로부터 돈을 받고 '그다지 중요하지 않은 기술 일부'를 전달한 것이라고 주장하고 있다. 그렇지만 이란과 리비아에 핵기술이 전달됐다는 사실, 이에 대한 대가로 칸의 네트워크가 돈을 받았다는 사실을 인정했다.

앞서 파키스탄 정부는 칸 박사를 가택 연금하면서 그가 '불법 밀수출 네트워크의 총책임자였다'고 했다. 비밀리에 외국에 핵기술을 팔았는데 목적은 돈을 벌기 위해서가 아니고 다른 이슬람 국가들을 도와주기 위해서라고 했다. 이 보고서 역시 이란과 리비아와의 우호관계 유지를 위해 이런 사건이 일어났다고 적고 있다.

이 문서에는 흥미로운 대목이 몇 개 더 있다. 우선 이란과 리비아로부터 받은 돈 대부분은 칸의 조달책으로 활동한 사업가들이 사용했다고 했다. 그러나 '일부가 칸 박사가 파키스탄에서 운영하는 사회복지 프로그램에 기부금 형식으로 들어갔다'고 했다. 또한 이들 조달책은 칸의 지시를 받지 않고 자의적으로 핵 관련 기술을 외국에 보낸 것으로 묘사돼 있다. 칸이 모르는 사이에 기술이 외국으로 넘어갔을 가능성이 있다는 주장이다.

이 보고서는 말미에 흥미로운 내용을 담기도 했다. 일부 기술이 확산됐을 수는 있지만 큰 문제가 발생하지는 않았다고 했다. 또한 '서방의 납품회사가 가장 위험한 기술을 파는 대규모 암시장 네트워크'라는 것에 대해 전세계가 경각심을 갖게 되는 계기가 됐다고 했다. 핵개발에 필요한 부품 및 장비의 설계도는 칸의 조달책으로부터 유출됐을 수 있지만 결국 이 설계도를 전달받아 물건을 납품하는 것은 서방세계의 회사들이었다는 주장이다. 만에 하나 확산이 일어났다 하더라도 이는 칸과 연계된 조달책뿐만 아니라 실제 물건을 만들어 납품한 회사들 잘못도 있다는 것으로 보인다.

ISI는 국제사회가 칸을 조사할 경우 생길 파장을 우려해 칸의 책임을 최소화하려 한 것 같다. 파키스탄 정부의 개입은 없었다고 한 상황에서 칸이 입을 열면 지금까지의 노력이 모두 물거품이 될 수 있기 때문이었던 것으로 보인다. ISI의 수사 보고서를 全文 번역해 소개한다.

파키스탄 정보당국(ISI)의 A. Q. 칸 수사 보고서

《이란과 리비아가 대량살상무기 프로그램을 포기한다고 밝힌 이후 여러 언론의 비판적 보도와 여러 소식통을 인용한 정보들을 접하게 됐다. 파키스탄 정부는 전세계 신문과 언론의 다양한 주장을 매우 심각하게 받아들이고 있다. 원심분리기 부품과 장비의 생산·조립·실험에 참여한 많은 과학자와 엔지니어, 그리고 이를 수입하고 수출하는 데 가담한 책임자들에 대한 강도 높고 집중적인 조사를 실시했다. 안보 국장과 감독 담당 국장도 구금된 상태에서 조사를 받았다. 지난 4년간 해외에 있었던 설계부서의 책임 엔지니어도 얼마 전 귀국해 구금됐다. 육불화우라늄(UF6)에 대한 관리 기록을 책임졌던 공정 관리국장, 천연가스와 우라늄 등의 수출입(輸出入) 과정을 책임졌던 보건물리국 국장도 구금됐다. 칸 연구소(KRL)의 설립자인 A. Q. 칸 박사도 ISI 국장 등의 조사를 받았다. 조사는 세 차례 이뤄졌고 오랫동안 진행됐다.

조사 결과 다음과 같은 사실들이 확인됐다.

1. 이 기관(KRL)은 1976년 중순에 설립됐다. 프로젝트 담당 국장은 필요한 모든 것들을 조달하는 데 있어 모든 방법을 동원할 수 있는 전권(全權)을 위임받았다. 1971년 국가 분리(注 : 파키스탄-방글라데시 분리), 1974년 인도의 핵실험 이후 파키스탄의 안보와 존속은 직접적이고 급박한 위협을 받게 됐다.

2. 지아 울 하크 장군은 '구걸하거나 빌리거나 훔쳐오라(beg, borrow, or steal)'를 당대(當代)의 정책으로 선포했다. 파키스탄이 핵 관련 부품과 장비를 사오는 것이 강력한 수출 금지와 규제로 막힌 상황이었기 때문이다.

3. 후진국이었던 파키스탄은 산업기반 시설이 갖춰져 있지 않았다. 모든 부품과 기기를 해외 시장에서 사와야 했다. 파키스탄 국내에 위장회사 네트워크를 만들어 수출 금지 조치를 회피해 필요한 물건을 구해와야 했다. 이런 회사는 쿠웨이트와 바레인, 아랍에미리트, 싱가포르, 영국, 독일, 룩셈부르크, 스위스 등에서도 운영됐다.

4. 국내에 산업기반 시설이 없었던 관계로 원심분리기 장비 부품을 생산하는 설계도가 영국, 프랑스, 독일, 스위스, 네덜란드 등으로 보내졌다. 작업 속도를 가속화하기 위해 필요한 수천 개의 부품과 장비를

주문하기 위해서였다. 이는 시간과의 싸움이었다.

5. 세관과 금융의 규제가 없었던 두바이가 핵심 작전 기지로 사용됐다. 모든 해외 납품회사들(네덜란드, 영국, 프랑스, 터키, 벨기에, 스위스, 독일 등)은 주기적으로 두바이로 와 주문과 견적 내용 등을 논의했다. '벤 벨리아 엔터프라이스(BBE)'라는 이름의 회사는 아랍계 경찰관이 소유한 곳이었다. 그는 영국 국적자인 A. 살람 씨가 소개했다. BBE는 파룩이라는 이름의 스리랑카 국적의 매니저를 고용하고 있었다. 살람과 파룩은 모두 스리랑카 출신으로 좋은 친구 관계로 지내고 있었다. 우리 측의 전문가들과 해외 납품회사들은 주기적으로 만났기 때문에 거의 대부분의 설계도는 두바이에 보관됐다. 부품 주문 목적으로만 사용됐고 다른 곳으로 옮겨지지 않도록 했다.

6. 파키스탄 국민들은 종교 및 이념적 연관성으로 인해 이란에 대해 좋은 감정을 갖고 있었다. 아슬람 베그 전 육군참모총장은 파키스탄의 국방비에 쓸 수 있는 재정을 지원하겠다는 약속을 이란으로부터 받았다. 그는 이에 따른 대가로 이란과 핵 분야에 있어 매우 밀접한 관계를 맺었다. 베나지르 부토 정부는 협력 관계를 이어가는데 큰 압박을 받았다. KRL은 총리의 국방자문인 이미티아즈 장군의 결정과 승인, 지시에 따라 이란의 연구개발 작업에 필요한 일부 설계도와 부품을 이란에 보냈다. 이때 전달된 정보는 매우 부족했고 이란은 이를 사용해 작은 시험용 시설도 만들 수 없었다. 제대로 작동하는 원심분리기 시설을 만들거나 핵무기를 생산하는 것은 언급할 가치도 없다. 이란은 유럽의 납품회사들과 이미 좋은 관계를 갖고 있었다. 이들은 두바이(파룩)를 통해 부품과 장비를 수입하기 시작한 상황이었다. 파룩을 통해 어느 정도 기

간 동안 긴밀한 협력 관계가 유지됐다. 이란은 파룩에게 밸브와 인버터, 제어장치, 캐스케이드 등에 대한 설계도를 요구했다. 이란은 파룩에게 500만 달러를 전달했고 이에 대한 정보를 구해달라고 했다. 파룩은 이 돈 중 일부를 니아지 박사(注 : 부토 총리의 측근)에게 전달했다. 니아지 는 파룩과 이란인들의 만남을 처음 주선한 사람이었다. 그는 전달받은 금액 일부를 그의 개인 계좌에 넣었다. 돈의 일부는 하이더 자만이라 는 가상의 인물 계좌에 이체됐다. 이는 파룩, 파룩의 조카인 타히르, A. Q. 칸 박사가 차례로 운용하게 됐다. 이 계좌는 파룩이 직접 개설했다. 타히르는 이 계좌에 입금된 돈을 사업 자금으로 썼다. 일부는 칸 박사 가 파키스탄에서 운영하는 사회, 교육, 복지 프로젝트에 기부금 형식으 로 들어갔다.

7. 이란은 (더 이상 사용되지 않는 구식 모델인) P-1 원심분리기 부품 을 원했다. 이란은 타히르를 통해 KRL의 엔지니어로 근무하던 파룩과 만나게 해달라고 했다(注 : 해외 조달 업무를 담당하던 파룩은 두바이 에서 활동한 사람이며 지금 언급되는 파룩은 파키스탄 핵시설에서 근 무한 사람이다). KRL의 파룩을 통해 부품을 전달받으려 했다. 이는 오 래된 부품으로 KRL에서는 더 이상 사용하지 않는 것이었다. 또한 작은 시험용 시설을 건설하거나 핵무기를 만들기에는 충분하지도, 적합하지 도 않은 것이었다.

8. 이란의 시설에서는 우라늄이 발견된 정황이 있다고 한다. 사실일 가능성은 매우 낮지만 만약 사실이라면 KRL에서 보내진 부품에 실수 로 UF6 기체가 묻은 것일 수 있다. 이란에 보내지기 전 제대로 이를 제 거하지 못한 것이다.

9. 스리랑카인 파룩은 리비아와 접촉한 핵심 인물이다. 그는 니아지 박사를 통해 리비아와 접촉했다. 파룩은 납품회사에 접촉해 설계도의 복사본 등을 건넸다. 이는 칸 박사가 두바이에 보관해둔 것이다. 칸 박사가 영국과 스위스로부터 주문하려 한 부품의 설계도도 포함돼 있었다. 칸 박사가 작성해놓은 노트도 필요할 때 사용되기 위해 두바이에 보관됐다. 파룩과 타히르는 이 시설을 직접 관리했기 때문에 이 자료들에 접근할 수 있었다. 이들이 이 서류들을 복사해 리비아인들에게 보낸 것이 확실하다. 리비아는 파룩과 타히르에게 500만 달러를 지불했다. 이중 일부는 니아지 박사에게 전달됐다. 일부는 인도와 싱가포르 등으로 보내졌다. 일부는 가상 인물인 하이더 자만의 계좌로 입금됐다. 타히르는 돈의 일부를 납품회사와의 거래비용으로 썼다. 일부는 칸 박사가 파키스탄에서 운영하는 사회, 교육, 복지 관련 프로젝트에 기부됐다.

10. 이란 문제는 옛날에 모두 끝났다. 그러나 리비아는 두바이를 통해 부품과 장비를 구하려고 했다. 리비아는 타히르를 통하거나 유럽의 납품회사에 직접 접촉하는 방식으로 이를 구하려 했다.

11. 이들에게 지원을 한 이유는 이들과 파키스탄이 우호적인 관계를 유지하도록 하기 위해서였다. 이들은 과학적으로나 기술적으로 매우 뒤떨어지는 국가였다. 우리의 지원을 통해 이들 국가가 시험용 시설을 구축하거나 핵무기를 만들 수 있다고 진지하게 생각한 적은 한 번도 없었다.

12. 과거의 특이한 상황, 그리고 느슨하게 관리되던 규정들로 인해 이런 일이 발생한 것은 매우 유감스럽다. 과거 정권이 이들 국가에 개인적

으로 약속을 해 이런 일이 일어났다. 이제는 국가통제위원회의 감시하에 매우 엄격한 규제가 이뤄지고 있다. 그 어떤 것도 외부로 유출되거나 시설 밖으로 나올 수 없다. 다행히도 이 문제가 무기 통제와 관련해 되돌릴 수 없는 피해를 주지는 않았다. 전세계의 모든 사람들은 대규모 암시장 네트워크의 위험성을 깨닫게 됐다. 서방의 납품회사가 가장 민감하고 위험한 기술을 판매하는 네트워크다.〉

무샤라프와 칸의 갈등

2006년에 들어 파키스탄의 핵확산 문제는 거의 관심을 받지 못했다. 칸 박사에 대해 나오는 소식은 그의 건강과 관련된 내용 정도였다. 2006년 여름, 그는 전립선암을 앓고 있었다. 사우디아라비아에 있는 많은 이슬람 사원(寺院)들이 그의 회복을 위해 기도하는 모습이 언론에 소개되기도 했다. 9월 7일 칸의 가족은 일시적으로 가택 연금에서 해제됐다. 칸과 가족은 정부가 제공한 비행기를 타고 카라치 지역으로 갔다. 치료를 받기 위해서였다. 칸이 움직이자 언론과 여론도 같이 움직였다. 그는 또 한 번 국가영웅으로 불리며 환영을 받았다. 일부 언론은 칸에게 인사를 하러 가지 않았다는 이유로 지역 정치인을 오만하다고 비판했다. 칸은 9월 16일 병원에서 퇴원했다. 정부는 그가 카라치에 있는 누이의 집에서 몇 주간 더 지낼 수 있게 해줬다. 무샤라프의 측근들은 훗날 인터뷰에서 무샤라프가 이렇게 한 이유는 칸의 감정을 누그러뜨리고 점수를 따기 위해서였다고 했다.

무샤라프가 그럴 수밖에 없었던 이유가 있다. 약 11개월 전인 2005

년 10월 카슈미르 지역에 대규모 지진이 발생했다. 이 지진은 칸 연구소 (KRL)에도 큰 피해를 줬다. 정부 최고위급을 제외한 모든 사람들에게 이는 비밀로 유지됐다. 계속 KRL에서 근무하던 칸의 측근들에 따르면 전체 원심분리기의 3분의 1이 파괴됐다. 콘크리트벽이 무너지면서 생긴 일이었다. 원심분리기 부품은 산산조각이 났다. 당시 KRL에서 근무했던 한 직원은 책 '디셉션' 저자와의 인터뷰에서 "1983년에도 지진이 한 차례 발생해 지반을 더욱 튼튼하게 만들었다. 그런데 이번에 이런 엄청난 지진이 발생하자 완전히 부서져버린 것이다"라고 했다. 더욱 심각한 것은 원심분리기로 육불화우라늄 기체가 흐르는 주입구와 배출구가 파열된 것이었다. 육불화우라늄은 물론 일부 농축 우라늄이 환풍구를 타고 건물에 퍼지게 됐다. 파키스탄 정부는 이와 관련해 공식 입장을 내지 않았다. 낼 수 없었을 가능성이 높다.

칸의 측근들에 따르면 KRL은 사고 후 바로 폐쇄됐다. 어떤 정보도 밖으로 새나갈 수 없었고 이에 대해 얘기를 할 수도 없었다. 이 사고와 관련해서 증언한 사람은 여전히 극소수에 불과하다. 한 KRL 직원은 "문제는 지금부터 뭘 해야 할지에 대해 아는 사람이 A. Q. 칸 박사 정도뿐이었다는 점이었다"고 했다. "그러나 그는 도와줄 기분이 아니었다. 무샤라프에 의해 누명이 씌워졌고 전국민이 보는 TV에서 굴욕을 당했으며 ISI의 통제를 따라야만 하는 상황이었다"고 했다.

KRL의 원년 멤버 중 한 명은 샤히크 박사의 아버지인 사자왈 사령관이었다. 그 역시도 2004년 초 가택 연금에 처해졌다. 그는 KRL의 시설 설비를 총괄했던 사람이다. 무샤라프는 KRL에서 근무하던 칸의 측근들을 대부분 숙청했다. 남아있는 KRL 직원 중 원년 멤버는 매우 드물고 KRL 시설에 대해 알고 있더라도 칸과 사자왈 정도로 아는 사람이 없었다.

칸의 복수

결국 무샤라프는 칸에게 연락을 했다. 무샤라프는 칸 박사에게 간단한 설명을 한 뒤 그가 믿을 수 있는 과학자들과 함께 KRL에 와달라고 했다. 칸은 가택 연금 조치를 몇 주 더 풀어주면 그렇게 하겠다고 했다. 무샤라프는 그렇게 하겠다고 했다. 그러나 칸은 무샤라프의 부탁을 들어주지 않았다. 괘씸하다고 생각했다. 자신의 인생을 송두리째 앗아간 사람에게 도움을 줄 수 없다고 생각했다. 무샤라프는 또 한 번 칸에게 분노했다. 그는 칸의 딸 아예샤가 칸의 집을 방문할 수 없도록 했다. 아예샤는 칸의 집 바로 근처에 살고 있었다. 아예샤와 아예샤의 딸을 보는 것이 칸에겐 거의 유일한 낙이었을 때였다.

칸의 측근 증언에 따르면 KRL을 고치기 위해 온 사람들은 핵시설에 대해 전혀 알지 못하는 사람들이었다. 방사능 유출에 대한 이해도 없었다. 화상 등 각종 부상을 당하는 사람이 속출했다. 이들이 KRL을 수리하기 위해서는 오랜 시간이 필요할 것으로 보였다. 이 측근은 무샤라프가 끝까지 칸에게 도와달라며 자존심을 굽히지 않은 이유는 두 가지라고 주장했다. 하나는 核사고가 발생했다는 사실이 공개되는 것을 두려워했기 때문이라고 했다. 또 하나는 칸 박사가 이미 엄청난 양의 고농축 우라늄을 비축해놨기 때문에 급하게 시설을 재가동할 필요를 못 느꼈기 때문이라고 했다.

칸의 도움이 필요했던 무샤라프

무샤라프와 칸의 갈등은 계속 이어졌다. 2006년 3월 부시 대통령은 파키스탄을 방문했다. 부시 대통령은 파키스탄의 지진 피해를 위로했다. 부시는 인도와 최근 맺은 합의 내용을 설명했다. 인도가 미국의 민간용 핵기술을 수입할 수 있도록 했다는 것이었다. 인도는 국제사회의 반대를 무릅쓰고 핵무기를 개발했다. 1998년 핵실험 이후 제재 대상에 올랐다. 미국이 인도와 맺은 이 합의 내용을 두고 여러 서방 국가가 우려했다. 국제사회의 법을 어겨도 보상을 받을 수 있다는 선례를 줄 수 있다고 했다. 이 합의에 동의하는 측은 1974년부터 사실상 핵무기를 보유한 인도는 주변국(파키스탄)과는 달리 핵확산 활동에 나서지도 않았고 책임 있는 모습을 보여왔다고 했다. 부시는 파키스탄에 도착한 뒤 애매한 발언을 했다. 그는 "파키스탄과 인도는 다른 요구와 다른 역사를 갖고 있는 다른 국가다"라고 했다.

무샤라프는 이런 움직임을 사전에 알고 있었으나 부시 대통령이 이를 강행한다는 얘기를 해주자 충격을 받았다. 그는 자신이 9·11 테러 이후 국내 반대세력의 비판에도 불구하고 미국에 가능한 한 최선의 협조를 해줬다고 생각했다. 파키스탄은 지난 30년간 국제사회의 수많은 탄압과 감시, 규제를 뚫어가며 핵기술을 사들였다. 그렇게 해 핵무기를 만들었고 핵 관련 분야에서 더 앞서나가려 했으나 숙적 인도는 단번에 미국과의 합의를 통해 최고의 기술을 구할 수 있게 됐다. 부시가 南아시아 지역에서 파키스탄을 버리고 새로운 동맹을 찾는 것으로 보이기도 했다.

파키스탄 정부는 부시 대통령의 방문 얼마 전부터 칸 박사에게 연락을 해 조언을 구했다. 지금 파키스탄에 정확히 필요한 기술이 무엇인지, 미국-인도와의 합의 내용만큼은 아니어도 미국으로부터 얻어낼 수 있는 것이 무엇인지 물었다. 칸의 측근 증언에 따르면 칸은 무샤라프에게 "난 당신을 도와줄 수 없고 그렇게 하지 않을 것이다. 가서 부시의 성기나 빨아라"라고 말했다.

결국 무샤라프는 부시에게 어떤 것도 요구할 수 없었다. 무엇을 요구할지도 몰랐다. 무샤라프는 칸에 대한 복수를, 남아있는 KRL 직원들에게 대신 했다. 무샤라프는 칸의 뒤를 이어 KRL을 맡아온 자비드 미르자를 해고했다. 그리고는 훨씬 서열이 낮은 모하메드 카림이라는 사람을 그 자리에 앉혔다. 2001년 칸의 퇴직 이후 시작된 KRL에 대한 숙청은 이로써 막을 내렸다. KRL 고위직 중 칸의 측근은 아무도 없었다. 그럼에도 파키스탄의 '프로젝트 A/B', 핵기술 수출은 계속됐다.

독일 정보당국 '칸은 떠났으나 핵확산은 계속됐다'

독일 정보당국은 2006년 1월 55쪽 분량의 기밀보고서를 만들었다. 파키스탄의 핵확산에 대한 내용이었다. 이 보고서는 IAEA에 전달됐다. 영국의 가디언誌는 관련 보고서를 입수해 상세하게 보도했다. 이 보고서는 북한과 중국, 이란, 시리아, 이집트, 수단 등의 국가에서 발생하고 있는 핵확산 문제를 지적했다. '파키스탄이 여전히 핵무기 관련 기술을 비밀리에 구입하고 판매하고 있다'고 했다. 방대한 규모의 조달 움직임이 포착됐다고 했다. 보고서는 파키스탄이 사들이는 양이 국내용으로 보기에는 너무 많다고 했다. 사들인 물건을 해외에 판매하고 있을 가능성이 높다고 했다.

KRL은 칸 박사가 떠난 뒤에도 유럽을 비롯한 전세계 각지에 구축해 놓은 구매대행회사 네트워크를 가동하고 있었다. 리비아가 주문했던 원심분리기용 알루미늄 튜브가 여전히 리비아로 향하고 있는 것으로 확인됐다. 카다피는 2003년에 대량살상무기를 모두 제거하겠다고 밝힌 바 있다. 카다피가 거짓말을 하는 것인지, 아니면 리비아에 있는 다른 조직이 이를 구입하고 있는지 확인할 길이 없었다. 리비아에서 비슷한 일이 일어난 적이 있었다. 나포됐던 BBC 차이나호(號)에 실렸던 컨테이너 하나가 2004년 3월 리비아에 도착했다. 이 컨테이너에는 P-2 원심분리기 부품이 실려 있었다. 카다피는 이런 사실을 미국과 IAEA에 했다. 당시 리비아 측은 '사전에 주문했던 물건들이 리비아에 다 도착하지 않은 상황'이라며 '앞으로도 계속해서 조금씩 도착할 수 있다'고 알렸다. 리비아의 주장대로 과거에 주문한 물건이 오랜 시간 뒤 도착했을 가능성, 아니면 새로운 거래가 계속 진행되고 있다는 가능성 모두 배제할 수 없었다. 새로운 거래라면 카다피가 거짓말을 하는 것인지, 아니면 새로운 고객이 생긴 것인지도 알 수 없었다.

파키스탄과 북한의 거래도 계속 이어졌다. 독일 정보기관의 보고서는 북한의 무기 수출이 정부수입에 가장 큰 비중을 차지하고 있다고 했다. 북한 무기의 가장 큰 구매자는 파키스탄과 이집트, 이란, 시리아라고 지적했다. 북한 무기 거래에 가담한 북한 측 유령회사 30곳 이상이 적발됐다. 파키스탄은 자신들이 과거에 사용했던 유럽의 조달망을 북한에 알려줬다. 북한은 칸의 조달책인 타히르의 도움을 받아 일부 원심분리기 기술을 중국의 국영 회사에 납품한 것으로도 알려졌다. 미국 정부는 2005년 12월 이 회사들 6곳을 제재 명단에 올렸다. 이란에 군수품을 수출한 것이 제재 사유였다.

배송 도중 사라진 핵기술

보고서에 담긴 가장 충격적인 내용 중 하나는 핵 관련 부품이 사라진 사실이 적발된 것이었다. 칸 박사는 아프리카 여러 국가를 통해 물건을 조달했다. 국제사회의 감시를 피하기 위해 여러 국가를 경유해 물건을 이동시켰다. 그런데 칸이 KRL에서 갑작스럽게 물러나게 됐고 인수인계는 제대로 이뤄지지 않았다. 이 과정에서 일부 화물이 오랫동안 잊혔다가 나중에 이를 찾아내는 일도 생겼다. 1998년에서 2001년 사이 약 3억 2000만 파운드(약 4억 2000만 달러) 상당의 이중용도 장비가 수단으로 옮겨졌다. 이 장비들은 독일 회사들로부터 구한 것으로 확인됐다. 이 화물은 리비아로 향할 예정이었다. 칸 박사는 아프리카를 방문했을 당시 수단에 화물을 보관할 수 있는 장소를 마련한 것으로 알려졌다. 2006년 파키스탄의 한 회사가 이 장비를 저장창고에서 찾아 다른 곳으로 보낸 것으로 확인됐다. 이 장비는 리비아로 가지 않은 것으로 파악됐다. 수단에도 없고 리비아에도 없었다. 각국 정보당국은 이 화물을 찾아간 것은 KRL 측이었다고 봤다. KRL이 수단에 있는 장비를 찾았고 이것이 이란으로 넘어갔다고 봤다. 무샤라프 정권 하에서도 파키스탄과 이란 사이의 거래가 계속됐다는 것을 알 수 있는 또 하나의 증거였다.

칸의 은퇴와 카다피의 대량살상무기 포기 선언으로 갈 곳을 잃었다가 새로운 주인을 찾아가는 화물은 계속 적발됐다. 한 예는 두 개의 컨테이너가 사라진 사건이었다. 한 컨테이너에는 원심분리기 부품과 엄청난 양의 고강도 알루미늄이 실려 있었다. 다른 컨테이너에는 원심부리기 가동에 필요한 각종 장비가 실려 있었다. 이 컨테이너들은 리비아로 향할 계획이었으나 카다피의 발표 이후 이동이 중단됐다. IAEA는 이 컨테이너가 마지막으로 포착된 것은 터키와 말레이시아였다고 했다.

증발된 원심분리기 부품은 어디로 갔을까?

올리 하이노넨 IAEA 사무차장은 오랫동안 핵 문제를 담당해온 IAEA의 사찰 전문가였다. 그는 2005년 독일 법정에 출석해 증언을 했다. 당시 독일은 칸의 물품 조달에 가담한 사람들에 대한 재판을 진행하고 있었다. 하이노넨은 P-2 원심분리기에 들어가는 회전자 7개가 사라진 것이 가장 걱정스러운 부분이라고 했다. 이 물건들은 2000년 초 파키스탄을 떠나 그해 6월 두바이에 도착했다. 당시 파키스탄은 총 9개의 회전자를 화물에 실었다. 이중 2개는 리비아에 도착한 것이 확인됐으나 나머지는 추적이 되지 않았다. 칸의 조달책이던 타히르는 말레이시아 수사당국에 본인이 이 화물 운송을 담당했었다고 했다. 그는 나머지 7개는 모두 파괴시켰다고 주장했다. 하이노넨은 이를 믿지 않았다고 한다. 그는 원심분리기에 중요한 이 부품이 다른 구매자에게 전달됐을 것으로 보고 있다.

파키스탄이 2002년에 핵기술 이전에 나선 사실도 발각됐다. 이는 칸 박사가 은퇴한 1년 뒤의 일이다. 후마윤 칸이라는 사람은 파키스탄에서

'파크랜드'라는 회사를 운영하고 있었다. 파키스탄 군대에 물건을 납품하는 업체였다. 파크랜드는 남아프리카에 있는 '톱 케이프 테크놀로지'라는 회사에 사업을 제안했다. 톱 케이프는 애셔 카니라는 사업가가 운영하는 회사였다. 그는 미국에서 전자기기를 수입해 남아프리카에서 판매하는 일을 하고 있었다. 파크랜드는 미국으로부터 36개의 '오실로스코프'를 구입해줄 것을 요청했다. 오실로스코프는 전압의 변화를 화면을 통해 관찰하는 장비다. 이는 폭발 강도 측정 등 핵무기 개발에도 필요한 장비다. 가격은 모두 합쳐서 130만 달러였다. 파키스탄은 과거에도 해외에서 오실로스코프를 구입하려다 적발된 적이 있다. 이는 수출규제 품목이다. 파키스탄은, 핵무기가 없고 미국과 원만한 관계를 맺고 있는 남아공이라면 오실로스코프를 수입할 수 있을 것으로 봤다.

남아공 통해 美製 '이중용도' 품목 수입하다 적발된
파키스탄 군수회사

후마윤 칸은 오실로스코프가 도착하기를 기다리던 2003년 다시 한번 카니에게 연락을 했다. 그는 '스파크 갭' 200개를 추가로 구해달라고 했다. 이는 작은 사이즈의 장비로 전기충격을 가하는 부품이었다. 병원에서는 신장결석 치료를 위해 이런 스파크 갭을 사용하기도 한다. 하지만 이 장비 역시 핵무기 기폭장치에 사용되는 부품이었다. 파키스탄은 이런 이유로 스파크 갭을 정식으로 수입할 수 없었다. 후마윤 칸은 6월 4일 카니에게 이메일을 보내 비밀 유지를 요구했다. 그는 "최종 도착지를 절대 공개하지 말아달라"고 했다.

2003년 6월 17일 카니는 후마윤 칸에게 연락을 했다. 수출 허가증이 없다는 이유로 프랑스의 한 회사로부터 스파크 갭을 구하지 못하게 됐다고 했다. 칸은 약 한 시간 뒤 답장을 보냈다. 그는 "어려움이 많다는 것을 알고 있다. 그렇기 때문에 우리가 함께 일을 하고 있는 것이다. 구할 수 있는 다른 곳을 알아봐 달라"고 했다.

6월 24일 무샤라프 대통령은 미국을 방문해 부시 대통령을 만났다. 이 만남이 있기 사흘 전인 21일, 남아공의 카니는 후마윤 칸에게 연락을 해 미국 회사로부터 스파크 갭을 구할 수 있게 됐다고 했다. 하나당 가격은 950달러라고 했다. 파키스탄으로 보낼 수 있을 것이라고 했다.

8월 24일 미국에서 만들어진 오실로스코프 두 대는 물류회사 DHL을 통해 남아공에서 파키스탄으로 보내졌다. 검사가 까다롭지 않은 두바이를 거쳐서 배송됐다. 9월 15일 후마윤 칸은 카니에게 연락을 해 스파크 갭의 도착 예정일을 물었다. 무샤라프 대통령은 당시 부시 대통령 및 테닛 국장을 만나 파키스탄의 핵거래는 모두 중단됐다고 주장하고 있었다. 테닛은 여러 정황 증거를 제시했으나 무샤라프는 전혀 알지 못한다고 했다. 10월 6일, 스파크 갭 66개가 먼저 미국을 떠나 남아공에 도착했다. 66개의 스파크 갭은 10월 21일 파키스탄에 도착했다.

이때 미국 세관당국은 '남아공의 존'이라는 익명의 사람으로부터 제보를 받았다. 세관당국은 남아공으로 보내지기로 한 스파크 갭을 찾아냈다. 이들은 이 화물 안에 있던 스파크 갭을 빼고 다른 부품으로 채워 넣었다. 구매자가 찾으러 오기를 기다렸다. 2004년 1월 1일, 남아공에서 활동하던 카니는 덴버국제공항에서 체포됐다. 미국의 수출법 위반 혐의였다. 당시 현장에 있던 카니의 부인은 자신의 남편은 파키스탄에 의학 관련 장비를 팔았을 뿐이라고 소리쳤다. 당시 미국 정부는 파키스탄과의 협력을 강화한다며 그중 한 분야로 의료를 꼽은 바 있다.

카니는 2005년 3월 재판에 넘겨졌다. 수사팀은 수사에 어려움을 겪었다. 미국 국무부는 수사팀을 파키스탄으로 보내 후마윤 칸을 수사하는 것을 허락하지 않았다. 후마윤 칸은 미국 재판에 넘겨지면 최장 35년형을 받을 정도의 혐의를 받고 있었다. 후마윤 칸을 수사하면 파키스탄 군부가 핵거래에 개입했다는 사실을 알아낼 수도 있었다. 미국 법원은 2005년 9월 카니의 재판 기록을 모두 봉인했다. 1980년대부터 있었던 일들이 정권이 계속 바뀜에도 불구하고 여전히 반복됐다.

| 19 |

"미국 등지에서 핵폭탄이 터지면
파키스탄이 가장 먼저 의심받을 것"

칸 박사와 軍部는 때로는 각자, 때로는 합심해서 핵기술을 팔아넘겼다

갈루치 "파키스탄이 전세계에서 가장 큰 위협"

정확한 이유야 어찌됐든 파키스탄은 큰 수모를 겪지 않으며 핵개발
과 핵확산을 했다. 물론 여러 복합적인 이유로 제재 대상에 오르고 원
조가 끊기기는 했지만 핵개발 및 핵확산의 책임자가 국제무대에서 심판
을 받은 적은 없었다. 파키스탄 군부는 국제사회가 자신들을 어떻게 할
수 없다는 사실을 알고 있었고 더욱 대범해졌다. A. Q. 칸 박사는 1980
년대와 1990년대에 우라늄 농축 및 핵폭탄 제조 노하우를 팔았다. 설
계도와 필수 부품 등을 전달했다. 2000년대에 들어 파키스탄은 핵 원
료를 비롯한 핵심 장비까지도 판매했다. 노하우를 알려주는 것이 아니
라 핵개발을 완성할 수 있도록 돕는 것이었다.

칸 박사는 1960년대에 카라치에 있는 '인민의 제철소'에서 근무하고
싶어했다. 지원했으나 탈락했다. 국가가 자신의 능력을 알아보지 못한

다는 불만에 가득 차 있었다. 그러던 그는 네덜란드 핵 연구소에서 최고의 핵기밀을 빼돌렸다. 파키스탄은 그제서야 그의 가치를 높게 평가했다. 그는 인민의 제철소에 대해서도 계속 관심을 갖고 있었다. 일종의 트라우마가 있었을 가능성도 있다. 그는 1994년 베나지르 부토 총리 재임시절 이 제철소가 부도 위기에 처하자 자신이 이를 운영하게 해달라고 부탁했다. 그는 제철소를 통해 카후타 핵시설에 필요한 기본 부품을 마련했다. 국제사회의 감시가 심해지던 때 이 제철소를 통해 '자력갱생'의 길을 간 것이었다. 이 제철소는 유럽이나 미국에서나 만들 수 있었던 마레이징 강철 역시 생산해내는 데 성공했다.

무샤라프는 1999년 이 제철소를 직접 관리했다. 엄청난 재정을 투입해 유럽 수준의 시설로 탈바꿈했다. 그는 현직 지도자로는 처음으로 이 제철소를 방문하기도 했다. 때는 2005년 5월이었다.

1970년대 후반부터 1980년대 중반까지 지아 대통령 밑에서 비서실장을 지냈던 아리프 장군은 핵개발에 깊숙이 관여해 온 인물이다. 그는 퇴임 후에도 파키스탄에서 많은 영향력을 행사했다. 그는 책 '디셉션' 저자와의 인터뷰에서 파키스탄이 이뤄낸 성과에 감동한 모습을 보였다. 그는 이렇게 말했다.

〈우리는 과거 몰래 숨어서 활동했다. 이제 파키스탄은 고주파 인버터를 만들고 있다. 영국 같은 나라로부터 사왔는데 이젠 우리가 이를 해외에 팔고 있다. 마레이징 강철도 마찬가지다. 처음에는 만드는데 어려움을 겪었지만 이제 인민의 제철소에서 이를 만들어 수출하고 있다. 다른 곳에서 파는 것보다 훌륭하다.〉

파키스탄의 핵개발 과정을 처음부터 지켜봤던 로버트 갈루치 전 對

北 특사는 '디셉션' 저자와의 인터뷰에서 이렇게 말했다.

〈파키스탄은 위험국가 명단 맨 위에 있다. 현시점에서 전세계의 가장 큰 위협이 되는 국가는 파키스탄이다. 핵폭탄이 미국이나 유럽 어느 도시에서 터지는 일이 발생한다고 가정해보자. 그런 상황이 발생하면 우리가 파키스탄 쪽을 가장 먼저 조사하게 될 것이라는 점을 확신한다.〉

무샤라프의 추락

2007년에 들어 무샤라프 대통령의 권력은 크게 약화됐다. 그는 대법원장 직무 정지, 과격 이슬람세력에 대한 과잉 진압 등으로 비판을 받았다. 이때 망명 중이던 베나지르 부토 전 총리가 총선을 앞두고 귀국해 정치활동을 재개했다. 2007년 10월 실시된 대통령 선거에서 무샤라프가 재선출됐다. 부토를 위시한 야당은 무샤라프 대통령이 육군 참모총장을 겸하며 대통령 선거에 나온 것에는 위헌 소지가 있다고 했다. 대법원은 헌법 소원을 기각했다. 그러나 무샤라프 대통령은 거세진 비판 여론의 압박에 따라 육군 참모총장직을 사임했다. 무샤라프는 11월 3일 사법부의 월권 행위로 국가기관의 업무가 마비되고 테러 위협이 증가했다는 이유로 국가비상사태를 선포했다. 그는 다음달에 비상사태를 해제했다.

2008년 1월 8일 파키스탄은 새로운 총선을 치르기로 했다. 약 한 달 전인 2007년 12월 27일 부토 전 총리가 암살되는 사건이 발생해 총선은 2월로 연기됐다. 무샤라프는 부토 총리 암살에 연루됐다는 의혹도 제기돼 지지율은 계속 추락했다. 총선에서는 야당이 크게 승리해 무샤라프의 권력은 계속 약화됐다. 야당은 8월에 들어 부패 등 각종혐의를 적용, 무샤라프의 탄핵을 추진했다. 무샤라프는 8월 18일 대통령직에서 물러나겠다고 밝혔다. 9년간 파키스탄을 이끌었던 무샤라프는 11월에 영국 런던으로 망명했다. 퇴임 직후 실시한 여론조사 결과 응답자의 63%가 그의 사임을 환영한다고 했다. 15%만이 사임에 반대한다고 했다.

그는 약 4년간의 망명 생활을 마치고 2013년 파키스탄으로 돌아왔다. 그가 대통령 선거에 출마하기 위해 귀국한다는 소문은 이미 돌고 있었다. 파키스탄 사법부는 그를 국가비상사태 선포에 따른 반역 혐의와 부토 암살 의혹과 관련된 두 가지 혐의로 기소했다. 그는 척추질환 치료를 이유로 2016년 3월 아랍에미리트 두바이로 출국했다. 그는 파키스탄으로 돌아가지 않고 있다.

'나의 침묵이 파키스탄을 살려냈다'

2008년 초부터 무샤라프의 권력이 약화되자 A. Q. 칸 박사는 모습을 드러내기 시작했다. 가택 연금 상태였던 칸 박사는 2008년 4월 초 한 언론과 짧은 인터뷰를 했다. 그는 자신이 조국을 살려낸 사람이라고 했다. 그는 "파키스탄을 핵무장국가로 만들었을 때 나는 조국을 처음으로 구해냈다"며 "내가 자백을 하고 모든 책임을 지기로 결정했을 때 나는 조국을 또 한 번 구해냈다"고 했다. 그러나 그는 더 자세한 내용은 털어놓지 않았다.

칸 박사의 변호인단은 파키스탄 대법원에 가택 연금 조치를 해제해달라고 했다. 제대로 된 혐의가 밝혀지지 않은 상황에서 가택 연금 조치를 가한 것은 부당하다고 했다. 대법원은 2008년 7월 21일 칸 측의 요청을 기각했다. 핵과 관련된 어떤 내용도 언론에 공개해서는 안 된다고 했다. 또한 이를 지인들과 논의해서도 안 된다고 했다. 칸 박사는 이 결과에 승복할 수밖에 없는 상황이었다. 만약 불복하면 감옥에 수감될 수도 있었다. 지금 만나고 있는 사람들조차도 만날 수 없게 될 수 있었다.

칸은 꾀를 썼다. 무샤라프의 권력이 약화된 상황에서 하고 싶은 말을 해야 했다. 무샤라프가 2006년 출간된 회고록 '사선(射線)에서'를 통해 모든 책임을 자신에게 넘긴 것에 대해 분노했다. 칸은 아내의 입을 이용하기로 했다. 칸의 부인 헨리는 독일의 시사주간지 슈피겔에 자필 원고를 보냈다. 슈피겔은 이 원고를 2008년 8월 11일에 全文 게재했다. 원고에 담긴 내용 일부를 번역해 소개한다.

〈그는 파키스탄을 위한 핵폭탄을 만들겠다는 목표를 위해 할 수 있는 모든 것을 했다. 그는 주 7일, 매일 12시간에서 15시간씩 일했다. 그는 1년에 5개월 정도를 해외에서 보냈다. 그에 대한 암살 시도가 일어나는 것을 비롯해 그가 현재 처한 상황을 보는 것은 매우 마음 아픈 일이다.

그는 지난 4년 반 동안 이슬라마바드에서 가택 연금 상태로 지내고 있다. 어떤 혐의로 기소가 된 적도 없는데도 불구하고 말이다. 최소한 나는 지난 몇 개월 사이 경호원의 감시 없이 집 밖을 나설 수 있게 됐다. 그는 페르베즈 무샤라프 장군의 회고록에 실린 말도 안 되는 거짓말과 정부 차원에서 추진하는 진실 왜곡에 대해 변호할 기회를 전혀 허락받지 못했다.

무샤라프 대통령은 회고록 '사선(射線)에서'라는 책에 이렇게 썼다. "우리가 2003년부터 2004년 사이 실시한 조사로 볼 때 파키스탄 군부나 과거의 정권 모두 압둘 카디르의 확산 활동에 대해 개입하거나 알고 있었다는 사실은 없다는 점을 자신 있게 말할 수 있다. 이 '쇼'는 완전한 압둘 카디르의 것이었다."

이런 주장은 당시 남편이 받았던 경호 조치만 생각해도 금방 반박할 수 있다. 남편 사무실과, 칸 연구소, 카후타 핵시설 등에는 항상 보안 요원이 있었다. 무샤라프 장군의 주장과는 달리 이 프로젝트는 처음 시작한 날부터 군부의 통제를 받았다. 군부가 보안과 사업계획들을 관리했다.

(중략. 注: 칸 여사는 핵시설의 보안과 관리는 군부와 정보기관이 맡았는데 어떻게 칸이 혼자 할 수 있었겠느냐고 주장한다. 또한 무샤라프는 당시 육군 참모총장 등 군부의 핵심에 있었는데 이를 모를 수는 없다고 했다. 그는 가택 연금 상황에서 칸 박사가 제대로 병원 치료도 받지 못한 점 등을 언급하며 부당성을 주장한다.)

무샤라프 장군이 회고록에서 주장한 많은 내용들은 거짓이고 KRL 사무실에 보관된 자료들로 이를 입증할 수 있다. 물론 정부는 이런 자료들을 조사하는 것을 허용하지 않을 것이다. 나의 주장을 뒷받침할 증거 대부분은 군부가 2006년 4월 우리 집을 급습해 모두 가져갔다. 하지만 나는 일부의 문서를 아직 갖고 있다.

내 남편에게 있어 최악은 그가 자신이 믿었던 사람들에게 배신을 당한 것이다. 나는 내 남편이 실제로 저지른 범죄가 무엇이냐고 종종 묻곤 한다. 그의 임무는 파키스탄 정부가 내린 지시사항을 이행하는 것이었다. 파키스탄은 비확산조약(NPT)에 가입하지도 않았고 파키스탄 국내법에 위배되는 일도 없었다.

내 남편은 북한을 두 차례 방문했다. 두 번째 방문은 무샤라프 장군의 특별 지시에 따른 것이었다. 파키스탄과 북한은 줄피카르 알리 부토 총리가 1976년 북한을 방문했을 때부터 긴밀한 관계를 유지해왔다. 내 남편은 이란을 방문한 적이 없다. 그는 리비아도 방문한 적이 없다. 그에게 제기되는 의혹과는 달리 그들과의 어떤 거래에도 개입한 적이 없다.

무샤라프와 그의 지지자들은 내 남편이 돈을 위해 이 모든 것을 했다고 주장한다. 그들은 우리가 파키스탄이나 외국에 있는 은행계좌에 수백만 달러를 보관하고 있을 것이라고 한다. 지금까지도 이들은 그들의 주장을 뒷받침할 한 장의 증거도 제시하지 못했다. 우리의 세금신고 내역에서도 문제점을 찾지 못했다.

우리는 리비아와 북한과의 거래에서 누가 진짜로 이익을 봤는지를 알고 있다. 정부와 군대도 이를 알고 있다. 현시점에서 우리는 특정인의 이름을 밝힐 마음은 없다. 그러기에는 너무 많은 위험이 따를 것이다.

물론, 이상적으로는 어떤 나라도 핵폭탄을 가져서는 안 될 것이다. 그러나 핵을 갖고 있는 국가와 핵이 없는 국가 사이에 있는 불공정함이 먼저 해결돼야 한다. 핵을 갖고 있는 나라가 계속해서 핵무기 수를 키우고 계속 개발해 나간다면 핵이 없는 국가는 안전하다고 느끼지 못할 것이다. 이런 중압감이 그들에게 닥치게 된다면 그들이 믿을 것은 자신들뿐이라고 생각하게 될 것이다. 다른 국가와 얼마나 많은 조약을 맺고 있는지와는 상관없이 말이다. 정치라는 것은 더러운 게임이다.

그렇다면 왜 전세계는 파키스탄의 핵폭탄을 그렇게 무서워하는 걸까? 왜 이것은 '이슬람의 핵폭탄'이라고 불리기도 하는 걸까? 미국의 무기는 '기독교의 핵폭탄'이었나? 이스라엘 것은 '유대인의 핵폭탄'이었나? 중국 것은 '불교의 핵폭탄', 아니면 '무교(無教)의 핵폭탄'이었나? 인도 것은 '힌두교의 핵폭탄'이었나? 파키스탄이 핵프로그램을 개발하고 있다는 사실이 알려지자마자 미국과 영국을 필두로 한 서방세계는 팔을 걷어붙이고 우리의 성공을 막으려 했다. 언론은 이에 덩달아 흥분해 문서를 훔쳤다는 주장부터 제임스 본드와 같은 스파이 소설로 확대해 보도했다.

파키스탄의 정보당국은 할 수 있는 모든 조치를 동원해 진실이 세상에 알려지는 것을 막을 것이다. 내가 가장 걱정하는 것은 남편이 죽는 날까지 그를 이런 상황에 가둬 놓는 것이다. 또한 이 프로젝트를 위해 고생했던 모든 사람들 중 어떤 형태로든 고통을 받은 사람들, 그리고 그들이 바친 헌신이 이들의 이름에 새겨진 오명으로 기억되는 것을 걱정한다.〉

자유롭지 않은 '자유시민'

칸의 부인 헨리의 주장에는 사실과 다른 점이 꽤 있다. 우선 미국 정보당국 등은 칸이 최소한 12회 이상 북한을 방문한 것으로 파악했다. 칸의 부인은 칸이 북한을 방문한 것은 두 번뿐이라고 했다. 또한 이란과 리비아와의 거래에도 직접 가담한 적이 없다고 주장했다. 이에 대해선 엇갈린 주장이 있는 것은 사실이지만 칸이 이란 등과의 거래에 가담했다는 측근들의 증언이 있다. 리비아의 경우도 마찬가지다.

한편 파키스탄 대법원은 2009년 2월 칸 박사에 대한 가택 연금 조치를 해제한다고 했다. "칸은 이제 자유시민이다"라고 했다. 칸은 대법원의 이같은 결정이 나온 직후 "기분이 좋고 걱정이 사라졌다"고 했다. "다시 평범한 시민으로서 평범한 삶을 살 수 있게 됐다"고 했다. 그는 정치에 개입하지 않겠다고도 했다. "지난 70년 동안 우리 가족 중 어느 누구도 정치에 발을 담근 적이 없다. 아버지는 교사였고 나중에는 교장을 지냈다. 우리 가족은 교육에 관심이 많았다"고 했다. 그는 "농업과 교육, 물 부족 문제와 같은 일에 집중하고 싶다"고 했다. 그는 가택 연금 상태에서 지내는 것이 힘들었지만 그리 나쁘지는 않았다고 했다. "암에 걸리는 등 몇 번 아팠던 적이 있는데 그것 이외에는 괜찮았다. 바쁘게 지내왔다. 코란을 비롯한 많은 책을 읽었다"고 했다.

미국 정부를 비롯한 국제사회는 파키스탄 대법원의 결정에 우려를 표했다. 미국 국무부는 칸 박사는 "여전히 중대한 핵확산 위협을 지니고 있는 사람"이라고 했다. 미국은 파키스탄 대법원의 결정이 나오기 한 달 전 칸 박사를 비롯해 그와 연계된 개인 12명, 회사 3곳에 대한 자산 동결 조치를 내렸다. IAEA도 칸 박사가 해외로 이동할 경우 다시 핵 확산의 위험이 있다고 경고했다.

2009년 법원이 칸 박사에 대한 가택 연금을 해제하는 데 따른 조건은 훗날 공개됐다. 칸 박사는 핵 관련 기관을 방문하지 않으며 정부의 승인 없이 관련 기관 관계자들과 접촉하지 않겠다고 했다. 수도 이슬라마바드 밖으로 나가기 위해서는 사전에 정부에 이를 신고하기로 했다. 그가 집이나 식당, 호텔에서 만나는 모든 사람들은 사전에 정보당국의 검토를 받아야 했다. 외국인은 만나지 않겠다고 했다. 정부의 승인 없이 국내외 언론에 의견을 전할 수 없도록 했다.

'칸은 자유시민이 됐다'는 파키스탄 정부의 발표와는 차이가 있었다. 파키스탄 내무부는 대법원의 판결 직전에 관련 사실을 미국에 미리 알렸다. 이런 조건을 칸이 따르게 된다면 핵확산 위협도, 기밀이 유출될 가능성도 없다고 했다. 파키스탄은 이 문제를 어떻게 해서든 빨리 묻으려 했다.

칸의 이동 및 행동의 자유와 관련해서는 2020년 현재까지도 재판이 진행되고 있다. 칸의 변호인단은 칸이 삼엄한 경비 속에 외부와 단절돼 지내고 있다고 주장했다. 또한 여러 차례 법원에서 칸에 대한 이동의 자유를 보장하라는 명령을 내렸지만 칸은 여전히 신체적 위해 위협 속에 살고 있고 감시를 당하고 있다고 했다. 칸 박사는 2020년 5월 대법원에 낸 청원서에서 "나는 이동의 자유도 없고 누구와도 만날 수 없는 죄수와 같은 삶을 살아왔다"고 했다. 칸은 2020년 현재 84세다.

핵확산은 칸의 단독 행동이었을까?

무샤라프 대통령 이후 파키스탄에는 어느 정도의 민주주의가 회복됐다. 그러나 10년이 지나도록 어떤 정권도 칸 박사가 IAEA를 비롯한 국제사회의 조사를 받도록 허락하지 않고 있다. 파키스탄 정부는 '칸의 핵 밀수출 네트워크는 모두 폐쇄돼 더 이상 확산의 위협이 없다'는 입장이다. 또한 '파키스탄은 칸의 네트워크를 성공적으로 소탕해냈고 그가 더 이상 파키스탄의 민감한 분야에 대해 할 말은 없다'는 주장이다.

핵확산이 칸 박사 개인의 독단적 결정인지, 아니면 정부의 지시하에 진행된 것인지에 대해서는 여전히 불분명하다. 아무래도 칸에 대한 직접적인 수사가 진행되지 않아 공개된 자료가 제한적인 것이 이유일 것이다. 영국의 국제전략문제연구소(IISS)와 미국의 과학국제안보연구소(ISIS) 등에서 활동하는 일부 전문가들은 칸 박사 개인이 저지른 범죄가 맞다는 입장이다. 이들은 정보가 제한돼 있다는 점은 여지로 남겨두면서도 '파키스탄 정부가 아닌 칸이라는 범죄자와 그에 동조하는 사람들이 저지른 범죄'로 보고 있다. 그러나 ISIS는 최근 발표한 보고서에서 "만약 정부가 비밀리에 칸 박사와 함께 확산을 했다는 것이 사실로 드러난다면 이는 더욱 더 심각하고 위험한 일이 될 것"이라고 덧붙였다. 앞서 언급한 사례들을 보면 칸 박사가 KRL에서 물러난 뒤에도 여전히 핵확산 활동이 벌어졌다. 남아 있는 칸의 측근은 해가 갈수록 줄었고 영향력도 약해졌다. 이에 따라 정부가 계속해서 핵확산 네트워크를 가동했다는 주장도 나오고 있다.

미국 워싱턴의 국방대학교의 하산 아바스 교수는 다소 다른 시각으로 접근했다. 수십 년에 걸쳐 일어난 핵확산 활동에 있어, 정부의 개입이 '있었다', '없었다'라는 두 가지로 일반화하기는 어렵다는 것이 그의 주장이다. 핵협력이 일어난 때와, 거래 세부 내용에 따라 전혀 다른 방식의 거래가 이뤄졌다고 했다. 그는 북한과 리비아, 이란에 대한 핵기술 이전 사례를 검토해봤을 때 서로의 성격이 다른 점을 발견할 수 있다고 했다. 또한 하나의 국가에 기술을 이전하면서도 때에 따라 성격이 변한 것을 확인할 수 있다고 했다. 아바스 교수는 단정을 하지는 않았지만 정부가 주도했을 때도 있고 칸 박사가 독단적으로 했을 때도 있었다는 주장을 하는 것으로 보인다.

우선 파키스탄 정부가 1987년 이란과 맺은 핵 관련 합의와 1993년부터 1994년 사이 칸 박사의 네트워크가 이란 혁명수비대와 맺은 합의 사이에는 차이가 있다. 1987년의 경우 칸 박사는 지아 대통령과 베그 장군의 지시를 받았다. 베그 장군은 1988년 참모총장이 된 이후 파키스탄의 핵 관련 프로그램을 총괄하게 된다. 베그 장군은 여러 나라가 핵무기를 갖는 것이 파키스탄에 유리하다고 봤다. 미국을 비롯한 특정 국가만 핵무기를 보유하고 있다면 세상은 미국 중심으로 흘러가게 된다는 생각이었다. 이 경우는 정부 혹은 군부가 앞장서서 핵확산을 했다고 볼 수 있다.

1993년부터 시작된 파키스탄과 이란의 핵협력은 이전과 달랐다. 이란과 사우디아라비아의 사이가 좋지 않았고 아프간 문제를 두고도 파키스탄과 이란은 정반대 입장이었다. 파키스탄은 아프간의 탈레반을, 이란은 소련을 지지했다. 파키스탄 군부 입장에서 이란에 핵무기를 파는 것은 큰 위험이었다. 그럼에도 칸 박사는 이란과 접촉해 핵기술을 팔려고 했다. 그가 사익(私益)을 위해 그렇게 했다고 볼 수 있는 대목이다.

"진실은 언제나 그랬듯, 언젠가는 밝혀질 것이다"

북한의 경우는 이란과 정반대였다. 파키스탄은 북한의 노동 미사일 기술이 절실했다. 북한은 처음에는 이를 제공할 마음이 없었다. 이때 칸 박사가 북한 문제에 직접 개입해 핵기술을 전달하고 노동 미사일을 받아냈다. 이란과의 합의 때에는 칸의 네트워크가 총동원돼 돈을 전달받고 관련 기술을 전달했다. 그러나 북한의 경우는 칸 박사가 혼자 움직였을 가능성이 높다. 하지만 북한과 관련한 자료도 제한적이기 때문에 진실은 아직 알 수 없다. 파키스탄의 총리였던 베나지르 부토는 노동미사일 수입 대가로 현금을 제공했다고 주장했다. 핵기술은 넘어간 적이 없다고 했다. 그러나 부토가 숨진 후 발표된 그의 인터뷰를 엮은 책에서 그는 핵기술 역시 북한에 전달됐다고 주장한다. 만약 후자(後者)가 사실이라면 파키스탄 정부와 칸 박사가 어느 정도의 이해 관계를 형성한 후에 확산이 일어났다고 볼 수 있다.

리비아는 모든 자료를 공개했기 때문에 간단할 것 같지만 그렇지도 않다. 칸의 해외 조직망이 총동원돼 리비아에 물건을 팔았다는 사실에는 의심의 여지가 없다. 그럼에도 의문은 여전히 남아 있다. 무샤라프 대통령이 2000년 리비아를 방문한 것이 석연치 않다. 핵 관련 부품이 집중적으로 리비아에 들어가고 있는 상황에서 별다른 교류가 없던 두 나라의 정상(頂上)이 리비아 트리폴리에서 만난 것이다. 일부는 무샤라프가 리비아로 떠날 때 세관을 통과시킨 장비들이 얼마 후 다른 비행기에 실려 리비아로 옮겨졌다고 주장한다. 공개된 자료로만 보면 칸 박사 혹은 그의 조달책들의 주도하에 합의가 이뤄졌고 이들이 금전적 이익을 위해 핵기술을 넘긴 것이다. 그러나 칸 박사 퇴임 이후에도 포착된 리비아와 파키스탄의 핵 관련 부품이 실린 화물 이송은 거래 실체에 대한 궁금증을 낳게 한다.

진실은 여전히 베일에 싸여 있다. 미국의 한국 전문가 셀리그 해리슨은 2008년 1월 워싱턴포스트에 기고한 'A. Q. 칸이 아는 것'이라는 제하(題下)의 칼럼에서 "김정일이나 무샤라프 둘 중의 한 명은 거짓말을 하고 있다"고 했다. 이를 2020년 상황에 적용하면, 무샤라프와 파키스탄의 현재 및 역대 정부, A. Q. 칸, 그리고 미국을 비롯한 서방국가 중 누군가는 거짓말을 하고 있다. 북한 김정은 역시 관련 질문이 나오면 거짓말을 할 가능성이 크다. '어떻게 해서 당신들은 파키스탄제 P-2 원심분리기 기술을 사용하고 있느냐'고 묻고 싶다.

파키스탄 핵문제를 다뤘던 여러 전문가들을 취재하는 과정에서 사이먼 헨더슨이라는 영국인 기자가 중요한 열쇠를 쥐고 있다는 사실을 알게 됐다. 칸의 자필 진술서 등의 자료를 세상에 처음 공개한 것도 그다. 그는 아직도 칸 박사와 연락이 닿는 것으로 알려졌다. 전문가들에 따르면 헨더슨은 칸으로부터 많은 자료를 건네받았다. 칸이 죽고나면 이를 공개하겠다는 약속을 했다고 한다. 칸 박사의 딸 디나는 그의 아버지가 써놓은 폭로문건을 외부에 공개하려다 멈춘 뒤 이렇게 말했었다. "진실은 언제나 그랬듯, 언젠가는 밝혀질 것이다."

5부

중국-파키스탄-북한의
核협력 미스터리

| 20 |

[추적보고]
중국이 北核의 배후세력!

1998년 파키스탄 6차 핵실험의 미스터리…北 핵무기 대리실험 의혹의 진실은?

대형(大兄)은 중국

존 볼튼은 회고록('그것이 일어난 방 : 백악관 회고록')에서 2018년 6월 싱가포르 회담 이후 트럼프의 희망이 산산조각 나는 과정을 자세히 설명했다. 기고만장했던 트럼프도 "북한과 신뢰를 구축한다는 것은 말똥 같다"라고 말할 정도였다. 볼튼은 이 말이 "북한문제에 대한 대통령의 가장 현명한 발언"이었다고 비아냥댔다. 이 무렵 트럼프는 볼튼에게 "시진핑이 김정은에게 어떤 조언을 하고 있는지 궁금하다"라고 했다. 볼튼은 즉시 한 페이지짜리 보고서를 올렸는데 형식은 시진핑이 김정은에게 말함 직한 충고를 상상하여 쓴 것이었다.

〈보세요, 김정은 동지! 트럼프가 얼마나 많은 '나이스 레터'를 쓰든 그를 믿으면 안 됩니다. 동지는 나와 떨어지면 안 됩니다. 핵무기 프로그램을 빼앗기지 않으면서 금전적 원조를 얻고 권력을 유지하기 위해서는

- 벡톨 前 DIA 분석관, "중국 없었다면 파키스탄 핵무기는 없고 파키스탄 없었다면 북한의 우라늄 프로그램은 없다"
- 1993년 金日成-부토 총리의 비밀 거래…"노동미사일과 우라늄 농축 기술을 맞바꿨다"
- 올브라이트 ISIS 소장, "영변에서 파키스탄식 원심분리기 설계 직접 확인"
- 하이노넨 前 IAEA 사무차장, "파키스탄-북한 기술 이전은 확실…진실은 북한만 알고 있다"

(중국과의 협력이) 유일한 방도입니다. 만약 미국을 상대로 협상하는 길을 선택한다면 동지는 머지않아 평양에 있는 나무에 매달리게 될 거요, 틀림없이. 그러니 나에게 붙어 있어요. 핵무기, 미사일, 생산시설을 숨기기만 하면 됩니다. 지난 20년간 그랬던 것처럼 이란의 우리 친구들은 북한 미사일을 계속해서 시험해 줄 거예요. 동지는, 숨겨놓은 지하공장에서 이란을 위해서 핵폭탄을 만들어 줄 수 있잖아요. 미국의 제재를 무력화시키기 위하여 우리는 이란 석유를 더 많이 사줄 것이고, 자본투자도 늘릴 겁니다. 이란은 내가 하자는 대로 할 겁니다. 김정은 동지, 장기적으로 생각해요. 역사의 승자(勝者) 편에 서고 싶으면 해답은 중국입니다. 미국인들은 우리의 친구가 아닙니다.〉

볼튼은 북핵의 후원자는 중국이라고 본다. 이는 1980년대 중국이 파키스탄, 북한, 이란의 핵개발을 지원하는 것은 중국의 국익에 이롭다는 전략적 판단을 내렸다고 보는 미국 내의 일부 시각을 반영한다. 북한의 핵 및 미사일은 중국, 파키스탄, 이란과 밀접한 관련 속에서 발전되어 왔다. 중국은 파키스탄의 핵개발을 돕고 파키스탄은 북한의 미사일 기술을 얻는 대신 그들의 핵개발을 지원하며, 북한은 이란의 미사일 개발을 돕는 대신에 핵기술을 지원하는 구도에서 배후의 빅브라더(大兄)는 중국이다.

중국이 파키스탄 핵폭탄 대리실험?

북한의 핵개발을 둘러싼 가장 큰 궁금증 중 하나는 누가 이를 도왔냐는 것이다. 북한은 '자력 개발'을 운운하지만 여러 국가의 도움을 받았다는 것이 다수설이다.

1급 전문가 토머스 C 리드와 대니 B 스틸만은 2008년에 쓴 '핵특급(核特級·The Nuclear Express)'이란 책에서 중국-파키스탄-북한 사이의 삼각(三角) 핵협력 관계를 자세히 다뤘다. 파키스탄은 중국의 도움을 받아 핵개발에 성공했고 그런 파키스탄은 북한의 핵개발을 도왔으며, 중국은 이를 묵인함으로써 간접적으로 북한의 핵개발을 도왔다는 내용이다.

스틸만은 북한의 우라늄 핵개발 프로그램은 1990년대에 시작됐다고 분석했다. 파키스탄의 베나지르 부토 총리가 북한과 미사일-핵기술 교환 협정을 맺으며 시작됐다고 했다. 북한은 파키스탄 '핵무기의 아버지' A. Q. 칸으로부터 받은 기술을 사용해 우라늄 농축시설을 만들었다. 스틸만은 이 과정에서도 중국의 도움이 필요했다고 했다. 파키스탄의 비행기는 중국 영공을 지나 북한에 들어가 기술을 전달했기 때문에 중국의 묵인, 혹은 도움이 있었다는 판단이다. 스틸만은 중국 과학자들과 대화를 나눠본 결과 북한의 핵무기는 CHIC-4 설계도를 기반으로 만든 것이라고 했다. 중국이 파키스탄에 보냈던 것이 핵확산 시장에 나오게 돼 북한에까지 건너갔다는 것이다. 이 삼각 협력관계에 대하여 한국의 전문가나 언론이 독자적 심층취재를 한 적이 없다. 이제부터 그것을 시도한다.

스틸만은 중국-파키스탄-북한의 삼각 네트워크를 통해 핵확산이 이뤄졌다는 주장을 하고 있다. 또한 중국은 1990년 파키스탄을 대리해 핵실험을 했다고 주장했다. 한 고위 탈북자는 1998년 파키스탄이 북한을 대리해서 핵실험을 했다고 주장했다. 이 미스터리의 진실을 확인해 보기 위해 미국의 전직 고위 당국자 및 핵전문가들의 이야기를 들어봤다. 인터뷰는 2020년 8월 말부터 9월 초에 진행됐다.

1. 1993년 부토와 김일성은 무엇을 주고받았나?

파키스탄과 북한은 수십 년 동안 무기 분야에서 협력해왔다. 북한의 김영남(金永南) 당시 외무상은 1992년 8월 파키스탄을 방문했다. A. Q. 칸 박사는 김영남과 비밀리에 노동 미사일 구입 및 핵기술 교류에 대해 논의했다. 칸 박사는 북한의 초청을 받아 1993년 5월 북한을 방문, 노동 미사일 실험을 참관했다.

1993년 베나지르 부토가 총리 자리에 올랐다. 그는 몇 년 전 총리로 한 번 선출된 적이 있었으나 군부에 대항하다 해임됐다. 부토는 그 과정에서 군부와 A. Q. 칸의 심기를 거스르면 안 된다는 사실을 배운 상태였다. 칸 박사는 부토가 처음 총리를 지낼 때는 만나주지도 않았다고 한다. 그러던 칸이 1993년 겨울 부토에게 직접 전화를 해, "북한에 가달라"고 했다.

부토는 책 '디셉션(기만)'의 저자인 영국인 기자 애이드리언 레비와 캐서린 스콧−클라크와의 인터뷰에서 비밀을 실토했다. 칸 박사는 부토 총리에게 북한의 노동 미사일이 꼭 필요하다고 했다. 부토는 1993년 12월 29일 북한을 방문해 김일성을 만났다. 그는 "김일성 주석에 대해 엄청 많은 보도가 나오곤 했는데 그는 묘사된 것과 전혀 달랐다. 악마 같은 독재자가 아니라 수다스러운 사람이었다"고 회고했다.

부토는 만찬자리에서 김일성에게 귓속말로 "제발 노동 미사일 청사진을 주십시오"라고 했다. 김일성은 놀란 표정을 짓다 고개를 끄덕이고는 "좋다"고 했다고 한다. 부토의 설명이다.

〈북한 사람들은 미사일에 대한 정보를 콤팩트 디스크(CD)에 담아야 한다고 말했다. 각종 자료가 담긴 가방 하나를 건네줬다. 김일성은 양측의 실무진이 합의 내용을 진행할 것이라고 했다. 나는 실무진들이 도대체 무슨 대화를 하고 있는지 알 수 없었다. '미사일뿐이었을까'라는 의문이 들기는 했다. 북한과의 거래는 현금으로만 가능하다고 했다. 우리 측의 실무진 대표는 칸 박사와 가까운 카와자 지아우딘 장군이었다.〉

부토의 고백 "나는 전달책"

부토는 가방에 무엇이 담겨 있는지는 끝까지 확인하지 않았다고 했다. 부토는 김일성에게서 정확히 무엇을 전달받았는지, 파키스탄이 준 것은 없는지에 대해 죽을 때까지 입을 열지 않았다. 부토는 2007년 암살돼 목숨을 잃었다. 그로부터 1년 후 영국에서 활동하는 기자 시암 바티아가 '안녕, 부토 총리(Goodbye Shahzadi)'라는 책을 냈다. 2003년 부토와 진행한 인터뷰를 회고록 형식으로 엮은 책이다. 바티아 기자는 부토가 "죽을 때까지 밝히지 않겠다고 약속한 중요한 비밀을 털어놨다"고 했다. 부토는 "무엇 하나를 말해주겠다"며 바티아에게 녹음기를 끄라고 했다. 부토는 "나는 파키스탄 군부 그 누구보다도 국가를 위해 많은 일을 해냈다"고 했다. 그는 평양에 가기 전 호주머니가 가장 깊은 코트를 샀다고 했다. 북한이 원하던 우라늄 농축 관련 과학 자료가 담긴 CD를 이 호주머니에 넣어 북한으로 가져갔다는 것이다. 부토는 양측의 물건을 서로 전달하는 역할을 했다고 했다. 갈 때는 CD를, 귀국할 때는 북한의 미사일 자료가 담긴 CD를 들고 왔다는 것이다. 부토는 CD 몇 장을 들고 왔는지, 파키스탄의 자료를 전달받은 북한의 인사는 누구인지에 대한 질문에는 답하지 않았다. 바티아는 이 내용을 계속 외부에 공개하자고 했으나 그는 끝까지 이를 막았다고 한다.

이 증언이 사실이라면 파키스탄의 핵확산 문제는 전혀 다르게 흘러가게 된다. 전현직 파키스탄 총리들은 모두 '국가 차원의 핵확산은 없었고 칸 박사의 일탈이다'는 입장을 취해왔다. 그런데 현직 총리 신분으로 북한에 가 직접 우라늄 농축 기술을 전달하고 노동 미사일 기술을 받아 왔다는 증언이 나온 것이다. 파키스탄 정부는 이런 주장에 대해 "말도 안 되는 거짓말"이라고 일축했다. 부토는 죽었고 북한은 말하지 않을 것이다. 전문가들은 바티아 기자의 책에 담긴 부토의 주장을 어떻게 생각할까?

"현금 바닥난 국가끼리 기술 이전 거래"

미국의 핵전문가인 데이비드 올브라이트 과학국제안보연구소(ISIS) 소장은 "충분히 가능성이 있다"고 했다. 그는 "부토가 직접 (우라늄 농축 기술을) 전달한 것은 아니더라도 A. Q. 칸 쪽에서 했을 수 있다"고 했다.

올브라이트는 이라크 대량살상무기 사찰과 2012년 미국과 북한의 2·29 합의에 참여했던 인물이다. 2011년 영변의 핵시설을 직접 방문해 우라늄 농축시설을 둘러보기도 했다.

美 국방부 산하 국방정보국(DIA)에서 선임 정보분석관을 지낸 무기 전문가 브루스 벡톨 역시 가능성이 있다고 했다. 그의 설명이다.

"부토 때부터 시작된 협력 관계가 계속 이어졌다. 두 나라 모두 머리를 잘 썼다. 현금이 바닥나 있던 국가끼리 서로 거래를 시작한 것이다. 파키스탄 장군들이 북한으로부터 뇌물을 받아 우라늄 농축 기술을 전했다는 증거가 있다. 파키스탄은 이를 숨기려고 하겠지만 이는 그럴 수 없는 문제다."

벡톨은 자신이 DIA에서 근무하던 1996~1997년 사이 북한과 파키스탄의 기술 이전 움직임이 자주 포착됐다고 했다.

올리 하이노넨 전 IAEA 사무차장은 정확히 공개된 정보가 없기 때문에 단정할 수 없다고 했다. 그는 북한의 우라늄 농축 프로그램이 김일성-부토의 1993년 회담으로 인해 시작됐다는 주장에도 신빙성이 떨어진다고 했다.

그는 IAEA의 북핵 사찰 총책임자를 지내며 20여 차례 북한을 방문했다. 2003년 리비아의 대량살상무기 포기 이후에는 파키스탄 당국자들과 만나 핵확산 과정을 직접 조사했다. 그의 설명이다.

"북한은 (1994년) 제네바 합의로 인해 플루토늄 프로그램이 중단된 상황이었기 때문에 우라늄 농축 기술을 원했을 수 있다. 북한은 1980년대 후반부터 우라늄 농축에 도전했다. 1993년 (김일성-부토) 회담으로 인해 우라늄 농축 프로그램이 북한에서 시작됐다고 말할 수 없는 것이다. 1987년 즈음 북한은 리비아와 이란이 접촉했던 유럽회사들을 통하여 (우라늄 농축 관련) 물건을 사들였다."

황장엽 "파키스탄 협력으로 플루토늄 문제 해결"

북한노동당 국제담당 비서이던 황장엽(黃長燁) 선생은 조갑제(趙甲濟) 기자에게 이런 증언을 한 적이 있다.

〈1990년대 초반 金日成이 살아 있을 때에도 핵무기 개발 책임자(노동당 군수공업부장) 전병호가 핵실험 계획을 세워 허가를 받으려 했습니다. 전병호는 '우리는 핵실험 준비가 다 되어 있는데 왜 주석께서 허가를 하지 않는지 모르겠다'고 불평도 했어요.

1994년 제네바 합의 이후엔 나를 찾아와 '러시아에서 플루토늄을 얻어올 수 없을까'라고 묻더군요. 내가 '왜 아직도 충분하지 않은가'라고 했더니 그는 '몇 개를 더 만들어 놓아야 한다'고 말했어요. 그 얼마 뒤 전병호가 나타나더니 '이젠 됐다. 파키스탄과 협력하기로 했다'고 말하였습니다.〉

1996년 전병호는 다시 황장엽 선생에게 "이제 해결이 되었습니다. 파키스탄에서 우라늄 농축 기자재를 수입할 수 있게 합의되었습니다. 이제 걱정할 필요가 없습니다"라고 말했다고 한다.

2. 1998년 파키스탄 6차 핵실험의 미스터리

파키스탄은 1998년 5월 28일 다섯 차례의 핵실험을 했다. 이틀 뒤인 30일에는 첫 번째 실험장으로부터 약 100km 떨어진 사막에서 여섯 번째 핵실험을 했다. 미국 로스앨러모스의 핵과학자들이 6차 핵실험이 일어난 상공에서 플루토늄을 검출했다는 언론 보도가 나왔다. 1~5차 핵실험에는 우라늄이 사용됐으나 6차 때만 플루토늄이 사용됐을 가능성이 제기됐다. 파키스탄은 핵무기를 만들 수 있는 플루토늄이 없었다. 이에 따라 파키스탄이 북한의 플루토늄彈을 대리실험했다는 주장이 나왔다.

북한의 한 고위급 탈북자는 '월간조선' 2006년 9월호에 실린 조갑제 기자와의 인터뷰 기사에서 파키스탄이 북한의 플루토늄 핵무기를 대리실험해줬다는 주장을 했다. 그는 이렇게 말했다.

〈북한이 플루토늄을 파키스탄으로 가져가서 공동실험을 한 적이 있다. 그 실험 결과로 核폭탄을 제조할 수 있는 자료를 모으는 데 성공했다. 플루토늄 물질을 파키스탄으로 가져가서 실험한 것인지, 核폭탄을 가져간 것인지는 나도 모른다.

파키스탄과 북한 사이의 유착관계는 상상 이상이다. 파키스탄은 북한으로부터 核탄두 운반용 미사일 개발 기술을 배우고 북한은 파키스탄으로부터 核개발 기술을 배우는 아주 이상적인 협력체제가 오랫동안 작동해 왔다. 서로 국익(國益)에 부합되기 때문이다. 무샤라프 대통령이 친미(親美)정책을 쓰고 있지만 지금도 그런 협조관계는 내밀하게 계속되고 있을 것이다.〉

이 탈북자는 "미국 정부도 북한-파키스탄의 공동실험 사실을 알고

있지만 이를 인정했을 경우의 후속(後續) 조치와 여파를 걱정하여 모른
척하고 있다"고 했다.

"관(棺)에 원심분리기와 설계도면 실어 날라"

북한이 1998년 핵실험을 참관한 것은 사실이다. 미국 CIA는 파키스
탄 주재 북한대사관에서 경제참사관으로 근무하던 강태윤이라는 인물
과 북한 기술진들이 참관한 것을 확인했다. 강태윤은 외교관 신분으로
해외에서 북한 핵·미사일 부품을 조달하는 임무를 맡았다. 그는 이런
일을 담당하는 북한의 창광무역 소속이었다. 핵실험 10일 뒤 강태윤의
부인 김사내가 칸 연구소 영빈관 인근에서 총격을 받고 사망하는 사건
이 발생하기도 했다. 김사내가 핵폭탄 실험에 대한 자료를 미국 측에 전
달하려 발각됐기 때문에 암살됐다는 설(說)이 나돌았다. 김사내의 시
신(屍身)은 核과학자들이 북한에 돌아갈 때 탑승한 보잉 707기에 같이
실렸고 관(棺)엔 우라늄 농축시설의 부품들이 함께 들어 있었다는 정보
당국 관계자들의 주장도 나왔다. 원심분리기인 P-1과 P-2를 포함한 여
러 설계도면이 실렸다는 것이다. 이 비행기에는 칸 박사가 동승했다는
설(說)도 있었다.

전문가들은 신중한 반응을 보였다.

1990년대 당시 북한의 경수로 사업을 추진한 한반도에너지개발기구
(KEDO)의 미국측 수석대표를 지낸 미첼 리스 전 국무부 정책기획실장
은 "'대리실험'이라는 주장을 하려면 정확한 증거가 있어야 한다"고 했
다. 그는 "파키스탄이 북한의 핵무기를 대신 실험해줬다면 북한이 이미
핵무기를 개발했고 이를 파키스탄으로 보내 실험을 부탁한 것이 된다.

왜 다른 무기들은 자국 내에서 다 실험하다 이때만 굳이 위험을 무릅쓰고 실험을 의뢰하나"라고 했다.

"美정부의 기밀문서 해제가 관건"

하이노넨 전 IAEA 사무차장은 '로스앨러모스가 플루토늄을 검출했다'는 것은 익명의 로스앨러모스 소식통을 인용한 것이지 이 연구소의 공식입장이 아니라고 했다. 그의 설명이다.

"북한이 플루토늄彈 설계도를 어디선가 구해서 플루토늄 핵무기를 만들었다고 가정하자. 그리고 이를 가지고 파키스탄에 가져가서 실험을 한다? 이상하지 않은가? 왜 그냥 북한에서 실험하지 않았나? 제네바 합의 등을 위반하는 것을 우려해 그렇다고 주장할 수도 있는데 북한이 이를 그렇게 중요하게 생각했을까? 충분한 동기가 있었다고 보나? 핵폭탄을 가지고 다른 나라로 가서 핵실험을 한다는 것 자체도 매우 이상하다. 거의 모든 국가는 자국 영토 내에서 핵실험을 했다. 자국 영토가 아닌 곳에서 실험한 국가는 1950년대 영국과 1960년대 프랑스였다. 영국은 호주에서 했고 프랑스는 알제리에서 했다."

올브라이트 소장은 파키스탄의 6차 핵실험이 풀리지 않은 미스터리가 맞다고 했다. 그의 설명이다.

"미국은 여섯 번째 실험 이후 플루토늄이 상공에서 검출된 것을 확인했지만 결론을 내리지 못했다. 전문가들 사이에서 여러 이견(異見)이 있었다. 북한이 파키스탄에 플루토늄을 줬다는 얘기도 있었다. 당시 북한은 플루토늄이 별로 없을 때였다. 많아야 4kg 정도였다. 북한이 갖고 있는 거의 모든 플루토늄을 파키스탄에 전달한 것이라는 얘기인데 신빙성이 떨어진다고 생각한다. 파키스탄의 쿠샵 원자로는 1998년 4월에 가동됐다. 파키스탄은 핵실험을 할 정도의 플루토늄이 없었다는 점을 알수 있다. 과거에 운영하던 카늅 시설이 있는데 여기서 플루토늄을 추출했다는 얘기도 있다. 그런데 이 시설 역시 제대로 작동하는 곳이 아니었다. 플루토늄이 있었다고 해도 매우 적은 양이었을 것이다. 6차 실험이 플루토늄을 사용한 것인지, 우라늄을 사용한 것인지 아직도 명확하지 않다. 왜 여섯 번째 실험을 했는지 자체도 의문이다."

그는 당시 핵실험에 대한 미국 정부의 기밀문서가 22년이 흐른 지금까지도 공개되지 않고 있다는 점을 지적했다. 그는 "트럼프가 김정은을 사랑하는 상황에서 이런 자료가 공개될 가능성은 매우 낮지만 기밀해제가 될 때가 오고 있다. 기밀이 해제되면 진실이 드러날 것"이라고 했다.

"北 '대리실험' 경험치고는 형편없는 수준"

일부 전문가들은 1998년 파키스탄이 북한의 핵무기를 대리해 실험했을 가능성은 열려 있다고 했다. 그러나 북한이 2006년에 실시한 1차 핵실험 결과를 보면 과거에 핵실험을 한 것 치고는 너무 형편없는 수준이었다고 했다.

벡톨 교수는 "(대리실험) 가능성은 있지만 북한의 핵실험 결과를 볼 필요가 있다"고 했다. 그는 "2006년 1차 핵실험의 폭발 규모는 2kt이었다. 1998년에 한 번 실험을 해봤다면 결과가 이렇게 부실할 수 없다. 2kt은 매우 초보적인 수준이다"고 했다.

미국의 군사전문가인 브루스 베넷 랜드연구소 선임연구원은 "(대리실험) 가능성은 있지만 신중하게 접근해야 한다"고 했다. 그는 "파키스탄은 매우 조심스럽게 실험을 진행했다. 여러 핵무기를 지하에서 한 번에 터뜨렸다. 이는 어떤 무기가 성공하고 어떤 게 실패했는지를 남들이 모르게 하기 위해서였다"고 했다. 정확한 실험 결과는 파키스탄만 알고 있다고 했다. "북한이 1998년 실험한 것이 성공적이지 않았기 때문에 2006년에 다시 했을 가능성은 있다고 본다"고 했다.

3. 1990년 중국은 파키스탄의 핵무기를 대리실험했나?

스틸만은 중국 과학자들과 얘기를 나눠본 결과 1990년 5월 26일 중국이 롭 노르에서 파키스탄의 핵무기를 대리실험해줬다는 결론에 도달했다고 했다. 1998년 파키스탄의 핵실험은 하나의 갱도에서 다섯 발의 핵무기를 터뜨리는 매우 복잡한 방법을 사용한 점, 이런 어려운 실험을 인도 핵실험 이후 17일 만에 했다는 점 등을 고려할 때 이미 중국에서 대리실험을 해 자신감을 갖고 있었다고 봐야 한다고 했다.

미국의 대량살상무기 폐기 전문가인 셰릴 로퍼 씨는 이런 주장을 일축했다. 그는 로스앨러모스에서 35년간 근무하며 카자흐스탄과 에스토니아 등 지역의 핵무기 폐기 작업과 화학무기 감독 업무를 해왔다. 로퍼 씨의 설명이다.

"대니 스틸만을 잘 알고 있다. 로스앨러모스에서 같이 근무했다. 스틸만은 중국 핵실험장을 방문한 거의 첫 번째 미국인 과학자였다. 많은 중국인 과학자들을 만난 것으로 알고 있다. 그가 쓴 책들을 읽어봤는데 많은 부분에 동의하지 않는다. 사실이 아닌 내용이 많다. 하나의 갱도에서 여러 핵무기를 실험하는 것이 어렵다고 하는데 그렇게까지 어려운 것은 아니다. 갱도를 낚시바늘 모양으로 만드는 방법이 있다. 바늘이 휘어 있는 쪽 끝부분에서 폭발을 시키는 것이다. 그렇게 하면 방사성 물질의 유출을 막아낼 수 있다. 파키스탄이 한 다섯 차례의 실험은 연속적으로 '쾅, 쾅, 쾅' 일어났다. 어렵기는 하지만 충분히 가능하다."

그는 "중국이 파키스탄 핵개발에 도움을 줬을 수는 있다"면서도 '중국의 도움 없이 파키스탄의 핵개발은 불가능하다'는 주장에는 동의하지 않는다고 했다. 그는 "훌륭한 과학자들을 갖고 있는 국가의 경우 외부의 도움이 꼭 필요하다고 보지 않는다. 파키스탄과 북한의 경우가 그랬다"고 했다. "도움을 받으면 시간을 단축할 수 있는 것은 사실이다. 도움을 거절할 이유는 없다"고 했다.

"중국은 '대리실험'할 이유가 없다"

하이노넨 전 사무차장 역시 1990년 대리실험 주장에 동의하지 않았다. 그는 "중국이 파키스탄에 핵물질을 전달하고 여러 협력 관계를 맺었다는 증거는 있지만 이는 대리실험과는 별개"라고 했다. 이를 뒷받침할 어떤 증거도 없다고 했다.

"누군가가 '대리실험'을 하려면 이를 의뢰한 국가의 핵무기 역량이 갖춰졌어야 한다. 파키스탄이 이런 능력을 1990년에 이미 갖췄을까? 만약 이런 경우가 아니라면 중국의 핵무기에 파키스탄이 만든 핵물질을 결합해 실험을 했다는 것인데 당시 파키스탄이 핵실험에 필요한 수준의 핵물질을 보유하지 못했다고 본다. 중국으로부터 핵물질을 전달받은 게 바로 그 얼마 전이었기 때문이다."

올브라이트 소장 역시 "스틸만의 주장은 알고 있다"면서도 "이는 기밀

로 유지될 사안이기 때문에 스틸만의 주장이 사실이 아닌 것 같다"고
했다. 만약 대리실험이 사실이라면 기밀로 분류돼 세상에 공개하지 못
하게 됐을 것이라는 주장이다. 그는 "중국이 이런 대리실험을 할 이유
자체가 없다고 본다"고 했다.

4. 파키스탄은 북한에 정확히 어떤 기술을 전달했나?

A. Q. 칸 박사는 2004년 1월 파키스탄 정보당국(ISI)의 조사를 받았
다. 이때 작성한 그의 진술서에는 북한과 리비아, 이란에 어떤 기술을
넘겼는지가 담겨 있다. 물론 그의 주장에는 사실과 다른 내용이 많지만
참고해볼 만하다. 칸은 1996년 파키스탄이 북한에 노동 미사일의 대금
(代金)을 지불하지 못하는 상황이 왔다고 했다. 이때 파키스탄 군부는
북한이 뇌물을 주면 밀린 대금을 지불하겠다고 했다. 앞서 언급된 강태
윤 참사가 파키스탄의 카라마트 육군 참모총장 등에게 300만 달러 상
당의 뇌물을 지급했다. 칸은 강태윤으로부터 돈을 받아 직접 장군들에
게 전달했는데 강태윤이 추가 뇌물을 전달할 테니 우라늄 농축 기술 개
발을 도와달라고 했다고 주장했다. 그는 자신이 기술을 전달하기 이전
에 북한은 이미 핵무기를 보유했다고 했다. 칸 박사는 "(북한측은) 한국
전쟁이 끝난 얼마 뒤인 1950년대 중반에 러시아로부터 200kg 상당의
플루토늄과 핵무기 설계도를 받았다고 했다. 북한은 미르자 박사와 내
게 완성된 핵무기를 보여줬다. 우리 것보다 기술적으로 더 뛰어났다"고
했다. 북한이 플루토늄탄은 이미 갖고 있으니 우라늄탄을 만드는 데 파
키스탄의 도움이 필요했다는 이야기다. 그의 진술서 일부를 인용한다.

〈나는 부하들에게 구식 P-1 원심분리기 20개를 준비해 북한에 보내도록 했다. 북한 기술자들은 이미 파키스탄 시설에서 근무를 한 적도 있었기 때문에 (신식인) P-2 원심분리기도 잘 알고 있었다. 이들은 P-2 원심분리기 4개를 요청했다. 나는 이를 카라마트 참모총장에게 보고했고 그는 그렇게 하라고 했다. 나는 카라마트 장군의 관사를 찾아가 250만 달러를 전달했다. (중략)

북한은 (원심분리기) 장비들을 자신들의 비행기에 직접 실어갔다. 이 비행기를 통해 (노동) 미사일 부품이 파키스탄에 전달됐다. 미르자 박사와 나심 칸 역시 각종 소프트웨어 체계를 만들어 북한에 전달했다.

북한은 육불화우라늄(UF6) 일부를 가져와 분석하기도 했다. 우리가 이를 돌려본 결과 우라늄 농축을 할 정도로 깨끗하지 않았다. 북한은 육불화우라늄 가스 일부를 요구했다. 자신들 것과 비교해보겠다고 해 그들에게 줬다. 이 가스는 기술적으로나 금전적으로 아무 가치가 없다. 누구나 해외에서 이 정도의 샘플을 구입할 수 있었다. 파이프에서 흐르는 기체나 액체의 속도를 측정하는 유량계(流量計) 샘플도 하나 전달됐다. 유량계는 육불화우라늄을 사용할 때 필요한 장비다. 파키스탄은 이를 직접 수입할 수 없었다. 이는 유럽에서는 쉽게 구할 수 있는 장비였다. 북한은 대가로 우리에게 크라이트론(핵폭탄에 들어가는 기폭장치 고속 스위치)을 만드는 방법을 알려줬다. 수입이 금지된 부품이었다. 이는 핵무기를 폭파시킬 때 필요하다. 우리에게 매우 중요한 기술이었다.〉

"북한의 원심분리기 기술은 파키스탄 것"

전문가들은 러시아가 200kg 상당의 플루토늄을 북한에 줬고 북한이 이미 핵무기를 갖고 있었다는 칸의 주장에는 신빙성이 없다고 했다. 1950~1960년대엔 러시아도 미국과의 군비 경쟁에서 뒤처지지 않기 위해 핵물질을 최대한 생산하고 비축하고 있을 때였다고 했다. 전문가들은 북한이 파키스탄으로부터 우라늄 농축 기술 전체, 혹은 일부를 전달받은 것은 맞다고 봤다. 파키스탄이 중국으로부터 받은 CHIC-4 핵무기 설계도가 전달됐을 가능성도 높다고 했다. 북한의 우라늄 농축 프로그램이 파키스탄의 도움이 없었으면 불가능했을 것이라는 주장에 대해선 엇갈린 반응을 보였다.

2007년과 2011년에 북한을 방문했던 올브라이트 소장은 북한이 파키스탄 원심분리기 기술을 사용한 것을 직접 확인했다고 했다. 원심분리기를 여러 개 연결해 우라늄을 농축하는 '캐스케이드' 설계가 파키스탄 방식이었다는 것이다.

"파키스탄의 캐스케이드는 하나당 344개의 P-2 원심분리기를 사용한다. 총 6개의 캐스케이드가 사용되며 원심분리기는 총 2064개가 들어간다. 북한 측과 만난 자리에서 영변에 원심분리기가 총 몇 개가 들어가느냐 물었다. 북한 담당자는 캐스케이드당 344개가 들어가고 있다고 했다. 숫자가 (파키스탄 설계와) 정확히 일치했다. 북한이 영변에서 사용하고 있는 것이 칸의 캐스케이드라는 것을 알 수 있었다."

北, 설계도·부품보다 중요한 人的 지원받아

올브라이트 소장은 "파키스탄의 도움이 없었다면 '우라늄 핵폭탄'을 만들기는 어려웠을 것"이라고 했다. 그는 "파키스탄은 북한에 우라늄 농축 기술과 핵무기 설계 기술 개발을 도왔다"며 "파키스탄이 북한에 중국식 핵무기 CHIC-4 설계도를 전한 것 같다. 중국이 이를 북한에 직접 줬을 수도 있다"고 했다.

그는 우라늄 농축 기술 개발은 설계도나 부품만 가지고 있다고 해서 가능한 것이 아니라고 했다. 인적(人的) 도움이 필수라고 했다. "칸은 북한 기술자들을 매우 비밀스러운 파키스탄 핵시설에 초청해 P-2 원심 분리기 작동 방법을 교육시켰다"는 것이다. 칸은 이란과 리비아에도 원심분리기 기술을 전달한 사실이 있지만 이들 국가의 과학자들을 초청한 적은 없다. 북한이 더 많은 도움을 받았다는 얘기다.

1990년대 말부터 2000년대 초 사이 국방정보국(DIA)에서 근무했던 벡톨 교수는 "미국은 클린턴 행정부 때부터 파키스탄이 북한에 원심분리기 기술을 이전하고 있다는 사실을 알고 있었다"고 했다. 그는 "파키스탄의 핵무기는 중국의 도움이 없었으면 존재하지 않았을 것"이라며 "북한의 고농축 우라늄 프로그램은 파키스탄으로부터 통째로 받은 것"이라고 했다. 그는 "파키스탄의 C-130 수송기가 중국 영공을 지나는 것은 물론 중국에서 중간 급유를 하고 북한으로 가 우라늄 농축 기술을 전달했다"며 중국과 파키스탄 국가 차원의 합의가 있었기에 가능했다고 했다. 그는 중국-파키스탄-북한의 삼각 핵확산을 확신하고 있다.

베넷 선임연구원 역시 북한의 우라늄 농축 프로그램은 파키스탄의 지원이 있었기에 가능했던 것으로 봤다. 그는 "북한의 1~3차 핵실험(2006~2013년)은 다 플루토늄彈을 사용한 것으로 알려졌다. 4~6차 핵실험(2016~2017년)에 어떤 물질이 사용됐는지는 불확실하지만 고농축 우라늄이 사용됐을 수 있다"고 했다. 그는 "북한이 파키스탄으로부터 우라늄 농축 도움을 1990년대 후반부터 받았다고 한다면 (우라늄

彈) 개발에 이 정도의 시간이 필요했을 것으로 본다"고 했다.

진실은 북한만 알고 있다

하이노넨 전 사무차장은 "기술 이전이 있었다는 점은 확실하다"면서도 파키스탄의 도움으로 북한이 우라늄 농축에 성공했다고 주장하기는 어렵다고 했다.

그는 "북한이 파키스탄으로부터 우라늄 농축이라는 중요한 기술을 전달받은 것은 사실이지만 더 많은 국가로부터 도움을 받았다는 사실 역시 중요하다"고 했다. "증거가 확인되지 않았지만 파키스탄보다 더 고급 기술을 갖고 있는 나라의 도움을 받았다고 본다"고 했다. "핵기술을 전달받은 북한과 같은 나라는 직접 기술을 계속 개발해 나간다"며 "북한 나름대로의 노하우와 조달 네트워크를 갖췄다"고 했다.

핵폐기 전문가인 로퍼 씨 역시 하이노넨과 비슷한 주장을 했다. 그는 "핵과 관련된 기술은 어느 정도 다 규격화돼 있다"며 "예를 들어 모든 나라의 원심분리기가 다 비슷한 것처럼 보인다. 아주 세부적인 부분을 들여다 봐야 차이점을 알 수 있다"고 했다. 그는 "이 때문에 어떤 과학자도 '파키스탄의 원심분리기가 영변에서 사용된다'고 확실히 말할 수 없는 것이다. 그래서 모두 '파키스탄 것처럼 보인다'고 말하는 것"이라고 했다.

지그프리드 헤커 박사는 2010년 영변을 찾아 북한 측에 원심분리기의 출처를 물은 바 있다. 이때 북한은 유럽의 기술을 기반으로 자체 제작했다고 했다. 로퍼 씨는 "헤커의 질문 자체가 잘못됐다"며 "그렇게 질문하면 당연히 그런 답변이 나왔을 것"이라고 했다. "'주체 사상'을 강조하는 북한으로서는 특히나 더 자기들이 만들었다고 대답하지 않았겠느냐"며 웃었다.

하이노넨 사무차장은 이렇게 덧붙였다.

"북한에도 훌륭한 과학자들이 많다. 파키스탄 핵확산의 미스터리가 풀려도 북한의 핵개발 미스터리가 풀리지 않는다. 북한이 직접 털어놓지 않는 이상 진실은 알려지지 않을 것이다."

5. 미국은 파키스탄의 핵개발을 못 막았나 안 막았나?

미국은 1970년대부터 파키스탄의 핵개발 움직임을 포착했다. 원조 중단, 제재 등의 외교적 압박을 가했지만 파키스탄은 핵개발을 강행했다. 일부 전문가는 미국이 파키스탄의 핵개발을 사실상 '묵인'했다고 단정한다.

1980년대 소련의 아프가니스탄 침공 이후 미국은 파키스탄이 필요했다. 아프간 반군(叛軍) 지원을 위해서는 아프간과 국경을 맞대고 있는 파키스탄을 필요로 했다. 2001년 9·11 테러 이후 진행된 이른바 '테러와의 전쟁'에서도 파키스탄의 도움이 절실했다. 파키스탄의 영토와 영공에서 작전을 수행해야 했기 때문이다. 이런 이유로 미국이 파키스탄의 핵개발에 반대하면서도 묻어둘 수밖에 없었다고 말하는 전문가들이 많다.

올브라이트 소장은 "파키스탄의 핵개발을 멈추려고 시도는 했으나 결과적으로 실패했다"고 했다. 그는 "미국은 대만에 강력한 압박을 가해 핵개발을 포기하도록 했으나 파키스탄에는 이 정도의 압박을 가하지 못했다"고 했다. 미국의 역대 행정부는 파키스탄에 대한 원조를 연장하기 위해서는 파키스탄에 핵무기가 없다는 사실을 해마다 의회에 통보해야 했다. 핵무기가 있었음에도 '아직 완전한 역량을 갖추지는 못했다'는 식으로 의회에 보고해왔다. 올브라이트는 역대 미국 행정부의 축소 보고와 관련, "이는 미국의 수치스러운 역사다"라고 했다.

벡톨 교수도 "파키스탄이 비핵화를 하지 않으면 살아남지 못한다는 생각이 들도록 했어야 하나 그렇게 하지 못했다"고 했다. 파키스탄의 핵실험이 인도의 핵실험 이후 대응 차원에서 이뤄진 점, 중국이 파키스탄을 지원했다는 점 등 파키스탄에 압박을 가하기에는 여러 복잡한 일이 엮여 있었다고 했다.

일부 전문가들은 '묵인'이라는 표현 자체에 동의하지 않았다. 마이클 오핸런 브루킹스 연구소 선임연구원은 "미국이 묵인했다는 주장에 동의할 수 없다"며 "파키스탄을 멈추려 했는데 이를 이루기 위한 충분한 방법이 없었을 뿐"이라고 했다.

리스 전 국무부 정책기획실장은 "파키스탄은 주권 국가이고 국익에 최선인 정책 결정을 내린다"고 했다. "미국은 파키스탄의 핵프로그램을 막기 위해 제재와 외교적 압박을 가했지만 충분하지 않았다. 미국이 지정학적으로 파키스탄을 필요로 했던 사실 역시 하나의 요소로 작용됐다"고 했다.

브루스 베넷 연구원은 미국이 파키스탄의 비핵화를 이뤄내지는 못했지만 핵역량 완성을 최대한 늦추려 노력했다고 설명했다. 그는 "파키스탄은 F-16 전투기를 미국으로부터 구입해 핵 운반체계로 사용하려 했다"며 미국은 판매를 중단했다는 것이다.

6. 북한의 비핵화는 가능할까?

북한이 사실상의 핵무장국가로 인정받는 '파키스탄 모델'을 추구한다는 분석이 많이 나왔다. 전문가들은 '평화적인 방법'으로 북한을 비핵화할 가능성은 희박하다고 했다.

리스 전 실장은 "북한을 비핵화하기에는 너무 늦었다고 생각한다"며 "북한의 정권이 바뀌고 한반도가 통일되는 상황을 기다려야 할 것 같다"고 했다. "외부에서 원격으로 북한의 비핵화를 이뤄낼 수 있는 방법은 없다고 본다"고 했다.

오핸런 연구원은 "빠른 시일 안에 비핵화를 이뤄내기에는 이미 너무 늦었다"고 했다. "김정은은 핵무기가 없었던 사담 후세인과 무아마르 카다피에게 무슨 일이 일어났는지를 목격했다"며 "김정은은 핵무기를 가문(家門)의 영광이라고 생각한다"고 했다. 그는 "남아프리카공화국에서 인종차별 정책이 없어지게 된 일, 우크라이나와 벨라루스, 카자흐스탄이 소련 붕괴 이후 분리된 것 같은 정도의 국가적 변화가 생겨야 비핵화가 가능하다고 본다. 핵무기를 포기한 국가는 이들뿐이다"라고 했다.

벡톨 교수는 "미국과 유엔, 유럽연합이 얼마나 강력한 제재를 가할지에 달려 있다"고 했다. "북한이 비핵화하지 않으면 살아남지 못한다는 생각이 들어야 한다"고 했다. 그는 북한과 파키스탄을 같은 선상에서 비교하는 것에는 무리가 있다고 했다.

"지정학적 차이가 있다. 북한은 불량국가다. 국제사회의 규범을 아예 따르지 않는 국가를 뜻한다. 북한, 버마, 이란, 예멘 같은 나라들이다. 이들은 국제사회의 규범을 따르려는 노력도 하지 않는다. 파키스탄은 그렇지 않았다. 국제사회의 일원이었다. 미국과 거래를 하고 다른 국가와도 무역을 했다. 물론 가난한 국가였지만 국제사회가 필요했다. 인도가 핵폭탄을 갖고 있다는 사실도 파키스탄과 북한의 다른 점이다. 북한이 핵보유국으로 인정받는 일이 없기를 바란다. 미국이 평양에 대사관을 열고 북한의 핵무기를 인정하는 상황이 생길 수도 있다. 이는 북한이 원하는 모든 것을 다 할 수 있게 하는 것이다."

北核을 포기시킬 방법이 없다

베넷 연구원도 핵실험 이후 비핵화한 나라는 없었다고 했다. 핵무기를 개발한 뒤 자체적으로 비핵화에 나선 곳은 남아공 정도뿐이라고 했다. 그는 북한의 핵프로그램 동결 후 핵무기 수를 줄여나가는 방법만 남은 것 같다고 했다.

"소련이 4만 개에서 7000개로 줄였다. 크게 줄이는 것은 가능하다고 본다. 북한의 핵물질 생산만이라도 멈추게 하면 성공적이라고 생각한다. 우울한 상황이라고 생각한다. 북한은 현재 미국에 대한 억제력을 갖추려고 하는 것 같지가 않다. 이미 충분한 양 이상을 갖고 있다. 수백 개 정도가 될 수도 있는 것으로 알려졌다. 이렇기 때문에 핵물질 생산 동결을 우선 추진해야 한다. 북한이 만약 동결 방향으로 가지 않으면 누군가가 북한에 선제공격을 가할 가능성이 높아질 것으로 본다."

그는 선제공격의 의미에 대해서는 더 설명하지 않았다.

로퍼 씨 역시 비핵화 가능성을 낮게 내다봤다. 그는 "김정은은 핵무기가 체제를 보장한다는 말을 공개적으로 해왔다"며 "갑자기 비핵화에 나설 가능성은 없다"고 했다. 그는 "남아공은 인종차별 정책이 급격하게 바뀌는 과정에서 비핵화를 했다. 핵무기를 갖고 있던 백인 지도자들은 흑인 등 다른 사람들 손에 넘어가는 것을 우려했다"고 했다. 그는 "김정은이 비핵화에 나서도록 설득할 방법이 무엇이 있을지 모르겠다"고 했다.

1989년 남아공 비핵화 당시 대통령을 지낸 프레드리크 데 클레르크 전 대통령은 미국과 북한의 비핵화 협상이 한창이던 2018년 7월 김영남(金永男) 기자와의 인터뷰에서 북한 핵문제와 관련해 이렇게 말한 바 있다.

〈1989년 남아공과 현재 북한의 상황은 완전히 다릅니다. 당시 남아공은 외부 위협들로 인해 핵무기를 개발했지만 이런 위협들이 사라졌습니다. (우리의 비핵화는) 소련 붕괴와 앙골라 주둔 쿠바군의 철수, 나미비아의 성공적인 독립 절차에 따른 결과입니다. 남아공이 민주적인 협상 방식으로 문제를 해결하려는 결의를 보여주기도 했습니다. 아울러 남아공이 직면했던 가장 큰 도전 과제는 인종 갈등을 넘어선 민주주의를 확산하는 것이었습니다. 남아공은 핵무기 보유에 따른 부담뿐만 아니라 최대한 빨리 국제사회로의 재진입을 원했기 때문에 핵 역량을 폐기할 명확한 이유가 있었습니다.

북한의 상황은 전혀 다르다고 생각합니다. 전체주의 독재자 김정은의 핵심 관심은 金씨 왕조를 이어가는 겁니다. 핵무기를 이런 과정에서 사용할 협상 카드로 보고 있습니다. 김정은은 북한 경제를 불능화하는 제재를 끝내고 싶어 합니다만 북한정권에 어떤 위협도 없다는 것이 완전하게 확실해지지 않는 이상 핵무기를 포기하지 않을 겁니다.〉

〈月刊朝鮮 2020년 10월호〉

| 21 |

[核전문가 인터뷰 : 올브라이트 ISIS 소장]
"영변에서 파키스탄식 원심분리기 설계 직접 확인…파키스탄 없었다면 북한의 우라늄 프로그램은 없다"

"파키스탄-사우디, 핵기술 이전 가능성…파키스탄 핵확산은 미국의 수치"

2020년 8월부터 9월 사이 북한과 파키스탄 핵문제를 담당했던 미국의 전직 당국자들과 핵 전문가들의 이야기를 들어봤다. 파키스탄의 핵개발과 핵확산이 한국인들에게 주는 교훈을 물었다. 파키스탄 핵개발에는 풀리지 않는 여러 미스터리가 있다. 북한과 파키스탄 사이의 핵협력은 언제부터 시작됐을까? 중국은 과연 1990년 파키스탄의 핵무기를 대리 실험했을까? 1998년 파키스탄의 여섯 번째 핵실험에서 검출된 플루토늄은 어디에서 왔을까? 파키스탄이 북한의 플루토늄탄(彈)을 대리 실험했다는 주장에는 신빙성이 있을까? 파키스탄은 북한에 정확히 어떤 기술을 전달했을까? 핵확산은 A. Q. 칸이라는 개인의 일탈이었을까, 아니면 파키스탄 정부의 개입이 있었을 수밖에 없을까? 가장 중요하게는 '북한이 핵실험까지 마친 현재 상황에서 평화로운 방법으로 비핵화를 할 수 있을까'라는 질문을 전문가들에게 던졌다. 우울한 전망이지만 대다수의 전문가들은 평화로운 방법의 비핵화가 사실상 불가능할 것이라고 입을 모았다. 비핵화를 한 국가는 남아프리카공화국이 유일한데 남아공과 북한의 상황은 매우 다르다는 것이다.

첫 번째로 데이비드 올브라이트 과학국제안보연구소(ISIS) 소장과의 인터뷰를 소개한다. 그와의 인터뷰는 2020년 9월 초 진행됐다. 그는 미국의 저명한 핵전문가로 이라크 대량살상무기 사찰과 2012년 미국과 북한의 2·29 합의에 참여했던 인물이다. 그는 2011년 영변의 핵시설을 직접 방문해 우라늄 농축 시설을 둘러봤다. 그는 각국의 핵개발 및 핵확산 동향을 분석하는 전문가로 활동해왔으며 핵 확산 문제와 관련해 여러 책을 썼다. 올브라이트는 파키스탄의 1998년 핵실험에 사용된 실험장의 위성사진을 가장 먼저 분석해 전세계에 알린 바 있다. 그는 파키스탄 및 북한 출신 과학자들과 접촉한 적이 있다. 올브라이트 소장과의 인터뷰 내용을 소개한다.

　－1993년 베나지르 부토 파키스탄 총리가 북한을 방문, 김일성을 만났다. 노동 미사일에 대한 대가로 우라늄 농축 기술을 북한에 전달한 것은 이 때라는 주장이 있다.

"그렇다고 생각한다. 부토가 아니더라도 A. Q. 칸 박사 쪽에서 전달한 것 같다. 칸 박사는 자술서를 통해 북한에 기술을 전달한 사실이 있다고 했다. 파키스탄 기술자들이 북한에 P-2 원심분리기 기술을 교육시켰다. 칸의 네트워크 등에 대한 재판 기록에도 관련 내용이 자세히 담겨 있다."

　－칸 박사는 진술서에서 북한이 이미 핵무기를 갖고 있었고 이를 자신에게 보여줬다고 했다. 러시아가 1950년대에 북한에 200kg 상당의 플루토늄을 전달했다는 주장도 했다.

"러시아가 플루토늄을 제공했다는 주장은 믿기 어렵다. 칸은 거짓말을 계속해 왔다. 이는 러시아의 방식이 아니다. 러시아는 중국을 도울 때 핵 관련 기반시설을 지어줬다. 핵물질을 직접 전달한 적은 없다. 당시 러시아 입장에서도 핵물질은 매우 귀했다. 1960년대 초 쿠바 미사일 사태가 발생했다. 미국의 핵무기는 1만 개가 넘었던 반면 러시아는 약 300개만 갖고 있었다. 러시아는 이를 따라잡기 위해 플루토늄과 농축 우라늄을 계속 비축했다. 200kg은 상당한 양인데 이를 북한에 줬다는 주장은 믿기 어렵다. 또한 북한은 당시 핵프로그램이 전혀 없을 때였다."

– 칸 박사는 완성된 핵무기도 봤다고 했는데.

"가능성은 있다. 그러나 칸 박사가 하는 거짓말을 잘 걸러내야 한다. 칸은 자신 때문에 북한이 핵무기를 갖게 된 것이 아니라는 점을 주장하기 위해 거짓말을 하고 있다. 여러 사람들에게 책임을 전가하고 있다. 칸은 우라늄 고농축 기술 자체를 전달한 적도 없다고 주장한다. 원심분리기 여러 개를 묶는 '캐스케이드' 기술만 전달했다고 한다. 이는 거짓말이다. 파키스탄은 리비아와 이란에 원심분리기를 제공한 적이 있다. 그런데 북한에만 우라늄 농축 기술을 전달하지 않았다는 것은 말이 안된다. 칸은 북한 기술자들을 매우 비밀스러운 파키스탄 핵시설에 초청했다. 리비아나 이란 기술진을 초대한 적은 없었다."

– 칸 박사는 유럽 핵시설에서 원심분리기 관련 자료를 훔쳐와 핵무기를 만든 것으로 알려졌다. 그런데 외부의 도움 없이 이것만 갖고 핵무기를 만들 수 있나?

"핵무기를 만드는 것은 어려운 일이다. 그는 URENCO의 계약회사에서 근무하며 원심분리기 기술을 훔쳤다. 국가기밀을 빼내는 간첩 같은 일을 했다. 칸은 많은 자료들을 열람하고 많은 사람들을 만났다. 그는 번역 일을 맡았는데 매우 중요한 정보를 접할 수 있었다. 그에게 부여된 보안등급으로는 볼 수 없는 많은 자료들을 접했다. 그러나 이것만 가지고는 핵기술을 완성할 수 없었다. 문제가 생기면 유럽의 전문가들을 찾아가 자문을 구했다. 처음 원심분리기를 연결해 캐스케이드로 작동하는 실험을 했을 때 실패했다. 핵무기를 만드는 것은 매우 복잡한 일이다. 그렇기 때문에 파키스탄 기술자들이 북한 기술자들을 초청해 직접 P-2 원심분리기의 작동 방법을 가르쳤다. 칸의 경우는 조금 다르다. 누구도 칸에게 원심분리기 작동 방법을 가르쳐준 적이 없다. 그는 어깨너머로 습득한 지식으로 원심분리기를 만들어냈다."

− 중국이 핵물질과 관련 기술을 파키스탄에 제공했다는 얘기도 있는데.

"칸 박사는 중국이 파키스탄에 50kg 상당의 우라늄과 핵무기 설계도를 줬다고 주장했다. 중국이 파키스탄에 전달한 무기 설계도가 리비아에서 발견되기도 했다. 설계도로 알려져 있는데 이는 설계도라기보다는 여러 강의 내용을 메모한 것에 가깝다. 중국이 100%를 다 준 것은 아니고 95% 정도를 전달한 것으로 알고 있다."

− 미국의 핵 전문가인 대니 스틸만은 '핵특급'이라는 책에서 1990년 중국이 파키스탄을 대리해 핵실험을 했다고 주장했다. 스틸만은 로스앨러모스에서 근무하며 중국 과학자들을 통해 이런 내용을 확인했다고 한다.

"스틸만의 주장은 알고 있다. 그런데 이런 내용은 기밀로 유지될 사안이다. 매우 민감한 문제이기 때문에 이런 주장을 책에 담기는 어렵다. 나는 이런 이유로 인해 스틸만의 주장이 사실이 아니라고 생각했다. 중국이 이런 대리 실험을 할 이유가 없다고 본다."

– 스틸만은 1998년 파키스탄의 핵실험이 인도가 핵실험을 한 17일 만에 이뤄진 점, 하나의 갱도에서 다섯 개의 핵무기를 한 번에 터뜨린 것은 매우 어려운 방식이라고 했다. 파키스탄이 1990년 중국이 한 대리 실험 결과를 갖고 있었기 때문에 자신감을 갖고 이런 실험을 할 수 있었다는 주장이다.

"우선 하나의 갱도가 아니라 여러 갱도가 연결돼 있는 곳이었다. 파키스탄은 이 갱도를 오랫동안 준비해왔다. 파키스탄은 1983년에 모의실험을 했다. 파키스탄은 중국으로부터 훈련을 받았기 때문에 핵실험이 성공할 것이라는 자신감이 있었다. 설계도도 갖고 있었다. 당시만 해도 수출규제가 제대로 이뤄지지 않았기 때문에 필요한 부품들도 쉽게 구할 수 있었다. 파키스탄은 언제든 핵실험을 할 수 있게 준비를 오랫동안 해왔다. 인도가 핵실험을 할 것이라는 사실을 몇 년 전부터 알고 있었다. 미국은 인도의 핵실험 계획을 몇 년 전부터 알고 하지 말 것을 계속 요구했다. 파키스탄 역시 인도의 핵실험 계획을 사전에 알고 준비해왔다. 1998년 파키스탄 핵실험의 미스터리는 1~5차 핵실험 며칠 뒤에 수직형 갱도에서 실시한 6차 실험이다. ISIS가 이런 사실을 처음 밝혀낸 곳이었다. 실험 얼마 후 찍힌 위성사진을 구했다. 갱도가 완전히 붕괴된 것을 확인할 수 있었다. 미국은 6번째 실험 이후 플루토늄이 상공에서 검출된 것을 확인했다. 미국은 이에 대한 확실한 결론을 내리지 못했다. 전문가들 사이에서 이견이 있었다. 북한이 파키스탄에 플루토늄을 줬다는 얘기도 있었다. 당시 북한은 플루토늄이 별로 없을 때였다. 많아야 4kg 정도였다. 북한이 갖고 있는 거의 모든 플루토늄을 파키스탄에 전달한 것이라는 얘기인데 신빙성이 떨어진다고 생각한다. 파키스탄의 쿠샵 원자로는 1998년 4월에 가동됐다. 파키스탄은 핵실험을 할 정도의 플루토늄이 없었다는 점을 알 수 있다. 과거에 운영하던 카눕 시설이 있는데 여기서 플루토늄을 추출했다는 얘기도 있다. 그런데 이 시설 역시 제대로 작동하는 곳이 아니었다. 플루토늄이 있었다고 해도 매우 적은 양이었을 것이다. 6차 실험이 플루토늄을 사용한 것인지, 우라늄을 사용한 것인지 아직도 명확하지 않다. 왜 6번째 실험을 했는지 자체도 의문이다."

– 북한 출신 고위 탈북자가 대리 실험을 했다는 주장을 했는데.

"가능성은 있지만 아직 결론을 낼 수 없는 상황이다. 어느 누구도 이를 확실하게 증명해내지 못했다. 미국 정부는 관련 자료를 기밀 해제하지 않고 있다. 미국 정보당국이 진실을 알고 있을 수는 있지만 공개하지 않으려 한다. 트럼프가 김정은을 사랑하는 상황에서 이런 자료가 공개될 가능성은 매우 낮다. 벌써 22년이 지났다. 기밀해제가 될 때가 오고 있다. 당시 미국 국무부가 주고받은 전문(電文)이 공개되면 진실이 드러날 수 있다. 정보당국의 문서보다 국무부의 문서가 더 빨리 기밀에서 해제된다."

– 지그프리드 헤커 박사는 2010년 북한 영변을 방문해 P–2 원심분리기를 확인한 것으로 알려졌다. P–2는 파키스탄이 만든 원심분리기이고 이를 북한에 이전했다는 증거를 잡은 것 아닌가?

"헤커 박사가 원심분리기 시설을 볼 수 있던 시간은 5분이 채 안 된다. 멀리 떨어져서 지켜본 것인데 (구식 원심분리기인) P–1인지, P–2인지 알 수 없었다. 외관으로 봤을 때는 큰 차이가 없다. 그는 나중에 관련 정보들을 취합해 분석 결과를 발표했다. ISIS와 같은 연구소는 헤커가 북한을 방문하기 몇 달 전부터 북한이 P-2 시설을 운영하고 있다고 발표했다."

— 2007년과 2011년에 북한을 방문해 현지 핵기술자들과 직접 만난 것으로 알려졌다. 당시 무엇을 확인할 수 있었나?

"(2011년 말) 나는 영변에서 헤커가 확인하지 못한 내용을 직접 확인한 적이 있다. 칸은 진술서에서 북한에 저농축 우라늄 캐스케이드를 전달했다고 했다. 파키스탄의 캐스케이드는 하나당 344개의 P-2 원심분리기를 사용한다. 총 6개의 캐스케이드가 사용되며 원심분리기는 총 2064개가 들어간다. 북한 측과 만난 자리에서 영변에 원심분리기가 총 몇 개가 들어가느냐 물었다. 북한 담당자는 캐스케이드당 344개가 들어가고 있다고 했다. 숫자가 (파키스탄 설계와) 정확히 일치했다. 북한이 영변에서 사용하고 있는 것이 칸의 캐스케이드라는 것을 알 수 있었다. 북한은 물론 이를 통해 고농축 우라늄을 생산하지 않고 있다고 했다. 6개의 캐스케이드를 사용하는 설계도로 무기화할 수 있는 수준의 고농축 우라늄을 생산할 수는 있지만 매우 비효율적이다. 북한은 영변 핵시설을 두 배로 증축했다. 새롭게 늘어난 곳에서 고농축 우라늄을 생산하고 있을 수는 있다."

— 북한이 플루토늄 핵실험을 한 것은 알려졌다. 그런데 우라늄 핵폭탄 실험 여부는 아직도 불확실한가?

"여전히 불확실하다. 관련 정보가 북한에서 흘러나오기를 기대했지만 비밀이 유지되고 있다. 1차 핵실험 때는 플루토늄이 검출됐는데 이후부터는 모두 불확실하다. 북한은 핵실험 관련 비밀을 유지하는 데 매우 집착하고 있다. '전갈꼬리' 방식으로 불리는 핵실험장을 만드는 것이다.

핵실험 뒤 자체적으로 모두 붕괴하게 만드는 방식이다. 시간이 흐르면 핵실험에 사용된 물질이 유출되기는 하지만 그때는 정확하게 어떤 물질이 사용됐는지 분석할 수 없다."

─ 파키스탄의 도움이 없었다면 북한의 핵무기는 없었을 것이라는 주장은 할 수 없을 것 같다.

"파키스탄의 도움이 없었다면 '우라늄 핵폭탄'을 만들기는 어려웠을 것이다. 그러나 이미 '플루토늄 핵폭탄'을 갖고 있었다. 파키스탄은 북한에 우라늄 농축 기술과 핵무기 설계 기술 개발을 도왔다. 파키스탄이 북한에 중국식 핵무기 CHIC-4 설계도를 전한 것 같다. 중국이 이를 북한에 직접 줬을 수도 있다. 중국은 핵확산을 지지하는 국가였다. 프랑스도 마찬가지였다. 프랑스를 비확산조약(NPT)에 가입하도록 하는 것은 매우 어려웠다. 프랑스는 1980년대 중반에 가서야 NPT에 가입했다. 미국은 영국과 캐나다가 핵개발하는 것을 도왔다. 당시만 해도 국제사회는 핵확산을 큰 문제로 생각하지 않았다."

─ 칸 박사가 핵확산을 혼자 했다고 생각하나? 정부의 개입은 없었다고 보나?

"때에 따라 달랐다. 칸은 핵확산을 즐기는 사람이었다. 북한의 경우는 파키스탄 정부가 개입했다는 것이 명백하다. 리비아의 경우는 파키스탄 정부가 개입한 적이 없는 것 같다. 이란은 파키스탄 정부가 개입할 때도, 칸이 혼자서 할 때도 있었던 경우다. 파키스탄이라는 국가 자체가 매우 복잡하다. 베나지르 부토가 북한과의 거래 모든 내용을 다 알고 있지도 않았다. 군부(軍部)가 항상 개입했던 것은 확실하지만 민간인 지도자들이 칸의 핵확산에 대해 다 알고 있었는지는 미지수다."

– 국제사회가 칸 박사를 조사한 적이 있나?

"없다. 칸은 언론 인터뷰를 몇 차례 하기는 했다. 매우 제한된 내용을 가지고 얘기를 했고 사실이 아닌 내용이 많았다. IAEA가 파키스탄 당국자들을 조사한 적은 있다. 원심분리기 프로그램에 가담했던 사람들을 만나 확산 과정에 대한 얘기를 들었다. 파키스탄 당국자가 칸을 만나 얘기를 듣고 관련 내용을 IAEA에 전달한 적은 있었다. 당시 조사의 초점은 이란과 리비아에 맞춰져 있었다. 북한에 대한 조사는 제대로 이뤄지지 않았다. 리비아를 조사하는 과정에서 칸이 북한을 통해 UF6를 리비아로 보냈다는 사실이 알려졌다. 칸은 2001년 공직에서 물러났다. 파키스탄에서 UF6를 구해 리비아로 밀수출할 수 없는 상황이었다. 이 때문에 북한에서 리비아로 UF6를 보내게 했다. 물론 이에 대한 책임을 묻는 과정이 이어지지는 않았다."

– 리비아가 핵프로그램을 포기했을 때 중국의 핵무기 설계도 등이 발견됐다. 리비아가 핵포기를 하지 않았다면 핵무기를 개발할 수 있었다고 보나?

"칸 박사가 리비아의 핵개발을 돕기로 했다는 정황이 있었다. 리비아는 우라늄 농축에 꼭 필요한 마레이징 강철을 구하는 데 어려움을 겪었다. 외부의 도움을 받았다고 해도 핵개발에 성공하기까지는 몇 년이 걸렸을 것이다. 그러나 핵심은 A. Q. 칸이 핵개발을 돕기로 했다는 사실이다. 핵개발을 포기하도록 할 필요가 있었다."

– 미국 정부가 파키스탄의 핵개발 움직임을 다 알고 있었음에도 묵인했다는 주장이 있다. 1980년대 소련의 아프간 침공, 2000년대 '테러와의 전쟁' 과정에서 파키스탄이 미국에 꼭 필요한 동맹이었기 때문이라는 주장이다. 이에 동의하나?

"파키스탄의 핵개발을 멈추려고 시도는 했다. 그런데 국무부에서도 의견이 엇갈렸다. 토마스 피커링 국무차관은 1970년대에 공개적으로 "파키스탄의 핵개발을 멈출 수 없다. 이미 엎질러진 우유 앞에서 울어봐야 소용없다"고 했다. 이런 주장을 하는 사람들은 파키스탄이 어쨌든 핵무기를 갖게 될 것이기 때문에 최대한 이를 늦추고 최소한만을 보유하게끔 하자고 했다. 원조 중단과 제재 강화 등 할 수 있는 최대한의 압박을 통해 핵개발을 포기하게 만들자는 사람들이 있었다. 결국 피커링과 같은 사람들의 주장이 힘을 얻었다. 소련이 아프간을 침공하자 파키스탄에 대한 원조를 끊을 수도 없게 됐다. 미국은 대만에 강력한 압박을 가해 핵개발을 포기하도록 했다. 파키스탄에는 이 정도의 압박을 가하지 못했다. 미국 당국자 중에는 '인도는 소련의 친구인데 인도는 핵무기를 가져도 되고 우리의 친구인 파키스탄은 왜 가지면 안 되느냐'고 주장한 사람들이 많았다. 지금 생각해보면 피커링이 1970년대 중반 '파키스탄의 핵개발을 멈출 수 없다'고 했을 때는 사실 이를 멈출 수 있을 때였다. 파키스탄의 핵시설이 제대로 작동하지 않을 때였다. 미국 대통령은 파키스탄에 대한 원조를 계속 이어가기 위해 의회에 파키스탄이 핵무기를 갖고 있지 않다고 매년 보고해야 했다. '일부 나사가 풀려 있으니 핵무기를 보유한 것은 아니다'라는 식으로 파키스탄에 핵무기가 없다고 해왔다. 핵확산 방지와 관련, 미국의 수치스러운 역사다."

— 칸이 떠난 뒤 파키스탄의 핵확산은 완전히 멈췄나?

"상당 부분 그렇지만 이미 많이 퍼져 있는 상황이었다. 파키스탄은 계속해 핵프로그램에 필요한 물건을 해외에서 조달하고 있다. 파키스탄의 이런 움직임은 매우 위험하다고 본다. 중국과 유럽 등에서 합법적으로 구할 수 있는 물건을 사들인다. 그러나 칸이 사라진 후 파키스탄에서 핵 관련 기술이 해외로 이전되고 있다는 움직임은 포착되지 않고 있다. 파키스탄은 이런 행동을 절대 하지 않겠다고 약속했다. 미국이 설정한 '레드라인'을 넘어서는 안 된다는 것을 알고 있다. 그런데 문제는 현재 미국과 파키스탄의 사이가 그리 좋지 않다는 점이다. 파키스탄에 대한 원조를 몇 차례 중단하기도 했다. 파키스탄이 사우디아라비아와 어떤 협력을 맺으려 할지가 궁금하다. 파키스탄이 칸 때처럼 대놓고 기술을 확산하지는 않을 것 같다. 그러나 사우디아라비아에 원심분리기 기술이 넘어가고 있다는 얘기가 나오고 있다."

- 사우디아라비아가 파키스탄의 핵개발을 지원했다는 얘기도 있는데.

"사우디가 파키스탄에 많은 돈을 지원했다. 사우디가 '돈을 보낼 테니 핵무기를 만들어라'라고 했다는 확증은 없다. 그러나 이 돈이 핵개발에 사용됐다는 것은 자명(自明)하다. 파키스탄은 사우디에 많은 빚을 지고 있다. 사우디는 여전히 돈이 많은 국가다. 파키스탄은 여전히 돈이 부족한 국가다. 그럼에도 평화로운 목적으로 보기에는 너무나도 큰 우라늄 농축 시설을 가동하고 있다. 파키스탄은 최근 카후타에 농축 시설을 새로 건설했다. 이 시설의 용도는 아직 파악되지 않고 있다. 파키스탄은 추가의 핵무기가 필요한 것도 아니다. 전력 생산 목적이기에는 시설 규모가 너무 크다. 원심분리기 프로그램을 계속해서 확장하는 것으로 보인다. 문제는 국제사회가 파키스탄의 이런 움직임이 불법이라고 규탄할 수 없다는 점이다. 분명히 이를 해외에 판매하려는 목적인 것 같은데 정황이 포착되지 않고 있다. 사우디가 국제사회의 규탄을 받아가며 이를 사들일 준비가 돼 있는지도 불확실하다. 그런데 사우디와 이란과의 관계가 어떻게 될지에 따라 상황이 바뀔 수 있다. 이를 면밀히 주시해야 한다고 본다."

－ 최근 사우디가 비밀리에 핵프로그램을 운영하기 시작했다는 언론 보도가 나왔다.

"규모가 작아 정확한 목적을 파악하기가 어렵다. 중국이 우라늄 채굴 및 공정에 필요한 시설을 지어주고 있다. 사우디는 원자로를 건설하고 있다. 이란에 뒤처지지 않으려는 것으로 보인다. 중국이 원심분리기를 판매할 것 같지는 않다. 중국은 직접 핵심 기술을 건네는 스타일이 아니다. 파키스탄을 핵기술 납품업체로 사용하는 것 아닌가 하는 의심이 든다. 파키스탄은 사우디에 핵기술을 이전하면 큰 대가가 따를 것이라는 점을 알고 있다. 그러나 중동의 사태가 이란으로 인해 악화되면 이런 일이 생길 수도 있다고 본다. 파키스탄이 핵안전조치협정(세이프가드)을 준수하면서 사우디에 핵 관련 기술을 판매할 수도 있다. 전력 생산 용도 등으로 원자력 기술을 수입한 사우디가 5년 뒤에 갑자기 NPT에서 탈퇴한다고 밝히면 어떻게 될까? 파키스탄으로서는 할 수 있는 일이 없다. 파키스탄이 사우디를 제압할 수 있는 것도 아니다. 중동의 상황이 매우 심각하게 전개되고 있다."

[核전문가 인터뷰 : 하이노넨 前 IAEA 사무차장]
"중국–파키스탄–북한의 대리 핵실험 근거 없다"
"칸의 원맨쇼로 핵개발 성공한 것 아니다"

두 번째로는 올리 하이노넨 전 IAEA 사무차장과의 인터뷰를 소개한다. 그는 1983년부터 27년간 IAEA에서 사찰 전문가로 활동했다. 1994년 제네바 합의부터 2000년대 중반 6자회담까지 북핵 사찰 총책임자를 지냈다. 북한은 20여 차례 방문했다. 그는 2003년 리비아의 대량살상무기(WMD) 포기 이후 파키스탄 등을 방문, 핵확산 과정을 조사한 바 있다. 그는 중국이 파키스탄을 대리해 핵실험을, 파키스탄은 북한을 대리해 핵실험을 했다는 주장에는 신빙성이 없다고 했다. '중국이 없었다면 파키스탄의 핵무기는 없다', '파키스탄의 도움이 없었다면 북한의 핵개발은 어려웠다' 등의 일반화에는 여러 모순이 있다고 했다.

– 파키스탄의 핵확산 문제가 세상에 드러나게 된 과정을 설명해달라.

"IAEA는 오랫동안 파키스탄의 움직임을 관찰했다. 파키스탄은 유럽으로부터 핵개발에 사용될 수 있는 물건을 밀수입하고 있었다. IAEA는 1990년대 초 이라크의 대량살상무기를 조사했고 남아프리카공화국의 비핵화를 진행했다. 이들 국가 사이에는 공통점이 있었다. 같은 유럽 납품회사들을 통해 원심분리기 기술을 구하고 있었다. 유럽에서 수출된 물건들이 어디로 갔는지 확인하는 과정에서 파키스탄으로도 물건이 들어간 것을 확인했다. 1990년대 말에 가서 북한의 움직임을 주시했다. 우라늄 농축 움직임을 포착했다. IAEA는 1994년부터 북한의 우라늄 농축 가능성을 제기했다. 1994년은 제네바 합의가 이뤄졌을 때였다. 북한은 우라늄 농축을 하지 않겠다고 약속했다. 그러나 1980년대 후반부터 북한이 우라늄 농축에 관심을 갖고 있다는 것을 알고 있었다. 북한은 이와 관련된 정보를 공개하지 않았고 이를 조사하려는 IAEA에 도리어 화를 냈다. 그러다 2000년대 초, 이란과 리비아의 핵프로그램이 세상에 알려지게 됐다. 파키스탄의 수상한 움직임을 오랫동안 알고 있었지만 이에 대해 보다 정확히 알게 되는 계기가 됐다. '파키스탄 커넥션'이 드러난 것이다. 그러나 IAEA는 2003년 북한에서 쫓겨났다. 2007년에 북한에 다시 돌아갈 수 있었다. 북한은 우라늄 농축 문제는 6자회담의 논의 대상이 아니라며 접근을 허용하지 않았다."

– 2003년 리비아가 대량살상무기 프로그램을 포기했을 때 파키스탄이 중국의 핵폭탄 CHIC-4 설계도 등 핵기술을 전달한 것이 확인됐다.

"표현을 조심해야 한다. 언론에 공개된 내용을 믿으면 안 된다. CHIC-4 설계도가 확인됐다고 누가 말했나? 파키스탄의 무기 프로그램은 우라늄에 집중돼 있었다. IAEA는 우라늄 농축과 관련된 부품 설계도 등을 확인했다. A. Q. 칸의 네트워크가 두바이에 보관해둔 설계도들이었다. 유럽 납품회사에 보내 필요한 부품을 구하는 용도였다. 이를 리비아와 이란, 북한 등과 공유했다. '핵폭탄 설계도'는 조금 다른 문제다. 북한에 전달됐는지는 확인되지 못했지만 리비아와 이란에는 간 것으로 알려졌다. 발견된 설계도라는 것이 무슨 책 한 권 같은 것을 말하는 것이 아니다. 책 한 권 갖고서 핵폭탄을 그냥 만들 수 있는 게 아니다. 이 설명서에는 핵폭탄에 들어가는 부품의 설계도와 핵폭탄 전반에 대한 내용이 담겨 있었다. 다 우라늄 폭탄용이었다. 플루토늄 폭탄용은 없었다. 북한의 핵무기는 플루토늄탄(彈)이었다. 북한은 1970년대부터 1980년대에 걸쳐 핵폭탄 설계를 연구했다. 1950년대와 1960년대의 경우 핵폭탄의 설계도를 쉽게 구할 수 있을 때였다. '어떤 국가가 어떤 국가로부터 무엇을 받았을 것이다'라고 단정을 하고 접근하면 안 된다. '그 당시에 쉽게 구할 수 있던 기술은 무엇이 있었는가'를 먼저 생각해야 한다. 북한은 플루토늄彈을, 파키스탄은 우라늄彈을 만드는 작업을 하고 있었다는 점을 명심해야 한다. 파키스탄 원자력위원회(PAEC) 쪽에서는 플루토늄彈을, A. Q. 칸 쪽에서는 우라늄彈에 집중했는데 파키스탄이 사용하던 핵물질은 우라늄이 핵심이었다."

─ 파키스탄은 1998년 여섯 번의 핵실험을 했다. 처음 5회는 우라늄탄(彈)이 사용된 것으로 알려졌다. 마지막 6회 실험은 파키스탄이 갖고 있지 않던 플루토늄彈이었다는 주장이 나왔다. 이와 관련해 일각에서는 파키스탄이 북한의 플루토늄으로 대리실험을 해줬다는 주장을 한다. 어떻게 생각하나?

"당신은 어떻게 생각하느냐고 묻고 싶다. 여섯 번째 실험에서 플루토늄을 사용했다는 증거는 없다."

─ 미국의 로스앨러모스가 6차 핵실험 이후 상공에서 플루토늄이 검출됐다고 밝히지 않았나?

"로스앨러모스가 직접 발표했나?

– 그랬다는 언론 보도가 나온 것으로 알고 있다.

"어떻게 보도됐나? 한 명의 소식통을 인용했다. 익명의 한 사람을 인용했다. 로스앨러모스의 공식 입장이 아니었다. 만에 하나 플루토늄이 사용됐다고 가정해보자. 플루토늄이 어디서 왔을까? 북한이 플루토늄彈 설계도를 어디선가 구해서 플루토늄 핵무기를 만들었다고 가정하자. 그리고 이를 가지고 파키스탄에 가져가서 실험을 한다? 이상하지 않은가? 왜 그냥 북한에서 실험하지 않았나? 제네바 합의 등을 위반하는 것을 우려해 그렇다고 주장할 수도 있는데 북한이 이를 그렇게 중요하게 생각했을까? 충분한 동기가 있었다고 보나? 핵폭탄을 가지고 다른 나라로 가서 핵실험을 한다는 것 자체도 매우 이상하다. 거의 모든 국가는 자국 영토 내에서 핵실험을 했다. 자국 영토가 아닌 곳에서 실험한 국가는 1950년대 영국과 1960년대 프랑스였다. 영국은 호주에서 했고 프랑스는 알제리에서 했다. 이들 국가 사이의 공통점이 뭐라고 생각하나? 해외 영토라고 보기 어려운 곳들이다. 다른 나라에서 실험을 할 정도의 이유를 나는 모르겠다. 내 개인적인 생각이다."

– 미국의 핵 전문가인 대니 스틸만은 '핵특급'이라는 책에서 1990년 중국이 파키스탄을 대리해 핵실험을 했다고 주장했다. 스틸만은 로스앨러모스에서 근무하며 중국 과학자들을 통해 이런 내용을 확인했다고 한다.

"이런 일이 있었다는 증거 역시 본 적이 없다. 누구나 자기가 하고 싶은 말을 하고 이에 대해 글을 쓸 수 있다. 이를 뒷받침할 증거를 제시할 수 있느냐가 문제다. 중국이 파키스탄에 핵물질을 전달한 것은 알고 있다. 중국과 파키스탄의 핵협력 관계를 다룬 여러 문서를 본 적도 있다. 누군가가 '대리 실험'을 하려면 이를 의뢰한 국가의 핵무기 역량이 갖춰졌어야 한다. 파키스탄이 이런 능력을 1990년에 이미 갖췄을까? 만약 이런 경우가 아니라면 중국의 핵무기에 파키스탄이 만든 핵물질을 결합 해 실험을 했다는 것인데 당시 파키스탄이 핵실험에 필요한 수준의 핵 물질을 보유하지 못했다고 본다. 중국으로부터 핵물질을 전달받은 게 바로 얼마 전이었기 때문이다. 물론 스틸만 등의 주장이 맞을 수도 있 다. 중국과 파키스탄은 가까운 관계를 유지했고 핵협력을 해왔다. 여러 세미나에 서로를 초대해 핵기술을 공유했다. 그러나 이런 협력과 대리 실험은 전혀 다른 차원의 문제다."

– 칸 박사는 유럽 핵시설에서 원심분리기 관련 자료를 훔쳐와 핵무기를 만 든 것으로 알려졌다. 그런데 외부의 도움 없이 이것만 갖고 핵무기를 만들 수 있 나?

"무기화할 수 있는 우라늄을 만드는 것과 핵무기를 만드는 것을 구분 해야 한다. 설계도만 갖고 있다고 해서 쉽게 만들 수 있는 문제가 아니 다. 매우 복잡한 과정을 거쳐야 한다. 전문가의 도움을 받아야 한다. 원 심분리기의 회전자로 예를 들어보겠다. 원심분리기가 빠른 속도로 돌기 시작하면 이를 버텨줄 수 있는 회전자가 있어야 한다. 북한의 원심분리 기 회전자는 강철을 사용했다. 강철과 탄소 섬유를 같이 사용했다. 원 심분리기가 회전하면 열이 발생한다. 열을 받으면 강철은 부풀고 탄소 섬유는 쪼그라든다. 하나가 불어나고 하나가 줄어들어 원심분리기가 작 동하지 못하는 상황을 수학 공식만 가지고는 해결할 수 없다. 여러 실 험이 필요하고 이를 해결해본 전문가의 도움이 필요하다. 핵무기도 마 찬가지다. 아주 정확한 타이밍에 폭발이 일어나야 한다. 100만분의 1초 를 딱 맞춰야 한다. 설계도만 갖고 만들 수 없다. 기술자들 사이의 교류가 필수다. 북한 기술자들이 파키스탄에 가서 교육을 받은 이유도 이 때문이다. 칸은 네덜란드에 있는 URENCO 시설에서 근무하며 기술자들과 여러 대화를 하고 도움을 받았다. 그가 파키스탄에 돌아왔을 때는 설계도를 비롯해 기술자들로부터 많은 도움을 받은 상황이었다. 그럼에도 원심분리기를 작동시키는데 오랜 시간이 걸렸다. 독일인 기술자가 파키스탄을 방문해 도움을 주기도 했다. 그렇게 오랫동안 시도한 끝에 기술을 터득했다. 칸의 주변에는 유능한 과학자들이 많았다. 칸의 '원맨쇼'로 핵개발에 성공한 것이 아니다."

– 그렇다면 핵폭탄 설계는 중국이 도운 것인가?

"그렇다. 핵폭탄 설계에 도움을 준 것은 맞지만 설계도 자체를 전달했다고 생각하지는 않는다. 이는 국가간의 거래였다. 그냥 개인이 중국의 한 기술자에게 연락해 설계도를 달라고 할 수는 없다. 중국은 인도와 갈등을 겪었고 파키스탄을 도와줄 이유가 있었다. 중국은 파키스탄에 핵폭탄과 관련한 강의를 해줬다. 리비아의 핵포기 당시 IAEA는 관련 자료들을 확보했고 일부를 공개했다. 핵확산으로 이어질 가능성이 있는 내용들은 공개하지 않았다."

– 앞서 1994년부터 북한과 파키스탄 사이의 핵협력이 이뤄진 것으로 보인다고 말했다. 1993년 12월 베나지르 부토 파키스탄 총리가 평양을 방문해 김일성과 만났다. 노동 미사일의 대가로 우라늄 농축 기술을 전달한 것이 이때라고 보는가?

"누가 먼저 기술을 전달했을까? 누가 무엇을 언제 줬을까? 이런 방향으로 접근해야 할 문제다. 파키스탄은 노동 미사일을 구하고 싶은데 돈이 없었다. 그래서 거래가 이뤄졌다고 주장할 수도 있다. 북한은 제네바 합의로 인해 플루토늄 프로그램이 중단된 상황이었기 때문에 우라늄 농축 기술을 원했을 수 있다. 그러나 북한은 1980년대 후반부터 우라늄 농축에 도전했다. 1993년 회담으로 인해 우라늄 농축 프로그램이 북한에서 시작됐다고 말할 수 없는 것이다. 1987년즈음 북한은 리비아와 이란이 접촉한 유럽회사들에 접촉해 (우라늄 농축 관련) 물건을 사들였다. 어떤 사람들은 핵확산이 칸의 단독 행동이었다고 주장한다. 나는 이를 믿지 않는다. 그가 물론 경제적으로 이득을 보기는 했지만 군부(軍部)의 일부가 무조건 알고 있었다고 봐야 한다. 북한 기술자들이 파키스탄 카후타 핵시설 등을 방문해 도움을 받기도 했다."

　- 파키스탄은 북한 기술자들을 초청하는 방식으로 핵기술을 이전한 것인가?

"무엇이 언제 어떻게 일어났는지 확실히 알 수 없다. 뭔가 접촉이 있었던 것은 확실하지만 정확히 무엇이 오고 갔는지는 모른다. 아직도 불확실한 부분이다. 무샤라프 전 대통령의 책 등 여러 관련자들의 회고에 정확한 사실이 담겼다고 보지 않는다. 아직 밝혀져야 할 게 많다. 북한만이 이에 대한 정확한 진실을 알고 있다. 이 질문에 대한 답은 북한만이 갖고 있다고 본다."

　- 당신은 리비아의 핵포기 이후 파키스탄에 가서 당국자들을 직접 조사한 적이 있다. 칸 박사를 조사해봤나?

"말할 수 없는 문제다. IAEA에 있을 때의 일인데 파키스탄 당국자들과 얘기를 나눴다. 우리가 누구와 만나 어떤 대화를 나눴는지에 대해서는 말할 수 없게 돼 있다. IAEA의 조사 목적은 파키스탄이 아니라 핵기술 통제 규정을 어긴 이란과 리비아, 북한이었다. 파키스탄은 IAEA의 조사 대상국가가 아니었다. 중국과 파키스탄의 핵협력 문제 등을 다룰 수 없었다. 파키스탄에 가서 이런 저런 얘기를 나누기는 했지만 IAEA 임무에 벗어나는 내용에 대해서는 말할 수 없게 돼 있다."

– 미국 과학자들은 2010년대 초 영변에 가서 파키스탄식 원심분리기인 P-2를 확인했다. 파키스탄에서 핵기술이 이전됐다는 확실한 증거를 잡은 것 아닌가?

"기술 이전이 있었다는 것은 확실하다. 그러나 과학자들은 원심분리기의 회전자를 볼 수가 없었다. 회전자는 케이스에 가려져 있다. 미국 과학자들은 원심분리기 전문가들이 아니었다. 단 하루, 아주 짧은 시간 영변 우라늄 시설을 둘러본 것인데, 원심분리기에 사용되는 강철이 어떤 종류인지도 파악하지 못했다. 그러다 나중에 크기와 모양 등을 종합해 P-2와 마레이징 강철이 사용됐다는 판단을 내렸다. 간접 증거를 종합해 결론을 내린 것이다. 파키스탄도 이런 사실을 부인하지 않았다. 오히려 북한에 원심분리기 기술을 전달한 바 있다고 시인했다."

– 칸은 진술서에서 북한이 핵무기를 자신에게 보여줬다고 했다. 북한은 1950년대에 소련으로부터 200kg 상당의 플루토늄을 전달받아 핵개발에 성공했다고 했다. 신빙성이 있다고 보나?

"이는 한 사람이 주장하는 내용에 불과하다. 칸은 무엇을 어디에서 언제 봤는지에 대해 말하지 않았다."

– 파키스탄이 중국의 도움 없이 핵개발에 성공할 수 있었다고 보나?

"물론이다. 미국은 어느 누구의 도움도 받지 않고 핵무기를 만들었다. 단지 시간이 더 오래 걸릴 뿐이다. 파키스탄과 북한의 핵개발 출발점은 미국보다 좋은 위치였다. 외부에 공개된 자료가 이미 많을 때였다. 사소한 정보 하나하나를 다 연구해야 할 필요가 없었다. 1940년대 초에는 핵무기라는 개념이 정립되지 않았을 때였다. 외부의 도움을 받지 않고서는 핵폭탄을 만들지 못했을 것이라는 주장은 틀리다고 생각한다. 인도의 핵개발은 누가 도왔나? 물론 일부의 도움을 외부로부터 받기는 했겠지만 자체적으로 개발을 해낸 것으로 보고 있다. 중국이 파키스탄에 준 도움은 매우 중요했다. 문제가 발생했을 때 이를 해결하는 방법을 알려줬다. 시간을 단축할 수 있었다고 본다."

– 파키스탄의 핵확산과 관련해 아직도 불확실한 것들이 너무 많다. 북한이 어떤 도움을 받았는지를 알면 북한의 핵프로그램을 이해하는데 도움이 되지 않을까? 칸이 죽으면 진실이 공개될까?

"칸의 문제만이 아니라는 것이 딜레마다. 많은 사람들이 핵확산에 가담했다. 파키스탄 정부로 하여금 언제 무엇이 어떻게 확산됐고 언제 멈췄는지를 말하도록 해야 한다. 그렇다고 해도 모든 문제가 해결되는 것은 아니다. 핵기술을 전달받은 북한과 같은 나라는 직접 기술을 계속 개발해 나갔다. 북한 나름대로의 노하우와 조달 네트워크를 갖추게 된 것이다. 북한에도 훌륭한 과학자들이 많이 있다. 파키스탄 핵확산의 미스터리가 풀려도 북한의 핵개발 미스터리가 풀리지 않는다. 북한이 직접 털어놓지 않는 이상 진실은 알려지지 않을 것이다."

– 북한이 반박할 수 없는 불법 핵확산의 증거를 들이미는 것은 그래도 의미가 있지 않나?

"모든 나라의 핵개발은 매우 복잡하다. 플루토늄도 개발하고 우라늄도 개발하고 핵탄두를 만든다. 여러 문제가 복합적으로 진행되는 것이다. 파키스탄의 핵무기 프로그램을 칸 개인 한 명을 놓고 봐서는 안 된다. 북한의 핵문제도 마찬가지다. 북한엔 플루토늄도 있고 우라늄도 있다. 파키스탄의 도움만을 받은 것이 아니다. IAEA가 과거 발표했듯 북한은 러시아 과학자들의 도움도 받았다."

— 핵개발이라는 것은 입체적으로 접근해야 한다는 뜻인가?

"파키스탄이 북한의 핵개발에 도움을 준 유일한 국가라고 생각하지 않는다는 뜻이다. 파키스탄은 1995~1997년에 우라늄 기술을 전달한 것으로 알려졌다. 파키스탄이 핵실험에 아직 성공하지 못했을 때다. 파키스탄만 바라볼(注 : 핵실험을 아직 성공하지 못한 파키스탄의 우라늄 기술에 올인할 이유는 없었다는 뉘앙스였으나 도중 말끝을 흐렸다)… 북한은 파키스탄뿐만 아니라 여러 소스를 통해 핵기술을 구하고 있었다. 2002년 당시 전문가들은 북한이 플루토늄 핵무기 1~2개를 만들 정도의 플루토늄을 갖고 있다고 봤다. 2003년에 5MW 원자로를 재가동했고 2006년에 1차 핵실험에 성공했다. 플루토늄 생산부터 무기화, 핵무기 설계 과정을 3년 만에 다 했다는 것은 매우 빠른 것이다. 어딘가에서 도움을 받았거나 훨씬 전부터 준비를 했던 것 같다. 내가 하고 싶은 말은 북한이 파키스탄으로부터 우라늄 농축이라는 중요한 기술을 전달받은 것은 사실이지만 더 많은 국가로부터 도움을 받았다는 점이다. 핵무기와 관련해 파키스탄보다 더 고급 기술을 갖고 있는 나라의 도움을 받았다고 본다. 증거가 확인되지 않았을 뿐이다."

— A. Q. 칸이 떠나고 파키스탄의 핵확산은 완전히 중단됐나?

"드러난 증거는 없지만 그런 일이 일어나지 않을 것이라고 장담할 수는 없다. 파키스탄 문제뿐만이 아니다. 다른 나라도 확산을 할 수 있다고 본다. 지금 머리에 가장 먼저 떠오르는 국가는 중국이다. 사우디아라비아에 핵연료 변환 시설 건설 등을 지원하고 있다는 보도가 나오고 있다. 아직까지는 우라늄을 농축하는 과정까지 간 것으로 보이진 않는다. 그러나 사우디가 이런 '노하우'를 전달받고 계속 개발하려 할지는 지켜봐야 한다."

– 북한의 현재 핵역량은 어떻게 평가하나?

"북한의 우라늄 프로그램 타임라인을 생각해볼 필요가 있다. 북한의 우라늄 농축 시설이 언제 건설됐는가를 알아야 한다. 우리가 알지 못하는 시설이 있을 수 있다. 그러나 우리가 알고 있는 영변 시설만 갖고 얘기를 해보겠다. 영변이 아무런 문제없이 최적의 조건에서 가동된다고 가정하면 매년 1~2개의 우라늄 핵무기를 만들 수 있다. '강성'이라는 곳에 또 다른 비밀 우라늄 농축 시설이 있다는 얘기도 있다. 강성은 영변보다 규모가 크기 때문에 더 많이 생산할 수 있다고 한다. 영변은 2010년에 가동됐고 강성은 이보다 몇 년 전에 가동된 것으로 알려졌다. 이는 북한의 우라늄 농축 시설이 최적의 상황에서 작동할 때의 추산치다. 북한의 핵무기 수치가 너무 높게 추정되고 있는 것 같다."

– 스웨덴의 스톡홀름국제평화연구소(SIPRI)는 최근 발표한 2020년 연감에서 북한의 핵무기가 30~40개로 추정된다고 했다. 지난해 추정치인 20~30개보다 10개 늘었다고 했다.

"SIPRI가 중국(2019년 290개에서 320개)과 인도(130~140개에서 150개), 파키스탄(150~160개에서 160개), 북한에 대해 조사한 결과를 비교해볼 필요가 있다. 북한이 중국 정도의 핵강국이 돼 이렇게 빠른 속도로 핵무기 수를 늘릴 수 있다고 보나? 약 5년 전 일부 전문가는 북한이 2020년이 되면 60개의 핵무기를 가질 것이라고 내다봤다. 북한이 이 정도의 핵무기를 개발했다고 볼 증거가 있나? 유엔 전문가위원회는 육불화우라늄 실린더의 움직임을 포착하지 못했다고 했다(注 : 국제사회는 우라늄 농축을 위해 필요한 연료인 육불화우라늄이 담긴 실린더(용기)의 움직임을 우라늄 농축의 가장 큰 증거로 보고 있다. 특수 용기에 담겨 있어 위성사진으로도 포착된다). 북한이 이 정도의 속도로 핵무기를 만들어 나가고 있다면 실린더 10여 개가 영변으로 가고 10여 개가 영변에서 빠져나오는 것이 확인돼야 한다. 북한이 물론 밤에 이런 실린더를 이동시킬 수는 있지만 시설 존재 여부를 공개한 상황에서 그렇게 할 이유가 없다고 본다. 나의 추론은 북한의 생산성이 생각보다 떨어진다는 것이다. 물론 정확한 정보는 북한 안에서만 확인할 수 있다. 각국 정보당국과 싱크탱크는 북한의 상황과 관련 '최악의 시나리오'를 공개하는 경우가 많다. 다른 경우의 수를 종합해 소개해야 하지만 이런 내용은 언론의 관심을 받지 못하기 때문에 그렇게 하는 것 같다."

– 우라늄 기술과 관련해 국제사회가 북한의 능력을 조금 과대평가하고 있다는 것으로 들린다. 북한의 우라늄 농축 기술 자체는 어느 수준인가?

"파키스탄 칸의 우라늄 농축 기술을 사용하고 있는데 4단계로 진행된다. 첫 번째가 천연 우라늄을 3.5~4%로 농축하는 과정이다. 이후 이를 20%까지 끌어올리고 3단계에서 60%까지 올린다. 마지막인 4단계에서 무기화를 위한 90%로 농축하는 것이다. 1단계에서 만들어진 저농축 우라늄은 경수로 연료로 사용될 수 있다. 이를 다른 시설로 옮겨 고농축 우라늄으로 생산할 수 있다. 원심분리기 '캐스케이드' 설계를 바꿔 고농축 우라늄을 만드는 것이다. 원심분리기 자체는 같은 것을 사용하지만 연결 방식 등 환경이 완전히 다른 곳에서 진행할 수 있다. 북한이 고농축 우라늄을 생산할 수 있다는 것은 확실하다. 영변에서 1단계 농축을 마쳤다고 해보자. 이를 영변의 같은 시설에서 또 다시 돌려 고농축 우라늄을 만드는 것은 비효율적이다. 캐스케이드를 전혀 다르게 설치해야 한다. 저농축 우라늄 시설과 고농축 우라늄 시설의 설계에 차이가 있는 것이다. 북한은 영변에서 4%로 농축한 우라늄을 다른 비밀 우라늄 농축 시설로 옮겨 고농축 우라늄으로 바꾸고 있는 것 같다."

| **23** |

[核전문가 인터뷰 : 벡톨 교수]
"DIA 근무 당시 파키스탄-
北 우라늄 농축 기술 이전 확인…
중국이 묵인해 가능"

"파키스탄-중국간 국가 차원 합의 있었기에 중국 영공(領空) 지나 북한으로 기술 이전"

　세 번째로 소개할 인터뷰는 미국의 군사전문가인 브루스 벡톨 텍사스 앤젤로주립대 교수다. 그는 해병대에서 약 20년을 복무했다. 이후 국방부 산하 국방정보국(DIA)에서 정보분석관(1997~2000), 선임 동북아(東北亞) 정보분석관(2001~2003)을 지냈다. 그는 북한의 무기 판매 실태를 추적한 책을 여러 권 쓰기도 했다.

　- 핵실험에 성공한 국가가 비핵화에 나선 전례는 없다. 파키스탄 때와 마찬가지로 북한의 비핵화도 어렵다고 보는가?

　"미국과 유엔, 유럽연합이 얼마나 강력한 제재를 부과할지에 달려 있다. 북한이 비핵화하지 않으면 살아남지 못한다는 생각이 들도록 해야 한다. 지금까지는 그렇게 하지 못했다. 파키스탄 때도 마찬가지였다. 파키스탄의 경우는 핵실험이 지정학적으로 매우 혼란스러울 때 일어났다. 하나는 파키스탄이 중국의 도움을 받았다는 것이다. 중국은 파키스탄의 고농축 우라늄 프로그램 개발을 도왔다. 또 하나는 인도가 핵실험을 강행한 것이었다. 당시 전세계는 파키스탄의 핵실험에 크게 반발했다. 하지만 '인도가 핵실험을 했는데 왜 파키스탄만을 규탄하는가' 같은 여론도 있었다. 물론 큰 차이가 있었다. 파키스탄은 매우 불안정하고 부패한 국가였다. 그러나 국제사회는 별다른 조치를 취하지 않았다. 그러다 2000년대에 들어 A. Q. 칸이 북한과 이란, 리비아에 핵기술을 이전했다는 사실이 알려지게 됐다."

– 북한이 파키스탄의 핵무장 전략을 모방한다는 주장도 있다. 핵실험을 한 후 국제사회가 북한을 핵보유국으로 인정할 수밖에 없게끔 한다는 것인데.

"차이가 있다. 지정학적 차이가 있다. 북한은 불량국가다. 국제사회의 규범을 아예 따르지 않는 국가를 뜻한다. 북한, 버마, 이란, 예멘 같은 나라들이 그런 나라들이다. 이들은 국제사회의 규범을 따르려는 노력도 하지 않는다. 파키스탄은 그렇지 않았다. 국제사회의 일원이었다. 미국과 거래를 하고 다른 국가와 무역을 했다. 물론 가난한 국가였지만 국제사회가 필요했다. 인도가 핵폭탄을 갖고 있다는 사실도 파키스탄과 북한의 다른 점이다. 북한이 핵보유국으로 인정받는 일이 없기를 바란다. 미국이 평양에 대사관을 열고 북한의 핵무기를 인정하는 상황이 생길 수도 있다. 이는 북한이 원하는 모든 것을 다 할 수 있게 하는 것이다. 북한이 이란에 핵기술을 이전한 것도 알려졌고 시리아에도 핵시설을 지어줬다는 것을 전세계가 알고 있다. 이스라엘이 2007년에 폭파시킨 시리아 핵시설은 북한이 지원한 곳이다."

– 미국은 파키스탄의 핵개발 계획을 알고 있었으나 이를 공개하지 않고 숨기는 모습을 보였다는 지적이 있다. 1980년대 소련-아프간 전쟁, 2001년 아프간 전쟁에서 파키스탄이 동맹국으로 필요했기 때문이라는 주장이 있다. 냉전(冷戰)

시대의 복잡한 정치적 셈법으로 파키스탄의 핵개발이 가능했다는 주장도 있는데.

"파키스탄이 핵실험을 한 1998년은 냉전이 끝난 뒤였다. 그렇기 때문에 냉전과 연관 짓는 것은 틀리다고 본다. 2001년 미국은 파키스탄이 동맹으로 필요했다. 파키스탄이 탈레반을 지원했고 정부가 부패했다는 사실을 알았지만 아프간 전쟁에서 파키스탄이 필요했다. 미국은 파키스탄의 핵프로그램을 비롯해 많은 문제를 눈감아줬다. 미국이 눈감지 않은 문제는 파키스탄이 북한에 핵기술을 확산하는 것이었다. 미국은 이미 예전부터 이런 사실을 파악하고 있었다. 위성사진과 각종 휴민트 등을 통해 알고 있었다. 미국은 2002년 가을 파키스탄에 단도직입적으로 말했다. 북한과의 거래를 끊지 않으면 모든 원조를 중단하겠다고 했다. 미국의 압박은 성공했다."

– A. Q. 칸 박사가 사익 추구를 위해 핵확산을 혼자 진행했다는 주장, 정부나 군대가 개입했을 수밖에 없다는 주장이 있다. 어떻게 생각하나?

"칸 박사 혼자 할 수 없는 일이다. 파키스탄 정부가 당연히 개입했다. A. Q. 칸은 미국이 파키스탄에 준 C-130 수송기를 사용해 핵기술을 북한에 보냈다. 이슬라마바드 인근 공군기지에서 중국 영공을 지나 북한에 도착했다. 정부의 개입 없이 이를 어떻게 하는가? 노동 미사일의 대가로 핵기술을 제공하겠다는 거래는 베나지르 부토 총리 때부터 시작했다. 부토는 노동 미사일 실험을 참관했고 거래는 그 때부터 시작했다."

– 베나지르 부토는 1993년 12월 김일성을 만났다. 부토는 노동 미사일 기술을 이때 받은 것은 맞지만 농축 우라늄 기술을 전달한 적은 없다고 주장했다.

그런데 부토가 죽은 뒤 나온 회고록에선 그가 농축 우라늄 기술을 북한에 전달한 것으로 나온다. 가능성이 있다고 보나?

"가능성이 있다고 본다. 부토 때부터 시작된 협력 관계가 계속 이어졌다. 두 나라 모두 머리를 잘 썼다. 현금이 바닥나 있던 국가끼리 서로 거래를 시작한 것이다. 파키스탄 장군들이 북한으로부터 뇌물을 받아 우라늄 농축 기술을 전했다는 증거가 있다. 파키스탄은 이를 숨기려 하겠지만 이는 그럴 수 없는 문제다. 정부가 개입하지 않았다고 주장하는 사람들은 무기의 확산이 어떻게 이뤄지는지 전혀 모르는 사람들이다. 칸이라는 사람이 혼자서 노동 미사일을 수송기에 싣고 파키스탄에 가져올 수 있다고 보는가? 나는 당시 DIA에 있었다. 파키스탄은 북한과 거래를 하고 있었고 증거가 나왔다. 파키스탄의 C-130 수송기는 중국에서 급유를 하고 북한에 가서 고농축 우라늄 기술을 전달했다. 영변 인근에 있는 우라늄 시설에 이런 기술이 전달됐다. 이 수송기는 노동 미사일을 싣고 돌아왔다. 두 나라의 이런 움직임은 그냥 대놓고 하는 것처럼 너무 명백했다. 1996년에서 1997년까지 이런 움직임이 포착됐다. 2002년까지는 파키스탄이 북한을 계속 도왔다."

– 파키스탄은 1998년 여섯 번의 핵실험을 했다. 처음 다섯 번은 우라늄탄(彈)이 사용된 것으로 알려졌다. 마지막 실험은 파키스탄이 갖고 있지 않던 플루토늄彈이었다는 주장이 나왔다. 이와 관련해 일각에서는 파키스탄이 북한의 플루토늄으로 대리실험을 해줬다는 주장을 한다.

"가능성은 있지만 확신할 수는 없다고 본다. 북한의 2006년 1차 핵실험의 폭발 규모는 2kt이었다. 북한이 1998년에 실험을 한 번 해봤다면 2006년 실험 결과가 왜 이렇게 부실했겠는가? 2kt은 매우 초보적인 수준의 폭발 규모다."

- 지그프리드 헤커 박사가 2010년 북한을 방문했을 때 북한이 파키스탄이 만든 P–2 원심분리기를 쓴다는 것을 알아냈다. 그렇다면 파키스탄을 압박했어야 하는 것 아닌가?

"당연히 파키스탄 원심분리기라는 것을 알았다. 미국은 클린턴 행정부 때부터 파키스탄이 북한에 원심분리기 기술을 이전하고 있다는 사실을 알고 있었다. 북한이 파키스탄을 통해 고농축 우라늄 기술을 개발하고 있다는 확증이 있었다."

- 클린턴 때라면 이미 1994년 제네바 합의를 위반한 것을 알았던 것이다. 그럼에도 아무 조치를 취하지 않았는데.

"이런 사실을 알고는 있었다. 부시 행정부가 2001년에 출범했을 때 이를 보고받았다. 2002년에 미국 협상팀이 북한에 가서 압박했다. 로버트 갈루치는 클린턴 행정부에 있을 때 북한의 우라늄 농축 기술에 대해 알고 있다고 밝혔다."

- A. Q. 칸은 네덜란드에서 원심분리기 기술을 훔쳐왔다. 그는 부품회사들의 연락처도 구했다. 그런데 이것만 가지고 핵무기를 그냥 쉽게 만들 수 있는 건가? 설계도와 관련 회사만 알면 개인도 만들 수 있는 게 핵무기인가?

"당연히 아니다. 파키스탄 핵무기는 중국의 도움이 없었으면 없었을 것이다. 중국이 파키스탄에 핵물질을 비롯한 필수 부품을 전달했다. 중국은 인도와 긴장 상태였다. 인도를 압박하기 위해 파키스탄을 이용한 것이다. 핵무기를 만들기 위해서는 국가 차원의 개입이 필요하다. 기술과 부품이 있다고 해도 개인이 집 차고에서 만들 수 있는 게 아니다. 테러단체도 만들 수 없다. 국가 차원의 노력이 필요한 일이다. 파키스탄은 중국의 지원 없이 핵개발을 할 수 없었을 것이다. 리비아가 2003년 대량살상무기를 포기할 당시 500kg 탄두 설계도 등이 포함돼 있었다. 중국어로 적혀 있었고 이중 중요한 부분이 영어로 번역돼 있었다. 중국의 도움이 있었다는 점에는 의심의 여지가 없다. 미국 해병대사령부 대학교에서 강의를 할 때 중국이 파키스탄의 핵개발을 도왔다는 얘기를 한 적이 있다. 당시 교환학생으로 온 파키스탄 장교가 수업을 듣고 있었다. 그는 갑자기 일어서서 '감히 어떻게 그런 말을 하나, 우리는 우리만의 핵무기를 만들어냈고 우리는 이를 자랑스럽게 생각한다'고 했다. 나는 '자긍심을 갖는 것은 좋고, 그렇게 하는 것은 너의 자유지만 이는 거짓말이다'라고 했다."

　- 중국이 북한도 도왔나?

　"중국이 북한 핵개발을 도왔다는 확실한 증거는 없다. 가능성은 있다고 본다. 북한의 플루토늄 기술은 소련이 제공한 5MW 원자로에서 시작됐다. 고농축 우라늄 프로그램은 전체가 다 파키스탄에서 넘어갔다."

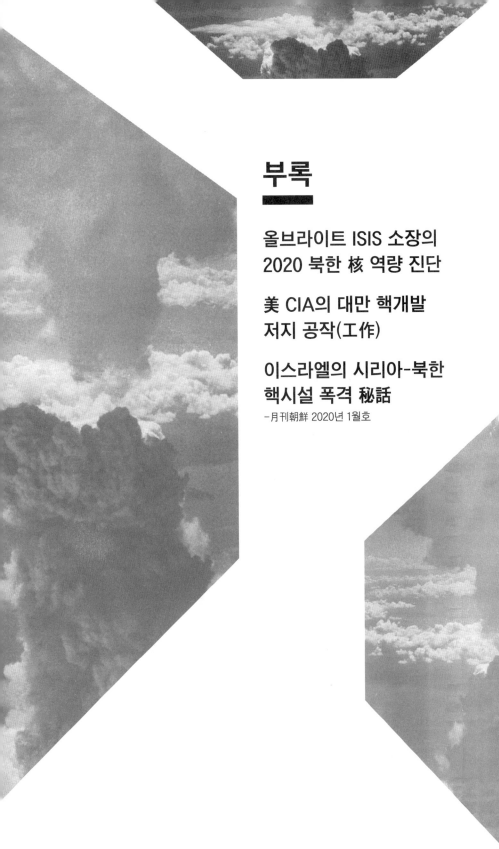

부록

올브라이트 ISIS 소장의 2020 북한 核 역량 진단

美 CIA의 대만 핵개발 저지 공작(工作)

이스라엘의 시리아-북한 핵시설 폭격 秘話
−月刊朝鮮 2020년 1월호

[올브라이트 ISIS 소장 인터뷰]

"北核 역량 과장…농축시설 존재하나 우라늄彈 보유 여부는 불확실"

"10개 이상의 핵무기 보유 주장은 과장…강성 대신 제3의 시설로 원심분리기 옮기는 듯"

SIPRI "북한 핵무기 30~40개...전년대비 10개 증가"

북한의 핵 역량과 관련해 국제기구 및 전문가들 사이에서 엇갈린 반응이 나오고 있다. 북한이 플루토늄 기반 핵무기를 보유하고 있는 것은 기정사실이다. 북한은 지금까지 총 6회의 핵실험을 실시했는데 초창기 실험에서는 플루토늄이 사용된 것으로 드러났기 때문이다. 그러나 3차 이후에 진행된 실험에서 어떤 핵물질이 사용됐는지는 미스터리로 남아 있다. 북한이 과연 플루토늄뿐만 아니라 우라늄 기반 핵무기까지 보유했다면 북한의 핵무기 보유 추산치는 크게 올라간다.

국제원자력기구(IAEA)는 2020년 9월 초 발간한 '북한 핵 안전조치 이행 보고서'에서 북한이 지난 1년 사이 우라늄 농축 활동을 계속한 것으로 보인다고 했다. 영변 핵 연료봉 제조공장에서 차량의 움직임과 냉각장치 가동 징후가 포착됐다는 것이다. IAEA는 이런 활동이 "원심분리기에서 농축 우라늄을 생산하는 것과 일치한다"고 했다. IAEA는 북한의 제2 우라늄 농축 시설로 지목된 '강성(강선)'에 대해서도 처음으로 언급했다. 이 시설이 우라늄 농축 시설의 특징을 보인다고 했다. 영변 원심분리기 농축 시설에서 나타나는 특징이 강성에서도 포착된다는 것이다.

북한의 핵무기 보유수와 관련해서 여러 추측이 나오고 있다. 미국 국방부는 북한의 핵무기가 20~60개이며 매년 6개를 새로 생산할 수 있는 것 같다고 했다. 스웨덴의 스톡홀름국제평화문제연구소(SIPRI)는 북한의 핵무기가 30~40개이며 전년대비 10개가량 늘어난 것 같다고 분석했다.

올리 하이노넨 전 IAEA 사무처장은 최근 기자와의 인터뷰에서 북한의 이런 핵개발 역량이 과장되고 있다고 지적했다. 북한이 매년 10개의 핵무기를 생산한다면 이는 플루토늄이 아닌 우라늄 기술을 사용하는 것인데 이런 움직임은 제대로 포착된 적이 없다고 했다. 우라늄 농축을 위해서는 농축에 필요한 연료가 핵시설에 드나드는 과정이 확인돼야 하는데 유엔 전문가위원회도 이를 찾아내지 못했다는 것이다. 그는 "북한이 매년 10개의 핵무기를 생산한다는 것은 중국 정도의 핵강국이 됐다는 것인데 이런 주장에는 신빙성이 떨어진다"고 했다. 그는 "나의 추론은 북한의 생산성이 생각보다 떨어진다는 것"이라며 "각국 정보당국 및 싱크탱크는 북한 핵역량과 관련 '최악의 시나리오'를 공개하는 경우가 많다"고 했다.

북한에 우라늄 핵무기는 실재(實在)할까? 우라늄탄(彈)이 존재하지 않는다면 북한의 핵무기 보유수를 너무 과대 평가하는 것은 아닐까?

이런 의문에 대한 답을 듣기 위해 데이비드 올브라이트 과학국제안보연구소(ISIS) 소장과 또 한차례 인터뷰했다. 그는 2010년 초 북한의 핵시설을 직접 방문했고 국제사회가 각국에서 진행한 대량살상무기 사찰에 참여한 인물이다. 그가 운영하는 ISIS는 북한의 핵무기 보유 추산치에 대한 보고서를 작성해온 바 있다. ISIS는 2018년 5월 미-북 협상이 한창일 때 북한의 비밀 우라늄 농축 시설 '강성'을 세상에 처음으로 공개한 곳이다.

올브라이트 소장은 북한의 우라늄 핵무기 보유 여부는 확인되지 않았다고 했다. 그는 현재 북한의 핵무기는 10개 안팎이며 이는 모두 플루토늄탄(彈)이라고 했다. 북한의 플루토늄 생산 능력 등을 감안할 때 핵무기는 매년 1~2개 정도 늘고 있다고 했다. 매년 10개 이상 생산되고 있다는 주장은 우라늄 농축 핵무기가 제대로 만들어지고 있다는 가정하에서 나온 '추산치'에 불과하다고 했다. 그는 현재 국제사회가 파악한 북한의 영변 우라늄 농축 시설 수준으로는 핵무기를 만들 수 있는 고농축 우라늄을 생산하지 못하는 것으로 분석했다. 다만, 비밀 우라늄 농축 시설 존재 여부를 파악하는 것이 앞으로 북핵 협상의 최대 관건이라고 했다. 그는 현재 북한의 비밀 핵시설인 강성 시설에 많은 트럭 움직임이 포착된다고 했다. 강성은 2018년 세상에 공개됐다. 비밀 시설의 존재가 드러나 새로운 비밀 시설로 원심분리기를 옮기고 있을 가능성이 있다고 했다. 트럭을 통해 원심분리기를 옮기고 있을 수 있다는 것이다. 원심분리기를 기존 시설에서 해체하고 다른 곳으로 옮기는 과정에서 약 10~20%의 원심분리기가 손상된다고 했다. 그는 과거 북한 과학자들과 만나 영변 핵시설 폐쇄를 논의할 때 이들이 '원심분리기를 해체해 옮기

면 절반은 잃게 될 것이라며 절대 폐쇄할 수 없다'는 반응을 내놨다고
도 했다. 2020년 9월 중순 진행된 올브라이트 소장과의 인터뷰를 소개
한다.

– 북한에 우라늄탄이 있다고 보나?

"어떤 구체적인 증거도 드러난 것이 없다. 2010년 초 북한의 공식 성
명을 분석한 적이 있다. 북한은 핵실험에 '핵물질들'이 사용됐고 '핵물질
들'을 생산하고 있다고 했다. 복수형을 사용한 것이다. 북한이 플루토늄
뿐만 아니라 고농축 우라늄을 사용했다고 추측할 수 있는 대목이다. 그
러나 핵실험 이후 북한이 고농축 우라늄을 사용했다는 증거가 확인되
지 않았다. 북한이 왜 어렵게 원심분리기 장치 운영에 필요한 부품들을
구하고 있는지는 여전히 의문이다. 여러 정황상 북한이 무기화할 수 있
는 고농축 우라늄을 만들고 있다고 볼 수 있으나 정확하게 말할 수 없
다. '북한에 핵무기가 60개 있다'는 식의 주장이 나오는데 이는 쉽게 추
측할 수 있는 문제가 아니다. 만약 그렇다고 하면 50개 정도는 우라늄
탄(彈)이라는 것이다."

– 북한 핵무기와 관련돼 각종 추산치가 나오는데 정확하지 않다는 것인가?

"그렇다. 플루토늄이 무기를 만들기는 더 좋다. 핵물질을 압축하기도
쉽고 부피도 작다. 부피로만 따지면 고농축 우라늄보다 20%가량 부피
가 작다고 보면 된다. 부피가 작다는 것은 이를 폭발시키기 위한 폭발물
이 덜 들어간다는 것이다. 더 작게 만들 수 있다. 고농축 우라늄은 무게
도 더 나간다. 똑같은 위력을 내기 위해서는 더 많은 양의 고농축 우라
늄이 필요하다. 많은 핵무장국가들은 플루토늄이 양적으로 부족하다.
플루토늄을 생산하는 것보다 고농축 우라늄을 생산하는 것이 더 빠르

다. 그래서 많은 나라들은 핵폭탄 중심 부분에 약 1kg의 플루토늄을 넣고 약 10kg의 우라늄을 폭탄 외곽부분에 넣는다. 이렇게 만들어 폭발시키면 원하는 폭발력을 낼 수 있기 때문이다. 플루토늄만으로 만든 것처럼 작게 만들지는 못하지만 우라늄으로만 만드는 것보다는 작게 만들 수 있다."

− 플루토늄과 우라늄 중 무엇이 더 만들기 어렵나? 어떤 게 더 경제적인가?

"플루토늄을 만드는 것이 더 어렵다. 원자로와 재처리시설 두 개가 다 필요하다. 방사능 물질을 다루는 것이기 때문에 특별 제작된 시설이 필요하다. 방사능 유출에 대한 대비책도 마련해야 한다. 원심분리기를 통한 우라늄 농축은 이런 어려움이 덜하다. 우라늄은 방사능이 플루토늄보다 덜하다. 원심분리기는 항상 고장나는 부품이지만 계속 만들어낼 수 있다. 북한은 경수로를 통해 플루토늄 생산량을 늘리려 했으나 성공하지 못한 것으로 보인다. 2012년까지 플루토늄 시설을 가동하겠다는 계획을 갖고 있었으나 아직도 가동되고 있다는 징후가 나타나지 않았다."

− 플루토늄이 소형화하는 데 편리하다고 말했다. 미사일 등 운반체계에 탑재하는 것도 플루토늄이 더 편리하다는 뜻으로 들린다.

"그렇다. 북한의 핵프로그램은 플루토늄에서 시작됐다. 북한은 플루토늄 프로그램에 대해 공개적으로 밝혀왔다. 1990년대부터 국제사회에 플루토늄 프로그램 개발 사실을 공개했다. 그러다 A. Q. 칸의 도움을 받아 우라늄 농축 프로그램을 검토하게 된 것이다."

− 우라늄을 개발한 이유는 플루토늄 프로그램이 실패하는 상황을 대비하는 하나의 보험이었다고 생각하나?

"실패를 걱정한 것은 아니라고 생각한다. 더 많은 핵무기를 보유하고 싶었던 것 같다. 북한 과학자들은 파키스탄의 칸 연구소에 가서 미사일 기술을 가르쳐줬다. 북한 기술자들은 이때 파키스탄의 원심분리기 시설을 보게 됐고 관심을 갖게 됐다. 이 기술자들은 모두 군(軍) 소속이었다. 노동미사일 기술을 전달하고 원심분리기 기술을 받아온 것이다. 북한이 처음 우라늄 농축 실험 시설을 지은 곳은 군대가 관리했다. 원자력 관련 부서가 이를 담당한 것이 아니다. 그후에 영변이 들어서며 원자력 부서가 이를 총괄하게 됐다."

– 국제원자력기구(IAEA)는 9월 초, '북한이 지난 1년 동안 우라늄 농축 활동을 계속한 것으로 보인다'고 했다. 북한이 고농축 우라늄을 만들고 있다고 보나?

"영변 근처에서 여러 움직임이 포착된 것으로 알려졌다. 장비가 새로 들어가고 열이 감지됐다는 것 같다. 내가 확인해본 결과로는 북한이 무기화할 수 있는 수준의 고농축 우라늄을 생산하고 있다는 증거는 하나도 없다. 농축을 제대로 하고 있다는 증거도 없다. 원심분리기 시설은 화씨 70도(섭씨 약 21도) 수준의 온도를 유지해야 한다. 여름엔 에어컨을 틀고 겨울엔 히터를 틀어 온도를 유지해줘야 한다. IAEA는 영변 시설에서 열이 감지됐다고 하는데 이를 운영하는데 들어가는 열이 감지됐다는 뜻인지 농축을 하고 있다는 것인지 불확실하다. 북한은 우라늄을 어느 수준으로 농축하고 있다고 한 번도 밝힌 적이 없다. 국제사회가 영변 핵시설에 마지막으로 방문한 지도 벌써 오래됐다. 무엇을 하고 있는지 알 수가 없다."

– 스웨덴의 스톡홀름국제평화연구소(SIPRI)는 최근 발표한 2020년 연감에

서 북한의 핵무기가 30~40개로 추정된다고 했다. 지난해 추정치인 20~30개보다 10개 늘었다고 했다.

"이 연구소가 북한에 대해 발표하는 자료는 형편없다. 이들은 처음에는 북한에 10개 정도의 핵무기가 있다고 했다. 고농축 우라늄 프로그램은 없고 플루토늄 프로그램만 있다는 가정하에 이런 추산치를 냈다. 그러다 갑자기 북한에 고농축 우라늄 프로그램이 있는 것 같다며 지금과 같은 숫자로 바꿔버렸다. 북한의 핵무기 수가 10개 이상이라고 주장하는 사람들에게는 근거가 부족하다. 북한은 6자회담 당시 플루토늄 시설에 대한 신고를 했고 북한이 어느 정도의 양을 생산할 수 있는지 알 수 있다. 북한의 원자로가 어떻게 작동하는지도 대충 다 알고 있다.

이제 문제는 북한의 핵탄두에 얼마나 많은 플루토늄이 사용되는지 여부다. 북한은 2006년 핵실험 당시 플루토늄 2kg을 사용했다고 밝혔다. 내가 얘기를 나눠본 정보당국 관계자들은 북한이 4kg의 플루토늄을 사용했을 가능성이 높다고 한다. 핵무기 하나당 얼마나 많은 플루토늄을 사용하는가에 따라 북한의 핵무기 추산치가 달라질 수 있다."

– 북한의 핵무기가 10개 정도라고 보나?

"9~12개의 플루토늄 핵폭탄을 갖고 있는 것 같다. 원자로에 있는 플루토늄을 추가로 추출했다고 가정하면 몇 개가 더 많을 수도 있다. 약 12~15개라고 생각한다. 북한은 지금까지 총 6차례의 핵실험을 했다. 북한이 6차례의 핵실험에서 모두 플루토늄을 사용했다고 하면 이 추산치에서 6개를 빼야 한다. SIPRI는 이런 상황 역시 고려하지 않았다. SIPRI의 보고서는 신뢰할 수 없다고 본다. 지그프리드 헤커 역시 비슷한 추산치를 내고 있다. 그는 우라늄 농축 시설에 대한 이해도가 전혀 없는 사람이다. 그 역시 북한의 핵무기 수를 30~40개 정도로 추산한다. 매년 6개를 생산할 수 있다고 한다. 매년 6개를 만들 수 있는데 왜 핵무기 수가 30~40개밖에 안 되나? 5년 안에 다 만들 수 있는 양 아닌가? 매년 6개를 만든다면 북한의 핵무기 수는 100개는 되지 않겠나? 북한 핵무기에 대한 이런 추산치에 대해 신중히 접근할 필요가 있다."

– 플루토늄 핵무기는 약 10개 있고 매년 1~2개 정도를 추가 생산하고 있다고 보는 것인가?

"그렇다. 북한은 핵실험에 2kg의 플루토늄이 사용됐다고 밝혔다. 이 때문에 여러 혼란이 일어났다. 정보당국은 4kg이 사용된 것으로 보고 있는데 북한은 2kg이라고 하니 북한이 하나의 핵무기에 얼마나 많은 핵물질을 넣고 있는지 알 수가 없는 것이다. 2kg을 사용한다고 하면 약 20개가 되지 않을까 싶다. 그런데 많은 사람들은 4kg이 사용되는 것으로 보고 있다. 북한이 우라늄을 섞어서 핵폭탄을 만든다면 플루토늄 2kg 탄두도 말이 안 되는 것은 아니다. 미국의 과거 실험에 따르면 2kg 플루토늄탄(彈)은 폭발력이 매우 약하다. 약 0.5kt 정도이다. 0.5kt짜리 핵폭탄을 왜 가지려고 하겠는가?

또한 북한은 과거 실험에서 10kt 폭발력을 보여준 것으로 알려졌다. 2kg의 플루토늄을 사용해 이런 폭발력을 낼 수는 없다. 핵분열, 증폭 방식 등을 사용하면 수소폭탄과 같이 폭발력을 크게 늘릴 수 있다. 그러나 북한이 이 기술을 터득했다는 증거는 없다. 북한은 이 기술을 터득하기 위해 삼중수소를 연구했다. 북한의 삼중수소 기술은 매우 미흡하다. 북한이 해외에서 물건을 조달한 정황을 분석해본 결과 이에 필요한 기술을 사들인 건 2010년 이후다."

— 매년 10개의 우라늄 핵무기를 만들고 있다는 추산은 잘못됐다는 뜻으로 들린다.

"매년 10개의 우라늄彈을 만들기 위해서는 약 200kg의 고농축 우라늄이 필요하다. 영변 핵시설에서 생산할 수 있는 양을 훨씬 뛰어넘는다. 헤커 같은 사람들의 계산은 이렇다. 영변에 4000개의 원심분리기가 4개로 분류돼 있고 총 1만6000개의 원심분리기가 있다는 것이다. 이를 200으로 나누면 80이 나온다. 북한이 연간 80kg의 고농축 우라늄을 생산할 수 있다는 뜻이다. 핵무기 하나당 20kg의 우라늄을 사용한다고 하면 핵무기 4개를 만들 수 있다는 계산이 나온다. 15kg씩을 사용하면 5개가 된다. 그러면 10개라는 추산치는 어떻게 나오게 되는가? 최상의 시나리오에서 만들면 이렇게 된다는 것인데 북한은 A. Q. 칸의 원심분리기 캐스케이드 방식을 사용한다. 이를 통해 고농축 우라늄을 만들려면 원심분리기의 수가 줄어들게 된다. 그렇다면 연간 50kg 정도의 우라늄을 만들 수 있게 된다. 그러면 연간 2개의 핵무기를 만들 수 있는 수준밖에 안 된다. 영변에서는 이를 생산하기 위해 필요한 물자가 조달되고 있는 상황이 포착되지 않고 있다. 그래서 '강성'이라는 핵시설이 논란이 되는 것이다. 강성 지역에는 엄청난 규모의 트럭 움직임이 포착되고 있다. 원심분리기 시설에 필요한 수준보다 훨씬 큰 움직임이 일어나고 있다."

— IAEA는 최근 강성이라는 시설을 처음으로 언급했다.

"IAEA가 이름을 언급한 것은 이번이 처음이다. 위성사진으로 보면 강성은 2층 건물이다. 창문을 통해 이를 알 수 있다. 원심분리기 시설이 2층인 경우는 드물다. 원래는 1층인데 북한이 꾀를 써서 창문을 2층처럼 두 줄로 만들었을 수는 있다. 또한 트럭이 너무 많이 강성에서 포착되고 있다. 북한이 국제사회의 감시망을 혼란시키기 위해 이렇게 하는 것일 수도 있다. 영변에서는 전혀 트럭 움직임이 없으나 강성에서는 항상 발견되고 있다. 무언가를 만들고 있는 것은 확실한 것 같다.”

— 북한이 파키스탄으로부터 우라늄 농축 기술을 전해 받은 것은 1990년대 후반이다. 우라늄 농축을 통한 핵무기를 만드는데 몇 년이 걸리나?

“몇 년 안에 될 것이다. 파키스탄으로부터 원심분리기와 여러 샘플을 전달받았다. 칸은 2001년 칸 연구소에서 쫓겨났다. 연구소를 통해서는 북한에 도움을 주지 못했지만 여전히 개인적으로 도움을 줬다. 칸이 완전히 물러나게 된 2004년부터 북한은 어떤 도움도 받지 못했다. 칸이 건재했을 때는 여러 도움을 받고 빠르게 개발해나갈 수 있었다. 그러다 북한이 혼자서 농축 프로그램을 운영하기 시작한 뒤부터는 개발 속도가 느려졌다.”

— 국제사회 여러 곳에서 북한의 핵무기에 대한 여러 추산치가 나온다. 30개, 60개, 일부는 100개라는 주장도 한다. 이는 최악의 시나리오를 가정한 것이라고 봐야 하나?

“이 수치들은 우라늄彈을 만들고 있다는 가정하에 만들어진 것이다. 플루토늄을 핵무기당 1kg을 사용한다고 해도 많아야 30개다. 60개나 100개라는 추산치가 나올 수가 없는 것이다. 각종 추산치에 대해서는 많은 의문을 갖고 접근해야 한다.”

— 플루토늄 생산 속도가 우라늄보다 현저히 떨어지기 때문에 우라늄 농축이 이뤄지지 않는 이상 북한의 핵무기 추산치는 과장돼 있다는 것으로 들린다.

“플루토늄 생산 속도는 매우 느리다. 북한의 경우, 플루토늄彈은 매

년 1~2개 만들 수 있고 우라늄彈은 3~4개를 만들 수 있다. 북한은 강
성에 필요한 많은 물건을 사들였다. 알루미늄을 사용하는 케이싱 튜브
등을 많이 샀다. 2010년 이후 약 1만2000개의 원심분리기에 필요한 부
품을 산 것으로 알려졌다. 2010년 기준 북한 영변에 있는 원심분리기는
2000개뿐이었다. 북한이 사들인 부품과 실제 핵시설에 들어 있는 원심
분리기 수와 큰 차이가 있던 것이다. 그렇기 때문에 다른 비밀 시설에서
더 큰 우라늄 농축 시설을 운영하고 있다는 추측이 나왔다."

**– 소장으로 근무하고 있는 ISIS는 과거 여러 차례 북한의 핵무기 현황에 대
한 추산치를 발표한 바 있다. 최근에도 이 작업을 하고 있는지 궁금하다.**

"최신 현황을 파악해보려 하고 있다. 몇 가지를 확인할 필요가 있는
데 그중 하나가 '강성'이다. 이 시설이 공개된 지 몇 년이 흘렀다. 이 시
설이 우라늄 농축 시설인지 우선 확인해야 한다. 미국과 유럽 국가 당
국자들과 관련 논의를 해왔다. 미국은 유럽 국가들보다 이 시설에 대해
언급하는 것을 꺼려한다. 유럽 국가 당국자들과 얘기를 나눠보면 프랑
스의 추산치는 어떻다, 독일의 추산치는 어떻다, 이렇게 정리를 해서 발
표를 하지만 미국은 이를 공개하지 않는다. 한국은 과거 강성이 우라늄
농축 시설이라고 판단했지만 최근에 들어 이 시설이 어떤 시설인지 불
확실하다는 쪽으로 입장을 바꿨다. 한국 정부는 북한 탈북자를 조사했
다. 이 탈북자는 강성이 우라늄 농축 시설이라고 주장했다. 한국 고위
당국자와 얼마 전 얘기를 나눴는데 그는 강성이 우라늄 농축 시설이 맞
는 것 같다고 말해줬다. 물론 한국 정부가 독립적으로 조사를 한 것이
아니라 다른 국가들이 그렇게 판단하기 때문에 이런 주류 의견을 따라
간 것으로 보였다."

− 이 탈북자를 신뢰할 수 있나?

"그렇다고 생각한다. 우리는 과거 탈북자의 주장을 바탕으로 북한의 비밀 우라늄 농축 시설 네 곳을 지목해 조사했다. 그런데 어떤 것도 사실로 드러난 적이 없었다. 탈북자들은 과거 이런 저런 주장을 해왔으나 강성의 경우는 달랐다. 강성의 존재를 주장한 탈북자는 믿을 만한 주장을 했다. 각국의 정보당국이 정보를 공유했다. 한 국가의 정보기관은 이 탈북자의 증언은 말도 안 된다고 했다. 미국의 국방정보국(DIA)은 강성 시설이 존재하고 약 1만2000개의 원심분리기를 수용할 수 있을 정도로 큰 곳으로 파악했다. 독일 정보당국은 약 6000개의 원심분리기가 들어가는 시설로 봤다. 독일 측은 북한이 1만2000개의 원심분리기에 필요한 부품을 조달한 것으로 파악했다. 그렇다면 6000개가 부족하게 된다. 영변과 강성을 제외한 '제3의 비밀 시설'이 존재할 가능성이 있게 된다.

− 2018년 DIA의 보고서가 워싱턴포스트에 유출돼 강성 핵시설의 존재가 세상에 공개된 적이 있다.

"DIA는 북한의 핵시설 분석을 제일 적극적으로 하는 곳이다. 다른 정보기관은 여러 부정적인 의견을 내놔도 DIA는 자신들만의 줏대를 가지고 발표를 해왔다. DIA는 2000년에도 북한에 비밀 우라늄 농축 시설이 있다고 밝혔다. 국무부 등 다른 기관들은 이는 사실이 아니라고 밝히며 반박했다. 크리스토퍼 힐이 국무부 동아태 차관보를 지냈을 때인데 그가 직접 나서서 북한에 비밀 우라늄 농축 시설은 없다고 했다. 우리 ISIS도 이때 북한에 비밀 원심분리기 시설이 있다는 보고서를 내놨다. 이런 내용을 국무부 관계자들에게 브리핑을 해준 적이 있다. 이들

관료들은 내게 불만을 표출했다. '어떻게 이런 내용을 알게 됐는가, 누가 이런 사실을 알려줬는가, 우리는 이런 정보가 없는데 너가 어떻게 알고 있느냐'라고 따졌다. 이는 거짓말이었다. DIA로부터 이런 내용을 들었을 것이 분명했다. ISIS도 처음에는 북한의 비밀 우라늄 시설 존재를 회의적으로 봤다. 그러다 북한이 사들인 물품들을 추적하는 과정에서 비밀 핵시설이 존재한다는 판단을 내리게 됐다. 북한은 해외조달을 파키스탄과 이란이 사용한 컴퓨터 프로그램을 통해 했다. 크리스토퍼 힐과 직접 만나 이런 얘기를 해준 적이 있다. 그는 비밀 시설 존재에 대해 계속 부인했다. 6자회담이 일어날 때였고 힐과 같은 사람이 요직에 있었음에도 DIA는 비밀 핵시설이 존재한다는 내용을 계속 보고했다."

– ISIS는 강성의 존재를 거의 최초로 공개한 연구소였다. 어떻게 정보를 입수했나?

"이유는 잘 모르겠지만 유럽 정부 당국자들이 내게 이 내용을 알려줬다. 정보 당국자들과 만나는 공식적인 자리에서 이런 내용을 말해줬다. 관련 내용의 기밀 해제를 해도 된다는 판단은 내렸지만 정부의 공식 입장이라고 밝히기는 꺼려한 것 같다. 약 1년 동안 강성에 대한 내용을 이들에게 들었다. 유럽 국가들은 이런 내용을 공개적으로 논의하는 편이다. 강성이 존재한다는 것이 100% 사실인지 파악하기 위해서다. 만약 강성이라는 시설이 존재한다고 주장했는데 나중에 직접 가보니 아무것도 없으면 창피스러운 일이 되기 때문이다. 과거 금창리 사건과 같은 일이 일어나는 것을 피하기 위해서다(注: 미국은 1998년 북한이 금창리에 지하 핵시설을 운영하고 있다고 판단했고 1999년 미국 조사단이 이 시설을 방문했으나 핵시설이 아닌 그냥 비어 있는 터널만 발견했다)."

– 북한의 핵 프로그램을 파악하는데 있어 유럽 정보당국이 미국보다 뛰어나다는 뜻인가?

"그렇지는 않다. 미국이 훨씬 더 많은 자료와 정보가 있다. 미국도 강성과 같은 내용을 내부적으로는 논의했을 것이다. 그러나 이를 절대 공개적으로 말하지 않는 국가다. 나는 미국 정보당국 관계자들과 만나게 돼도 강성 시설에 대한 질문을 하지 않았다. 보고서를 출간하기 전에 내가 어떤 내용을 알고 있는지 공개하지 않기 위해서였다. 강성 이외의 제3시설에 대해서는 물어봤지만 강성에 대해 내가 알고 있는 것은 숨겼다."

– 북핵 문제를 해결하기 위해서는 북한의 역량부터 제대로 파악하는 것이 중요하다. 그런데 이것조차 어려운 상황 아닌가? 정확한 역량을 파악하기 위해서는 제2, 제3의 비밀 우라늄 농축 시설을 파악하는 게 급선무라는 뜻으로 보인다.

"그렇다. 지금까지는 추론에 불과하지만 확인돼야 할 문제가 있다. 북한이 비밀 우라늄 농축 시설을 갖고 싶어한다는 가정하에 생각해봐야 할 문제다. 북한은 강성 우라늄 농축 시설을 운영하고 있고 국제사회가 위성 등으로 파악한 시설이 강성이 맞다고 가정해보자. 비밀 시설을 원했는데 더 이상 비밀이 아니게 됐다면 북한은 이 시설을 비우려고 할 것이다. 강성에는 최근 엄청난 규모의 트럭이 드나들었다. 원심분리기들을 최근 몇 달 사이에 이 시설에서 다 비웠을 가능성이 있다. 기존 시설을 해체하고 다른 곳에 새롭게 건설하게 되면 일부의 원심분리기는 잃게 된다. 매우 조심스럽게 해체 및 재설치 작업을 하면 약 10~20% 만 고장나고 나머지는 살릴 수 있을 것이다. 북한 영변을 방문했을 때 북한 과학자들에게 이런 얘기를 직접 해준 적이 있다. 영변의 핵시설을 해체하고 다른 곳에서 다시 설치하면 소수의 원심분리기는 고장나게 된다고 했다. 북한은 영변 시설의 문을 닫고 다른 곳으로 옮기게 되면 원심분리기 절반을 잃게 될 것이라며 이는 재앙적 상황이라고 했다. 이런 이유로 영변 시설을 폐쇄할 수 없다고 했다. 북한은 사실상 유럽 URENCO에서 만든 구식 원심분리기 모델을 사용하는 것인데 이를 안전하게 해체해 새로운 시설에 설치할 수 있는 방법은 이미 알려져 있다. 피해를 최소화할 수 있는 것이다. 북한은 이미 이런 작업을 해서 다른 비밀 시설로 원심분리기를 옮겼을 수 있다."

원자력연구 책임자를 포섭해 핵개발을 막다!

–미국의 망명공작 막전막후…장셴이(張憲義)는 배신자인가 애국자인가?

美, 1960년부터 대만에 핵무기 배치

2018년 11월 대만은 국민투표를 통해 탈원전 계획 폐기 결정을 내렸다. 이후 대만의 원자력과 관련해 사람들의 관심이 모아졌다.

대만은 핵무기 보유 문턱까지 갔던 국가이다. 이러한 사실은 최근 미국에서 발간된 '대만의 과거 핵무기 프로그램'이라는 책에 자세히 소개됐다. 책의 저자는 미국의 핵 전문가 데이비드 올브라이트 씨 등이다. 올브라이트 씨는 대만 핵개발에 핵심적인 역할을 한 뒤 미국으로 망명한 장셴이(張憲義) 전 원자력연구소 부소장과의 인터뷰, 최근 공개된 기밀 문서들을 토대로 책을 집필했다. 대만이 왜 핵개발에 나설 수밖에 없었는지, 어떤 어려움을 겪었는지, 어떤 이유로 핵을 포기하게 됐는지가 자세히 설명된 책이다. 한국에도 시사하는 바가 많은 대만의 핵개발 역사를 소개한다.

장개석(蔣介石)의 국민당은 1949년 모택동이 이끈 공산당과의 싸움에서 패배한 뒤 중국 본토를 탈출해 대만에 자리잡았다. 이후 미국은 중국과의 갈등 확대를 우려해 중국과 대만간 정쟁(政爭)에 직접적인 개입은 피하려 했다. 1950년대에 들어 중국의 도발이 늘어났고 당시 드와이트 아이젠하워 미국 대통령은 중국 본토에 핵무기를 투하하는 방안까지 고려했다. 이후 미국은 대만을 공산당과 싸움의 최전선으로 보게됐고 1960년 미국의 핵무기를 대만에 배치하기로 결정했다. 아이젠하워 대통령은 십여 개의 핵무기를 대만에 배치했다. 이후 존 F. 케네디 대통령 때에도 핵무기 수는 계속 늘어나 1967년 린든 B. 존슨 대통령 임기 중에는 200개까지 증가했다. 그런 뒤 리처드 닉슨 대통령이 중국과의 외교 관계 개선에 중점을 두며 1974년 미국은 대만에 있던 모든 핵무기를 철수시켰다.

장개석(蔣介石) "중국의 核 한 발이면 우리는 사라진다"

1958년 대만은 '평화를 위한 원자력(Atoms for Peace)'이라는 기조하에 원자력 발전소 건설에 관심을 가져왔다. 많은 사람들은 당시 대만의 정책을 평화를 위한 원자력 개발로 봐왔지만 비밀리에 핵무기 프로그램 개발에 나섰다는 것이 뒤늦게 알려졌다.

대만이 본격적으로 핵개발에 나선 이유는 중국의 핵무기 때문이다. 1964년 10월 중국은 첫 번째 핵무기 실험을 실시했고 전세계를 충격에 빠뜨렸다. 당시 대다수 전문가들은 1960년부터 중국이 소련으로부터 핵 관련 지원을 더 이상 받지 못했기 때문에 핵 개발까지는 오랜 시간이 걸릴 것으로 내다봤다. 미국은 중국의 침략을 막고 핵우산을 제공하겠다는 약속을 했지만 장개석 등 대만 지도자들은 미국의 이런 약속만을 믿을 수는 없다는 판단을 내렸다. 공개된 기밀문서에 따르면 장개석은 중국의 핵무기 한 발이면 대만이 사라져버릴 수 있고, 미국이 보복을 한다고 해도 이는 너무 늦은 일이라는 점을 우려했다.

장개석 총통은 1966년 국방부 산하의 중산과학연구원에 핵무기 개발 계획을 만들 것을 지시했다. '신주(新竹) 계획'이라고 불린 이 계획에는 5~7년 이내에 중수로 원자로와 중수로 생산 시설, 그리고 플루토늄 재처리 시설을 조달한다는 내용이 담겼다. 흥미로운 점 중 하나는 당시 계획된 시설 중 일부는 이스라엘의 핵시설과 거의 비슷했다는 점이다. 당시 이스라엘은 갓 핵무기 개발에 나섰고 첫 번째 핵무기 생산을 눈앞에 두고 있었다. 대만은 비밀리이기는 하지만 국가 사업 차원에서 국내외 핵 전문가들을 모으기 시작했다. 대만 정부는 다른 국가에서 유학하는 대만인들을 국내로 불러들이는데 어려움을 겪었으며 많은 핵 전문가들 역시 정부의 핵개발 계획에 동의하지 못했다.

원자로(原子爐) 조달의 어려움

대만은 당시 원자력 개발을 평화로운 목적이라고 강조했으나 미국을 중심으로 핵 확산 우려가 커지기 시작했다. 대만이 핵개발에 나서면 중국과의 갈등이 고조돼 자칫 대규모 전쟁으로 이어질 수 있었기 때문이다.

이에 따라 대만은 독일 등 다른 국가로부터 원자로와 핵심 기술을 수입하려 시도했다. 1966년 중반 대만은 서독의 지멘스社와 50MW 중수로 구입 계약을 거의 마무리 단계까지 진행했다. 대만주재(駐在) 미국 대사관은 본국(本國)에 "대만이 핵무기 개발에 나서기로 결정했을 수 있다"고 보고했다.

1965년 3월 미국은 지멘스와 대만의 계약에 대해 알게 됐고 서독 정부를 압박하기 시작했다. 지멘스가 원자로를 대만에 판매하게 되더라도 비밀리에 진행하는 것이 아니라 공개적으로 해달라고 부탁했다. 중국이 괜히 의심을 하게 돼 불필요한 갈등이 생기는 것을 막기 위해서였다.

서독은 이 거래를 계속 진행할지 말지 미국의 최종 결정이 내려질 때까지 계속 기다렸다. 대만 정부는 서독으로부터 원자로를 구입하는 것에 대한 미국의 반발이 크고 무리하게 추진했을 시 군사목적의 핵개발이라는 의심을 받을 수 있다는 생각에 이 계약을 포기했다. 그 후 캐나다로부터 원자로를 구입하는 대안을 강구해냈으며 1969년에 들어 캐나다에서 만든 40MW 중수로 원자로를 건설하기 시작했다. 해당 원자로의 이름은 '대만연구용원자로'였다.

혼란의 1970년대

대만은 원자로 도입 이후 무기화를 위한 플루토늄 재처리시설을 찾기 시작했다. 방법은 해외로부터 완전한 재처리시설을 수입하거나 외부로부터 배워온 기술을 통해 소규모이기는 하지만 자체적으로 재처리에 나서는 방안 등 크게 두 가지였다.

대만은 미국과 독일, 프랑스, 벨기에의 회사들로부터 제대로 된 재처리기술을 수입하려 하는 등 더욱 공격적으로 핵개발에 나섰다. 미국 정부는 대만의 대규모 재처리 기술 수입 움직임을 제대로 파악했지만 자체적으로 키워간 소규모 재처리 기술 관련 움직임을 놓쳤다. 실제로 1971년 4월 국무부 문서는 "대만이 핵무기 프로그램을 갖고는 있지만 인력과 재원 낭비"라고 평가했다.

1971년 10월 25일, 대만은 유엔 안보리 상임이사국 자리를 중국에 뺏겼다. 장개석은 큰 충격을 받았고 중국에 대한 핵 억제력을 갖는 것만이 최선의 선택이라는 판단을 내렸다.

이후 장개석은 5~7년 안에 핵개발에 나선다는 과거 신주계획보다 현실적인 내용을 담고 있는 '타오위안(桃園) 계획'을 추진했다. 핵무기에 사용될 수 있는 핵물질을 7~15년 이내에 만들겠다는 보다 현실적인 방안을 강구한 것이다. 대만 핵 전문가들은 독일과 영국, 프랑스 등 핵 기술을 보유한 회사들을 찾아다니며 기술을 수입하고 배우는 데 총력을 다했다.

이후 대만은 캐나다로부터 원자로 기술을 들여왔고 중산과학연구소 기술을 이용해 플루토늄으로 알려진 방사성동위원소-239 추출에 성공했다. 1973~1974년에는 남아프리카공화국으로부터 100톤 규모의 우라늄을 구입하게 된다. 놀랍게도 당시 국제원자력기구(IAEA)는 대만에 들어가는 우라늄에 대해서는 제대로 된 규제를 하지 않고 있었다. 대만은 독일의 한 회사로부터도 소량의 우라늄을 수입한 것으로 알려졌다.

핵심 역할을 맡는 유학파들

미국은 대만의 핵개발이 비생산적이고 비효율적이기 때문에 매우 오랜 시간이 걸릴 것으로 분석했다. 하지만 점차 대만의 핵 기술이 늘어나고 있다는 판단이 내려지자 미국은 압박 수위를 높였다. 강경책 없이는 대만이 핵을 포기하지 않을 것이라고 본 것이다. 미국은 핵심 군수물자 배송을 지연하거나 취소하고 군사관계를 끊을 수도 있다고 협박했다. 대만은 겉으로는 미국에 따르는 것처럼 행동하면서도 뒤에서는 계속 기술 개발에 나섰다.

미국 정보당국은 점점 더 대만의 핵 역량에 대해 우려하기 시작했다. 미 중앙정보국(CIA)은 1976년 "대만이 전술 비행기 외부에 탑재할 수 있을 정도로 작은 핵무기를 2년이면 만들 수 있을 것"이라고 했다. 이후 미 정보당국과 의회를 중심으로 대만의 핵개발 우려가 지속적으로 나오기 시작했다. 그러나 1970년대 중반에 이르러 미국은 자신들의 대만 핵 개발 방지 정책이 성공하지 못했다는 것을 점점 인정하기 시작했다.

대만 핵개발의 핵심 역할을 맡은 사람은 1988년 미국으로 망명한 장셴이(張憲義) 원자력연구소 부소장이다. 그는 대만 핵개발의 책임자이자 육군 대령 출신이며 훗날 CIA에 포섭된 사람이다. 장셴이는 국립칭화대학에서 수학한 뒤 중산과학연구소 연구원으로 근무하기 시작했다. 이후 미국의 오크리지 국립연구소에서 교환학생 생활을 했고 플루토늄 연구에 집중했다. 원자력 공학을 공부하기 위해 유학길에 오른 대만 과학자들은 핵무기 프로그램과 민감한 기밀에 대한 정보를 최대한 수집해야 한다는 임무를 잘 알고 있었다. 이들은 만약 이런 행동으로 붙잡히게 된다면 대만 정부는 이들의 존재를 모른 척할 것이라는 내용도 사전에 숙지했다. 장셴이는, 대만 정부가 교환학생을 보낼 때 두 명을 함께 보내 서로 감시하는 역할을 맡기기도 했다고 증언했다. 장셴이는

1972년부터 1976년까지 테네시 대학교에서 원자력 공학 박사 학위를 마친 뒤 귀국했다. 이후 대령으로 진급했으며 1984년부터 원자력연구소 부소장을 지냈다.

행동에 나선 미국과 IAEA

미국은 대만의 核 프로그램을 공론화함에 따라 중국과 대만의 관계가 악화되는 걸 원하지 않았다. 대만 역시 核개발을 해야 했지만 미국의 눈치를 볼 수밖에 없었다.

1970년대에 들어 대만의 비밀 핵프로그램에 대한 IAEA와 미국의 우려가 계속 커졌다. 재처리시설을 비롯한 큰 규모의 핵심 기술을 조달할 경우에는 사전에 쉽게 찾아내 막을 수 있었지만 작은 규모의 기술들을 지속적으로 늘려나가는 것을 막기는 쉽지 않았기 때문이다.

1970년대 중반에 들어 IAEA는 대만에 대한 사찰 빈도를 늘리고 새로운 폐쇄회로(CC) TV를 설치하는 등 압박 수위를 높였다. IAEA는 대만에 알려지지 않은 핵 관련 움직임이 있었다는 사실을 거듭 알게 돼 이를 대만에 추궁했다. 대만은 핵프로그램 신고 과정에서 실수가 생긴 것이라고 해명했다.

또 하나의 큰 문제는 재처리 과정을 거친 핵물질들이 다른 곳으로 비밀리에 옮겨졌을 가능성이었다. 하지만 IAEA는 제대로 된 증거를 찾아내지 못했다. 핵무기 개발을 위한 핵물질 재처리를 실시한 것은 확인했지만 어느 시설에서 진행했는지, 어디에 보관돼 있는지 확인하지 못했다. 이런 사례는 핵기술 보유 국가가 모든 핵프로그램을 처음부터 정직하게 신고하지 않는다는 점을 보여준다. 정직한 핵 신고가 이뤄지지 않는 이상 비핵화를 완벽하게 시행하거나 검증하기 어렵다는 점도 알 수 있다. 이는 남아프리카공화국 비핵화 사례에서도 찾아볼 수 있다.

美 사찰단, 비밀 핵시설 조사

1976년에 들어 미국은 일종의 딜레마에 빠졌다. 대만이 비밀리에 핵프로그램 개발을 한다는 심증은 있지만 물증을 찾지 못했기 때문이다. 핵프로그램은 개발 국가에겐 최고의 핵심 기밀이다. 미국이 자신들이 수집한 증거를 대만에 들이밀고 추궁을 했을 시 대만은 미국이 이런 정보를 어떻게 입수했느냐고 반발할 수 있는 문제이다. 미국은 이런 상황을 피하려 했다.

미국이 선택한 방법은 언론에 흘리는 것이었다. 워싱턴포스트와 뉴욕타임스를 통해 대만의 비밀 재처리시설과 사라진 핵물질에 대한 정보를 흘려 이를 대중에 알렸다. 미국은 이런 보도가 나온 다음 대만에 공개적으로 추궁하기 시작했고 결국엔 미국 사찰단이 직접 대만을 방문했다.

1977년 초 미국 정부 사찰단은 대만을 방문해 비밀 핵시설의 실태에 대한 조사를 실시했다. 사찰단의 핵심 목표는 재처리된 핵물질이 어떻게 원자로 외부로 옮겨졌는지 등을 확인하는 것이었다. 대만은 노르웨이 기술을 접목한 재처리시설을 사찰단 방문 이전에 폐기시키는 등 샘플 채취를 비롯한 조사를 어렵게 만들었다.

기밀 해제된 문서에 따르면 대만 정부는 미국 사찰단 접대에 큰 공을 들였다. 남성으로만 구성된 미국 사찰단 침실에 여성 접대부를 보내기까지 했다. 미국 사찰단 누구도 이런 접대에는 응하지 않은 것으로 알려졌다. 사찰단은 새로운 사실을 계속 찾아내지 못했으며 걱정은 계속 늘어만 갔다.

당시 미국 사찰단은 실시간으로 대만 당국자들의 정보를 수집했는데 충격적인 정보도 접했다. 대만 당국자들이 미국 사찰단을 '아무것도 찾아내지 못할 야만인들(barbarians who would never find anything)'이라고 불렀으며 '공손하게 행동하고 와인과 음식만 대접하면 된다'는 식의 대화를 나눴다는 것이다. 미국 사찰단은 더욱 의욕을 갖고 조사에 나섰고 재처리된 핵물질이 어디론가 옮겨졌다는 추가 증거를 찾아내는 데는 성공했다. 그러나 사라진 핵물질들이 어디에 있는지, 어느 시설에서 재처리 과정을 거쳤는지에 대한 의문은 풀지 못했다.

미국은 대만의 비밀 핵 프로그램을 오랫동안 비밀에 부쳤고 공개적으로는 대단치 않은 사안인 것처럼 다뤘다. 정확한 이유는 알 수 없지만 몇 가지 추측은 가능하다.

우선 대만은 미국의 중요한 동맹이었고 미국에 대한 의존도 역시 매우 컸다. 대만은 동아시아에서 미국의 이익 수호를 위한 큰 역할을 하기도 했다. 또한 미국은 대만의 핵프로그램을 공론화함에 따라 중국과 대만의 관계가 악화되는 것을 원하지 않았다. 중국의 군사행동을 야기할 수 있었기 때문이다.

대만은 미국의 원자로 기술과 농축우라늄의 주요 수입국이었다. 만약 대만이 미국의 수출 규정을 위반했다는 사실을 알리면 미 의회가 대만에 대한 지원을 바로 끊을 가능성도 있었다. 미 의회는 재처리와 우라늄 농축을 하는 국가들에 대한 경제적, 군사적 제재를 늘리고 있던 시기였다. 미국 여론은 동맹인 대만을 제재한다는 것을 쉽게 용납하지 못하는 상황이었다. 이는 중국에게만 도움이 될 뿐이었다. 이 문제를 비밀에 부침으로써 미국 정부는 여러 곤란한 상황을 피한 것이 사실이 지만 뒤에 의회와 대중이 이 문제의 심각성을 알게 돼 핵 확산을 막아 내는 데는 부정적으로 작용했다.

지미 카터의 등장, 6개 조항의 '비밀 합의'

1977년 대통령이 된 지미 카터는 대만에 대한 압박 수위를 크게 늘렸다. 미국은 1977년 4월, 6개 조항이 담긴 '비밀 합의'에 서명할 것을 촉구했다. 핵심은 대만이 모든 핵프로그램 시설 운영을 우선 중단하고 미국의 주기적인 사찰을 받도록 하는 것이었다. 대만은 이에 동의할 수밖에 없었다. 대만의 일부 핵 전문가들은 자신들이 미국의 이런 정책의 피해자가 되고 있다며 크게 반발했다. 하지만 대만은 핵심 원자로와 연구소 가동을 중단하는 등 이 비밀 합의에 따르는 모습을 보여줬다. 미국이 원자력 및 군사적 지원을 중단하겠다고 위협하는 상황에서 대만은 이를 이행할 수밖에 없었다.

미국은 사찰을 계속 이어나갔지만 미스터리로 남아 있던 과거의 재처리 현황에 대해서는 알아내지 못했다. 하지만 이는 크게 중요한 문제가 아니었다. 미국의 최우선 목표는 대만의 과거 실험 내역을 모두 확인하는 것이 아니라 앞으로 개발할 능력을 멈추는 데 있었다.

1978년 3월, 미국은 대만이 또 다시 핵 개발에 나서고 있다는 증거를 포착했다. 레이저 동위원소분리(laser-isotope) 방식을 통해 우라늄 농축 기술을 개발하고 있다는 정보였다. 당시 미국은 이런 활동이 열성적인 핵 과학자들 일부의 개인적인 행동인지, 조직적 행동인지 확신을 갖지 못했다.

대만의 저항, 장징궈(蔣經國)의 항변

1978년 여름 미국은 동위원소분리와 관련한 추가 정보를 입수했다. 그러나 실제로 대만이 우라늄을 농축하고 있는지 확인할 수는 없었다. 1977년 이뤄진 '비밀 합의'에서 레이저 동위원소분리와 관련된 내용을 명확하게 다루지 않았기 때문에 명백한 합의 위반이라고 따질 수도 없는 상황이었다.

대만은 1978년 여름 미국 사찰단이 방문했을 때 중대한 합의 위반 행위를 하기도 했다. 사찰단 방문에 앞서 중수로 관련 기기(器機)를 숨긴 것이다. 같은 해 9월 미국은 레이저 동위원소분리 활동과 관련한 추가 증거를 입수했다. 만약 대만이 비밀리에 우라늄 농축에 나섰다면 미국으로서는 원자력 협력을 계속 이어갈 수 없는 상황이었다. 미국은 '비밀 합의'에 담긴 "(핵) 역량 개발로 이어지는 모든 활동을 중단한다"는 문구를 제시하며 대만이 동위원소분리 활동 역시 멈춰야 한다고 압박했다.

1978년 9월, 레오나드 엉거 당시 대만주재(駐在) 미국 대사는 장징궈 총통을 만나 워싱턴의 이 같은 우려를 전했다. 장징궈는 이날 만남에서 분노를 숨기지 못했다.

그는 "대만은 핵무기를 만들 의도도 없으며 대만의 정책에는 변화가 없다"고 맞섰다. 그는 대만은 미국이 모든 시설을 감시할 수 있도록 했으며 미국의 정책은 대만의 과학자들과 전문가들의 사기를 저하시킨다고 비판했다. 이어 미국의 이런 강압적인 행동과 태도를 자국민(自國民)들에게 알리지 않아왔다며 만약 알렸으면 반미(反美) 감정이 늘어났을 것이라고 했다.

엉거 대사는 카터 대통령이 재처리나 농축에 나선 국가에 대한 경제적, 군사적 제재를 강화하고 핵 관련 수출을 제한하는 정책을 펼 것이라며 거듭 설득에 나섰다. 이에 장징궈는 "대통령 각하 말씀대로 할 수밖에"라고 대답하며 불만을 표출했다. 엉거 대사는 "장징궈 총통이 여태까지 자신이 봐왔던 것 중 가장 화가 나 있었다"고 본국(本國)에 보고했다.

카터 대통령은 1978년 12월 정치적 폭탄 선언을 했다. 미국과 대만의 상호방위조약을 1년 안에 폐기하고 중국과 관계정상화에 나서겠다고 발표한 것이다. 대만은 이런 발표 내용을 24시간 전에야 알게 됐다.

대만은 큰 충격에 휩싸였으며 핵무기 개발에 나서야 한다는 주장이 신문(新聞)에 공개적으로 소개되기도 했다. 대만 내 매파들은 방위조약이 폐기됐으니 대만도 핵무기 개발에 나설 정당성이 생겼다고 주장했다. 실제로 대만은 당시 작은 규모의 핵무기 몇 개 정도를 만들 수 있는 수준의 플루토늄을 생산한 상황이었다. 미국 전문가들은 대만이 2년 안에 첫 번째 핵무기를 비밀리에 만들 수 있다고 내다봤다. 미국 당국자들은 이런 결정으로 인해 대만이 비밀 핵프로그램을 포기하도록 하는 미국의 지렛대가 약화됐다는 점을 훗날 인정했다.

대만 핵개발에 핵심 역할을 한 장셴이(張憲義) 원자력연구소 부소장은, CIA가 자신에게 관심을 갖기 시작한 것은 1960년대 후반 국립칭화

대학에서 학부 생활을 했을 때부터였다고 증언했다. 이후 그가 1972년부터 1976년 사이 미국 테네시 대학에서 원자력공학 박사 학위를 받는 과정을 CIA가 계속 지켜봤다고 했다. 장셴이는 CIA가 처음 자신에게 접촉한 것은 1975년이었다고 했다. 당시 그는 CIA의 정보 제공 요구에 응하지 않았고 이듬해 귀국해 원자력연구소에서 근무하기 시작했다.

CIA, 핵심 核 기술자 장셴이(張憲義)를 포섭하다!

장셴이는 귀국 후 CIA로부터 전화 연락을 여러 번 받았다고 한다. 상대 측은 채용을 하고 싶다며 저녁 식사를 하자고 접근했다고 한다. 이런 연락은 장셴이의 동료들에게도 여러 차례 이어졌다. 당시만 해도 대만 과학자들은 이런 연락의 의도를 의심했고 대부분은 만남 자체를 거절했다.

장셴이가 CIA에 포섭되기 시작한 것은 1981~1982년 사이다. 당시 CIA 요원은 張에게 "미국은 北아시아의 안정을 유지하고 싶고 핵무기는 대만 주민들에게 좋은 일이 아니다"라고 설득했다. CIA는 포섭 과정에서 협박을 하거나 돈을 제공하지는 않았으나 안전 보장은 약속했다. 당시에 미국 시민권을 주겠다고 하지는 않았다고 한다. 장 씨의 증언에 따르면 "CIA는 임무를 부여하면서도 포섭된 사람들이 이중간첩일 가능성을 배제하지 않았다. 그렇기 때문에 처음부터 중대한 임무를 맡기지는 않았으며 임무의 목적 역시 설명하지 않았다"고 한다.

장셴이가 CIA에 완벽하게 마음을 열기 시작한 것은 1984년이다. 그는 "핵 개발이 대만의 이익에 맞지 않는다"는 판단을 내리게 됐다. 이후

장 씨는 CIA의 거짓말 탐지기 조사를 받으며 정보원이 되는 과정을 밟았다. 1984년 장셴이는 원자력연구소 부소장으로 고속 승진했다. 장 씨는 그 때부터 미국으로 망명한 1988년까지 4년간 CIA의 핵심 정보원으로 활동했다.

장셴이는 이후 대만의 지대지(地對地) 미사일 프로그램이나 수퍼컴퓨터 기술을 비롯한 핵무기 프로그램 전반에 대한 정보를 미국에 넘겼다. 당시 장셴이는 핵개발에 있어 강경파로 분류됐기 때문에 그의 상관들도 그를 믿고 얘기를 나눴다. 장 씨는 자신의 행동이 조국에 대한 배반 행위라고 생각하지 않았다. 그는 "대만의 추가 핵무기 개발을 막기 위해 나의 인생과 가족이 위험에 처하게 되는 것을 감수했다"고 회고했다. CIA는 장셴이를 최고이자 완벽한 정보원으로 평가했다.

美-中 수교 후 兩國이 대만 핵개발 정보 공유

한 가지 흥미로운 점은 1970년대 미-중 관계정상화 이후 양국이 대만 핵개발과 관련해 정보를 공유한 사실이다. 당시 미국 정보당국은 중국이 대만 핵개발과 관련해 많은 정보를 갖고 있는 것으로 판단했다. 실제로 중국은 많은 정보를 갖고 있었고 미국의 정보 수집 작전을 도왔다.

미국 정보요원들은 1975년부터 헨리 키신저 당시 국무장관에게 대만 핵 개발에 대응하기 위해 중국과 협력하는 게 좋을 수 있다고 제안한 것으로 전해졌다. 중국과 미국 요원들은 오페라 공연이 열리는 곳에서 만나 대만 핵 프로그램에 대한 정보를 공유했다고 한다.

핵 문제로 중국과 대만 사이의 갈등은 1980년대에도 계속 고조(高潮)
돼 갔다. 대만 국방부는 1980년 12월 들어 대만은 절대 핵무기를 개발
하지 않을 것이라고 했다. 미국 정보당국은 이런 선언을 완전히 신뢰하
지 않았다. 1982년 미 국방부 산하 국방정보국(DIA)이 작성한 보고서가
유출됐다. 당시 보고서는 대만이 작은 규모의 핵무기들을 6개월 이내에
만들 수 있다고 평가했다. 6개월이라는 시간은 과장된 면이 있지만 대만
이 단기간 내에 핵무기를 만들 수 있다는 평가는 틀리지 않았다.

군부 강경파의 부상(浮上)

1980년대에 들어 장징궈 총통의 병세가 급격히 악화됐다. 장징궈는
1981년 12월 그의 측근이자 강경파로 분류되는 하오보춘(郝柏村)을 군
부에서 가장 높은 자리인 참모총장직에 오르게 했다. 그에게 핵무기 프
로그램을 관리하는 임무까지 부여했다.

대만 군부의 강경파는 1977년 미국과의 비밀 합의 이후, 어떻게 하면
해당 합의를 위반하지 않으면서 핵 개발을 지속할 수 있을지 고민했다.
군부는 대만의 원자력 연구가 민간용이라는 사실만 정당화하면 계속
핵기술 개발에 나서도 합의 위반이 아니라는 판단을 내렸다. 이들의 생
각은 '핵무기만 만들지 않는다면 핵무기 프로그램을 계속 진행해도 된
다'는 것이었다.

하오보춘은 1981년부터 1989년까지 참모총장을 지내면서 핵무기 개
발을 가속화하는 방안을 계속 강구했다. 미국은 하오보춘의 이런 움직
임을 주시했다.

하오보춘은 1980년대 초 여러 나라와 직접 접촉하며 미국에 대한 대만의 핵 의존도를 낮추려고 노력했다. 미국은 이런 상황이 담긴 문서들을 아직 기밀 해제하지 않았다. 이런 내용은 하오보춘의 일기장과 장셴이의 증언, 그리고 공개된 정보를 통해 일부 알려졌다.

공개된 정보에 따르면 하오보춘은 우선 남아프리카공화국으로부터 우라늄을 구입하려 했다. 이에 대한 조건으로 대만의 핵기술을 제공하겠다고 제안했다. 실제로 대만의 핵 기술자들이 파견됐다는 정보가 있는 등 두 나라가 일종의 협업(協業)에 나섰다는 정황은 많이 알려져 있다. 하지만 구체적으로 어떤 거래가 이뤄졌는지 등은 알려지지 않았다.

또한 그는 프랑스로부터 큰 규모의 원자로를 구입하려 했다. 프랑스는 자신들의 핵 기술을 자랑하고 싶어하는 국가였으며 처음에는 협조적이었다. 프랑스는 미국의 감시와 핵 확산 우려 등을 이유로 대만에 결국 판매하지는 않은 것으로 알려졌다. 대만은 당시 이스라엘과 사우디아라비아와도 접촉하며 핵 기술을 개발하려 했다. 1977년 비밀 합의가 계속 대만의 발목을 잡았고 이런 노력은 큰 성과로 이어지지 못했다.

"3~6개월 안에 핵무기 제작 역량을 확보하라"

1985년에 접어들어 장징궈 총통은 미국의 눈치를 더욱 더 많이 보게 됐다. 장징궈는 하오보춘 참모총장을 불러들여 "대만은 핵무기를 만들 어떤 계획도 없어야 한다"고 거듭 강조했다. 하오보춘은 핵무기를 만들어 미국의 반발을 사는 것은 좋지 않다는 데는 동의했지만 장징궈 총통이 핵 역량을 계속 개발해야 한다는 생각을 갖고 있다고 자의적으로 해석했다.

하오보춘이 공격적으로 핵 역량 개발에 몰두한 이유는 중국의 침략을 우려했기 때문이다. 대만 군부는 중국의 침략이 있을 경우 대만이 버틸 수 있는 시간은 3개월에서 6개월 이내일 것으로 내다봤다. 이에 따라 하오보춘은 원자력연구소 임원들도 참석한 1986년 4월에 열린 군부 고위급 회의에서 3개월에서 6개월 이내에 핵무기를 만들 수 있는 역량을 갖추라고 지시했다. 당시 하오보춘이 작성한 일기에 따르면 그는 이날 "이런 정책은 핵무기를 만들지 않겠다는 대만의 정책에 위배되지 않는다"며 "총통은 대만이 핵무기를 만들 역량은 있지만 만들지 않을 것이라는 점을 밝혀왔다. 핵무기를 만들 역량을 유지하는 것이 원자력연구소의 임무 그 자체이다"라고 말했다. 장셴이의 증언에 따르면 1986년 당시 대만은 이미 3~5개의 핵무기를 만들 수 있는 플루토늄을 확보한 상황이었다.

완전한 핵 역량을 갖추기 위해서는 핵물질 확보뿐만 아니라 이를 운반할 체계, 기폭 장치 등 갖춰야 할 관련 기술이 많다. 정확한 판단은 어렵지만 전문가들은 대만이 1989~1991년 사이에 관련 기술을 모두 갖춘 것으로 보고 있다.

대만의 핵개발에 가장 큰 어려움 중 하나는 대만이 실제로 핵무기 실험을 할 수 없었다는 점이다. 대만과 같이 인구 밀도가 높고 작은 나라에서 지하 핵 실험은 사실상 어려운 부분이며 이를 강행했을 시 국제사회에 적발되기 쉽기 때문이다. 대만은 실제 핵무기 실험 없이 핵무기를 제작하는 방법을 연구하기 시작했고 컴퓨터 시뮬레이션을 통해 정확도를 높여나갔다.

파괴력보다는 核보유에 역점

또 하나의 문제는 명령 하달 이후 3~6개월 이내에 핵무기 제작에 성공하기 위해서는 모든 과학자와 연구진이 이런 역량을 보유하고 있어야 한다는 점이었다. 실전 제작, 즉 플루토늄을 분리해 폭탄으로 만드는 작업에 돌입한 후부터 잦은 실수를 거치고, 이런 실수를 수정해가며 만들기에는 시간이 부족하기 때문이다.

대만은 이런 문제를 해결하기 위해 '이중(二重) 용도' 기술을 적극 활용했다. 하나의 예로는 핵무기가 아닌 핵의학 영상진단에 사용되는 원료 몰리브덴-99의 핵분열 훈련을 지속적으로 실시했다. 이를 통해 실제 핵폭탄 제작 명령이 떨어지면 관련 핵 물질을 무기화할 수 있는 준비를 갖춘 것이다.

대만은 이즈음 우라늄 농축 기술을 일부 확보하기는 했지만 진전이 없자 플루토늄에 집중하기로 결정했다. 플루토늄을 무기화에 최적화한 농도로 만드는 데도 어려움을 겪었다. 장셴이의 증언에 따르면 대만은 이에 대해 큰 걱정을 하지 않았다고 한다. 최적의 플루토늄이 아닐 경우 폭발 강도나 탄두 성능의 안정성이 낮아질 수는 있지만 대만의 주목적은 억제용 핵무기였다는 설명이다. 대만은 파괴력이 약하기는 하지만 핵무기를 보유했다는 것만으로도 충분한 억제 역할을 할 수 있다고 판단했다.

1988년 대만은 비밀리에 재처리시설을 완공한 것으로 알려졌다. 이 프로젝트는 1983년부터 시작했으며 사용 후 핵연료를 재처리한 뒤 무기화하기 위한 시설이다. 한 미국 전직 당국자는 이 시설은 연간

10~20kg 상당의 플루토늄을 재처리할 능력을 갖고 있었다고 했다. 물론 대만은 이 시설을 IAEA에 신고하지 않았다.

이 재처리시설은 유럽에서 사용되는 모델과 매우 비슷한 것으로 나중에 알려졌다. 전문가들은 가장 비슷한 시설로 독일의 'WAK' 재처리시설을 꼽았다. 대만은 결국 실패하기는 했지만 1960~70년대 독일로부터 재처리시설을 구입하려 했었다.

계약 체결에는 실패했지만 재처리시설 설계도나 작동 방법 등을 비밀리에 얻었을 가능성은 있다. 대만 핵 과학자들은 1960~70년대에 독일과 프랑스, 네덜란드, 벨기에의 재처리 기술 전문가들과 지속적으로 관계를 맺었다. 이런 관계를 통해 비공식적인 기술 지원을 받았을 가능성도 제기되고 있다.

수퍼컴퓨터 확보

핵무기를 무기화하는 데 필요한 수퍼컴퓨터 확보도 하나의 문제였다. 당시 대만은 美 캘리포니아 대학교 버클리 캠퍼스에서 유학하던 대만 전문가를 통해 수퍼컴퓨터 조달에 나섰다. 당시 캘리포니아 대학은 전세계에서 가장 빠른 수퍼컴퓨터를 보유하고 있었다. 대만은 핵 프로그램에 자문을 해온 'C' 박사의 도움을 받아 수퍼컴퓨터 확보에 나섰다. 대만은 C 박사를 통해 핵무기에 필요한 코드 작업 방법을 배웠다. C 박사는 대만이 일본 후지쯔를 통해 수퍼컴퓨터를 구입하는 것 역시 도왔다. 대만은 비슷한 방식으로 핵무기에 필요한 X레이와 용광로 등도 해외 곳곳에서 구해왔다. 대만은 기폭장치용 스위치인 크라이트론을 미국 회사로부터 구입했다. 당시 대만은 이 부품을 비행기 조종사의 긴급 탈출 장치에 사용할 계획이라고 거짓 신고했다.

장셴이는 1987년 대만이 핵탄두 설계를 거의 마무리했다고 증언했다. 당시 핵탄두의 지름은 약 60~70cm였으며 무게는 900kg에 달했다. 비행기 등을 통해 폭탄을 운반하기 위해서는 지름을 약 50cm까지 줄여야 해 '소형화' 작업을 진행하기 시작했다. 대만은 당시 소형화와 운반체계 확보 작업만을 남겨두고 있었다. 대만은 한 번의 지하 핵실험도 없이 컴퓨터 시뮬레이션만으로 핵무기를 만들기에 충분하다는 것을 증명해낸 것이다.

核 운반 위해 國産 전투기 사업 시작

당시 군부의 거의 마지막 걱정거리는 핵무기를 1000km가량 운반할 수 있는 운반체계 확보였다. 중국 본토를 타격하기 위해 필요한 거리이다. 당시 대만은 구식 미군(美軍) 전투기 몇 대만을 보유하고 있었다. 핵무기 탑재가 가능한 탄도미사일 개발은 미국의 반발로 무산된 상황이었다.

로널드 레이건 당시 미국 대통령은 1982년에 들어 대만에 고성능 미군 전투기를 판매하지 않기로 결정했다. 이러한 결정을 내리면 중국과의 관계가 개선될 수 있다는 판단에서였다. 대만은 대만국산전투기(IDF) 사업을 시작해 자체적으로 전투기를 개발하기로 결심했다. 레이건 행정부는 대만이 F-16과 같은 전투기를 구입하는 것은 막았지만 미국 회사들이 기술을 지원하거나 대만이 자체적으로 개발에 나서는 것을 막지는 않았다. 대만은 당시 미 군수회사들의 강력한 지원을 받았다.

IDF의 첫 시제품은 1988년 12월에 공개됐다. 대만은 이 비행기를 장징궈(蔣經國) 총통의 이름을 따 징궈(經國) 전투기로 불렀다. 이 비행기는 1992년에 들어 실질적으로 생산되기 시작했으며 1994년부터 운용됐다.

문제는 핵무기의 무게가 너무 무거워 1000km를 비행하지 못할 수 있다는 점이었다. 장셴이에 따르면 대만은 해당 비행 거리를 갖추기 위해 만들어진 비행기 중 최소 한 대 이상의 성능을 크게 저하시켰다. 무게를 줄여 최대 비행거리를 1000km 이상으로 늘리도록 한 것이다. 장셴이는 비행거리를 늘렸다고 하더라도 본국(本國)으로 돌아올 연료는 부족했을 것이라고 주장한다. 해당 비행기로 자살임무를 수행할 계획이 있을 가능성이 있다는 것이다. 대만은 징궈 전투기를 통한 핵무기 운반 역량을 1989년 중반에는 확보했을 것으로 추정된다.

대만은 1970년대부터 탄도미사일 개발에 나섰으나 미국의 방해로 번번히 실패했다. 하오보춘은 1984년 9월 30일자 일기에서 이런 불편한 심기를 드러냈다. 그는 "미국은 우리의 미사일 개발이 핵무기 개발과 관련이 있을 것으로 의심하고 있을 수 있다. 미국은 대만의 지대지(地對地) 미사일 문제에 간섭할 권리가 없다"고 적었다. 하오보춘은 미사일이 1977년 비밀 합의와 전혀 상관이 없다고 생각했던 것이다. 하오보춘은 매사추세츠 공대 출신 과학자들과 접촉해 자체적인 미사일 개발을 계속해 나가려 노력했다. 하지만 이런 사업은 1980년대에 들어와 모두 중단됐다.

대만은 1990년대와 2000년대에 들어 자신들은 비핵화를 했기 때문에 장거리 미사일 개발에 나설 정당성을 얻게 됐다는 논리를 펴기 시작했다. 대만은 지금도 계속 미사일을 개발하고 있다.

1987년에 들어 미국에게는 두 가지 고민이 생겼다. 하나는 대만이 비밀 재처리시설을 만들고 있다는 점이었다. 또 하나는 대만의 정치 상황이었다. 장징궈 총통의 병세는 계속 악화돼 갔다. 그는 공개적으로 자신의 자리를 아들이나 형제들에게 넘겨주지 않을 것이라고 밝혔다. 그렇다면 리덩후이(李登輝) 당시 부총통이 권력을 승계하게 될 가능성이 높았다. 미국에게는 이 역시 고민거리였다.

미국은 리덩후이가 장개석이나 장징궈와 비교해 덜 강경한 사람이라고 평가했다. 이는 미국의 입장에서 나쁘지 않은 일이지만 문제는 리덩후이가 대만의 핵프로그램을 총괄해왔던 하오보춘 참모총장을 통제할 수 있는지 여부였다. 리덩후이는 대만 핵프로그램에 있어 중요한 역할을 맡은 적도 없었다. 미 정보당국은 하오보춘이 실권을 장악하게 되면 비핵화가 불가능해질 수도 있다고 분석했다. 장징궈의 사후(死後) 핵무기 프로그램을 누가 통제할 것인지에 대한 의문, 그리고 재처리 시설을 비롯한 대만의 핵프로그램 진전. 미국은 대만의 핵프로그램의 뿌리를 뽑아버리기로 결정했다.

장셴이(張憲義)의 탈출

미국 CIA는 장셴이(張憲義) 원자력연구소 부소장을 통해 대만의 비밀 핵프로그램에 대한 정보를 계속 확인했다. 비밀 재처리시설에 대한 정보를 알고 있었지만 대만 정부에 사찰하겠다는 요청을 하지 못한 이유는 장셴이의 꼬리가 잡힐 수도 있었기 때문이었다. 미국 정부는 대만 핵프로그램을 종료시키기 전에 장셴이를 우선 미국으로 탈출시키기로 결정했다.

미 CIA는 1987년 중반, 다시 한 번 장셴이에 대한 거짓말 탐지기 조사를 실시했다. 그가 이중 간첩이 아닌지를 최종적으로 확인하기 위해서였다. 그 즈음 장셴이를 관리하던 '마크'라는 이름의 CIA 요원은 장셴이에게 미국에 있는 회사에서 일해보지 않겠느냐고 물었다. 어떤 회사인지, 일은 언제부터 시작하는지에 대해서는 말해주지 않았다. 장셴이는 자신의 아내와 두 명의 아들, 한 명의 딸 모두 함께 갈 수 있다면 미국으로 가겠다고 대답했다. 마크는 문제가 될 것이 없다고 말했다. 장셴이의 부인은 미국으로 갈 수 있다는 사실에 매우 들떴다. 그녀는 그의 남편이 무슨 일을 해왔는지 전혀 알지 못했다.

당시 대만 軍 관계자들은 사전 허가 없이 해외로 떠나지 못했다. 장셴이는 우선 그의 가족들에게 휴가를 떠나자고 말한 뒤 1988년 1월 8일 먼저 일본 도쿄 디즈니랜드로 보냈다. 이후 그는 원자력연구소에 가족과 함께 여행을 떠날 것이며 1월 12일에 돌아올 것이라고 보고했다. 그날 장셴이는 마크 요원과 함께 안가(安家)에서 머물렀고 다음날 가오슝 공항에서 홍콩을 경유해 미국 시애틀로 향하는 비행기에 올랐다.

도쿄에 도착한 장셴이의 부인과 가족에게는 기다리는 사람이 있었다. '미쓰 리'라고 불린 여성은 남편으로부터의 편지라며 이를 張의 부인에게 전달했다. 훗날 공개된 편지 내용을 요약하면 다음과 같다.

"나는 지금 대만에 있고 회사에서는 가오슝에서 홍콩으로 떠나는 비행기편을 마련했습니다. 홍콩에서 유나이티드 항공을 타고 시애틀로 갈 것이니 시애틀에서 만납시다. 미쓰 리의 지시를 잘 따라줘요."

미쓰 리는 중국 본토 사람이었다. 張의 가족은 일본에 있는 미국 대사관에서 비자를 받고 이틀 뒤 시애틀로 떠났다.

장셴이는 1월 9일 시애틀에 도착했고 다음날 가족과 재회(再會)했다. 張의 가족은 1988년 1월 12일 워싱턴 덜레스 공항에 최종 도착했다. 다음날인 1988년 1월 13일, 장징궈 총통이 토혈(吐血)한 뒤 숨을 거뒀다. 어떤 이는 장셴이의 탈출에 충격을 받았기 때문이라고 말한다. 같은 날 리덩후이 부총통이 총통 대리직을 맡는 선서를 했다.

충격에 빠진 대만, 최후통첩에 나선 미국

하오보춘 참모총장은 장셴이의 미국 망명 소식을 듣게 됐으나 그가 처음부터 포섭돼 있었다는 사실은 인지하지 못했다. 그가 1988년 1월 17일에 쓴 일기 내용이다.

〈장셴이 원자력연구소 부소장과 그의 가족이 미국으로 도망쳤다. 美 CIA에 이용당해 원자력연구소가 핵 연구 활동을 재개했다는 정보를 넘기게 될 것이 분명하다. 대만의 정책은 핵무기를 만들겠다는 것이 아니라 만들 역량을 보유하는 것이다. 중산과학연구원 부원장 예창둥(葉昌桐)에게 피해를 최소화하는 방향으로 문제를 다룰 것을 지시했다.〉

하오보춘은 장셴이가 도망친 것이 아니라 CIA 공작의 일원이었고 미국이 대만을 비핵화하는 행동에 나서기 직전에 이런 망명이 이뤄졌다는 사실을 얼마 지나서야 알게 됐다.

장셴이는 1월 16일 워싱턴에서 단교 이후 설립된 비공식 외교기구 미재대협회(美在臺協會, AIT) 데이비드 딘 대표를 비롯한 레이건 행정부

관료들과 만났다. 딘 대표는 이날 장셴이에게 하오보춘을 어떻게 다루면 좋을지 물었다. 그러면서 미국은 리덩후이 총통이 실권을 잡지 못할 가능성과 하오보춘의 핵개발 욕심을 우려하고 있다고 털어놨다. 장셴이는 하오보춘을 축출하는 것은 좋은 방법이 아니며 핵무기 프로그램과 '노하우' 이전을 막는 데 집중해야 한다고 조언했다. 장셴이는 하오보춘이 이 상황을 안정시킬 수 있는 위치의 사람이라면서도 미국이 설정한 '레드라인'을 넘었다는 것을 인정하도록 해야 한다고 말했다.

딘 대표는 1월 20일 하오보춘을 만나 최후통첩을 했다. 하오보춘의 일기에 따르면 딘 대표는 "원자력연구소는 핵무기 개발과 관련된 모든 기기들을 파괴하고 대만연구용원자로에 있는 모든 중수로를 빼내 이 원자로가 다시 사용되지 않도록 해야만 한다"고 말했다. 또한 미국은 대만의 평화로운 원자력 사업에 협조할 마음이 있지만 이런 협력을 유지하는 게 어려워질 수 있다고 말했다고 한다. 딘 대표는 이날 하오보춘에게 비밀 핵 관련 시설들에 대한 위성 사진 등 증거도 제시했다.

하오보춘은 이날 일기에서 미국이 협상이 불가능한 문서에 서명하라고 했다고 적었다. 그러면서도 "이 사건은 대만과 미국의 관계에 중대한 사안이다. 핵무기 개발과 관련한 모든 기기를 완전하게 파괴하라는 미국의 요구에 동의한다. 이런 의사를 리덩후이 총통에게 전달할 계획이다"고 기록했다. 대만에게 주어진 서명 시한은 7일이었지만 최종시한 이전에 서명한 것으로 알려졌다.

1988년 2월 24일 하오보춘은 장셴이가 CIA 정보원이었다는 사실을 드디어 알게 됐다. 하오보춘의 그날 일기다.

〈장셴이의 탈출은 CIA가 계획한 불법적인 행동이다. 이는 대만에 수치를 가져다줬다. 하지만 대만과 미국의 관계를 생각할 때 우리는 이런 치욕을 삼키고 지나간 일로 할 수밖에 없다.〉

비핵화에 나서게 된 정확한 의사 결정 과정은 알려지지 않았다. 하지만 공개된 자료에 따르면 우선 미국 정부는 리덩후이 총통 측에 대만의 민주화를 전폭적으로 지지해주겠다는 약속을 했다. 군부에 쏠려 있던 힘을 민간으로 돌리는 것을 도와주겠다는 설명이다. 또한 1988년 당시 원자력 발전이 전체 대만의 전기 생산에 차지하는 비율은 45%에 달했다. 대만은 미국을 비롯한 외부로부터 농축 우라늄 등을 공급받아야 하는 등 외부 의존도가 매우 높았다. 미국이 이를 모두 막기로 결정했다면 타격이 매우 컸을 것이다.

비핵화에 나선 대만

대만은 1988년 1월에 바로 대만연구용원자로 가동을 중단했다. 3월에는 20톤 넘는 중수로를 빼내 미국으로 보낼 준비를 했다. 미국은 이런 중수로를 100개의 드럼통에 담도록 했다. 각 드럼통의 무게를 철저히 측정하고 미국 에너지부의 도장을 받도록 했다. 6월 9일 100개의 드럼통이 대만을 떠나 7월 11일 미국 사바나강(사우스 캐롤라이나주州에 위치한 미국 핵시설)에 도착했다. 사용 후 핵연료 역시 비슷한 과정을 거쳤다.

대만은 1970년대 미국의 비핵화 압박 때와는 달리 이번에는 철저하게 협조했다. 대만 정부는 원자로 폐기의 이유는 경제적 문제 때문이라고 연구원과 과학자들을 설득했다. 중산과학연구원과 원자력연구소 직원들은 과거와 다른 폐기 절차 진행 속도에 매우 놀랐다. 이들 연구원들은 자신들의 숙원 사업이 갑자기 무너져 내린다며 펑펑 울었다고 한다.

미국은 비핵화 작업을 진행하는 과정에서 플루토늄 재처리시설을 확인했고 대만이 정말 선을 넘었었다는 사실을 다시금 확인했다. 미국은 더욱 더 비핵화에 박차를 가했고 대만은 과거처럼 숨기거나 거짓말을 하지 못했다.

미국은 대만의 핵 시설을 폐기하는 과정에서 모든 핵심 부품과 기기들을 시설의 지하로 이동시켰다. 그런 뒤 콘크리트로 지하를 덮어버리기로 했다. 지하를 콘크리트로 덮는 데는 콘크리트 트럭 50대가 동원됐다. 당시 대만의 콘크리트 생산량 거의 전부가 사용됐다고 한다.

IAEA도 동원돼 사찰과 비핵화 검증 과정을 거쳤다. 당시 IAEA는 이라크와 남아프리카공화국 등 핵 확산 문제가 불거지자 검증 체계를 더욱 강화했다. 대만은 IAEA가 요구하는 내용을 모두 들어줄 수밖에 없었고 과거처럼 IAEA와 미국 모르게 일을 진행할 수 없었다.

하오보춘은 장셴이를 민족 반역자라 칭했다. 지명수배를 내렸으며 시효는 2000년이었다. 대만 일각에서는 그를 아직도 배신자로 보고 있다.

장셴이는 자신이 이런 결정을 내린 이유는 중국과의 전쟁을 막기 위해서였다고 주장했다. 핵무기를 보유하게 된다면 전쟁이 불가피했을 것이라는 설명이다. 또한 핵무기가 평화에 도움이 되지 않는다고 봤다. 장셴이는 회고록에 다음과 같이 썼다.

〈미국과 일하기로 한 나의 결정은 대만을 배반하기 위해서가 아니었다. 나의 의도는 이와 반대이며 대만의 권리와 이익을 증진하고 평화와

안정을 보호하기 위해서였다…내가 배반한 유일한 사람들은 위험한 군사행동을 강행하고 대만 주민들의 이익을 무시한 군부 강경파들이다.〉

장셴이는 배신자인가 애국자인가?

장셴이는 CIA가 마련한 워싱턴 DC 인근 버지니아州에 있는 집에서 생활했다. 망명 직후인 1988년 3월 23일 뉴욕타임스가 장셴이라는 인물을 실명(實名)으로 다루는 특종 보도를 했다. 대만 기자들도 장셴이의 위치를 찾아내 끊임없이 인터뷰 신청을 했다. CIA는 1990년 그를 아이다호州로 이주시키기로 결정했다. 대만 정보요원들이 암살에 나설 수 있다고 판단했기 때문이다.

대만 군부 인사들은 대만에 거주하고 있는 張과 부인쪽 친척들을 계속 찾아 다녔다. 장셴이에 따르면 이들은 가족들을 만나 정보원 활동이나 탈출 계획에 대해 알고 있었는지 여부를 캐물었다. 딘 대표는 이런 문제를 심각하게 받아들였으며 하오보춘을 만나 대만이나 대만 외부에 있는 장셴이의 가족에 접근하지 말라고 요구했다. 만약 접촉할 시에는 대가를 치르게 될 것이라고 했다. 딘 대표는 하오보춘에게 장셴이에 대한 부정적인 정보를 흘려도 대가를 치를 것이라고 말했다. 장셴이 가족들에 대한 대만 군부의 방문은 이후 없어졌다. 하오보춘은 이듬해 행정원 국방부장, 이후 행정원장으로 자리를 옮기게 됐으며 사실상 군부의 통제권을 잃게 됐다.

장셴이는 1989년부터 2013년까지 아이다호 국립연구소에서 근무했다. 그는 원래 사용하던 이름을 유지했지만 시민권을 받은 1989년에 영어 이름 'Gray'를 추가했다. 그레이라는 영어 단어에는 회색(灰色)이라는 뜻도 있다. 장셴이는 탈출 이후 한 번도 대만에 돌아가지 않았다. 공소시효는 오래 전에 끝났지만 사람들이 자신을 어떻게 평가할지 불안하다고 한다.

장셴이의 자식들은 아버지가 어떤 이유로 미국에 오게 됐는지, 무엇을 한 사람인지를 뒤늦게야 알았다. 장셴이는 2016년 12월 회고록을 통해 대만 비핵화에서 자신이 맡았던 역할을 소개했다. 이런 책이 나온 뒤에야 자식들은 아버지가 어떤 사람인지 확실히 알게 됐다. 2017년 1월 그의 아들 중 한 명이 아버지에게 쓴 편지를 번역 소개한다.

〈아버지께, 저는 우리가 어떻게 미국에 왔는지 한 번도 제대로 물어본 적이 없었습니다. 하지만 책이 나오고 언론 보도가 이어지자 어떤 일이 생겼는지에 눈을 뜨게 됐고 아버지에 대한 새로운 존경심이 생겼습니다. 오랜 세월 정말 많은 고통과 괴로움을 견뎌내셨네요. 제가 말하고 싶은 것은 제가 아버지를 사랑하고 아버지는 저의 영웅이라는 점이에요.

많은 부정적인 반응들을 접하는 게 힘들었을 것이라는 점을 압니다. 하지만 아버지가 가족뿐만 아니라 대만을 위한 올바른 결정을 내렸다는 점을 믿어 의심치 않습니다.

부디 평안을 찾기를 바라며 후회 없이 인생을 즐기시기를 바랍니다.〉

풀리지 않은 미스터리

대만의 비핵화는 미국의 대표적인 비확산 성공 사례로 꼽힌다. 대만을 최종적으로 설득, 혹은 협박하는 과정, 대만이 이를 받아들일 수밖에 없었던 이유 등 많은 정보는 아직도 미스터리로 남아 있다. 미국 정부는 당시 기록을 아직 기밀 해제하지 않고 있다. 앞서 소개된 바와 같이 미국은 대만 문제에 있어서는 비밀 유지에 특히 신경을 썼다.

비밀 유지에는 장단점이 뒤따랐다. 우선 장점은 대만과 미국 모두 서로의 체면을 살릴 수 있었다. 미국은 동맹국이 핵무장 직전까지 가도록 막지 못했다는 사실이 공개됐을 시 따라오는 국제사회의 질타를 피할 수 있었다. 대만 역시 미국에 일방적으로 굴복하는 모습을 외부에 보여주지 않아도 됐다. 극소수만 알고 있었던 비핵화 합의였기 때문에 외부세계의 눈치를 비교적 덜 받으면서 비핵화 작업을 진행할 수 있었다.

반면 여러 부작용도 있었다. 미국은 대만 핵프로그램 관련 정보를 어떻게 입수했는지 역시 숨기려 했다. 그렇기 때문에 1970년대에는 '미국이 알고 있다'는 사실을 대만에 경고하고 공론화하기 위해 언론에 정보를 흘리는 일까지 해야 했다. 또한 일각에서는 대만의 핵프로그램 관련 위반 사항을 제때 공개하지 않고 문제 삼지 않았던 것이 핵 프로그램 진전으로 이어졌다고 비판한다.

많은 사람들은 북한의 핵과 중국의 계속된 위협이 있기는 하지만 대만이 다시 핵무장에 나설 가능성은 낮다고 본다. 하지만 핵개발 역량이 있는지 여부는 또 다른 문제이다. 장셴이(張憲義)는 이와 관련해 "대만이 원자력 연구와 개발 노력, 인재 양성을 계속해왔고, 핵무기 프로그램을 다시 시작하기로 마음을 먹는다면 원자로 없이도 다시 예전 역량을 되찾을 수 있을 것"이라고 내다봤다. 필요한 물질과 사람, 그리고 기기만 있다면 가능할 것이라고 했다. 미국의 핵 전문가인 데이비드 올브라이트 씨는 대만이 예전 역량을 따라잡을 수는 있지만 그래도 수 년은 걸릴 것이라고 분석했다.

대만은 지금도 핵무기를 만들 수 있을까?

이런 가능성을 뒷받침하는 또 다른 미스터리가 있다. IAEA를 비롯한 사찰단은 대만 비핵화 당시 약 10개의 핵연료 요소(注: 연료판이나 연료봉 묶음)가 사라진 것을 확인했다. 이들이 재처리되지 않은 채 핵폐기물로 처분됐을지, 재처리 과정을 거친 플루토늄이 됐다면 현재 어디에 있는지는 여전히 미스터리다.

실제로 대만이 핵프로그램을 유지하고 있다는 의심은 2000년대에도 계속 제기돼 왔다. 물론 1980년대처럼 큰 규모의 움직임은 없었지만 아직 일부 핵프로그램이 존재할 수는 있다는 분석이다. 대만 지도자들은 핵 역량을 마음만 먹으면 다시 가질 수 있다는 인식을 주는 발언을 몇 차례 해왔다.

1995년 7월, 중국이 대만 인근 해상에 탄도미사일을 발사한 사건이 있었다. 대만 여론은 크게 들끓었고 리덩후이(李登輝) 당시 총통은 국회 연설에서 핵무기를 다시 개발할 수 있다는 위협적 발언을 했다. 그는 "우리는 (핵무기 보유) 문제를 장기적인 관점에서 연구해볼 필요가 있다"며 "모든 사람들이 알다시피 우리는 이런 계획을 갖고 있었다"고 말했다. 리덩후이는 논란이 거세지자 며칠 뒤 수위 조절을 했다. 그는 "대만은 핵무기를 개발할 역량은 있지만 절대 개발하지 않을 것"이라고 했다. 리덩후이가 핵무기를 재개발할 계획이 실제로 있었는지 여부는 확인되지 않았다. 대만 정치권에서 핵무기 개발은 계속 논란이 돼 왔다.

논란은 2004년에 다시 일어났다. 유시쿤(游錫堃) 당시 대만 행정원장은 2004년 9월, 중국이 타이페이와 같은 대만의 인구 밀집 지역에 미사일 100발을 발사하면 대만은 중국 본토에 있는 최소 10곳의 목표 지점을 공격할 수 있어야 한다고 말했다. 유시쿤 행정원장은 핵무기라는 단어를 전혀 사용하지 않았지만 야당이었던 친민당(親民黨) 의원들이 반발했다. 친민당 의원들은 유시쿤에게 공개 질의를 보내 비밀 핵무기 프로그램이 있느냐고 추궁했다. 유시쿤은 강력하게 부인했다.

대만의 입법부나 대중들 대다수는 현재 핵무기 개발에 반대하고 있다. 여전히 조용하게 진행되고 있는 IAEA의 사찰 절차 역시 대만이 다시 핵개발에 나서는 것을 어렵게 하고 있다.

대만은 중국이라는 안보 위협이 해결되지 않았고 미국의 안전 보장 약속을 대만이 완전히 신뢰하지 않는 상황에서도 비핵화했다. 대만 비핵화의 핵심은 미국의 압박이었다. 대만은 미국에 의지할지, 아니면 혼자서 원자력 에너지 생산에 필요한 물질을 구입하고 안보를 책임질지 결정해야 했다. 만약 후자(後者)를 선택했다면 가장 가까운 동맹으로부터 멀어졌을 것이고 민간용 원자력 산업도 어려움을 겪었을 것이다.

대만과 북한의 차이

현재 미국은 이란과 북한에 외교적, 경제적 압박을 통해 비핵화에 나서도록 하고 있다. 핵을 포기하도록 한 뒤 경제 개발을 실현시키고 국제 사회의 일원이 되도록 하는 방법이다. 북한과 이란은 미국의 적대국이며 상대적으로 미국에 대한 의존도가 높지 않다는 점이 대만과 다르다.

올브라이트 씨는 북한이 비핵화에 나선다고 하더라도 대만 때처럼 우라늄 농축 프로그램과 원자로를 민간용이라고 주장하며 계속 보유하겠다고 할 가능성이 있다고 내다봤다. 미국은 앞으로의 협상 과정에서 이런 식의 빠져나갈 구멍을 줘서는 안 된다고 지적했다.

또한 북한의 경우는 외부에서 농축 우라늄을 구입하는 것이 자체적으로 생산하는 것보다 훨씬 저렴하기 때문에 북한의 주장 자체가 설득력이 없다고 했다. 대만 사례에서 봤듯 재처리시설과 우라늄 농축 시설을 동결하거나 제한하는 것이 아니라 완전히 끝내는 것만이 북한 비핵화 달성을 위한 유일한 방법이라고 했다.

한편 북한이 핵 관련 일부 기술을 대만 내 회사들을 통해 불법적으로 조달해왔다는 사실도 뒤늦게 밝혀졌다. 대만은 2017년 9월에 들어서야 북한과의 모든 교역을 중단했다. 대만은 정식 국가 지위를 갖고 있지 않으며 유엔의 회원국도 아니다. 이런 특수성 때문에 대만이 핵 관련 수출 통제를 제대로 하고 있는지에 대한 조사가 제대로 이뤄지지 않고 있다.

모사드의 컴퓨터 해킹과
역사를 바꾼 사진 한 장

폭격을 말리는 미국과 강행한 이스라엘, 양국 수뇌부의 숨 막히는 갈등과 긴장

2007년 9월 6일 이스라엘이 시리아 핵시설을 폭격한 며칠 후, 크리스토퍼 힐 미국 국무부 동아태(東亞太) 담당 차관보 겸 6자회담 특별대표는 김계관 북한 외무성 부상(副相)을 만나 사진 한 장을 들이밀었다. 이스라엘 정보기관 모사드가 입수한 사진이었다. 힐 차관보의 회고록 《미국 외교의 최전선(Outpost)》에 따르면 힐은 김계관에게 "내가 이 사진들을 이해할 수 있게 도와줄 수 있겠느냐"며 "당신네 사람이 시리아에 가서 원자로 짓는 것을 도와준 것으로 보인다"고 했다. 힐은 "이 사람(注 : 전치부)은 영변 시설의 책임자 아닌가? 이 사람을 아느냐"고 물었다.

김계관은 "사진들은 모두 가짜고 다 포토숍(조작)됐다"고 했다. 힐은 "이 정도라면 포토숍 작업을 너무 많이 해야 하지 않겠느냐"며 비웃었다. 힐은 "포커페이스로 유명한 김계관이 시리아 핵시설 프로젝트에 대해 알고 있었는지 여부는 불확실했다"고 썼다. 힐은 "어떤 비밀도 미국

을 피해 숨길 수 없다는 메시지를 전달하기 위해 사진을 보여줬다"고 회고했다. 힐 차관보는 전치부가 이날 이후 나타난 적이 없다고 했다.

그는 시리아와 북한이 핵(核)협력을 하고 있다는 소식을 들었을 때 그리 놀라지 않았다고 한다. 그는 "북한은 가격만 적절하면 친할머니도 팔아넘길 것"이라고 말을 해온 사람이다. 힐은 김계관을 만나 사진을 들이밀고 창피를 줬지만 이후 시리아 핵시설을 다시 언급하지 않았다고 한다.

천영우 당시 6자회담 수석대표도 힐이 자신에게 이 사진을 보여줬다고 했다. 이스라엘 모사드는 한국 국가정보원을 찾아와 사진을 공유하고 협조를 요청했다고 한다. 북한과 시리아의 비밀 핵시설 건설을 막아 세계사를 바꾼 이 사진은 어디에서 나왔을까?

모사드의 해킹 공작

2007년 3월 초 이스라엘 정보기관 모사드(Mossad)의 '무지개 부대(Keschet Branch)' 소속 요원들은 오스트리아 빈에서 특수공작 임무에 나섰다. 이 부대는 대부분 이스라엘 방위군(IDF) 특수부대 출신으로 해외에서 정보를 수집하는 데 특화된 조직이다. 대개 두 개 팀으로 나뉘어 작전을 수행한다. 한 팀은 특정 거주지에 침투해 공작을 수행하는 조(組), 다른 한 팀은 밖에서 작전 상황을 엄호하는 조이다.

모사드 요원들이 침투한 오스트리아 빈의 호텔 방은 이브라힘 오트만 시리아 원자력위원장이 머무는 곳이었다. 요원들은 오트만의 노트북을 해킹하고 자료를 다운로드했다. '트로이 목마' 바이러스를 심어 모

북한 영변 핵시설 책임자인 전치부가 이브라힘 오트만 시리아 원자력위원장을 시리아에서 만나는 모습(왼쪽). 북한 관리가 6자회담장에 참석한 모습(오른쪽). 미 정보 당국은 2008년 이 같은 사진을 공개하며 두 사람이 동일인물이라고 밝혔다. 출처=美 CIA 제작 동영상 유튜브 캡처

사드가 언제든 이 컴퓨터에 접근할 수 있도록 했다. 오트만의 컴퓨터에는 그가 직접 찍은 사진들이 저장돼 있었다. 요원들은 순식간에 호텔 방을 빠져나왔다. 오트만은 모사드 요원들이 침입했는지도 알지 못했다. 작전 종료 몇 분 후, 빼낸 자료들은 이스라엘 텔아비브에 있는 모사드 본부로 전송(電送)되기 시작했다. 작전은 성공했다. 그뿐 아니라 이스라엘은 심어놓은 바이러스를 통하여 시리아의 가장 중요한 컴퓨터에 입력되는 자료를 실시간으로 지켜볼 수 있게 됐다.

이 비화(秘話)는 이스라엘 언론 《예루살렘 포스트》의 야코브 카츠 편집장이 최근 출간한 《그림자 공격(Shadow Strike)》이란 책을 통해 처음으로 공개됐다. 이 책은 이스라엘이 2007년 9월 6일 시리아 북동부 데이르알조르 지역에 있는 알 키바르 핵시설을 폭격하기까지의 비화를 상세히 다뤘다. 저자는 이스라엘 및 미국 당국자들을 인터뷰하고 새롭게 공개된 정부 문서 등을 바탕으로 썼다. 당시 시리아는 북한의 도움으로 핵시설을 건설해, 비밀 핵개발에 나서고 있었다. 만약 시리아가 핵개발에 성공했다면 세계사는 다르게 흘러갔을지도 모른다. 한국인에게도 큰 영향을 끼칠 흐름을 뒤집은 것은 모사드의 '컴퓨터 해킹' 공작이었다.

파키스탄 칸 박사 추적 중 시리아 시설 포착

시리아가 비밀리에 핵개발에 나서고 있다는 정보를 처음 입수한 기관은 모사드가 아닌 이스라엘 군정보국(아만·Aman)이었다. 아만은 2006년 중반 시리아가 불법 비밀 핵개발에 나서고 있다는 첩보를 입수했다. 시리아가 핵개발에 나설 가능성은 당시만 해도 희박한 것으로 보였다. 아만의 아모스 야단 국장은 2006년 11월 존 네그로폰테 미국 국가정보국장(DNI)을 만난 자리에서 시리아의 핵시설 존재 가능성을 우려했지만, 네그로폰테는 미국 정보기관은 아는 것이 없다고 했다. 시리아의 경우 영국 서리대학에서 물리학 박사 학위를 따고 미국 원자력학회(ANS) 회원으로 활동한 오트만 외에는 고급 핵 과학자가 없었다. 갖고 있는 것은 소형 연구용 원자로로, 중국이 1990년대에 지어준 것이었다.

이스라엘은 2003년 카다피의 리비아에 핵 프로그램을 폐기한다고 밝힌 이후 시리아를 주시하고 있었다. 리비아가 핵개발 계획이 있었다는 사실에 이스라엘은 큰 충격을 받았고, 중동(中東) 지역의 핵확산을 우려하기 시작했다. 이스라엘은 파키스탄의 핵 과학자 압둘 카디르 칸이 리비아의 핵개발에 관계했다는 사실을 확인했다. 칸 박사가 방문한 여러 나라를 추적하는 과정에서 시리아가 등장하였다. 칸 박사는 북한의 핵개발을 도운 사람으로도 알려져 있다.

아만은 추적 위성을 통해 시리아 북동부 유프라테스강 인근 지역에 건물이 건설되는 것을 포착, 의심하기 시작했다. 아만은 이 건물의 정확한 목적은 알아낼 수 없었다. 쓰레기 처리 시설처럼 보이기도 했다. 근처에는 텐트도 보였다. 나중에 모사드가 알아낸 것이지만, 이 텐트는 북한인 근로자들의 숙소로 사용됐다.

아모스 야단 아만 국장은 관련 정보를 입수한 뒤 메이어 다간 모사드 국장을 찾아가 협조를 요청했다. 아만은 모사드보다 규모 면에서 훨씬 큰 조직이지만, 해외에서 비밀 작전을 수행하는 역할은 모사드 몫이었다. 아만은 팔레스타인 등 인근 지역에서만 정보 수집 활동을 했다.

모사드 국장은 처음에는 야단 아만 국장의 협조 요청을 거절했다. 인력을 이란에 집중해야 하는 상황이며 과거 오트만 시리아 원자력위원장에 대한 정보를 수집했으나 특이 사항을 찾지 못했기 때문이다. 다간은 결국에는 야단의 요청을 받아들였다. 다간은 시리아의 핵개발보다는 오트만을 통해 이란의 핵시설 관련 정보를 수집하는 데 더 관심이 있었다. 모사드는 오스트리아 빈 공작에 앞서 에후드 올메르트 이스라엘 총리의 승인을 받았다. 이런 해외 작전은 대개 총리 승인이 필요하다. 작전이 실패 혹은 발각될 경우 이스라엘만의 문제가 아니라 국제사회 문제로 번질 수 있기 때문이다. 올메르트는 상황의 심각성을 인지하고 빈 호텔 해킹 공작을 승인했다.

모사드는 오트만의 컴퓨터에서 추출된 자료 분석을 아만에 맡겼다. 모사드가 왜 이를 직접 시행하지 않았는지는 의문이지만 이에 따라 시간이 지연됐다. 2주 후인 2007년 3월 중순, 아만이 분석한 자료가 모사드에 전달됐다. 모사드 요원들은 입을 다물지 못했다고 한다.

다간 국장은 바로 올메르트 총리에게 전화를 걸었다. 둘은 자주 만나는 사이였지만 통화 및 약속 장소 합의는 비서실장급을 통해 이뤄졌다. 다간은 올메르트에게 "긴급하게 만나야겠다"고 했고, 올메르트는 "알았다"고 했다. 다간은 올메르트를 만나 공작을 통해 입수한 시리아 핵시설 관련 자료를 내놓았다.

아만은 이 무렵 위성사진을 통해 시리아가 갱도를 짓고 있다는 사실을 파악했다. 이 건물이 원자로이며 냉각 기능이 필요할 것이란 추정을 뒷받침하는 증거를 확보한 것이다. 올메르트 총리의 생각은 확고했다. 시리아의 핵무기는 이스라엘에 직접적인 위협이고, 제거돼야 한다는 것이었다. 올메르트는 원자로가 가동되기 전에 파괴해야 한다고 다간에게 말했다.

올메르트, 부시에게 모사드 국장 獨對 요청

2007년 4월 중순 올메르트 총리는 조지 W. 부시 미국 대통령에게 전화를 걸어 다간 모사드 국장이 긴급한 사안으로 미국을 방문할 테니 직접 만나달라고 요청했다. 백악관으로서는 당황스러운 전화였다. 이스라엘은 가까운 동맹이지만, 한 나라의 정보기관 수장(首長)이 다른 나라의 대통령을 독대(獨對)하는 일은 통상적이지 않았기 때문이다. 부시 행정부는 딕 체니 부통령을 필두로 한 핵심 당국자들이 먼저 얘기를 들어보기로 했다.

다간은 백악관에서 체니 등과 만났다. 그는 "시리아가 핵시설을 만들고 있다"며 "시리아가 핵무기를 갖기 위한 핵 프로그램을 보유하는 것은 용인할 수 없다"고 단도직입적으로 말했다.

다간은 책상 위에 여러 장의 컬러 사진을 꺼내 올렸다. 건물이 건설되는 사진이기는 했지만 사진만으로는 핵시설로 단정하기 어려웠다. 다간은 "이는 플루토늄을 생산하기 위한 가스냉각형 흑연감속로"라며 "북한 영변 핵시설 것을 거의 똑같이 복제한 것"이라고 말했다. 체니 부통령과 스티븐 해들리 국가안보보좌관, 엘리엇 에이브럼스 국가안보부(副)보좌관 등은 할 말을 잃었다.

다간은 결정적인 사진을 꺼내 보였다. 아시아계 남성 한 명이 파란색 운동복을 입고 있는 사진이었다. 다간은 이 남성 옆에 있는 사람이 오트만 시리아 원자력위원장이라고 설명했다. 다간이 꺼낸 다음 사진에도 등장한 이 아시아계 남성은 추리닝이 아닌 정장을 입고 있었다. 북한과의 6자회담 과정에서 촬영된 사진이었다. 다간은 이 남성이 영변 핵시설의 책임자인 전치부라고 했다. 시리아 원자력위원장 컴퓨터를 해킹해 얻은 특급 정보였다.

체니 부통령은 오랫동안 시리아와 북한 간의 커넥션을 주시해왔다. 그는 2001년부터 북한과 같은 악당 국가들이 핵기술을 암시장에 팔아넘길 수 있다는 주장을 해왔다. 전치부 역시 미국 정보 당국의 감시 대상에 들어 있었다. 체니는 과거 여러 차례 정보 당국자들에게 "북한과 시리아 사이에 핵협력이 있느냐"고 물었으나, 항상 "아니다"라는 답변을 들어왔다. 그동안 체니가 갖고 있던 심증(心證)은 이스라엘의 정보로 뒷받침되었다. 북한은 핵기술을 공유하는 수준이 아니라 원자폭탄용 원자로까지 지어주고 있었다.

"당신이 맞았습니다, 부통령님"

마이클 헤이든 CIA 국장은 다간 모사드 국장을 만난 뒤 정보가 확실한지 확인하기 시작했다. 다간이 제시한 증거의 신빙성은 충분해 보였으나 미국 정부가 실제 작전에 돌입하기 위해서는 자체적인 정보 확인이 필요했기 때문이다. 헤이든은 다간으로부터 정보를 전달받기 몇 년 전, 위성사진을 통해 유프라테스강 인근에서 건물이 건설되고 있다는 사실을 파악한 적이 있었다. 미 정보 당국은 이 건물을 '불가사의(enigmatic)'한 곳으로 분류했다. 중요한 것 같지만 확실한 목적을 알지 못할 때 이렇게 분류한다. 다간이 전달한 사진들을 통해 이 시설의 목적이 명확해진 것이다.

헤이든은 이스라엘이 전달한 사진 등 모든 증거를 면밀히 검토했다. 한 장을 제외한 모든 사진은 조작 없는 원본, 즉 제대로 찍힌 사진인 것으로 확인됐다. 한 장의 사진에서만 트럭 옆 부분에 써 있는 글자가 지워져 있었다. 미국은 시리아나 이스라엘 중 한 곳이 트럭 옆에 써 있는 문구를 숨기기 위해 이 부분을 지운 것으로 봤다. 헤이든은 훗날 인터뷰에서 "우리는 모든 증거를 면밀히 검토했는데, 이는 이스라엘을 불신했기 때문이 아니다"라고 했다. 어떤 의혹 혹은 음모론이 불거져도 미국의 행동을 정당화할 수 있어야 하기 때문이었다는 것이다.

헤이든은 이스라엘이 정보를 전달한 이유는 미국 CIA의 도움이 필요했기 때문으로 내다봤다. 모사드의 정보력이 뛰어난 것은 사실이지만 재원(財源)과 인력 면에서는 CIA를 따라잡을 수 없기 때문이다. 이스라엘은 역내(域內) 정보를 수집하는 면에서는 뛰어나지만, 미국은 전(全)세계적으로 정보를 수집하기 때문에 여러 국가가 연루된 사건의 퍼즐을 맞추는 데는 앞설 수밖에 없다.

헤이든은 이스라엘이 전달한 정보와 자체적으로 검증한 자료들을 가지고 백악관으로 가서 부시 대통령과 체니 부통령에게 보고했다. 헤이든은 시리아가 핵 프로그램을 만들고 있었다고 오랫동안 의심해온 체니에게 말했다. "당신이 맞았습니다, 부통령님."

'확실한 것이 없으면 전쟁은 없다'

조용히 헤이든의 보고를 들은 부시는 두 가지 지시 사항을 내렸다. 이 시설이 원자로가 맞는지 뒷받침할 추가 증거를 확보할 것, 정보가 외부에 유출되지 않도록 할 것이었다. 당시 부시 대통령은 '확실한 것이 없으면 전쟁은 없다(No core, no war)'는 신중한 정책을 펴고 있었다.

며칠 뒤 부시 대통령은 올메르트 총리와 전화 통화를 했다. 올메르트는 "이 지역을 폭격해줄 것을 요청한다"고 했다. 부시는 올메르트에게 이 문제를 제기해준 데에 감사한다면서도 인내심을 가져줄 것을 요구했다. 부시는 "정보를 검토할 시간을 달라. 그런 다음 답변을 주겠다"고 했다. 올메르트는 이에 동의하면서도 부시가 빠른 결단을 내릴 것과 정보가 유출되지 않도록 해달라는 부탁을 했다.

이후 미 행정부 고위 관료들은 특별팀을 구성해 정보를 검토하기 시작했다. 장·차관급을 포함한 극소수만 이 프로젝트에 참여했다. 부시는 이런 과정에서도 여러 차례 정보가 새나가는 것을 차단하기 위해 관리들을 압박했다. "이 건에 대해 무엇이라도 외부로 유출된다면 당신들 모두 해임할 것"이라고 엄포를 놓기도 했다. 부시 행정부는 민간 핵 과학자를 불러 기밀 유지 약속 서명을 받은 뒤 사진에 나온 건물이 핵시설이 맞는지 확인하는 과정을 거쳤다. 미 의회 핵심 관계자들과도 일부 내용을 공유했다. '미 의회는 국가 안보상의 핵심 정보 활동에 사전 통보를 받아야 한다'는 규정에 따른 것이었다.

딜레마에 빠진 미국

시리아에 핵시설이 건설되고 있다는 첩보가 거의 사실로 확인되자 미국은 어떤 선택을 할지 고민하게 됐다. '매파'와 '비둘기파'로 갈리던 시기였다. 미국은 당시 이라크와 전쟁을 하고 있었는데 해외 용병(傭兵)들이 시리아를 통해 이라크로 유입되고 있었다. 만약 미국이 시리아의 핵시설을 폭격하면 상황이 더욱 악화되고 외교적으로 협조를 얻어낼 수 없다는 의견과 시리아에 본때를 보여줘야 한다는 의견으로 나뉘었다.

정보 당국은 이르면 2007년 8월 원자로에 연료봉이 들어갈 것으로 내다봤다. 8월 이후 공격을 가한다면 핵폐기물이 유프라테스강으로 유입될 수도 있었다. 미국은 경고 없이 다른 나라를 선제(先制)공격한 적이 없다는 전례도 문제였다. 외교적으로 먼저 문제 해결을 해봐야 한다는 사람들의 주장에 힘이 실렸다.

북한은 미국 등과의 6자회담을 진행하며 '핵폐기에 나서겠다'고 말하고 있었다. 그 와중에 시리아에 핵시설을 건설해주고 있다는 사실이 적발됐다. 시리아 핵시설 파괴가 북한의 비핵화(非核化)에 도움이 될지, 아니면 이를 물거품으로 만들지 불확실했다. 미국 국민들은 중동의 대량살상무기(WMD)에 대한 미국 정부의 정보 수집 능력을 신뢰하지 않고 있었다. 아무리 첩보가 확실하다고 해도 중동 국가와 또 한 차례 전쟁하는 것에는 반발심이 컸다.

부시 행정부 고위 관리들은 세 가지 대응 방안을 내놨다. ▲시리아 핵시설을 미국이 직접 공격하는 것 ▲이스라엘이 공격할 수 있도록 지원하는 것 ▲시리아의 핵시설 건설을 유엔안전보장이사회와 국제원자력기구(IAEA)에 통보하는 방안이었다.

'확신하기에는 무리가 따른다'

2007년 6월 17일 오후 6시, 시리아에 대한 미국 정책을 결정짓는 회의가 열렸다. 부시 행정부의 체니 부통령, 콘돌리자 라이스 국무장관, 로버트 게이츠 국방장관, 헤이든 CIA 국장, 해들리 국가안보보좌관, 엘리엇 에이브럼스 국가안보부보좌관, 제임스 제프리 국무부 근동(近東) 담당 부차관보 등이 참석했다.

헤이든은 지금까지 취합한 정보 사안을 회의 참석자들에게 공유했다. 그는 "이 시설은 핵시설이 확실하다. 북한과 시리아는 핵문제에 대해 10년가량 협력해왔다. 이는 핵무기 프로그램의 일부로, 북한이 지었다"고 했다.

덧붙여 시리아에 어떤 조치를 취하는 데 문제가 하나 있다고 했다. 핵무기를 만들기 위한 재처리 시설이나 '무기화(武器化)'를 담당할 기술진을 찾지 못했다는 것이다. 핵무기를 만들어 이를 실전에 사용할 탄도미사일 등의 무기 프로그램도 발견되지 않았다. 헤이든은 "아직 무기화하려는 정황을 찾지 못했다. 그렇기 때문에 확신하기에는 무리가 따른다(low confidence)"고 했다.

미국의 정책은 사실상 공격하지 않는 방향으로 기울었다. 이라크 전쟁이 잘못된 정보 판단에 따라 시작됐다는 것이 큰 영향을 끼쳤다. '확신하기에는 무리가 따른다' 정도의 정보만 믿고 다시 전쟁할 수는 없다고 판단했기 때문이다. 부시 대통령은 헤이든의 분석 결과가 결국에는 대중에게 공개될 텐데 '완벽한 정보가 없었음에도 공격을 가했다'는 비난을 우려했다.

부시 행정부 수뇌부 회의에서는 IAEA(국제원자력기구)와 유엔을 통한 외교적 조치를 취해야 한다는 목소리가 커졌다. 게이츠 국방장관은 "미국인들에게 적대적인 행동을 취하고 있다는 명확한 증거가 없는 상황에서 미국이 한 주권국가를 향해 기습 공격을 한 전례는 없다. 우리는 진주만 같은 것을 하지 않는다"고 말했다.

체니 부통령은 미국이 공격에 나서야 한다고 주장했다. 그는 "중동과 전 세계를 더욱 안전하게 만들 뿐만 아니라 미국이 핵 비(非)확산에 매우 진지하다는 것을 보여줄 수 있는 기회"라고 했다. 그는 "우리가 사담 후세인을 잡은 후 무아마르 카다피는 핵물질을 포기하겠다고 했다. 리비아의 원심분리기와 우라늄을 모두 미국이 확보해 보관 중이다"라며 "사담에게 무력(武力)을 사용한 직접적인 결과"라고 강조했다. 체니 부통령은 "핵시설이나 기술을 확산한다면 공격받을 것"이라는 메시지를 이란과 북한 등 불법무기 개발에 나서는 불량국가들에 확실히 전달해야 한다고 했다.

참모진의 설전(舌戰)을 들은 부시 대통령은 "서둘러 결정할 필요는 없다"고 했다. 그는 이스라엘의 의견을 직접 들어보고 싶어 했다. 마침 올메르트 이스라엘 총리가 며칠 후 미국을 방문할 예정이었다. 부시 대통령은 올메르트 총리를 '내 친구(my buddy)'라고 칭하는 등 가까운 관계였다.

같은 해 6월 19일 올메르트 총리가 워싱턴에 도착했다. 미―이스라엘 정상은 대외적으로는 팔레스타인 문제 등을 논의할 것이라고 했다. 양(兩) 정상의 회담을 취재한 기자들의 질문은 팔레스타인 문제에 집중됐다.

기자들이 떠나자 올메르트 총리는 본론으로 들어갔다. 그는 "조치를 취할 것이라면 빨리 할 필요가 있다"고 했다. 부시는 올메르트를 데리고 백악관 내 관저로 향했다. 부시 대통령은 특별한 지도자가 방문하면 대화가 녹음되지 않는 관저로 안내했다.

설득에 나선 올메르트 총리

부시는 올메르트에게 시리아 핵시설을 공격하는 데 몇 가지 우려가 있다고 했다. 원자로를 짓고 있는 것은 확실하지만 무기화하려 한다는 정보가 없다는 것이었다. 핵무기를 운반할 탄도미사일을 개발하고 있는 증거도 없다고 했다.

올메르트는 시리아의 과학연구소에서 비밀리에 핵무기 개발을 하는 연구진이 존재할 수 있다고 반박했다. 그렇지 않다고 하더라도 시리아의 핵시설은 중동과 세계에 위협으로 존재한다고 했다. 올메르트는 "내 기억이 맞다면 인류 역사상 원자폭탄은 두 도시에 각각 한 차례씩 사용됐다. 미국이 그렇게 했는데, 미사일을 사용했는가? 비행기에서 폭탄을 떨어뜨렸다. (시리아랑) 뭐가 다른가"라고 압박했다. 올메르트는 "시리아 전투기 35대가 출동했는데 이 중 2대에 핵무기가 있다고 가정해 보자"고 했다. 이스라엘 공군은 비행기 요격(邀擊) 기술이 좋지만 35대 중 일부는 영공(領空)을 침투할 것이고, 그중 핵무기를 탑재한 비행기가 하나는 있을 수 있다고 했다. 그는 "시리아 전투기가 출동하면 1분 안에 이스라엘 영공에 도착한다. 시리아는 미사일이 필요없다"고 했다. 올메르트는 "미국이 시리아 핵시설을 공격하면 이란에도 확실한 경고를 할 수 있는 일석이조(一石二鳥)의 조치"라고 했다.

부시는 즉답을 할 수 없었고 "시간이 더 필요하다"는 말만 했다. 이날 저녁 올메르트 총리는 체니 부통령과 만찬을 가졌다. 체니는 올메르트에게 이스라엘이 아닌 미국이 시리아의 핵시설을 파괴하는 역할을 해야 한다고 했다. 올메르트는 체니가 같은 편이라는 생각에 안심했지만, 라이스 국무장관과 게이츠 국방장관, 해들리 국가안보보좌관 등이 체니의 의견에 강력하게 반대한다는 것을 알았다. 올메르트는, 결정은 부시 대통령이 내리겠지만 군사작전에 반대하는 참모진의 의견이 예상보다 크다는 것을 깨닫고 귀국길에 올랐다.

게이츠 vs 체니

올메르트가 떠난 며칠 후 부시 대통령은 집무실에서 다시 참모진과 회의를 가졌다. 게이츠와 라이스 등은 유엔을 통해 아사드 정권을 압박하는 외교적 노력이 선행(先行)되어야 한다는 주장을 되풀이했다. 군사 옵션은 최후의 수단이라는 것이다. 게이츠는 한 발 더 나아가 "올메르트가 미국 대통령에게 너무 많은 영향력을 행사하는 것이 싫다"는 발언도 했다. 게이츠는 부시를 계속 압박했다. 그는 "미국이 외교적 해결법을 선택했는데, 이스라엘이 따르지 않는다면 미국과 이스라엘의 관계가 위태로워질 수 있다"는 점을 올메르트에게 명확히 알려야 한다고 했다.

이스라엘은 시리아가 핵시설을 공격당해도 보복에 나서지 못할 것이라 했으나, 참모진 대다수는 이를 믿지 않았다. 게이츠는 이스라엘이 시리아 핵시설을 공격하면 시리아와 전쟁에 빠지게 될 것이고, 미국과 중동 전체가 말려들 수도 있다고 했다.

체니는 군사옵션만이 이란과 북한 등을 동시에 압박할 수 있으며 해결방안이라고 거듭 주장했다. 체니의 주장이 끝나자 부시는 "이 시설을 폭격해야 한다는 부통령의 의견에 동의하는 사람 있는가"라고 물었다. 어느 누구도 답하지 않았다.

부시는 IAEA와 유엔에 시리아 핵시설 문제를 제기하겠다고 결정했다. 더불어 미국의 결정에 이스라엘의 반응이 어떨지 참모들에게 의견을 물었다. 라이스 국무장관은, 이스라엘은 미국이 이끄는 외교적 해법에 동참할 것이라고 했다. 체니는 "'행동에 나서겠다'고 밝힌 올메르트는 실제로 행동에 나설 것"이라며, 라이스 의견에 동의하지 않는다고 했다. 게이츠 장관은 며칠 뒤 부시를 만난 자리에서 이스라엘이 미국 동의 없이 어떤 행동에 나서지 않도록 압박해야 한다고 건의했다.

올메르트, "이스라엘 안보의 책임은 내 어깨에 달렸다"

부시 대통령은 7월 13일 오전 8시(이스라엘 현지시각 오후 3시) 올메르트 총리에게 전화를 걸었다. 부시는 "우리 정보 당국이 무기 프로그램이라는 확신을 내리지 못한 상황에서 한 주권국가를 공격하는 것은 정당화될 수 없다"며 IAEA에 이 문제를 제기할 것이라고 했다.

부시는 시리아를 공격하기 위해서는 의회의 승인을 얻어야 하는 문제도 있다고 했다. 의회의 승인을 받기 위해서는 정보 출처를 밝혀야 하는데, 그렇게 되면 '미국이 이스라엘 때문에 또 다른 국가를 공격했다'는 이야기가 전국에 돌게 될 것이라고 말했다. 이는 미국과 이스라엘의 관계 악화(惡化)를 부르고, 중동 문제를 해결하는 미국의 역량에 타격을 줄 것이라고 했다. 부시는 올메르트에게 "상황이 그렇게 되는 것을 원하느냐"며, 이스라엘에서 라이스 국무장관이 올메르트 총리와 공동기자회견을 열고 시리아 핵시설을 국제사회에 폭로하자고 했다. 듣고만 있던 올메르트 총리가 입을 열었다.

"대통령 각하, 각하의 논리와 생각을 이해합니다. 하지만 이스라엘 안보에 대한 궁극적 책임은 제 어깨에 달려 있습니다. 저는 해야 할 일을 할 겁니다. 제 말을 믿어도 좋습니다. 저는 원자로 시설을 폭파할 겁니다. 이 문제는 이스라엘의 신경을 건드리는 일입니다. 당신 앞에서 정직하고 진심의 마음을 보여줘야만 한다고 생각합니다. 귀하의 전략은 제게 매우 충격적(very disturbing)입니다."

올메르트의 폭탄 발언에 부시는 물론 통화를 듣고 있던 엘리엇 에이브럼스 국가안보부보좌관은 깜짝 놀랐다. 부시는 의외의 반응을 보였다. 그는 통화 말미에 "마음대로 해라. 당신들의 일에 끼어들지 않겠다"고 했다.

올메르트는 부시에게 마지막 부탁이 있다고 했다. 그는 "지금부터 이 문제가 새나가지 않게 해달라"며 "우리가 갖고 있는 유일한 이점(利點)은 시리아가 우리가 무엇을 알고 있는지 모르고 있다는 점이니, 아무도 이 문제를 떠들지 않도록 해달라"고 했다. 부시는 "입 단추를 꽉 잠그고 있겠네, 친구"라고 했다. 전화가 끝난 뒤 부시는 "(올메르트는) 배짱이 두둑한 사람"이라며 "아무것도 유출돼서는 안 된다. 모두 그냥 입 닥치고 있어라"고 말했다.

부시, 올메르트의 '변함 없는 모습'에 감동

다음 날 게이츠 장관은 화가 나 대통령에게 불만을 표출했다. 올메르트가 미국에 도움을 청해놓고서, 미국이 시리아 핵시설을 공격하는 방안이 아니면 필요 없다는 식으로 나오고 있다는 것이다. 그는 미국이 이스라엘의 인질이 돼버렸다고 했다. 그는 부시에게 올메르트가 독자적 공격에 나서지 않도록 확실한 경고를 해야 한다고 말했다. 부시는 "올메르트에게 경고할 생각이 없다"고 했다. 부시는 올메르트의 '변함없는 모습'에 감동을 받았다고도 했다. 해들리 국가안보좌관은 몇 년 후 부시의 결정에 대해 다음과 같은 평가를 내렸다.

〈올메르트는 부시가 좋아하는 지도자상을 보여줬다. 올메르트는 (시리아 핵시설이) 이스라엘 국가와 유대인의 현존하는 위협이라고 말했다. 이런 위협을 제거하는 일을 다른 사람 손에 맡기지 않겠다고 말했다. 그게 이스라엘의 가장 친한 친구인 미국이라도 말이다. 부시의 결정은 그의 이런 모습을 존중한다는 뜻에서 나왔다.〉

이제 미국 행정부는 이스라엘이 언제 공격할 것인지를 고민하기 시작했다. 원자로가 가동되기 전이라는 점은 명확했다. 원자로의 외부 공사는 마무리됐고, 냉각 시설은 최종 마무리 단계에 들어서고 있었다. 공격까지의 시간은 얼마 남지 않았다.

'사실을 부인할 수밖에 없는 구역'

올메르트 총리는 부시 대통령과의 전화 통화가 있고 나서 며칠 후 각료회의를 소집해 "미국인들은 행동에 나서지 않겠다는 답변을 줬다"고 밝혔다. 이스라엘 정부는, 시리아 핵시설을 공격한다고 했을 때 시리아가 어떻게 나설지에 대한 논의를 이어갔다. 올메르트에 비판적이었던 에후드 바라크 국방장관은 여러 시나리오에 대한 분석이 확실해질 때까지는 공격해서는 안 된다고 주장했다. 폭격한다는 것은 거기에서 끝나는 군사작전이 아닌 국제정치 문제로 불거질 수 있다는 것이었다.

군 정보국 아만에서 하나의 아이디어가 나왔다. 아만의 연구부서를 이끌던 요시 바이다츠 장군은 '사실을 부인할 수밖에 없는 구역(deniability zone)'이라는 개념을 들고나왔다. 이스라엘이 공격한 뒤 침묵하고 원자로에 대한 문제를 시리아에 직접 제기하지 않는다면, 시리아도 보복에 나서지 않고 침묵할 것이라는 생각이었다. 시리아 지도자 바샤르 알아사드로 하여금 원자로를 짓고 있었다는 사실을 인정하지 않아도 되게끔 만들자는 게 바이다츠의 전략이었다. 그는 이스라엘이 침묵하면 알아사드도 침묵하게 될 것이라고 했다.

이런 전략이 나오게 된 데는 이유가 있었다. 시리아 내부에서 핵시설이 건설되고 있다는 사실을 알고 있는 사람은 극소수라는 게 첫 번째 이유였다. 이스라엘 군 정보 당국은 시리아의 핵심 군 장성들도 핵시설의 존재에 대해 알지 못하는 것으로 확인했다. 알아사드는 각료와 군부에 핵시설에 대해 일일이 설명하는 것보다 비밀리에 추진하는 것을 선호했다는 것이다. 이란과 러시아도 이 시설에 대해 알지 못하는 것으로 보였다.

이스라엘 군부가 작전 계획을 수립하는 사이 치피 리브니 외무장관은 공격 이후의 외교적 대응 매뉴얼을 만들기 시작했다. 그는 공격 후 각국에서 "왜 공격한 것이냐"고 문의할 경우에 대비한 답변서를 만들었다. "우려해주는 것을 감사하게 생각한다. 시리아에는 무엇인가가 있었던 것 같다. 그러나 우리는 공식 대응을 삼가기로 했다. 다른 전화 통화가 예정돼 있어 이만 끊어야 할 것 같다. 우리 쪽에서 곧 찾아가 구체적인 내용을 설명하겠다."

리브니 장관은 법률 전문가들을 소집해 전쟁이 발발할 가능성에도 대비했다. 법률 전문가들은 유엔 안보리에 제출할 결의안을 미리 작성했다. 결의안에는 사건 경위와 이스라엘의 행동은 정당방위라는 점을 강조하는 내용이 담겼다. 시리아가 핵 비확산 조약을 어기고 불법적으로 핵무기 개발에 나선 것을 전 세계가 규탄해야 한다는 내용도 포함됐다.

모사드와 아만은 심리학자와 정신분석가들을 불러 알아사드가 어떻게 나올지에 대해 토의했다. 가비 아슈케나지 이스라엘 방위군 참모총장은 알아사드가 보복에 나설 가능성은 50%로 내다봤다. 보복 여부는 이스라엘 정부와 정치인들이 모두 침묵을 지키는지에 달려 있다고 했다. 그는 각료회의에서 "침묵을 지키지 않는 사람은 발발하게 될 전쟁에 책임이 있는 사람"이라며 "우리는 알아사드가 거짓말할 수 있는 기회를 줘야 한다"고 했다.

이스라엘의 딜레마는 몇 달간 지속됐다. 원자로를 폭격하면 시리아와의 참혹한 전쟁으로 이어질 수 있다는 고민, 폭격하지 않는다면 적국(敵國)이 핵무기를 갖게 된다는 고민이었다. 정책 결정권자로서는 쉽게 결정을 내릴 수 없는 문제였다.

"오늘 밤 공격해야"

9월 5일 올메르트 총리는 시리아 관련 마지막 각료회의를 소집했다. 원자로 건설이 거의 완료된 것으로 보이는 위성사진이 새로 입수됐다. 유프라테스강에서 원자로를 향하는 곳에 냉각 시스템을 위한 수로(水路)가 만들어지고 있었다. 이스라엘 군 정보국은 원자로 가동이 얼마 남지 않았다고 판단했다. 일부 기자에게서 '이스라엘이 시리아에 대한 군사작전을 준비하고 있다는 루머를 확인해달라'는 질문이 나오기 시작했다. 그중 한 명은 미국 신문사 소속이었는데, 외국계 기자는 이스라엘의 군(軍) 검열 대상에 포함되지 않았다. 이스라엘 군부는 작전계획이 유출되기 시작해 우려하게 됐다. 작전할 수 있는 시간이 얼마 남지 않은 것이다.

각료들은 오전 10시부터 회의를 시작했다. 총리실은 "각료회의는 가자지구에서 일어나는 하마스의 공격을 막는 방안을 논의하기 위한 것"이라는 보도자료를 냈고, 기자들의 질문은 받지 않는다고 했다.

군 정보 당국은 시리아 핵시설 공격으로 인해 발생할 여러 시나리오에 대한 브리핑을 했다. 아슈케나지 방위군 참모총장은 공격의 세부 내용은 자신이 결정하게 해달라고 했다. 이스라엘 공군은 여전히 최종 작전계획을 짜고 있었다. 각료회의에 참석한 장관 중 한 명만 제외하고는 원자로 공격에 찬성했다. 공식적인 각료회의는 오후 3시에 끝났지만 올메르트와 바라크, 리브니 세 명은 다시 모여 회의를 계속했다. 아슈케나지 참모총장과 야단 아만 국장, 다간 모사드 국장이 한 명씩 차례로 회의에 들어가 각자의 의견을 말했다.

야단 아만 국장은 대규모 공격을 가하면 알아사드가 침묵할 수 없으니 제한적 공격을 해야 한다고 말했다. 그는 전투기 몇 대만 투입해 작전을 수행할 수 있다고 했다. 다간은 전투기로 공습하는 방안이 좋을 것 같다는 짧은 의견만 남겼다. 정보수장들이 떠나고 아슈케나지 참모총장이 들어왔다. 올메르트 총리는 어떤 방식의 공격이 좋겠느냐고 물었다. 아슈케나지는 "오늘밤 공격해야 한다"며 "작전을 수행할 준비가 돼 있고 육군은 공격 이후 발생할 일들에 대비하고 있다"고 했다.

리브니 외무장관은 공격이 이렇게 빨리 진행될 것을 예상하지 못했다. 올메르트와 바라크는 대체로 동의하는 입장이었다. 각료회의 투표가 끝났기 때문에 정보가 유출될 가능성이 매우 커졌다. 너무 많은 사람이 알게 된 것이다. 리브니는 상황이 어떻게 되는지 조금만 더 지켜보자고 했다. 올메르트 총리는 "지금 당장 해야 한다"며 "(결정권자인) 우리 셋이 투표를 하는데 2대 1의 결과가 나왔다는 역사를 만들지 말자"고 했다. 리브니는 손을 들었다.

올메르트와 리브니, 바라크는 텔아비브에 있는 이스라엘 방위군의 지하 전술통제실에서 작전의 진행 상황을 지켜보기로 했다. 올메르트는 잠깐 집에 들러 샤워를 하고 두 시간 정도 눈을 붙였다가 밤 10시30분에 일어나 통제실로 향했다.

'임무 완수'

밤 10시30분쯤 이스라엘 남부에서 F-15 네 대, 네게브 사막에서 F-16 네 대가 출격했다. 여덟 대의 전투기에는 20톤 상당의 폭탄이 실려 있었다. 조종사들은 시리아의 방공망을 피하기 위해 고도 200피트 이하로 아주 낮게 날았다. 통신이 새나갈 수 있어 아무도 말을 하지 않았다.

예상대로 시리아의 저항은 없었다. 시리아는 전투기들이 들어오고 있는 것도 알지 못했다. 자정을 갓 넘긴 시점 전투기들은 목표지점에 도착했다. 20톤 상당의 폭탄이 핵시설에 투하됐다. 모든 상황은 카메라에 담겼다. 조종사들은 비행기에 달린 열감지 카메라를 통해 건물이 제대로 파괴됐는지 확인했다. 작전 지휘관 조종사는 '애리조나'라고 무전을 보냈다. '임무 완수'라는 암호였다.

군 수뇌부는 조종사들이 안전하게 돌아올 때까지 긴장을 늦출 수 없었다. 시리아가 눈치챈 이상 조종사들이 저고도로 비행할 이유는 없었다. 고도를 높이고 고속비행하기 시작했다. 이들은 터키 쪽 국경으로 향한 뒤 안전한 서쪽으로 비행했다. 시리아는 몇 발의 미사일을 쐈지만 명중시키지 못했다. 작전 시작 4시간이 안 된 새벽 2시쯤 이스라엘 전투기들은 안전하게 기지로 복귀했다.

작전 종료 몇 시간 후 이스라엘 군부는 '사실을 부인할 수밖에 없는 구역(deniability zone)' 전략이 먹혀들었다는 것을 확인했다. 시리아 군대는 동원되지 않았고, 미사일도 발사대에 올려지지 않았다.

시리아 국영 사나 통신은 정오쯤 짧은 보도를 내보냈다. 이스라엘 전투기가 전날 밤 시리아 영공을 침입했으나 시리아 방공부대가 이들을 쫓아냈다는 것이다. 이스라엘 전투기가 사막 지역에 약간의 폭탄을 투하했지만 인명 및 자산 피해는 없었다고 했다. 이스라엘은 비로소 안심할 수 있었다.

올메르트 총리는 호주를 방문하고 있던 부시 대통령에게 전화를 걸었다. 올메르트는 간단히 안부를 물은 뒤 "우리가 싫어하던 것 기억하느냐"고 했다. 부시는 "그렇다"고 했다. 올메르트는 "이제 더 이상 그게 존재하지 않는다는 것을 알려주고 싶다"고 했다. 부시는 신중하게 "오, 매우 흥미롭다"며 "어떤 대응이 뒤따르거나 그럴 것 같다는 느낌이 있느냐"고 했다. 올메르트는 "아니다. 현재로선 대응이 있을 것이라는 신호가 없다"고 했다. 부시는 "알았다"며 "만약 대응이 있다면 미국 전체가 귀하의 뒤에 있을 것이라는 점을 믿어도 된다는 사실을 알려주고 싶다"고 했다. 올메르트는 부시의 이 말을 평생 잊지 못할 것이라고 회고했다.

며칠 뒤 부시는 다시 전화를 걸었다. 부시는 "내 친구 에후드(올메르트)!"라고 소리쳤다. 그는 "호주에서는 많은 대화를 나눌 수 없는 상황이었다"며 "이스라엘이 제대로 된 일을 했다"고 말했다고 한다.

시리아 核, IS 손에 들어갔을 수도

이스라엘이 시리아 핵시설 폭격을 공식 인정하고 당시 작전 영상을 공개한 것은, 11년이 지난 2018년 3월이었다. 베냐민 네타냐후 총리는 "적들이 핵무장하는 것을 막는다는 이스라엘의 정책은 계속 유효하다"고 했다. 시리아는 원자로를 건설하고 있었다는 사실을 여전히 부인하고 있다.

시리아 핵시설은, 이슬람 극단주의 무장단체인 이슬람국가(IS)의 수괴(首魁)던 아부 바크르 알바그다디가 최근 미군 특수부대의 습격 작전으로 사망하자 다시 화제가 됐다. IS는 핵시설이 건설되던 데이르알조르 지역을 3년간 점령했다. 이스라엘의 폭격이 없었다면 IS가 핵무기를 손에 넣는 핵재앙이 펼쳐졌을지도 모른다. IS가 핵을 가졌다면 미국도 알바그다디 습격 작전 같은 것은 하지 못했을 것이다. 습격 작전은 고사하고 IS 요구에 국제사회가 끌려 다니게 될 수도 있었다.

이스라엘,
"시리아에 미사일 공급 중단하라"
북한, "10년간 석유 지원해주면 중단"

1990년대 초 이스라엘은 북한이 시리아의 스커드 미사일 제조공장 건설을 지원하고 있다는 사실을 파악했다. 시리아의 독재자 하페즈 알아사드는 1974년 북한을 방문해 김일성을 만났다. 이후 북한은 시리아에 무기를 가장 많이 공급하는 나라가 됐다. 이스라엘은 핵무기나 화학무기를 탑재할 수 있고 이스라엘을 사정권(射程圈)에 두는 스커드 미사일을 두려워했는데, 북한이 미사일 제조공장 건설까지 돕고 있다는 것을 알게 된 것이다.

문제의 심각성을 느낀 이스라엘 모사드의 차장 에프라임 할레비(이후 국장 역임)는 유럽에 있는 인맥을 통해 북한 고위층과 접촉했다. 1992년 9월 이츠하크 라빈 총리를 만나 직접 평양을 방문하겠다고 했다. 양국(兩國)의 미사일 협력을 막는 협상을 하겠다는 것이었다.

정보기관인 모사드의 고위 간부를 시리아와 협력하는 북한에 보내는 것은 위험한 일이었지만, 라빈 총리는 허락했다. 할레비는 베를린에서 모사드 요원 한 명과 함께 북한이 제공한 항공기를 타고 모스크바로 향했다. 북한 항공기의 승객은 둘뿐이었다. 모스크바에 기착한 항공기는 빈 좌석에 상자들을 실은 뒤 다시 출발했다. 항공기는 시베리아 한가운데에 위치한 노보시비르스크(Novosibirsk)에 기착, 북한 광산 노동자들을 태운 후 다시 이륙해 10시간 후 평양에 도착했다. 평양까지 가는 데 48시간이나 걸렸다.

할레비는 3일간 평양에 체류하면서 북한 노동당 간부 및 외무성 관계자들을 만났다. 할레비는 "당신들이 시리아에 제공하는 스커드 미사일이 이스라엘을 위협하고 있다"고 단도직입적으로 말했다. 북한 측은 '할레비 차장이 무슨 이야기를 하고 있는지 전혀 모르겠다'며 시리아와의 관계를 부인했다. 할레비가 북한의 태도를 지적하며 평양을 떠나겠다고 하자, 북한은 '솔직한 대화를 하겠다'며 태도를 바꿨다.

다음 날 아침, 북한 측은 시리아와 관계를 갖고 있으며 시리아에 미사일 기술을 비롯한 무기를 제공하고 있다고 시인했다. 할레비는 "무기 공급 중단 대가로 무엇을 원하느냐"고 했다. 북한은 "향후 10년간 2000만 주민이 사용할 석유를 공급해달라"고 했다. 할레비는 "가능한 일이 아닌 것 같다"면서도 "상부에 보고해보겠다"고 했다.

할레비는 평양에서 베이징으로 가는 항공기 내에서 이스라엘 외무부 국장인 에이탄 벤추르를 만났다. 벤추르 역시 북한과의 협상을 위해 평양을 방문했던 것이다. 이스라엘 행정부 간 발생하는 불협화음을 잘 보여주는 하나의 예다. 북한의 금광 재개발 문제로 방문했던 벤추르는 "북한이 개발 자금과 기술을 필요로 하며, 이스라엘 외무부는 자금 마련을 위해 기업인들을 모집하고 있다"고 했다. 북한을 지원함으로써 북한이 시리아·이란과 맺고 있는 관계를 재고하도록 할 수 있다고 했다.

시몬 페레스 외무장관은 할레비와 벤추르를 불러 보고를 받았다. 벤추르는 평양 방문이 긍정적이었다며 금광 공동개발사업이 결실을 볼 수 있다고 했다. 할레비는 회의적(懷疑的)으로 봤다. 북한과 시리아 간의 미사일 거래로 얻는 이익이 금광 개발에서 나올 이익보다 크기 때문이라는 것이다. 할레비는 북한이 미국에 적대 세력이고 이스라엘은 미국의 우방이므로 복잡한 외교문제에는 신중해야 한다고 말했다.

페레스는 할레비와 벤추르를 미 국무부에 파견해 관계자들과 협의하도록 했다. 귀국한 벤추르는 "미국은 이스라엘이 북한과 직접적으로 관계를 맺는 것을 그렇게 반기지는 않으나, '공식적으로 반대하지는 않았다'"고 했다. 할레비는 전혀 다른 인상을 받았다고 했다. 그는 "미국은 이스라엘이 미국의 등 뒤에서 미국 국익(國益)과 직결된 영역에서 행동해서는 안 된다고 말했다"며 "미국은 미국의 허가를 우선 받지 않는 이상 북한과 어떤 일도 하지 않을 것을 원한다"고 말했다.

상반된 보고를 받은 페레스 장관은 1993년 6월 오스트리아 빈으로 직접 가 새롭게 임명된 워런 크리스토퍼 미 국무장관을 만났다. 그는 할레비의 말이 맞다고 했다. 할레비와 벤추르가 추진하던 일들은 모두 무산됐지만, 이 공작은 이스라엘이 시리아의 미사일 공급 라인을 막기 위해 노력했다는 점을 보여주는 또 하나의 사례이다.

등장인물

미국

지미 카터 : 대통령(1977~1981)

즈비그뉴 브레진스키 : 백악관 국가안보좌관(1977~1981)

헨리 키신저 : 국무장관(1973~1977)

로널드 레이건 : 대통령(1981~1989)

조지 슐츠 : 국무장관(1982~1989)

조지 H. W. 부시 : 부통령(1981~1989), 대통령(1989~1993)

빌 클린턴 : 대통령(1993~2001)

조지 테닛 : CIA 국장(1997~2004)

조지 W. 부시 : 대통령(2001~2009)

딕 체니 : 국방장관(1989~1993), 부통령(2001~2009)

콜린 파월 : 백악관 국가안보좌관(1987~1989), 국무장관(2001~2005)

도널드 럼스펠드 : 국방장관(2001~2006)

콘돌리자 라이스 : 백악관 국가안보좌관(2001~2005), 국무장관(2005~2009)

리처드 아미티지 : 국무부 부(副)장관(2001~2005)

로버트 게이츠 : 국방장관(2006~2011)

파키스탄

줄피카르 알리 부토 : 대통령(1971~1973), 총리(1973~1977)

아가 샤히 : 외무장관(1973~1982)

지아 울하크 : 육군참모총장(1976~1977), 계엄사령관·참모총장·대통령(1977~1988)

칼리드 아리프 : 비서실장(1977~1984), 육군참모차장(1984~1987)

하미드 굴 장군 : ISI 국장(1987~1989)

굴람 이샤크 칸 : 국방장관(1975~1977), 재무장관(1977~1985), 상원의장(1985~1988), 대통령(1988~1993)

미르자 아슬람 베그 : 육군참모차장(1987~1988), 육군참모총장(1988~1991)

베나지르 부토 : 총리(1988~1990, 1993~1996)

나와즈 샤리프 : 총리(1990~1993, 1997~1999)

자비드 나시르 : ISI 국장(1991~1993)

파룩 렝가리 : 대통령(1993~1997)

페르베즈 무샤라프 : 육군참모총장(1998~1999), 임시대통령(1999~2001),
대통령(2001~ 2008)

마모드 아메드 장군 : ISI 국장(1999~2001)

제항기르 카라마트 장군 : 참모총장(1996~1997), 합참의장(1997~1998), 주미(駐美) 대사
(2004~2006)

굴람 아메드 칸 : 비서실장(1999~2001)

칸의 네트워크 및 핵프로그램 담당자

모하메드 파룩 : 해외조달 담당

파룩 하시미 : 칸 연구소 부소장

압둘 카디르 칸 : 칸 연구소장(1976~2001), 가택연금(2004~)

무니르 아메드 칸 : 파키스탄 원자력위원회(PAEC) 위원장(1972~1991), 1999년 사망

술프카르 아메드 버트 : 해외조달 책임자, 프랑스와 벨기에 대사관에서 근무(1980년대 초)

S. M. 파룩 : 스리랑카인 사업가, 칸의 핵심 조달책

헨리 칸 : 칸의 부인(1964년 결혼)

사자왈 칸 말릭 : 칸 연구소 건설을 책임진 군인

부하리 타히르 : S. M. 파룩의 조카, 스리랑카 국적자로 칸의 조달 업무를 담당

파키스탄 핵개발 연대표

1956년	1956년 3월: 파키스탄 원자력위원회(PAEC) 설립
1960년	미국, 연구용 원자로 건설 지원 목적으로 파키스탄에 35만 달러 제공
1962년	미국, 연구용 5MW 경수로 원자로(PARR-1) 제공
1965년	PARR-1 가동
	아읍 칸 대통령과 줄피카르 알리 부토 외무장관 주은래(周恩來) 중국 총리와 회담, 핵개발 지원 요청
1968년	파키스탄, 핵비확산조약(NPT)에 가입하지 않겠다고 발표
1971년	캐나다제너럴일렉트릭, 파키스탄 카라치 지역에 137MW 캔두(CANDU)형 원자로 (KANUPP) 건설
1972년	줄피카르 알리 부토 총리 1971년 인도의 개입으로 파키스탄이 방글라데시와 분리되자 핵개발에 나서기로 결심, PAEC 위원장에 무니르 아메드 칸 임명
	A. Q. 칸, 벨기에의 루벤가톨릭 대학교에서 금속공학 박사 학위 취득, URENCO의 계약회사인 FDO에 취직
1974년	서방국가들, 파키스탄에 핵 관련 부품 수출 금지 조치
	5월 18일: 인도 핵실험
	9월: 칸 박사, 줄피카르 알리 부토 총리에게 유럽에서 취득한 우라늄 농축 기술에 대해 설명
	칸 박사, 독일제 원심분리기 기술 번역 업무를 담당하며 자료 취득
1975년	12월: 칸 박사, 원심분리기 및 필수 부품의 설계도와 납품회사 정보를 들고 네덜란드를 떠나 파키스탄으로 귀국
1976년	6월: 부토 총리, 중국과 핵무기 기술 관련 협력키로 합의
	7월 17일: 부토 총리, A. Q. 칸에게 우라늄 농축 관련 전권(全權) 위임
	7월 31일: 칸, 기술연구실험실(ERL) 설립해 우라늄 농축 기술 개발
	8월 8일: 헨리 키신저 美 국무장관, 파키스탄 방문. 프랑스로부터 재처리시설 구입 못하도록 압박
	12월 23일: 캐나다, 파키스탄과 핵협력 중단. 원인은 파키스탄의 NPT 미가입

1977년 미국, 파키스탄 핵개발 움직임에 경제 및 군사 원조 중단

1978년 4월 : 파키스탄, 독일 원심분리기 기술을 토대로 파키스탄 원심분리기 P–1 개발. 처음으로 우라늄 농축에 성공

美 CIA, 파키스탄이 원심분리기 시설 가동에 필요한 모든 능력 갖춘 것으로 파악

1979년 파키스탄, 우라늄 농축 관련 장비 수입하다 적발. 미국, 해외원조법에 따라 파키스탄에 경제 제재 부과

1980년 1월 12일 : 미국, 소련의 아프가니스탄 침공 이후 파키스탄에 2년에 걸쳐 4억 달러의 경제 및 군사 원조 제공하기로 약속

2월 28일 : 미국, 파키스탄의 핵개발 움직임 계속해서 포착

3월 3일 : 미국, 對파키스탄 원조 보류

1981년 3월 23일 : 미국, 파키스탄이 핵개발 중단하면 5억 달러 원조 제공할 의사 있다고 발표

5월 1일 : 지아 대통령, ERL의 명칭을 칸연구실험실(KRL)로 변경

9월 6일 : 서방 정보당국, 파키스탄의 카후타 핵시설에서 우라늄 농축 움직임 포착

1982년 9월 20일 : 미국, 핵시설에 필요한 물품 파키스탄으로 수출 금지 조치

1983년 파키스탄, 중국에 원심분리기 기술 전달하고 핵무기 설계도 받아

중국, 핵무기 두 개에 필요한 양의 농축 우라늄 전달한 것으로 추정

네덜란드 법원, 핵기술을 훔친 혐의로 칸 박사에 대한 궐석재판 열어 4년 실형 선고

3월 11일 : PAEC 주도하에 첫 번째 '모의실험' 성공

1984년 2월 9일 : A. Q. 칸 언론 인터뷰에서 "서방세계의 우라늄 농축 독점(모노폴리)을 깨뜨렸다"고 발표

6월 28일 : 미국, 중국이 핵 관련 기술을 파키스탄에 전달했다는 사실 파악

9월 12일 : 레이건 대통령, 지아 대통령에게 편지를 보내 핵개발 중단 않으면 원조 끊길 것이라고 압박. 우라늄 농축 상한선 5%를 넘지 말 것을 요구

11월 : 파키스탄 사업가인 나지르 아메드 바이드, 미국에서 파키스탄으로 크라이트

론(기폭장치용 스위치에 필요한 부품) 50개 밀수출한 혐의 인정

1985년 네덜란드 법원, 칸 박사 심문 과정에 절차상 문제가 있었다며 1심 선고 파기

1986년 9월 : 파키스탄, 핵폭발 '모의실험' 강행

1987년 중국, 파키스탄에 M-11 미사일과 발사대 판매하기로 합의

1988년 레이건 대통령, 파키스탄에 대한 원조 중단 조치 해제

지아 대통령, 미국 카네기재단에서 "억제력을 보여주기 충분한 수준의 핵역량 보유" 선언

1989년 서방언론 "파키스탄, 미국으로부터 구입한 F-16 전투기에 핵 운반기능 탑재 위해 개조"

파키스탄 Haft-2 미사일 실험 발사

1990년 파키스탄 우라늄 농축 프로그램 재가동

1991년 파키스탄, 미국 압박에 농축 프로그램 가동 중단

1992년 파키스탄, 핵무기에 필요한 핵심기술 보유 선포

1993년 미국, 중국이 파키스탄에 M-11 미사일 판매한 사실 확인. 중국과 파키스탄 관련자들에 제재 부과

파키스탄, 무기화가 가능한 수준의 고농축 우라늄 생산 중단하겠다고 발표

12월, 베나지르 부토 총리 북한 방문해 김일성과 면담

1995년 파키스탄, 중국으로부터 고리자석 5000개 구입

1996년 파키스탄과 북한의 핵무기-미사일 협력 가속화

1997년 칸 박사, 리비아에 원심분리기 및 부품 전달. 20개의 P-1 원심분리기와 원심분리기 200개를 만들 수 있는 부품 전달

칸 박사, 북한에 구식 원심분리기 및 농축 장비, 관련 설계도 등 전달한 것으로 추정

7월 4일 : 파키스탄, 핵무기 탑재 가능한 Haft 미사일 실험 발사 성공 발표

9월 6일 : 나와즈 샤리프 총리, 핵무기 보유 선포

1998년 4월 6일 : 파키스탄, 北 노동 미사일 개조한 '가우리' 미사일 실험 발사 성공

5월 11일~13일 : 인도, 다섯 차례의 핵실험

5월 28일 : 파키스탄, 다섯 차례의 핵실험

5월 30일 : 파키스탄, 또 한 차례 핵무기 실험

2000년 9월 : 리비아, P-2 원심분리기 두 개와 관련 기술 전달받아

2001년 리비아, 1.87톤 상당의 육불화우라늄 전달받아. 2004년에 새롭게 드러난 증거에 따르면 북한이 리비아에 이를 전달했을 가능성

3월 : 칸 박사, 사퇴 압박을 받아 KRL 소장 자리에서 물러남

미국, 파키스탄 수송기가 평양을 방문한 사실을 위성사진으로 확인

리비아, 핵무기 설계도 전달받아

2004년 2월 1일 : 칸 박사, 북한·리비아·이란에 핵기술 이전한 사실 시인

2월 4일 : TV를 통해 對국민 사과문 낭독

2월 5일 : 무샤라프, 칸 박사 사면(가택연금)

죽음의 상인 A. Q. 칸의 북한 커넥션

김일성과 부토의 核거래

지은이 | 金永男
펴낸이 | 趙甲濟
펴낸곳 | 조갑제닷컴
초판 1쇄 | 2021년 1월 25일

주소 | 서울 종로구 새문안로3길 36, 1423호
전화 | 02-722-9411~3
팩스 | 02-722-9414
이메일 | webmaster@chogabje.com
홈페이지 | chogabje.com

등록번호 | 2005년 12월 2일(제300-2005-202호)
ISBN 979-11-85701-70-7-03390

값 20,000원

*파손된 책은 교환해 드립니다.